AF551694

EUL
VERLAG

Reihe: FGF Entrepreneurship-Research Monographien · Band 73

Herausgegeben von Prof. Dr. Heinz Klandt, Oestrich-Winkel, Prof. Dr. Dr. h. c. Norbert Szyperski, Köln, Prof. Dr. Michael Frese, Gießen, Prof. Dr. Josef Brüderl, Mannheim, Prof. Dr. Rolf Sternberg, Hannover, Prof. Dr. Ulrich Braukmann, Wuppertal, und Prof. Dr. Lambert T. Koch, Wuppertal

Dr. Stefan Gladbach

Der Abbruch akademischer Gründungsvorhaben

Eine explorativ-empirische Untersuchung

Mit einem Geleitwort von Prof. Dr. Christine Volkmann,
Bergische Universität Wuppertal

Bibliografische Information der Deutschen Nationalbibliothek

Die Deutsche Nationalbibliothek verzeichnet diese Publikation in der Deutschen Nationalbibliografie; detaillierte bibliografische Daten sind im Internet über <http://dnb.d-nb.de> abrufbar.

Dissertation, Bergische Universität Wuppertal, 2014, u. d. T.: Der Abbruch des Gründungsprozesses: Einflussfaktoren auf das vorzeitige Beenden akademischer Gründungsprojekte – Eine explorativ-empirische Untersuchung

ISBN 978-3-8441-0387-8
1. Auflage März 2015

JOSEF EUL VERLAG GmbH
Brandsberg 6
53797 Lohmar
Tel.: 0 22 05 / 90 10 6-6
Fax: 0 22 05 / 90 10 6-88
E-Mail: info@eul-verlag.de
http://www.eul-verlag.de

Bei der Herstellung unserer Bücher möchten wir die Umwelt schonen. Dieses Buch ist daher auf säurefreiem, 100% chlorfrei gebleichtem, alterungsbeständigem Papier nach DIN 6738 gedruckt.

Geleitwort

Stefan Gladbach widmet sich im Rahmen seiner Dissertation dem Phänomen des Abbruchs von Gründungsvorhaben, einem bedeutenden Themenkomplex in der Gründungsforschung. Die Motivation für die Auswahl seines Forschungsthemas bildeten vor allem quantitativ-empirische Arbeiten, die zeigen, dass zwischen 20% und 30% der Gründungsvorhaben bereits vor der formellen Gründung abgebrochen werden (z.B. CARTER ET AL. (1996), VAN GELDEREN ET AL. (2001) WERNER (2011)). In diesem Zusammenhang vermag es zu überraschen, dass bislang allerdings kaum wissenschaftliche Erkenntnisse über die Ursachen für den Abbruch von Gründungsvorhaben vorliegen. Dabei ist ein tiefergehender Erkenntnisgewinn über Gründe für die hohen Abbruchsquoten von Gründungsvorhaben nicht nur von theoretischer, sondern auch von hoher gesellschaftlicher und wirtschaftspolitischer Relevanz. In diesem Sinne haben bereits vor einigen Jahren VAN GELDEREN ET AL. die Forderung nach einer tiefergehenden Erforschung des Abbruchphänomens aufgestellt (VAN GELDEREN ET AL. 2006). An dieser Forschungslücke knüpft der Verfasser an und richtet den Fokus auf die Erforschung des Abbruchs von akademisch-universitären Gründungen. Sein Forschungsinteresse gilt dabei zunächst gründungswilligen Personen, die im Verlauf des Gründungsprozesses bewusst die Entscheidung treffen, ein Gründungsvorhaben nicht in die Tat umzusetzen, obwohl sie sich in vorbereitenden Aktivitäten intensiv mit dem Gründungsprojekt auseinandergesetzt haben. Wichtig ist es dem Autor in diesem Kontext darauf hinzuweisen, dass der freiwillige Abbruch eines Gründungsvorhabens als Gegenstand seiner Untersuchung von dem Scheitern einer Gründung abzugrenzen ist. Ziel ist, Einflussfaktoren auf die Abbruchentscheidung zu identifizieren und eine Typologie verschiedener Kategorien von Abbrechern aufzustellen. Methodisch wählt Stefan Gladbach hierfür ein qualitativ-empirisches Forschungsdesign. Dabei orientiert er sich an den Ansätzen der Grounded Theory nach GLASER & STRAUSS sowie der maßgeblich von KLEINING geprägten entdeckenden Sozialforschung. Hinsichtlich der Informations- und Datengenerierung wurden insgesamt 23 Interviews mit Experten (5) Abbrechern (14) und Gründern (4) durchgeführt, um auf diese Weise vertiefende Erkenntnisse über das Phänomen des Abbruchs gewinnen zu können.

Bemerkenswert ist die Detailgenauigkeit und Präzision in der Vorgehensweise des Autors, sowohl mit Blick auf die umfassende und detaillierte Sichtung und Auswertung der relevanten Literatur als auch die qualitativ-empirische Untersuchung. Interessant ist, dass die Dissertation auch zu unerwarteten Erkenntnissen führt. In diesem Sinne ist beispielsweise als ein Ergebnis hervorzuheben, dass die Abbruchsentscheidungen vor allem auf endogene (und nicht exogene) Ursachen zurückgeführt werden, die jeweils in der Person der Nacent-Entrepreneure liegen. Schließlich bietet das Werk aus meiner Sicht auch wertvolle Anregungen für weitere Forschungsarbeiten in diesem spannenden Themenfeld. Vor diesem Hintergrund wünsche ich der vorliegenden Arbeit eine weite Verbreitung, sowohl in der Wissenschaft als auch in der Praxis.

Wuppertal, im Oktober 2014 *Prof. Dr. Christine Volkmann*

Vorwort

Die Frage, warum Individuen oder ganze Teams von Gründungsinteressierten ein Gründungsvorhaben intensiv verfolgen, es dann aber noch vor der eigentlichen Gründung abbrechen, beschäftigt die Entrepreneurship-Forscher seit nunmehr einigen Jahren. Von den Antworten auf diese Frage werden sich hinreichende Impulse für die Genese von Erfolgsfaktoren versprochen, könnten Ursachen für den Abbruch von Gründungsvorhaben doch auf Zusammenhänge schließen, die während des Gründungsprozesses besonders erfolgskritisch sind. Die tiefgreifende Beleuchtung der Faktoren, die zum Abbruch eines Gründungsvorhabens führen, stellte Forscher in der Vergangenheit jedoch vor große Herausforderungen. Vor allem der Zugang zu Probanden, die dazu bereit waren, ausführlich über ein vermeintlich negatives Ereignis wie den Abbruch des eigenen Gründungsvorhabens zu berichten, entpuppte sich immer wieder als großes Problem. Diese Herausforderungen führten dazu, dass sich bislang nur wenige Arbeiten mit der Abbruchthematik befassten und wenn, dann auf einer meist quantitativen Ebene.

Die vorliegende Arbeit schließt diese Forschungslücke, in dem sie mit Hilfe eines qualitativ-empirischen Forschungsdesigns die Ursachen für den Abbruch von Gründungsvorhaben beleuchtet. Dabei wurde sich auf die Befragung von Probanden fokussiert, die ein Gründungsvorhaben tatsächlich zunächst intensiv verfolgt, dann aber abgegrochen hatten. Hierdurch konnten tiefgreifende Erkenntnisse über die Prozesse erlangt werden, die zu einer solch gewichtigen Entscheidung führen – denn, soviel sei vorweggenommen, der Abbruch eines Gründungsvorhabens ist im Gegensatz zum Scheitern von Gründungen ein freiwillig und selbst getroffener Entschluss. Die Erkenntnisse, die durch diese tiefgreifende Analyse entstanden, führten getreu einem induktiven, durch die Grounded Theory nach GLASER & STRAUSS geprägten Forschungsdesign zu einer Reihe von Thesen, die die Zusammenhänge beschreiben, die zu einem Abbruch von Gründungsvorhaben führen. Damit ebnet diese Arbeit den Weg für die intensivere Erforschung dieses volkswirtschaftlich hoch relevanten Phänomens.

Die vorliegende Dissertation entstand in den Jahren 2010 bis 2013 am Lehrstuhl für Unternehmensgründung und Wirtschaftsentwicklung & UNESCO-Lehrstuhl für Entrepreneurship und Interkulturelles Management sowie dem Institut für Gründungs- und Innovationsforschung der Bergischen Universität Wuppertal. Die Idee zur Forschungsfrage entwickelte sich dabei aus regen Diskussionen im Rahmen der wissenschaftlichen Kolloquien an diesen beiden Institutionen sowie im Rahmen des Promotionsprogramms an der Schumpeter School of Business and Economics der Bergischen Universität Wuppertal. Die idealen Bedingungen, die ich an diesen Institutionen vorfand, ermöglichten mir dabei stets einen konstruktiven, aber dennoch kritischen wissenschaftlichen Austausch, der sowohl hinsichtlich der Themenentwicklung, als auch für den Entstehungsprozess der vorliegenden Arbeit von besonderer Bedeutung war.

Besonders hervorheben möchte ich die Unterstützung durch meine beiden Betreuer. Frau Prof. Dr. Christine Volkmann unterstützte mich als Erstgutachterin jederzeit durch wertvolles und vor allem konstruktives Feedback und bot mir ideale Rahmenbedingungen, ohne die die Erstellung dieser Arbeit nicht möglich gewesen wäre. Prof. Dr. Lambert T. Koch unterstützte mich als Zweitgutachter durch fachliche Impulse und seine ständige Bereitschaft zur inhaltlichen Diskussion. Darüber hinaus möchte ich auch den Mitarbeiterinnen und Mitarbeitern des Lehrstuhls für Unternehmensgründung und Wirtschaftsentwicklung & UNESCO-Lehrstuhls für Entrepreneurship und Interkulturelles Management sowie des Instituts für Gründungs- und Innovationsforschung für ihre großartige fachliche, vor allem aber persönliche Unterstützung während der gesamten Promotionsphase danken. Hervorheben möchte ich an dieser Stelle Dr. Patrick Saßmannshausen, der mich nicht nur an die Wissenschaft heranführte, sondern mir auch während des gesamten Promotionsprozesses stets fachlich und persönlich zur Seite stand.

Mein Dank gilt weiterhin allen Probandinnen und Probanden: Den Expertinnen und Experten, den Abbrecherinnen und Abbrechern sowie den Gründern, die sich dazu bereit erklärt haben, an dieser Arbeit mitzuwirken und mir Rede und Antwort zu stehen. Ohne ihre ausführlichen Berichte, Meinungen und Schilderungen wäre eine fundierte Analyse des Forschungsgegenstands nicht möglich gewesen.

Diese Dissertation wäre außerdem nicht denkbar gewesen ohne die Unterstützung der Menschen, die mich während der gesamten Promotionsphase jederzeit und unermüdlich *persönlich* unterstützt haben. Ich möchte mich an dieser Stelle ganz besonders bei meinen Eltern und Großeltern sowie meiner Schwester Christina bedanken, die mir stets zur Seite standen und die niemals einen Zweifel daran hatten, dass diese Arbeit fertiggestellt wird. Darüber hinaus möchte ich mich bei meinen Freunden bedanken, die mir während dieser Zeit auch gezeigt haben, dass es ein Leben neben der Promotion gibt. Vor allem aber möchte ich mich bei meiner Partnerin Johanna bedanken, nicht nur für ihre stets wertvollen inhaltlichen Hinweise und ihre ausdauernde Motivation zur Korrekturarbeit, sondern vor allem für ihre unerschöpfliche Geduld.

Wuppertal, im Dezember 2014 *Dr. Stefan Gladbach*

Inhaltsübersicht

Inhaltsverzeichnis

Abbildungsverzeichnis

Tabellenverzeichnis

Abkürzungsverzeichnis

bspw.	beispielsweise
BWL	Betriebswirtschaftslehre
bzw.	beziehungsweise
et al.	et alii
etc.	et cetera
EBSCO	Elton B. Stephens Company Industries Ltd. - Literaturdatenbank
EXIST	EXIST – Existenzgründungen aus der Wissenschaft
f	folgende (Singular)
ff	folgende (Plural)
GEM	Global Entrepreneurship Monitor
Hrsg.	Herausgeber
IfM	Institut für Mittelstandsforschung Bonn
KfW	Kreditanstalt für Wiederaufbau / KfW Mittelstandsbank
o.s.	oben stehend(e)
PSED	Panel Study of Entrepreneurial Dynamics
S.	Seite
s.	siehe
u.s.	unten stehend(e)
unt. Glg.	unternehmerische Gelegenheit
VC	Venture Capital
vgl.	vergleiche
vs.	versus
z.B.	zum Beispiel

1. Einleitung und forschungsleitende Fragestellung

„The entrepreneur is the single most important player in a modern economy.“[1]
Edward Lazear, Stanford University

Forscher und Praktiker beschäftigen sich bereits seit mehreren Jahrzehnten mit der Frage, welche Faktoren für Erfolg und Misserfolg von Unternehmen und Unternehmensgründern verantwortlich sind. Viele unterschiedliche Bereiche des Forschungsbereiches, der sich mit dem Thema Entrepreneurship befasst, erwuchsen über die Jahre, mal mehr, mal minder ausreichend beleuchtet. In Deutschland verstärkte sich seit den 1990er Jahren jedoch die öffentliche Wahrnehmung hinsichtlich des Themas Unternehmensgründung und Gründungsforschung und auch Politik und Wirtschaft erkannten, dass in Zeiten kontrovers geführter Diskussionen rund um das Thema Wirtschaftsstandort Deutschland Unternehmensgründungen als wichtiger Motor einer Ökonomie verstanden werden müssen.[2] Denn eine funktionierende Wirtschaft und der soziale Wandel werden vor allem durch eine breite Diversifikation verschiedenster Unternehmen begünstigt. Dabei impliziert ein inhärenter Wandel auch stetige Erneuerungen von Unternehmen und Technologien. Innovationen werden hierbei nicht nur von mittelständischen Unternehmen und Großkonzernen bewerkstelligt, sondern auch durch technologie- und wissensbasierte Unternehmensgründungen.[3]

Beruhend auf diesen Erkenntnissen entwickelte die deutsche Politik seit den späten 1990er Jahren verschiedene monetäre und nicht-monetäre Förderprogramme für Unternehmensgründungen, insbesondere für akademische Ausgründungen oder auch ‚Spin-Offs‘, also Gründungen, die von Mitarbeitern von Universitäten umgesetzt werden, um die innerhalb der Universität generierten Inventionen wirtschaftlich zu nutzen.[4] Seither unterlag die Förderlandschaft für Existenzgründungen einem stetigen Wandel, der dazu geführt hat, dass Unternehmensgründer heute von einem breiten Unterstützungsangebot profitieren können, das von meist öffentlichen Institutionen bereitgestellt wird. Industrie- und Handelskammern, Startercenter, Wirtschaftsförderungen, regionale Gründungsinitiativen, die EXIST-Initiative des Bundesministeriums für Wirtschaft- und Technologie (BMWi) – all diese Institutionen und Programme unterstützen Entrepreneure bei ihrer Vision, ein eigenes Unternehmen zu gründen. Die volkswirtschaftlichen Kosten dieses Unterstützungsangebotes sind dabei enorm. Nicht nur durch die direkt-monetären Förderprogramme - wie bspw. dem EXIST-Programm des BMWi - entstehen der Allgemeinheit Kosten, sondern auch in Form der immensen Personalkos-

---

1 Acs, Z. J. / Audretsch, D. B. (2010), S. 1.
2 Vgl. Szyperski, N. (2001), S. 5.
3 Vgl. Volkmann, C. / Tokarski, K. O. (2006), S. 1.
4 Vgl. Steffensen, M. et al. (1999), S. 96 f.

ten für Gründungsberater an öffentlichen Institutionen. Doch all diese Aufwendungen helfen dabei, wissensintensive und technologiebasierte Unternehmensgründungen zu forcieren, den Wirtschaftsstandort Deutschland zu stärken und Unternehmensgründern die Verwirklichung ihres persönlichen Traums zu ermöglichen.

Die Verwirklichung dieses Traums und der eigenen Ziele stellen dabei wesentliche Faktoren dar, warum sich Individuen dazu entscheiden, ein Gründungsvorhaben zu verfolgen.[5] Die persönlichen Träume, Ziele, Erwartungen und Motive dienen den Individuen dabei als starke Treiber, um gründungsrelevante Aktivitäten zu verfolgen. Doch trotz dieser Treiber und des breiten Unterstützungsangebotes an monetären und nicht-monetären Förderprogrammen für Unternehmensgründer in Deutschland, brechen viele Individuen das von ihnen verfolgte Gründungsvorhaben noch vor der eigentlichen Gründung ab. Allein im Jahr 2010 beendeten rund 9% der durch das EXIST-Gründerstipendium direkt-monetär geförderten Gründer bzw. Gründerteams ihre Gründungsaktivitäten - ohne jemals gegründet zu haben.[6] Auch ein erheblicher Anteil der Gründer, die bspw. durch die öffentliche Hand nicht-monetär - also z.B. durch beratende Dienstleistungen - gefördert werden, bricht ihr Gründungsvorhaben ab. In aktuellen Forschungsarbeiten zu dieser Thematik schwanken die Zahlen zwischen rund 20 und 30 Prozent.[7] Hierdurch entstehen der öffentlichen Hand - und somit auch dem Steuerzahler - immense Kosten. Was also führt dazu, dass sich Individuen zunächst dazu entscheiden, ein Gründungsvorhaben ernsthaft zu verfolgen, dann aber noch vor der eigentlichen, formellen Gründung ihr Gründungsvorhaben niederlegen? Die vorliegende Forschungsarbeit widmet sich dieser Frage und versucht dabei herauszufinden, welche Prozesse und Faktoren eine solche Entscheidung beeinflussen. Dabei fokussiert sich die vorliegende Untersuchung auf akademische Gründungsvorhaben, um Implikationen hinsichtlich der potenzialreichen universitären Spin-Offs zu generieren.[8]

1.1 Einbettung in die Entrepreneurship-Forschung

Die vorliegende Forschungsarbeit kann in den Bereich der Nascent Entrepreneurship-Forschung eingeordnet werden. Dieser Bereich befasst sich mit werdenden Unternehme(r)n, also dem komplexen Gründungsprozess.[9] Innerhalb dieser frühen Phase sehen sich Unternehmensgründer der Notwendigkeit ausgesetzt, verschiedene Entscheidungen treffen zu müssen, die mit enormen Konsequenzen verbunden sind. Die erste wichtige Entscheidung steht dabei am Anfang dieses Prozesses:

---

5 Vgl. Fauchart, E. / Gruber, M. (2011), S. 935.

6 Vgl. Kulicke, M. (2011), S. 13.

7 Vgl. u.a. Carter, N. M. et al. (1996), S. 159, van Gelderen, M. et al. (2001), S. 1, Bahß, C. et al. (2003), S. 4, van Gelderen, M. et al. (2006), S. 325 sowie Werner, A. (2011), S. 1.

8 Vgl. Vohora, A. / Lockett, A. (2003), S. 1.

9 Vgl. Davidsson, P. / Gordon, S. R. (2009), S. 1.

Verfolge ich ein Gründungsvorhaben, oder nicht? Neben den wichtigen Entscheidungen während des Prozesses, den Entscheidungen für oder gegen bestimmte Aktivitäten, Partner, Teammitglieder, etc., steht eine weitere besonders heikle Entscheidung zum Ende der Nascent Entrepreneurship-Phase an: Gründe ich ein Unternehmen (formell), oder breche ich das Gründungsvorhaben ab? Auch diese – teilweise bewusst und explizit, teilweise unbewusst und implizit getroffene – Entscheidung ist mit großen Konsequenzen für die Individuen verbunden. Denn ab dem Zeitpunkt der formellen Gründung entstehen beim Niederlegen der gründungsrelevanten Aktivitäten höhere Kosten für die Auflösung des neu geschaffenen rechtlichen Rahmens und die bis dahin allokierten Ressourcen. Vor der formellen Gründung sind die Konsequenzen und die mit dem Abbruch verbundenen Kosten hingegen niedriger. Der formelle Übergang von der Vorgründungsphase in eine neu gegründete Organisation birgt demnach bestimmte Risiken. Im Rahmen der vorliegenden Untersuchung wird sich dieser bedeutsamen Entscheidung gewidmet und der Frage nachgegangen, was Menschen dazu veranlasst, sich dazu zu entscheiden, den Übergang in eine neu gegründete Organisation nicht zu vollziehen und stattdessen das Gründungsvorhaben abzubrechen. Daher erscheint es konsequent, das Phänomen des Abbruchs von Gründungsvorhaben aus einem entscheidungstheoretischen Blickwinkel zu erforschen. Der vorliegenden Untersuchung liegt somit die Entscheidungstheorie als theoretisches Fundament zugrunde, mit deren Hilfe die komplexen Prozesse hin zu einer Entscheidung strukturiert erforscht werden können.

Die Erforschung der Faktoren, die zum Abbruch eines Gründungsvorhabens führen, entzog sich dabei innerhalb der bisherigen Nascent Entrepreneurship-Forschung dem Fokus vieler Arbeiten, woraus sich eine entsprechende Forschungslücke ergibt. Die vorliegende Untersuchung versucht diese Lücke zu schließen, indem sie sich auf die Erforschung des Abbruchphänomens fokussiert. Hierzu wurde ein Forschungsdesign gewählt, dass eine tiefgreifende Analyse der verschiedenen Einflussfaktoren und Prozesse ermöglicht. Eine solch intensive Beschäftigung kann dabei durch eine qualitativ-empirische Methodik bereitgestellt werden, die sich vor allem durch eine große Nähe zum Forschungsgegenstand und die Möglichkeit einer differenzierten Befragung der Probanden auszeichnet. Darüber hinaus erscheint gerade zum gegenwärtigen Zeitpunkt ein methodischer Perspektivwechsel zur Erforschung des Abbruchphänomens ratsam.

Forschungsarbeiten, die sich – meist am Rande – mit dem Abbruch von Gründungsvorhaben befassen, konnten bisher durch eher breit angelegte, quantitative Forschungsdesigns Erkenntnisse über die Einflussfaktoren auf die Abbruchentscheidung gewinnen. Doch wie auch diese Autoren selbst erkennen, scheinen tieferliegende Faktoren auf die Abbruchentscheidung zu wirken. Die vorliegende Arbeit versucht demnach eine Forschungslücke zu schließen, deren Bearbeitung von verschiedenen Forschern eingefordert wird. So konstatieren bspw. VAN GELDEREN ET AL., dass sich zukünftige Forschung der Frage widmen sollte, welche genauen Ursachen dem Abbrechen von Gründungsvorhaben zugrunde liegen und wie diese durch die Gründer umgangen werden können. Sie heben dabei die Bedeutsamkeit dieser Thematik hervor, da sie wichtige Erkenntnisse für Wirtschaft und Politik bereitstellt. Sie stellen fest, dass ein solcher Forschungsansatz bisher nur rudimentär in der Entrepreneurship-Forschung vertreten ist, hauptsächlich durch die Schwierigkeit begründet, Individuen zu finden, die sich tatsächlich explizit und intensiv mit einem Gründungsvorhaben beschäftigt, das Vorhaben dann aber abgebrochen haben.[10] Auch andere Forscher, wie bspw. DELMAR & DAVIDSSON oder ROTEFOSS & KOLVEREID, formulieren eine solche Forderung.[11] Dies unterstreicht die Notwendigkeit, sich nicht nur intensiver als bisherige Forschungsarbeiten der Frage zu widmen, welche Faktoren zum Abbruch von Gründungsvorhaben führen, sondern auch einen methodischen Perspektivwechsel vorzunehmen.

Dabei grenzt sich der thematische Fokus der vorliegenden Forschungsarbeit klar von Forschungsbeiträgen zur Thematik des Scheiterns von Gründungsvorhaben ab. Denn anders als das Scheitern von Unternehmensgründungen, das oft maßgeblich durch exogene Faktoren bestimmt wird, herrscht in Forschungsbeiträgen, die Erkenntnisse zum Abbruch von Gründungsvorhaben liefern, die Meinung vor, dass maßgeblich endogene – also in der Person des Gründers liegende – Faktoren zum Niederlegen des Gründungsprojektes führen.[12] Wie auch die Ergebnisse der vorliegenden Arbeit vermuten lassen, ist die Entscheidung, ein Gründungsvorhaben abzubrechen, eine selbst und frei getroffene Entscheidung, die beruhend auf den eigenen Erfahrungen und Einstellungen getroffen wird.[13] Auch DAVIDSSON hält fest, dass die Nascent Entrepreneurship-Phase als Experiment zur Austestung der individuellen Vorstellungen und Ideen des Gründers bzw. des Gründerteams dient. Der Abbruch des Gründungsvorhabens ist im Sinne der ‚Trial and Error'-Methode dabei als ebenso adäquates und positives Ergebnis dieser Phase anzusehen, wie die Fortführung des Gründungsvorhabens.[14]

1.2 Einbettung in die unternehmerische Praxis

Doch nicht nur für die Entrepreneurship-Forschung ist die Thematik der vorliegenden Forschungsarbeit von Interesse. Auch für die unternehmerische Praxis können Erkenntnisse über die Einfluss-

---

10 Vgl. van Gelderen, M. et al. (2001), S. 3.
11 Vgl. Delmar, F. / Davidsson, P. (2005), S. 3 ff sowie Rotefoss, B. / Kolvereid, L. (2005), S. 111 sowie S. 122.
12 Vgl. MacDonald, R. (1991), S. 263, sowie u.a. Davidsson, P. / Honig, B. (2003), S. 304, Cardon, M. S. et al. (2005), S. 33, Landier, A. (2005), S. 3, Diochon, M. et al. (2005b), S. 12 oder Townsend, D. M. et al. (2010), S. 200.
13 Vgl. Landier, A. (2005), S. 3 sowie Diochon, M. et al. (2005b), S. 12.
14 Vgl. Davidsson, P. (2006), S. 20 sowie van Gelderen, M. et al. (2007), S. 16.

faktoren auf den Abbruch von Gründungsvorhaben von Nutzen sein. Dabei können drei Ebenen unterschieden werden, für die die Ergebnisse der vorliegenden Untersuchung aus einer praktischen Perspektive nützlich sein könnten: Gründungswillige bzw. Gründer, Gründungslehrende und -unterstützer sowie Programmdesigner.

Personen, die ein Gründungsvorhaben aufnehmen und Aktivitäten zu dessen Umsetzung durchführen, können insofern von den Ergebnissen profitieren, als dass sie auf kritische Faktoren innerhalb des Gründungsprozesses hingewiesen und dafür sensibilisiert werden, welche Zusammenhänge in anderen Fällen zum Abbruch geführt haben. Somit könnten Gründer die Ergebnisse dazu nutzen, Fallstricke zu vermeiden und kritischen Situationen besonders wachsam zu begegnen.

Auch der Personenkreis der Gründungsunterstützer kann Erkenntnisse über den Abbruch von Gründungsvorhaben nutzen, um Lehr- und Beratungsangebote anzupassen. Aufgrund der Neuartigkeit der Befragung von Personen, die ein Unternehmen *nicht* gründeten, können die erforschten Zusammenhänge in das Lehrangebot zum Gründungsprozess integriert werden, um Gründungswillige schon früh für evtl. Einflussfaktoren auf den Abbruch von Gründungsvorhaben zu sensibilisieren. Auch die Anpassung konkreter Gründungsberatungsangebote wird durch eine fundierte Erforschung des Abbruchphänomens ermöglicht, kann eine Spiegelung mit den Erfahrungen der Gründungsberatung doch einen erheblichen Mehrwert für die Passgenauigkeit von Unterstützungsangeboten bieten.

Nicht zuletzt profitieren auch Programm- und Projektdesigner auf einer übergeordneten Ebene von der vorliegenden Untersuchung. So könnten die Erkenntnisse direkt in die Entwicklung von neuen Programmen und Projekten eingeflochten werden. Programmdesigner wie Bundes- und Landesministerien, aber auch Projektdesigner, wie Universitäten, Fachhochschulen, Wirtschaftsförderungen, Inkubatoren etc., könnten daher eine stetige Anpassung ihrer spezifischen Angebote vornehmen und weiter daran feilen, die Programme und Projekte effektiver und effizienter zu gestalten.

1.3 Forschungsmethodik

Die vorliegende Forschungsarbeit bedient sich zur Beantwortung der Frage, welche Faktoren den Abbruch von Gründungsvorhaben beeinflussen, einer qualitativ-induktiven Forschungsmethodik. Die Wahl eines solchen, explorativ geprägten Forschungsdesigns kommt dabei einem Perspektivwechsel hinsichtlich der Erforschung des Abbruchphänomens gleich. Denn bisherige Forschungsarbeiten wählten meist einen quantitativ-deduktiven methodischen Zugang, um möglichst breite kausale Zusammenhänge hinsichtlich der unterschiedlichen Prozesse innerhalb der Nascent Entrepreneurship-Phase zu messen. Solche umfangreichen Studien, wie die Panel Study of Entrepreneurial Dynamics (PSED), konnten zwar verschiedene Hinweise darauf geben, welche Aspekte möglicherweise einen – oder auch keinen - Einfluss auf die Entscheidung haben, ein Gründungsvorhaben abzubrechen. Fundierte Hinweise darauf, wie dieser Prozess abläuft und welche *konkreten* Faktoren diese wichtige Entscheidung beeinflussen, lieferten diese Studien jedoch nur bedingt.[15] Daher erscheint ein Perspektivwechsel hin zu einer Forschungsmethodik notwendig, die dazu imstande ist, eine möglichst unverfälschte, direkte und tiefgreifende Beleuchtung des Forschungsgegenstandes zu gewährleisten. Darüber hinaus ist ein solcher methodischer Perspektivwechsel auch dann anzuraten, wenn sich die Forschung zu einem Phänomen noch in einem sehr frühen Stadium befindet und ein Konsolidierungsprozess hinsichtlich wichtiger Erkenntnisse noch nicht vollzogen ist. Dies ist hinsichtlich der Erforschung des Abbruchphänomens der Fall.[16]

Dabei orientiert sich die methodische Vorgehensweise an zwei Ansätzen qualitativer Forschungsmethodik, die für die Erforschung des Abbruchphänomens zum aktuellen Stand der Forschung in besonderem Maße geeignet sind: Der Grounded Theory sowie der entdeckenden Sozialforschung. Die von BARNEY GLASER und ANSELM STRAUSS geprägte Grounded Theory liefert dabei das Regelwerk für die empirische Vorgehensweise von ersten Schritten, wie der Sichtung der Literatur zum Forschungsgegenstand, über die Durchführung der Datenerhebung, bis hin zur Auswertung und Analyse des empirischen Datenmaterials.[17] Dieser Prozess verläuft innerhalb eines durch die Grounded Theory geprägten Forschungsdesigns jedoch keinesfalls linear, sondern vielmehr iterativ.[18] Ein erster Feldgang erfolgt bereits zu einem frühen Zeitpunkt des Forschungsprozesses, die Auswertung des Datenmaterials parallel zur Datenerhebung und die Ergebnisse der Datenanalyse fließen laufend in die Entwicklung gegenstandsbezogener Theorien ein. Diese auch als „Gleichzeitigkeit von Datensammlung und –analyse“[19] bezeichnete Vorgehensweise ermöglicht so die geforderte Nähe zum Forschungsgegenstand. Der induktive Charakter der Grounded Theory hebt diese große Nähe weiter hervor. Denn anders als bei deduktiven Forschungsdesigns werden keine a priori aufgestellten Hypothesen falsifiziert, sondern vielmehr basierend auf den Entdeckungen empirischer Zusammenhänge Hypothesen als Ergebnis des Forschungsprozesses generiert. Ziel ist dabei nicht die auf Repräsentativität zielende statistische Überprüfung kausaler Zusammenhänge, sondern vielmehr die Genese verallgemeinerbarer Theorien.[20]

---

15 Vgl. z.B. Davidsson, P. (2006), S. 19 ff, Wagner, J. (2007), S. 20 ff oder auch Reynolds, P. D. / White, S. B. (1992).

16 Vgl. Kapitel 2.3.

17 Vgl. Glaser, B. G. / Strauss, A. L. (1967).

18 Vgl. Lamnek, S. (1995a), S. 118.

19 Lamnek, S. (1995a), S. 118.

20 Vgl. Lamnek, S. (1995a), S. 114 f. Im Original Glaser, B.G. / Strauss, A.L. (1967), S. 21 ff.

Neben der Grounded Theory, die Handlungsorientierung hinsichtlich der generellen Vorgehensweise bietet, wurden Elemente der maßgeblich von KLEINING geprägten entdeckenden Sozialforschung hinsichtlich einer heuristischen Datenauswertung adaptiert.[21] Anders als bei hermeneutischen Forschungsansätzen, bei denen empirische Zusammenhänge maßgeblich gedeutet und interpretiert werden, werden im Zuge der entdeckenden Sozialforschung empirische Zusammenhänge entdeckt oder gefunden. Eine solch unvoreingenommene Vorgehensweise ermöglicht dabei dem Forscher, Neues und Unbekanntes aufzuspüren und zu analysieren. Aufgabe heuristisch orientierter Forschung ist demnach das Aufdecken und Erklären neuartiger Zusammenhänge aus einer möglichst offenen Forschungsperspektive heraus.[22] Eine Orientierung an der entdeckenden Sozialforschung hilft somit dabei, den explorativen Charakter der vorliegenden qualitativen Forschungsarbeit zu wahren.

Im Sinne des oben skizzierten induktiven und damit auch iterativen Forschungsprozesses, wurden nach einer ersten Sichtung der Literatur zum Abbruch des Gründungsvorhabens bereits zu einem frühen Zeitpunkt Experteninterviews durchgeführt, um ein erstes Gefühl für das Forschungsfeld zu erlangen. Nach der Durchführung von insgesamt fünf Experteninterviews wurden 14 Abbrecherinnen und Abbrecher[23] durch eine Kombination aus narrativen und problemzentrierten Interviews hinsichtlich ihrer Erfahrungen befragt. Gleichzeitig wurden die gewonnenen Daten mit Hilfe des Datenanalyseprogramms ‚MAXQDA' und basierend auf der vergleichenden und kontrastierenden Analyse nach KELLE & KLUGE analysiert und erste gegenstandsbezogene Theorien entwickelt.[24] Teilweise parallel zur Befragung der Abbrecher erfolgten vier Interviews mit Startern, also mit Personen, die sich dazu entschieden haben, ein Gründungsvorhaben fortzuführen. Somit wurden im Zuge der vorliegenden Untersuchung insgesamt 23 Interviews mit unterschiedlichen Personen durchgeführt, aus denen über 15 Stunden Interviewmaterial gewonnen werden konnten.

Die intensive Datenanalyse führte dabei zu zwei Ergebnisebenen: Einem fallübergreifenden Modell der Einflussfaktoren auf den Abbruch von Gründungsvorhaben, also zu Aspekten, die nach Angaben *aller* befragten Probanden einen Einfluss auf die Abbruchentscheidung genommen haben; sowie einer Typologisierung verschiedener Abbrechertypen, also die Einteilung der Probanden in vier verschiedene Typen, die sich hinsichtlich ihrer Motive und der jeweiligen Abbruchsursachen vonei-

21 Vgl. Kleining, G. (1995), S. 228 ff.

22 Vgl. Kleining, G. (1995), S. 18 ff sowie S. 118 ff.

23 Wird im Zuge der vorliegenden Arbeit von „Abbrechern", „Startern", „Experten", „Probanden" oder „Forschern" gesprochen, so sind damit auch Abbrecherinnen, Starterinnen, Expertinnen, Probandinnen oder Forscherinnen gemeint. Die gewählte Form des generischen Maskulinums dient dabei lediglich der Verständlichkeit und stellt keine sprachliche Diskriminierung dar. Anmerkung des Verfassers.

24 Vgl. Kelle, U. / Kluge, S. (2010), S. 58 sowie S. 76 ff.

nander unterscheiden. Diese Erkenntnisse mündeten am Ende des Forschungsprozesses in einige Gedanken zur Genese einer Theorie des Abbruchs von Gründungsvorhaben sowie in Hypothesen, die von zukünftigen Forschungsarbeiten zum Abbruch von Gründungsvorhaben überprüft werden können.

1.4 Aufbau der Arbeit

Die oben stehende Einführung hat die Notwendigkeit und Bedeutung einer Forschungsarbeit, die sich intensiv mit den Einflussfaktoren auf den Abbruch von Gründungsvorhaben beschäftigt, verdeutlicht. Im Anschluss an diese Einleitung werden in Kapitel 2 zunächst die theoretischen Grundlagen erarbeitet. Dabei gibt Kapitel 2.1 eine kurze Einführung in das Forschungsfeld der Entrepreneurship- und Nascent-Entrepreneurship-Forschung. In Kapitel 2.2 wird die vorliegende Forschungsarbeit in den unternehmerischen Prozess eingeordnet. In Kapitel 2.3 werden die Erkenntnisse aus dem intensiven Literaturstudium ausführlich geschildert und fließen in die Beschreibung des aktuellen Status Quo der Forschung zum Abbruch von Gründungsvorhaben ein.

Kapitel 3 steht im Lichte der Entwicklung einiger Arbeitsthesen, die eine Forschungsrichtung für die vorliegende Untersuchung bieten. Dabei wird eine theoretische Fundierung in Bezug zur Entscheidungstheorie sowie zur unternehmerischen Motivation vorgenommen, die der empirischen Untersuchung zugrunde liegt. Hierzu wird in Kapitel 3.1 zunächst eine Arbeitsdefinition des Abbruchs von Gründungsvorhaben entwickelt, um in Kapitel 3.2 die besagte theoretische Fundierung vorzunehmen. In Kapitel 3.3 werden die Arbeitsthesen formuliert, bevor in Kapitel 3.4 das Forschungsdesign der vorliegenden Arbeit skizziert wird.

Kapitel 4 beschreibt die methodologische Rahmung der vorliegenden Untersuchung und schildert detailliert die methodische Vorgehensweise. Hierzu wird zunächst auf Aspekte der entdeckenden Sozialforschung sowie der Grounded Theory in Kapitel 4.1 eingegangen. Kapitel 4.2 beschreibt die einzelnen Schritte der methodischen Vorgehensweise, gibt Einblick in die Befragungsrunden und klärt über Besonderheiten der Datenanalyse auf.

In Kapitel 5 werden die Erkenntnisse aus der empirischen Befragung dargelegt. In Kapitel 5.1 erfolgt hierzu eine Kurzbeschreibung der befragten Probanden bevor in Kapitel 5.2 die empirisch gewonnenen Erkenntnisse ausführlich beschrieben und mit Zitaten aus dem Datenmaterial belegt werden. Kapitel 5.2 ist in zwei Ebenen unterteilt, die sich an der oben genannten vergleichenden und kontrastierenden Analyse nach KELLE & KLUGE orientieren. In Kapitel 5.2.1 werden dabei zunächst die fallübergreifenden Erkenntnisse geschildert, bevor in Kapitel 5.2.2 die Kontrastierungen, die im

Datenmaterial entdeckt wurden, beschrieben werden und eine Typologie des Abbruchs von Gründungsvorhaben entwickelt wird. Die empirischen Erkenntnisse werden dabei anhand der theoretischen Fundierung aus Kapitel 3 diskutiert. In Kapitel 5.2.3 erfolgt eine Spiegelung der Erkenntnisse aus den Abbrecherinterviews mit Erkenntnissen aus den Starterinterviews.

Die Untersuchung schließt mit Kapitel 6, in dem die Ergebnisse der vorherigen Kapitel zusammengefasst und kritisch diskutiert werden. Hierzu wird in Kapitel 6.1 sowohl ein fallübergreifendes Modell des Abbruchs von Gründungsvorhaben beschrieben als auch die zuvor entwickelte Typologie in ein Modell überführt. In Kapitel 6.2 folgen einige theoretische Überlegungen sowie die Aufstellung von Hypothesen, die als Ergebnis der vorliegenden Untersuchung verstanden werden können. Am Ende dieses Kapitels werden einige Gedanken zur Genese einer Theorie des Abbruchs von Gründungsvorhaben beschrieben. Nach der kritischen Diskussion der Implikationen für die Entrepreneurship-Forschung und –Praxis sowie der Limitationen der vorliegenden Untersuchung schließt die Arbeit in Kapitel 6.6 mit einem Fazit.

2. Theoretische Grundlagen und Literatur zum Abbruch von Gründungsvorhaben

„Es gibt nichts praktischeres als eine gute Theorie.“[25]
Kurt Lewin

Die vorliegende Forschungsarbeit widmet sich der Frage, warum Gründungsvorhaben, die von Individuen intensiv verfolgt werden, noch vor der eigentlichen (formellen) Gründung abgebrochen werden. Der Autor erhofft sich von der Beschäftigung mit diesem Forschungsgebiet Erkenntnisse nicht nur für Wissenschaft und Forschung im Bezug auf den Unternehmer - den Entrepreneur - sondern auch für Politik und Gesellschaft. Damit weist diese Forschungsfrage einen hohen Praxisbezug auf. Doch auch eine solch praxisrelevante Forschungsfrage bedarf eines wissenschaftlichen und theoretischen Fundaments, das im Folgenden exemplifiziert werden soll.

2.1 Die Entrepreneurship-Forschung: Definitionen, Begriffe und Forschungsbereiche

Im folgenden Kapitel wird ein kurzer Überblick über verschiedene Definitionen, Begrifflichkeiten und Bereiche der aktuellen Entrepreneurship-Forschung gegeben. Ein solch kurzer Überblick über wichtige Aspekte des Forschungsgebietes erscheint notwendig, um den Forschungsbereich der vorliegenden Arbeit einzuordnen. Darüber hinaus dienen die dargestellten Definitionen der Entwicklung eines unternehmerischen Prozessmodells, in das die thematische Fokussierung der vorliegenden Forschungsarbeit eingeordnet werden kann, auch, um sich von der Literatur zum Scheitern von Gründungsvorhaben abzugrenzen, die sich mit einer späteren Phase des unternehmerischen Prozesses beschäftigt. Die Skizzierung dieser Grundlagen dient dabei hauptsächlich der Klärung wichtiger Aspekte, Faktoren und Bereiche der Entrepreneurship-Forschung.

2.1.1 Definitionen und Forschungsrichtungen innerhalb der Entrepreneurship-Forschung

Innerhalb der letzten Jahre und Jahrzehnte entbrannte innerhalb der Entrepreneurship-Forschung eine stets kontrovers geführte Diskussion darüber, inwieweit eine einheitliche Definition des Begriffs ‚Entrepreneurship‘ besteht.[26] Nicht zuletzt nach wegweisenden Artikeln wie denen von LOW & MACMILLAN (1988) ergab sich eine Ausdifferenzierung verschiedener Forschungsrichtungen innerhalb des Forschungsbereichs Entrepreneurship.[27] Doch seither diskutieren Forscher innerhalb des Fachgebietes darüber, wie Entrepreneurship zu definieren sei.[28] Schon ARTHUR H. COLE hält bereits 1969 über die schon damals bestehende Diskussion über eine Entrepreneurship Definition fest:

---

25 Lewin, K. T. (1951), S. 169.

26 Vgl. Low, M. B. (2001), S. 19 f.

27 Vgl. Low, M. B. / MacMillan I. C. (1988), S. 139 ff, Low, M. B. (2001), S. 18 ff sowie Davidsson, P. et al. (2001), S. 5.

28 Vgl. Cole, A. H. (1969), S. 17; Shane, S. et al. (2003), S. 274 sowie Gartner, W. B. (1988), S. 11.

„Each of us had some notion of it - what he thought it was, for his purpose, a useful definition. And I don't think you're going to get any further than that."[29]

Doch die Historie der Entrepreneurship-Forschung beginnt mit einer teilweise mehr, teilweise weniger differenzierten Auseinandersetzung mit der Unternehmerperson. Bereits klassische Autoren wie RICHARD CANTILLON, JEAN BAPTISTE SAY, JOHN STUART MILL oder KARL MARX befassten sich mit dem Entrepreneur. Das folgende Schaubild ordnet die frühen Mitbegründer der Unternehmerforschung in unterschiedliche Epochen ein.

Pro-Neoklassik spätes 17. - 19. Jahrhundert	**Neoklassik** 19. bis 20. Jahrhundert	**Post-Neoklassik** 20. Jahrhundert
1. Richard Cantillon (1697-1734)	6. Carl Menger (1838 - 1917)	9. Joseph A. Schumpeter (1883 - 1950)
2. Adam Smith (1723-1790)	7. Alfred Marshall (1842 - 1924)	10. Israel M. Kirzner (1930 - heute)
3. Jean Baptiste Say (1767-1832)	8. Frank Knight (1885 - 1972)	11. Mark Casson (1945 - heute)
4. John Stuart Mill (1806 - 1873)		
5. Karl Marx (1818 - 1883)		

Tabelle 1: Einordnung der frühen Unternehmerforschung in Epochen[30]

Sucht man nach den historischen Spuren des Begriffes ‚Entrepreneurship', so wird man etymologisch zunächst in der französischen Sprache fündig.[31] Der Begriff ‚Entrepreneurship' leitet sich vom französischen ‚entreprendre' ab, dass so viel heißt wie ‚etw. unternehmen'.[32] Die Entrepreneurship-Forschung beschäftigt sich demnach mit der Person des Unternehmers, wie bereits SCHUMPETER 1934 festhält:

„[Der Entrepreneur ist der] Leiter oder Eigentümer eines Betriebs. [Also ein] entrepreneur faisant ni bénéfice ni perte ohne spezielle Funktion und ohne spezielles Einkommen."[33]

---

29 Cole, A. H. (1969), S. 17.
30 in Anlehnung an Tröger, N. H. (2001), S. 51. Eigene Darstellung.
31 Vgl. Volkmann, C. K. / Tokarski, K. O. (2006), S. 3.
32 Vgl. Lange-Kowal, E. E. / Hartig, P. (1968), S. 102.
33 Schumpeter, J. A. (1934), S. 59.

Im Laufe der Jahrhunderte versuchten verschiedene Forscher explizit eine Definition zu fixieren, die einheitlich anerkannte wurde - jedoch oft nur mit geringem Erfolg. So zeigt die folgende Tabelle, in der einige der Definitionen der oben genannten Vertreter der Klassik aufgegriffen werden, nur einen kleinen Teil der vielen verschiedenen Entrepreneurship-Definitionen, die vom Autor identifiziert werden konnten. Es wird sich hierbei auf frühe wichtige und wegweisende Definitionen aus dem 19. und 20. Jahrhundert beschränkt.

Jahr:	**Autor:**	**Definition:**
1821	*Say*	„Der ‚Entrepreneur' [nimmt] Wirtschaftsressourcen aus Bereichen geringer Produktivität heraus und nutz[t] sie an anderer Stelle, wo sie höhere Produktivität und höhere Erträge erzielen."[34]
1931	*Cantillon*	"entrepreneurs [...] engage in market exchanges at their own risk in order to make a profit."[35]
1934	*Schumpeter*	"Entrepreneurship is seen as new combinations including the doing of new things or the doing of things that are already being done in a new way, and their successful market introduction."[36]
1961	*Knight*	"The central feature of entrepreneurship is uncertainty instead of rationality or innovation. Uncertainty in combination with perceptiveness is the sole source of progress and profits."[37]
1973	*Kirzner*	"Entrepreneurship is the ability to perceive new opportunities. This recognition and seizing of the opportunity will trend to 'correct' the market and bring it back toward equilibrium."[38]

Tabelle 2: Verschiedene frühe Entrepreneurship Definitionen des 19. und 20. Jahrhunderts[39]

Allein innerhalb dieser wenigen, frühen Definitionen von Entrepreneurship wird deutlich, wie groß die Heterogenität zwischen den verschiedenen Auffassungen ist. So steht bspw. bei KIRZNER die „opportunity"[40] im Fokus seiner Definition, bei KNIGHT, nur wenige Jahre zuvor, die Unsicherheit, die die Person des Entrepreneurs voran treibt und letztlich für Fortschritt und die Erwirtschaftung von Profit verantwortlich ist.[41] Anhand dieser verschiedenen Auffassungen wird ersichtlich, dass innerhalb der Forschung ein unterschiedliches Verständnis von Entrepreneurship vorherrscht. Ab

34 Vgl. Drucker, P. F. (1985), S. 46 sowie im Original Say, J. B. (1821).
35 Vgl. Hébert, R. F. / Link, A. N. (1989), S. 42, sowie im Original Cantillon, R. (1931).
36 Schumpeter, J. A. (1934), S. 132.
37 Vgl. Brouwer, M. T. (2002), S. 83 ff sowie im Original Knight, F. H. (1961).
38 Kirzner, I. M. (1973), S. 81 f.
39 Eigene Darstellung.
40 Vgl. Kirzner, I. M. (1973).
41 Vgl. Knight, F. H. (1961).

den 1980er Jahren entstanden weitere Forschungsrichtungen, wie LOW & MACMILLAN 1988 festhalten:

> *„Entrepreneurship is a multifaceted phenomenon that cuts across many disciplinary boundaries. Studies falling under the rubric of "entrepreneurship" have pursued a wide range of purposes and objectives, asked different questions and adopted different units of analysis, theoretical perspectives and methodologies."*[42]

Diese breite Diversifikation innerhalb der Entrepreneurship-Forschung wird auch durch die folgende Tabelle verdeutlicht, die einige der wichtigsten und meist zitierten Entrepreneurship-Definitionen der letzten Jahre (ab 1980) wiedergibt. Ausgewählt wurden dabei solche Definitionen, die innerhalb der Entrepreneurship-Forschungsgemeinschaft als wichtige Meilensteine anerkannt sind und entsprechend häufig zitiert wurden. Auch LOW & MACMILLAN exemplifizieren in ihrem wegweisenden Werk einige der unten angeführten Definitionen und formulieren, dass allein die Bandbreite der unterschiedlichen definitorischen Ansätze unterstreicht, wie breit das Entrepreneurship-Forschungsfeld ist.[43] Darüber hinaus wurden einige häufig zitierte Definitionen aus der jüngeren Vergangenheit hinzugefügt, was zusätzlich die Forderungen verschiedener Forscher nach einer einheitlichen Definition unterstreicht, da insbesondere im letzten Jahrzehnt vermehrt Beiträge mit definitorischen Ansätzen in Fachzeitschriften aufgetreten sind.[44]

Jahr:	**Autor:**	**Definition:**
1984	*Ronstadt*	„Entrepreneurship is the dynamic process of creating incremental wealth. This wealth is created by individuals who assume the major risks in terms of equity, time and / or career commitment of providing value for some product or service. The product or service itself may or may not be new or unique but value must somehow be infused by the entrepreneur by securing and allocating the necessary skills and resources."[45]
1985	*Drucker*	„Entrepreneurship is an act of innovation that involves endowing existing resources with new wealth-producing capacity."[46]
1985	*Stevenson / Gumpert*	"Entrepreneurship is a process by which individuals pursue and exploit opportunities irrespective of the resources they currently control."[47]
1988	*Gartner*	"Entrepreneurship is the creation of organizations, the process by which new organizations come into existence."[48]

42 Low, M. B. / MacMillan, I. C. (1988), S. 140.

43 Vgl. Low, M. B. / MacMillan, I. C. (1988), S. 140.

44 Vgl. Gartner, W. B. (1990), S. 16, Brockhaus, R. H. (1987), Brockhaus, R. H. / Horwitz, P. S. (1985), Casrud, A. L. et al. (1985), Low, M. B. / MacMillan, I. C. (1988), Ronstadt, R. H. et al. (1986), Sexton, D. L. / Smilor, R. W. (1985) sowie Wortman, M. S. (1985).

45 Ronstadt, R. C. (1984), S. 28.

46 Landström, H. (2005), S. 11, im Original Drucker, P. F. (1985).

47 Landström, H, (2005), S. 11, im Original Stevenson, H. H. / Gumpert, D. E. (1985), S. 85.

Jahr:	Autor:	Definition:
1988	*Low / MacMillan*	"Entrepreneurship research seeks to explain and facilitate the role of new enterprise in furthering economic progress."[49]
1997	*Timmons*	"Entrepreneurship is a way of thinking, reasoning, and acting that is opportunity driven, holistic in approach, and leadership balanced."[50]
1997	*Venkataraman*	"Entrepreneurship is about how, by whom, and with what consequences opportunities to bring future goods and service into existence are discovered, created, and exploited."[51]
1998	*Morris*	"Entrepreneurship is the process through which individuals and teams create value by bringing together unique packages of resource inputs to exploit opportunities in the environment. It can occur in any organizational context and results in a variety of possible outcomes, including new ventures, products, services, markets, and technologies."[52]
2000	*Shane / Venkataraman*	"[Entrepreneurship research is] the scholarly examination of how, by whom, and with what effects opportunities to create future goods and services are discovered, evaluated, and exploited."[53]
2003	*Sarasvathy et al.*	"Entrepreneurship is an endogenous process of interactive human action striving to imagine and create a better world."[54]
2005	*Davidsson*	"Entrepreneurship consists of the competitive behaviors that drive the market process."[55]
2005	*Baron / Shane*	"Entrepreneurship, as a field of business, seeks to understand how opportunities to create something new (e.g., new products or service, new markets, new production processes or raw materials, new ways of organizing existing technologies) arise and are discovered or created by specific persons, who then use various means to exploit or develop them, thus producing a wider range of effects."[56]
2007	*Steyaert*	"[...] Entrepreneurship is seen as a process of sensemaking where new ideas and possibilities become enacted, selected and legimated until potential users come to accept them."[57]

48 Landström. H. (2005), S. 11, im Original Gartner, W. B. (1988), S. 11.
49 Low, M. B. / MacMillan, I. C. (1988), S. 141.
50 Landström, H. (2005), S. 11, im Original Timmons, J. A. (1997).
51 Landström, H. (2005), S. 11, im Original Venkataraman, S. (1997).
52 Morris, M. H. (1998), S. 16.
53 Shane, S. / Venkataraman, S. (2000), S. 218.
54 Sarasvathy, S. D. et al. (2005), S. 143.
55 Davidsson, P. (2005), S. 6.
56 Baron, R. A. / Shane, S. (2005), S. 5.
57 Steyaert, C. (2007), S. 459.

Jahr:	Autor:	Definition:
2008	*Hisrich et al.*	"Entrepreneurship is the process of creating something new with value by devoting the necessary time and effort, assuming the accompanying financial, psychic, and social risks, and receiving the resulting rewards of monetary and personal satisfaction and independence."[58]

Tabelle 3: Ausgewählte Entrepreneurship Definitionen der letzten 30 Jahre[59]

1988, zu einem Zeitpunkt, zudem bereits viele unterschiedliche Entrepreneurship-Definitionen existierten, hielten LOW & MACMILLAN zu der großen Bandbreite an verschiedenen Definitionen fest:

"The Problem with these definitions is that though each captures an aspect of entrepreneurship, none captures the whole picture."[60]

Im Laufe der Zeit haben sich aus diesen verschiedenen definitorischen Richtungen unterschiedliche Forschungsrichtungen herauskristallisiert. So wurde bspw. ab den 2000er Jahren innerhalb der Entrepreneurship-Forschung ein Fokus auf die ‚Opportunity' (engl. für unternehmerische Gelegenheit) und eine hiermit einhergehende Prozess-Definition gelegt. Ausschlaggebend hierfür war die oben genannte Definition von SHANE & VENKATARAMAN aus dem Jahre 2000, die seither mit 4.050 Zitaten[61] als eine der meist zitierten Entrepreneurship-Definitionen gilt.[62] Diese Definition gilt bis dato zwar nicht als einheitlich anerkannte Entrepreneurship-Definition, setzt sich aber im Feld immer weiter durch.[63] Gemäß der Fokussierung auf Prozess und unternehmerische Gelegenheit führt die Nutzung einer unternehmerischen Gelegenheit zur Kreierung von zukünftigen Gütern oder Dienstleistungen, ist demnach also mit einer volkswirtschaftlich relevanten Funktion versehen.[64] Dabei wird innerhalb dieses Ansatzes angenommen, dass die ‚Opportunity' durch ein ökonomisches Ungleichgewicht entsteht.[65] Die ‚Opportunity', also die unternehmerische Gelegenheit, wird von SARASVATHY dabei wie folgt definiert:

"An entrepreneurial opportunity [...] consists of a set of ideas, beliefs, and actions that enable the creation of future goods and services in the absence of current markets for them."[66]

Damit steht diese Forschungsrichtung in enger Verbindung mit der von SCHUMPETER bereits 1934 fixierten Entrepreneurship-Definition, bei der ein Unternehmer neue Kombinationen am Markt er-

---

58 Hisrich, R. D. et al. (2008), S. 8.
59 In Anlehnung an Low, M. B. / MacMillan, I. C. (1988), S. 141. Eigene Darstellung.
60 Low, M. B. / MacMillan, I. C. (1988), S. 141.
61 Auswertung laut Google Scholar. Im Internet unter http://scholar.google.de/scholar?q=the+promise+of+entrepreneurship+as+a+field+of+research&hl=de&btnG=Suche&lr=. Am 28.04.2012.
62 Scott, S. (2012), S. 10.
63 Venkataraman, S. et al. (2012), S. 21 sowie Davidsson, P. (2008), S. 30.
64 Vgl. Shane, S. / Venkataraman, S. (2000), S. 218, Davidsson, P. (2008), S. 30 sowie Stevenson, H. H. (1988), S. 2.
65 Vgl. Koch, L. T. / Grünhagen, M. (2009), S. 707.
66 Vgl. Sarasvathy, S. et al. (2010), S. 79.

kennt und durchsetzt.[67] Dieser Ansatz der Erfüllung volkswirtschaftlicher Funktionen wird in der Entrepreneurship-Forschung als ‚functional approach' bezeichnet.[68]

Ein weiterer definitorischer Ansatz beruht auf einer laut DAVIDSSON konträren Richtung, die sich nicht wie der ‚functional approach' volkswirtschaftlichen Funktionen, sondern vielmehr der Entstehung von Organisationen widmet.[69] Da Organisationen als direktes Ergebnis von unternehmerischem Verhalten entstehen, wird dieser auf GARTNER'S oben genannte Definition aus dem Jahre 1988 zurück gehende Ansatz ‚Behavioral-Approach' genannt.[70] Innerhalb dieses Ansatzes wird maßgeblich der Frage nachgegangen, was Unternehmer bzw. Unternehmensgründer eigentlich *tun*.[71] GARTNER selbst beschreibt das Entrepreneurship Feld dabei wie folgt und geht darüber hinaus auf die Abgrenzung zwischen dem ‚behavioral approach' und dem ‚traits approach' ein, der weiter unten näher beschrieben wird.

> *"This behavioral approach views the creation of an organization as a contextual event, the outcome of many influences. The entrepreneur is part of the complex process of new venture creation. This approach to the study of entrepreneurship treats the organization as the primary level of analysis and the individual is viewed in terms of activities undertaken to enable the organization to come into existence [...]."*[72]

Demnach spielt im Zuge des Behavioral-Approachs vor allem das individuelle Verhalten des Entrepreneurs bzw. des Gründungsteams eine entscheidende Rolle bei der Entstehung neuer Organisationen.

Eine dritte Forschungsrichtung widmet sich den Eigenschaften, die Unternehmern zugesprochen werden. Dieser als ‚Traits approach' bezeichnete Forschungsansatz stellt den Unternehmer, also das Individuum selbst, in den Mittelpunkt.[73] Sie steht damit im direkten Gegensatz zu der von GARTNER (1988) und auch STEVENSON (1988) begründeten Richtung des Behavioral-Approachs.[74] Dies wird auch anhand der Titel zweier grundlegender Arbeiten zu den beiden Bereichen deutlich, die beide in der Frühjahrsausgabe des American Journal of Small Business aus dem Jahre 1988 erschienen sind: „‘Who is an Entrepreneur?‘ Is the Wrong Question“[75] von GARTNER sowie „‘Who is an Entrepre-

67 Vgl. Schumpeter, J. A. (1934), S. 132.
68 Vgl. Stevenson, H. H. (1988), S. 2.
69 Vgl. Davidsson, P. (2008), S. 31.
70 Vgl. Davidsson, P. (2008), S. 31, Stevenson, H. H. (1988), S. 2 ff sowie Braukmann, U. et al. (2008), S. 5.
71 Vgl. Gartner, W. B. (1989), S. 56 f.
72 Vgl. Gartner, W. B. (1989), S. 57 sowie im Original Gartner, W. B. (1985).
73 Vgl. Carland, J. W. et al. (1988), S. 34.
74 Vgl. Gartner, W. B. (1988), Stevenson, H. H. (1988) sowie Carland, J. W. et al. (1988).
75 Gartner, W. B. (1988).

neur?' Is a Question Worth Asking"[76] von CARLAND ET AL.. Die von CARLAND ET AL. 1984 veröffentlichte Definition der Unternehmerperson heizte die Diskussion um die beiden Schulen (‚Behavioral approach' vs. ‚Traits approach') an:

> *"An entrepreneur is an individual who establishes and manages a business for the principal purposes of profit and growth. The entrepreneur is characterized principally by innovative behavior and will employ strategic management practices in the business."*[77]

Diese Definition ist nicht in obiger Tabelle aufgelistet, weil sie nicht versucht das Fach bzw. die Disziplin Entrepreneurship als Ganzes zu definieren, sondern den Unternehmer als Person. In ihrem Artikel aus dem Jahr 1984 beschäftigen sich die Autoren, obwohl in Ihrer Unternehmerdefinition auch die Verhaltensweisen von Unternehmern eine Rolle spielen, intensiv mit den verschiedenen Charakteristika von Entrepreneuren.[78] Dabei gehen sie auch auf eine für den ‚Traits approach' sehr wichtige Forschungsarbeit von MCCLELLAND ein, der bereits 1961 eine umfangreiche Auflistung verschiedener Eigenschaften von Unternehmern, empirisch untersucht, aufstellte.[79]
Diese kurze Darlegung der verschiedenen Forschungsrichtungen innerhalb der Entrepreneurship-Forschung verdeutlicht, welche unterschiedlichen Faktoren auf ein Gründungsvorhaben einwirken und aus welch unterschiedlichen Perspektiven der Prozess einer Unternehmensgründung beleuchtet werden kann. Die Darstellung dieser Forschungsperspektiven dient dabei dem allgemeinen Verständnis der Entrepreneurship-Forschung sowie als Grundlage für den im Folgenden skizzierten unternehmerischen Prozess, der Aspekte aus den verschiedenen Entrepreneurship-Forschungsperspektiven aufgreift.

2.1.2 Unterschiedliche Phasen im Entrepreneurship Prozess

Der im Folgenden dargestellte unternehmerische Prozess dient wie bereits erwähnt der Orientierung und hilft bei der Einordnung des thematischen Fokus der vorliegenden Arbeit. Er basiert dabei hauptsächlich auf der oben bereits vorgestellten Forschungsarbeit von SHANE & VENKATARAMAN aus dem Jahre 2000.[80] In diesem Aufsatz fixieren die Autoren nicht nur eine wichtige Definition der Entrepreneurship-Forschung, sondern beschreiben auch verschiedene Bestandteile dieses Forschungsbereiches.[81] Diese Bestandteile lassen sich in Zusammenhang mit anderen definitorischen Forschungsarbeiten zu einem Prozess des unternehmerischen Handelns entwickeln.

---

76 Carland, J. W. et al. (1988).
77 Vgl. Carland, J. W. et al. (1984), S. 358.
78 Vgl. Carland, J. W. et al. (1984), S. 61 ff.
79 Vgl. Carland, J. W. et al. (1984), S. 62, sowie McClelland, D. C. (1961).
80 Vgl. Shane, S. / Venkataraman, S. (2000).
81 Vgl. Shane, S. / Venkataraman, S. (2000), S. 218.

SHANE & VENKATARAMAN skizzieren in ihrem Meilenstein-Artikel fünf Bereiche, denen sich die Entrepreneurship-Forschung widmet. Diese sind:

1. Quellen von unternehmerischen Gelegenheiten (unt. Glg.);
2. Der Prozess des Entdeckens, Kreierens, oder Gestaltens von unt. Glg.;
3. Der Prozess der Bewertung unt. Glg;
4. Der Prozess der (Aus-)Nutzung von unt. Glg.;
5. Die Person des Entrepreneurs bzw. das Gründungsteam, die diese Prozesse wahrnehmen und durchlaufen.[82]

Ordnet man diese fünf Punkte einer zeitlichen Chronologie unter, ergibt sich ein unternehmerischer Prozess, in dessen Fokus die unternehmerische Gelegenheit steht, wie die folgende Abbildung zeigt.

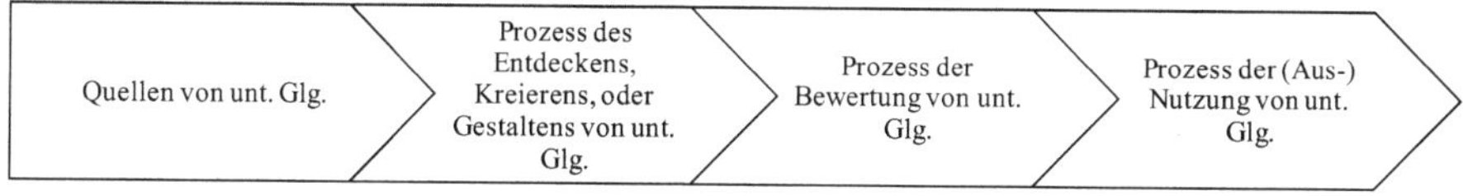

Abbildung 1: Der unternehmerische Prozess nach Shane & Venkataraman (2000)[83]

Lediglich der von SHANE & VENKATARAMAN zuletzt genannte Aspekt der Gründungsperson bzw. des Gründungsteams kann nicht in den unternehmerischen Prozess eingeordnet werden, da er letztlich in jeder Phase einer Unternehmensgründung eine entscheidende Rolle spielt. Der unternehmerische Prozess nach SHANE & VENKATARAMAN beginnt dabei mit der Identifizierung einer unternehmerischen Gelegenheit, die entweder vorhanden ist, herbeigeführt wird (aktiv oder passiv) oder aber auch schlicht passiv wahrgenommen wird. Demnach sind die ersten beiden Bausteine eng miteinander verknüpft. In einem darauf folgenden Schritt wird die unternehmerische Gelegenheit einer Bewertung hinsichtlich ihrer Geschäftsfähigkeit unterzogen. Hiernach erfolgt die Nutzung oder aber auch Ausnutzung der unternehmerischen Gelegenheit in Form einer monetären, wirtschaftlichen Verwertung.

Neben diesem grob skizzierten unternehmerischen Prozess, der sich eng an die von SHANE & VENKATARAMAN im Jahr 2000 identifizierten Forschungsbereiche der Entrepreneurship-Forschung anlehnt, existieren weitere Prozessmodelle, die teilweise große Beachtung gefunden haben. Eines dieser Modelle wird im Folgenden vorgestellt. Gemeinsam ist den beiden hier vorgestellten Modellen, dass die unternehmerische Gelegenheit bzw. ‚Opportunity' die Grundlage der Phasenkonstrukte

[82] Vgl. Shane, S. / Venkataraman, S. (2000), S. 218.

[83] Eigene Darstellung, in Anlehnung an Shane, S. / Venkataraman, S. (2000), S. 218.

bildet. In der folgenden Abbildung ist das Prozessmodell nach SHANE aus dem Jahre 2003 dargestellt. Jedoch sind die Zusammenhänge in diesem Modell komplexer und ausführlicher.

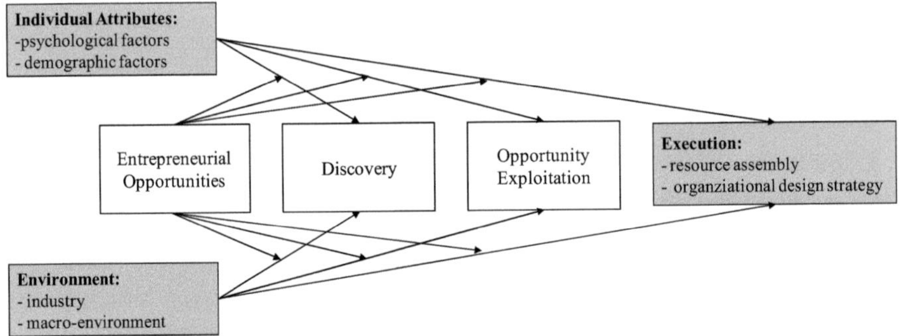

Abbildung 2: Der unternehmerische Prozess nach Shane (2003)[84]

Ähnlich wie im weiter oben skizzierten unternehmerischen Prozess beginnt dieses Phasenmodell mit der unternehmerischen Gelegenheit als Ausgangspunkt eines jeden Gründungsvorhabens. Diese wird in einem zweiten Schritt wahrgenommen um hiernach wirtschaftlich verwertet zu werden. Darüber hinaus fügt SHANE seinem unternehmerischen Prozess einige Rahmenbedingungen zu:

> *"Individual attributes like psychological or demographic factors of the entrepreneur as well as the environment are interrelated with the concept of opportunities and lead to their execution."*[85]

Demnach fügt SHANE seinem Prozess die weiter oben innerhalb der Behavioral- und Traits-Ansätze diskutierten Persönlichkeitsmerkmale und Verhaltensweisen der Gründer als wichtige Einflussfaktoren hinzu. Zu beachten ist darüber hinaus, dass nach SHANE sowohl Rahmenbedingungen als auch einzelne Phasen im Bezug auf die unternehmerische Gelegenheit in engem Zusammenhang zueinander stehen und miteinander verwoben sind.

Aus diesen beiden Modellen und unter Berücksichtigung weiterer Aspekte und Forschungsarbeiten kann ein der vorliegenden Forschungsarbeit zugrunde liegendes unternehmerisches Prozessmodell entwickelt werden, das die wichtigsten Faktoren der oben vorgestellten Konstrukte miteinander verbindet, wie die folgende Abbildung zeigt.

---

[84] In Anlehnung an Volkmann, C. K. et. al. (2010), S. 70, im Original Shane, S. (2003).

[85] Volkmann, C. K. et al. (2010), S. 70.

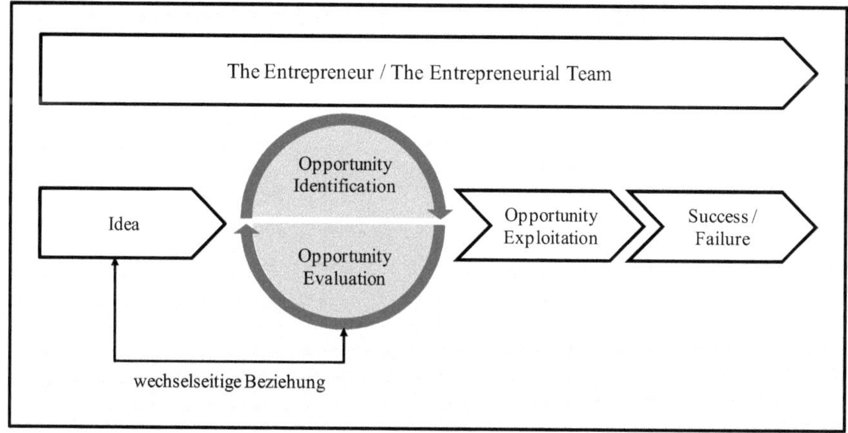

Abbildung 3: Der unternehmerische Prozess[86]

Dieser unternehmerische Prozess vereint nach Auffassung des Verfassers die wichtigsten Elemente aus den oben beschriebenen Prozessmodellen. So beginnt ein unternehmerischer Prozess mit einer Geschäfts*idee*, die als Grundlage für die spätere unternehmerische Gelegenheit (engl. ‚Opportunity') und somit als Voraussetzung für das unternehmerische Handeln dient.[87] Dabei wird in der Forschung oftmals zwischen Geschäftsidee und Opportunity unterschieden: Erst durch Evaluation und intensiver Beschäftigung mit der Geschäftsidee (‚Opportunity Identification' und ‚Opportunity Evaluation') kann eine konkrete unternehmerische Gelegenheit (‚Opportunity') identifiziert werden. Zwischen Geschäftsidee und Opportunity besteht demnach eine enge wechselseitige Beziehung.[88] Ergebnis dieses rekursiven Prozesses ist die Fixierung einer unternehmerischen Gelegenheit, um mit dieser das Gründungsvorhaben weiter zu verfolgen. Die beiden Elemente ‚Opportunity Identification' und ‚Opportunity Evaluation' sind dabei ebenfalls eng miteinander verwoben, werden innerhalb der Literatur aber oftmals als unterschiedliche Elemente bezeichnet. Das Element der ‚Opportunity Identification' wird dabei innerhalb der Entrepreneurship-Forschung oftmals auch als ‚Opportunity Recognition' bezeichnet und stellt einen komplexen und vielschichtigen Prozess dar.[89] Der zweite Bestandteil dieses Prozessteils ist die Opportunity Evaluation. In der Literatur existieren Prozessmodelle, die die Opportunity Identification und die Opportunity Evaluation als nacheinander ablaufende Phasen beschreiben.[90] In der Praxis ist dieser Prozess nach Auffassung des Verfassers

86 Eigene Darstellung, in Anlehnung an Shane, S. / Venkataraman, S. (2000), Shane, S. (2003) sowie Volkmann, C. K. / Tokarski, K. O. (2006), S. 50.

87 Vgl. Shane, S. (2003), S. 12 f, sowie Keh, H. T. et al. (2002), S. 125 f.

88 Vgl. Volkmann, C. K. / Tokarski, K. O. (2006), S. 50.

89 Vgl. Volkmann, C. K. / Tokarski, K. O. (2006), S. 50. Zur ausführlichen Diskussion vgl. Blenker, P. / Thrane-Jensen, C. (2007), S. 16 ff sowie Sarasvathy, S. et al. (2010), S. 81 ff.

90 Vgl. Blenker, P. / Thrane-Jensen, C. (2007).

jedoch iterativ, werden potenzielle Opportunities doch stets von potenziellen Entrepreneuren hinsichtlich ihrer Geschäftstauglichkeit überprüft und somit bereits während des Identifikationsprozesses stetig evaluiert. Diese Auffassung geht überein mit der Meinung von ARDICHVILI ET AL., die beschreiben:

> *"The creation of successful businesses follows a successful opportunity development process. This includes recognition of an opportunity, it's evaluation, and development per se. The development process is cyclical and iterative: an entrepreneur is likely to conduct evaluations several times at different stages of development; evaluation could also lead to recognition of additional opportunities or adjustments to the initial vision."*[91]

Doch trotz dieser Gleichzeitigkeit von Identifikation und Evaluation bleibt die Bewertung von unternehmerischen Gelegenheiten hinsichtlich ihrer Marktfähigkeit ein zentraler Bestandteil des unternehmerischen Prozesses, wie KEH ET AL. festhalten:

> *"Evaluation is the key to differentiate an idea from an opportunity [...]."*[92]

Innerhalb des Bewertungsprozesses versucht der Entrepreneur bzw. das Gründerteam zu antizipieren, wie erfolgreich die identifizierte Geschäftsidee hinsichtlich einer wirtschaftlichen Verwertung sein wird und welche Handlungen er für den gewünschten Erfolg herbeiführen muss.[93] Insbesondere die hierdurch ausgedrückte Erwartungshaltung scheint wie im späteren Verlauf der Arbeit noch gezeigt wird ein wichtiger Aspekt für die Abbruchsforschung zu sein. Der Evaluation-Prozess wird dabei wie folgt definiert:

> *"[Evaluation is the] process of evaluating a set of circumstances that if acted upon, may result in wealth generating products and services."*[94]

Die bis hierher durchlaufenen Phasen stellen die wichtigen Voraussetzungen zum nächsten Schritt dar, der Opportunity Exploitation. Vor der wirtschaftlichen (Aus-) Nutzung der unternehmerischen Gelegenheit wird jedoch eine Geschäftsidee fixiert, die für die weitere Phase genutzt wird. Eine Fixierung der unternehmerischen Gelegenheit bedeutet dabei allerdings nicht, dass diese starr festgehalten wird und zwangsläufig Verwendung finden muss. Vielmehr wird die unternehmerische Gelegenheit im Verlauf des unternehmerischen Prozesses immer wieder an aktuelle Entwicklungen angepasst, auch nach den Phasen der Identifizierung und Evaluation.

---

91 Ardichvili, A. et al. (2003), S. 106.
92 Keh, H. T. et al. (2002), S. 125 f.
93 Haynie, J. M. et al. (2009), S. 340.
94 Haynie, J. M. et al. (2009), S. 340.

Basierend auf der bewerteten unternehmerischen Gelegenheit und der hiermit verbundenen Entscheidung, diese auch einer wirtschaftlichen Verwertung zu unterziehen, kann die Opportunity ausgenutzt werden. Bevor jedoch eine unternehmerische Gelegenheit wirtschaftlich ausgenutzt werden kann, bedarf es in der Regel einen rechtlichen bzw. institutionellen Rahmen. Daher ist noch vor der Exploitation Phase die Gründung und der Aufbau eines solchen Rahmens von großer Bedeutung. Wie bereits weiter oben detailliert beschrieben wurde, ist für einige Entrepreneurship-Forscher erst die Gründung eines institutionellen Rahmens der Beginn einer unternehmerischen Tätigkeit.[95] Es ist jedoch wichtig zu betonen, dass der oben beschriebene unternehmerische Prozess als idealtypisches, theoretisches Phasenmodell verstanden wird, dass so in der Praxis Anwendung finden kann, jedoch nicht muss – einzelne Phasen können sich in der Praxis überlagern oder gleichzeitig ablaufen. Innerhalb der wirtschaftlichen Verwertung der unternehmerischen Gelegenheit werden die Ressourcen (der neu gegründeten Institution) darauf verwendet, Produkte oder Dienstleistungen zu verwerten und somit Cash Flow zu generieren. Die Phase der Opportunity Exploitation wird dabei definiert als:

> *„[...] taking action to gather and recombine the resources necessary to pursue an opportunity, as opposed to the mental activities of recognition and evaluation.“*[96]

Dieser gesamte Prozess kann wie im obigen Schaubild dargestellt natürlich sowohl zum Erfolg, als auch zum Misserfolg führen, was stark von den durchgeführten Aktivitäten innerhalb der vorangehenden Phasen abhängt. Eine ausführliche Behandlung der Forschungsrichtung, die sich mit den Erfolgsfaktoren beschäftigt, kann bei FALLGATTER 2005a sowie 2005b gefunden werden.[97]

Die Abgrenzung zwischen den einzelnen Phasen ist schwierig vorzunehmen, da die Abschnitte meist ineinander übergehen, die Übergänge also fließend sind. Jedoch kann ein relativ klarer Bruch zwischen der Phase der Opportunity Identification bzw. Opportunity Evaluation und der Phase der Opportunity Exploitation gezogen werden, da erst nach umfassenden Recherchen klar wird, inwieweit sich ein Gründerteam bzw. ein einzelner Unternehmer der wirtschaftlichen Nutzung der unternehmerischen Gelegenheit widmet oder nicht. Diese Abgrenzung ist für die vorliegende Forschungsarbeit von besonderer Bedeutung, findet doch im Übergang zur Phase der Opportunity Exploitation die Entscheidung statt, ob ein Gründungsvorhaben weiter verfolgt oder aber abgebrochen wird, da hier der konkrete Markteintritt erfolgt. Innerhalb dieses Übergangs ist auch das Abbruchphänomen einzuordnen. Es wird vermutet, dass der Abbruch eines Gründungsvorhabens zu dem Zeitpunkt nach Identifizierung und Evaluation der unternehmerischen Gelegenheit und der hiermit

---

95 Vgl. z.B. Gartner, W. B. (1988).
96 Eckhardt, J. T. / Shane, S. (2010), S. 62.
97 Fallgatter, M. J. (2005a) sowie Fallgatter, M. J. (2005b).

einhergehenden Durchführung gründungsrelevanter Aktivitäten vollzogen wird, also noch vor der wirtschaftlichen Ausnutzung der unternehmerischen Gelegenheit. Die vorliegende Forschungsarbeit widmet sich also insbesondere dem Übergangsprozess zwischen Opportunity Identification bzw. Opportunity Evaluation und Opportunity Exploitation. Eine ausführliche Prozesseinordnung der empirischen Untersuchung wird in Kapitel 2.2 vorgenommen.

2.1.3 Nascent Entrepreneurship

Die vorliegende Forschungsarbeit befasst sich im Zuge des zu untersuchenden Abbruchphänomens mit einem Teilbereich der Entrepreneurship-Forschung, der noch vor der eigentlichen organisatorischen bzw. formalen Gründung einer neuen Institution und somit vor der Opportunity-Exploitation-Phase angesiedelt ist. Ziel der Forschungsarbeit ist es dabei herauszufinden, warum Personen, die sich intensiv mit ihrem Gründungsvorhaben befasst haben, das Vorhaben zu diesem Zeitpunkt abbrechen. Wird eine Entscheidung zum Niederlegen aller gründungsrelevanten Aktivitäten nach diesem Zeitpunkt getroffen, kann nicht mehr vom Abbruch eines Gründungsvorhabens gesprochen werden, wie in Kapitel 3.1 gezeigt werden wird.

Die wichtigen Schritte, die bereits vor der Errichtung eines institutionellen Rahmens stattfinden, werden innerhalb der Entrepreneurship-Forschung in den Forschungsbereich der ‚Nascent Entrepreneurship' verortet. Der Terminus ‚Nascent Entrepreneure' bedeutet dabei ‚Werdende Unternehmer'. Der folgende Abschnitt wird sich mit der Nascent Entrepreneurship-Forschung befassen, da die vorliegende Untersuchung in den Bereich der Nascent Entrepreneurship-Forschung eingeordnet werden kann. Insbesondere die Entscheidung, ein Gründungsvorhaben abzubrechen, geschieht oftmals am Ende der Nascent Entrepreneurship-Phase, auf der Schwelle zur so genannten Infancy-Entrepreneurship-Phase, wie im Folgenden gezeigt werden wird.

2.1.3.1 Nascent Entrepreneurship: Definitionen

Um zu erfassen, was genau sich hinter dem Phänomen ‚Nascent Entrepreneurship' verbirgt erscheint es sinnvoll, auch hier eine Prozessperspektive einzunehmen. So beschreibt WAGNER in Anlehnung an REYNOLDS:

> *"The creation of new venture is a process. Following Reynolds and White [...], this process, analogous to biological creation, can be considered to have four stages (conception, gestation, infancy and adolescence), with three transitions."*[98]

---

[98] Wagner, J. (2007), S. 15. sowie im Original Reynolds, P. D. (2000).

Die erste Phase dieses Prozesses beginnt mit dem Bekenntnis einer oder mehrerer Personen, Zeit und andere Ressourcen in ein Gründungsvorhaben zu investieren. Mit diesen Aktivitäten beginnt Entrepreneurship als Gesamtprozess sowie auch die Nascent Entrepreneurship-Phase mit ihren Subprozessen ‚Conception' und ‚Gestation'.[99] Sobald Konzeption und Reifeprozess beendet sind, endet die Nascent Entrepreneurship-Phase und die so genannte Infancy Entrepreneurship-Phase beginnt. Innerhalb dieser Transition entscheidet sich auch, inwieweit ein Gründungsvorhaben konkretisiert wird, meist durch die Kreierung einer neuen formellen Institution im Sinne GARTNERS.[100] Eine andere Möglichkeit besteht darin, das Gründungsvorhaben beruhend auf den in den vorhergehenden Phasen gewonnenen Erkenntnissen nicht weiter zu verfolgen, also abzubrechen.[101] Somit spielt dieser Phasenübergang für die vorliegende Arbeit eine entscheidende Rolle. WAGNER bleibt in Anlehnung an die Nascent Entrepreneurship-Forschung auch hier eng bei einer Elternschaft-Metapher:

> *"The second transition occurs when the gestation process is complete and when the new venture either starts as an operating business, or when the nascent entrepreneurs abandon their effort and a stillborn happens."*[102]

Erst nach der Nascent Entrepreneurship-Phase, also nach Konzeption und Reifeprozess, beginnt die so genannte Erwachsenenphase, wobei teilweise vorgelagert noch eine Kindheitsphase unterschieden wird.[103] Dieses Phasenmodell lässt sich in das oben beschriebene Arbeitsphasenmodell einbauen, wie die folgende Abbildung veranschaulicht. Wesentlicher Unterschied zwischen den beiden Phasenmodellen ist dabei, dass sich das Arbeitsphasenmodell hauptsächlich auf theoretisch-abstrakte Konstrukte wie Opportunity Identification, Opportunity Evaluation und Opportunity Exploitation stützt, das in Anlehnung an REYNOLDS von WAGNER beschriebene Modell jedoch einen noch klareren Praxisbezug herstellt. So werden die einzelnen Phasen vor allem hinsichtlich der von den Gründern bzw. vom Gründungsteam vorgenommenen Aktivitäten voneinander abgegrenzt. Die Transitionen bzw. Phasenübergänge helfen dabei, die Abschnitte nicht fließend ineinander übergehen zu lassen, wie das innerhalb des abstrakteren Modells nach SHANE & VENKATARAMAN und SHANE der Fall ist, sondern die einzelnen Phasen relativ klar voneinander zu trennen. Dennoch bestehen in der Praxis an diesen Stellen natürlich keine punktuellen Brüche, sondern eher fließende Übergänge, die durch einzelne Merkmale, wie z.B. formelle Verwaltungsakte voneinander getrennt

99 Vgl. Wagner, J. (2007), S. 15.
100 Vgl. Gartner, W. B. (1988).
101 Vgl. Wagner, J. (2007), S. 15. Oftmals wird noch eine dritte Möglichkeit genannt: Die Aufschiebung der formellen Neugründung und somit der Verbleib in der Nascent Entrepreneurship-Phase. Vgl. Davidsson, P. (2006), S. 20.
102 Wagner, J. (2007), S. 15.
103 Vgl. Wagner, J. (2007), S. 15.

werden können. Die folgende Abbildung fügt dem oben skizzierten Phasenmodell nach SHANE & VENKATARAMAN sowie SHANE die Überlegungen von REYNOLDS hinzu.

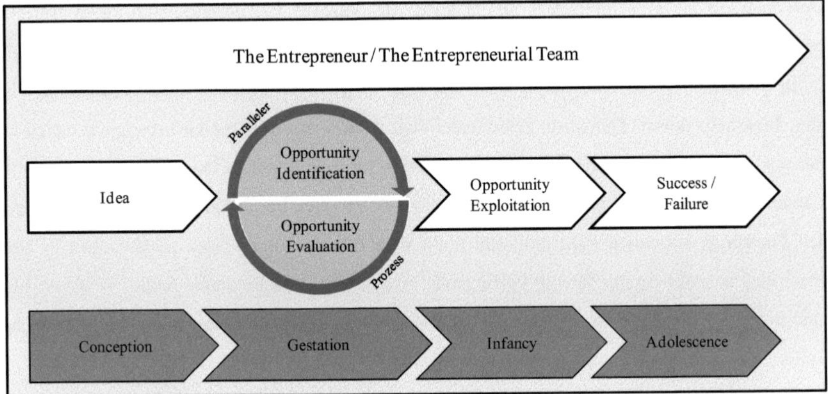

Abbildung 4: Der unternehmerische Prozess nach Reynolds[104]

Die Nascent Entrepreneurship-Forschung befasst sich also mit den beiden erst genannten Phasen, der Conception- sowie der Gestation-Phase. Doch wann wird jemand als Nascent Entrepreneur beschrieben bzw. wie lässt sich Nascent Entrepreneurship konkret definieren? Wie bereits beim Versuch, Entrepreneurship zu definieren, konnte sich auch im Bereich der Nascent Entrepreneurship-Forschung bislang keine einheitliche Definition des Terminus Nascent Entrepreneurship durchsetzen. Jedoch ähneln sich die vom Verfasser der vorliegenden Forschungsarbeit identifizierten Definitionen in teilweise erheblichem Maße. So definieren CARTER ET AL. Nascent Entrepreneure wie folgt:

> *„Nascent entrepreneurs are individuals who were identified as taking steps to found a new business but who had not yet succeeded in making the transition to new business ownership."*[105]

Diese Definition beinhaltet auch die von WAGNER beschriebenen Transitionen innerhalb des Prozesses und beschreibt sehr exakt die beiden oben genannten ersten Phasen des Entrepreneurship-Prozesses Conception und Gestation. Eine jüngere Definition von KORUNKA ET AL. aus dem Jahre 2003 definiert Nascent Entrepreneure wie folgt:

> *"'Nascent entrepreneurs' are defined as persons who are in the startup process of their planned ventures, beginning with initial startup activities, such as contact with a startup advis-*

---

104 Eigene Darstellung, in Anlehnung an Wagner, J. (2007), S. 15 sowie Reynolds, P. D. (2000).
105 Carter, N. M. et al. (1996), S. 151.

ing center or bank, development of a business plan, and so forth, and ends before market entry (realizing the first revenues)."[106]

Auch in dieser jüngeren, personenbezogenen Definition ist erkennbar, dass viele Aktivitäten von Nascent Entrepreneuren in der Konzeptions- und Reifephase stattfinden. Ebenfalls wird der Übergang in die Infancy Phase als Ende des Nascent Entrepreneurship-Prozesses von KORUNKA ET AL. markiert. Es wird deutlich, dass die Nascent Entrepreneurship-Phase mit den ihr inhärenten Aktivitäten eine besonders bedeutsame Phase für die weitere Tätigkeit als Unternehmer ist, werden hier doch wichtige Grundlagen für die zukünftige Unternehmung geschaffen. Dies unterstreicht auch die nachfolgende Definition nach VAN GELDEREN ET AL. in Anlehnung an REYNOLDS & WHITE (1992):

"[...] [T]he person undertaking activities to create a business is referred to as the nascent entrepreneur, and the founding effort is called nascent entrepreneurship [...]."[107]

Etwas allgemeiner beschreiben CARTER ET AL. (1996) diese frühe Entrepreneurship-Phase. Sie definieren Nascent Entrepreneurship wie folgt:

„[...] [T]erms for [nascent entrepreneurship] are: organizational emergence [...]; the preorganization [...], the organization in vitro [...], prelaunch [...], and start-up [...]. Organization creation involves events before an organization becomes an organization, that is, organization creation involves those factors that lead to and influence the process of starting a business."[108]

Auch diese Definition verdeutlicht, dass Nascent Entrepreneurship und der Weg zur Kreierung von neuen Organisationen ein aktiver Prozess ist, der durch eine (oder mehrere) Person(en) bewerkstelligt wird. Darüber hinaus zeigt die Auflistung verschiedener Terminologien von CARTER ET AL., dass die Bedeutung dieser Forschungsrichtung schon seit einigen Jahren vorhanden ist, wie auch DAVIDSSON & GORDON (2009) konstatieren: „The creation of new firms is a tremendously important phenomenon."[109]

All diese genannten Definitionen zeigen, wie bedeutsam diese Phase für Gründung und das Wachstum eines Unternehmens ist. Insbesondere die durchgeführten Aktivitäten spielen hierbei eine wichtige Rolle, wie ebenfalls einige der oben genannten Definitionen vermerken. Nachdem nun definitorische Fragen im Bezug auf die Nascent Entrepreneurship-Forschung geklärt wurden, soll nun eruiert werden, inwiefern Erkenntnisse der bisherigen Nascent Entrepreneurship-Forschung für die vorliegende Arbeit von Bedeutung sind. Dabei sollen kurz einige inhaltliche Aspekte der Nascent

---

106 Korunka, C. et al. (2003), S. 27.
107 van Gelderen, M. et al. (2006), S. 319. Hervorhebungen im Original.
108 Carter, N. M. et al. (1996), S. 152.
109 Davidsson, P. / Gordon, S. R. (2009), S. 1.

Entrepreneurship skizziert werden, um dann die Frage nach der Bedeutung für die vorliegende Forschungsarbeit zu behandeln.

2.1.3.2 Nascent Entrepreneurship: Bedeutung für die vorliegende Forschungsarbeit

Nach DAVIDSSON (2006, 2009) geht die Nascent Entrepreneurship-Forschung auf REYNOLDS zurück, der, wie oben bereits erwähnt, einige wichtige definitorische Arbeiten zu diesem Themenbereich veröffentlichte.[110] Innerhalb der Nascent Entrepreneurship-Forschung wurde sich mit verschiedenen Fragestellungen beschäftigt, bspw. wie viele Gründer in diesen Bereich fallen, welche Persönlichkeitseigenschaften diese aufweisen, inwiefern sie sich von angestellten Managern unterscheiden oder aber auch, welche Aktivitäten sie durchführen.[111] Insbesondere die letztgenannte Forschungsrichtung ist auch für die vorliegende Forschungsarbeit von Relevanz. So können die Vorgründungsaktivitäten der Gründer eine besondere Bedeutung für die spätere Entscheidung haben, ein Gründungsvorhaben weiter zu verfolgen oder aber abzubrechen. Im Folgenden wird daher ein kurzer Überblick über bisherige Erkenntnisse der Nascent Entrepreneurship-Forschung gegeben, die für die vorliegende Forschungsarbeit von Relevanz sein könnten.

Ein wichtiger Forschungszweig innerhalb der Nascent Entrepreneurship-Forschung befasst sich mit den innerhalb dieser Phase durchgeführten Aktivitäten. Einige Forscher dieses Forschungszweiges fanden sich zum so genannten ‚Entrepreneurial Research Consortium' zusammen um gemeinsam eine länderübergreifende Langzeitstudie durchführten: die Panel Study of Entrepreneurial Dynamics (PSED).[112] Mit Hilfe dieser Studie konnte durch willkürlich gewählte Telefonnummern eine repräsentative Stichprobe von Nascent Entrepreneuren identifiziert werden. Diese Gründer wurden hinsichtlich ihrer Gründungsaktivitäten über mehrere Monate hinweg immer wieder befragt. So konnten verschiedene Erkenntnisse darüber gewonnen werden, welche Art von Aktivitäten Gründer während dieser frühen Phase durchführen - und, ob sich die Aktivitäten hinsichtlich ihrer Erfolgswahrscheinlichkeit unterscheiden.[113]

Die unterschiedlichen Arten von Aktivitäten können dabei auch für die vorliegende Forschungsarbeit eine Rolle spielen, könnten sie doch im Zusammenhang mit der Entscheidung stehen, das Gründungsvorhaben abzubrechen. Folgende Aktivitäten konnten in verschiedenen PSED Forschungen identifiziert werden:

---

110 Vgl. Davidsson, P. (2006), S. 1 sowie Reynolds, P. D. / White, S. B. (1992).
111 Vgl. Davidsson, P. (2006). S. 1 ff.
112 Vgl. Wagner, J. (2007), S. 20.
113 Vgl. Wagner, J. (2007), S. 20.

Gründungsaktivitäten von Nascent Entrepreneuren: (absteigende Bedeutung)
» Serious thought about business
» looked for facilities / equipment
» initiated savings to invest
» invested own money in the new firm
» organized start-up team
» written business plan
» bought facilities / equipment
» sought financial support
» license, patent, permits applied for
» development first model or prototype
» received money from sales

Tabelle 4: Gründungsaktivitäten von Nascent Entrepreneuren nach PSED[114]

All diese Aktivitäten scheinen eine wichtige Rolle bei der Planung und Durchführung einer Unternehmensgründung zu spielen. Allerdings tritt hier das Problem auf, dass je nach Befragung, Forschungssetting und Stichprobe eine sehr umfangreiche Liste von Aktivitäten aufgestellt werden kann, die Nascent Entrepreneure während dieser frühen Phase ihrer Unternehmensgründung vollziehen, wie auch WAGNER (2007) anmerkt:

> *„From the evidence we have on start-up activities it is clear that there is neither a fixed set of events (although some events are more common than others) nor a uniform sequence. The industry, the region and personal factors (like gender, skills and financial reserves of the nascent entrepreneurs) all matter in determining what a nascent entrepreneurs does and when."*[115]

Obwohl demnach also nicht genau gesagt werden kann, welche Gründer welche Aktivitäten verfolgen, wie unterschiedlich diese sind und welche Aktivitäten zum Erfolg – oder Misserfolg – von Gründungsvorhaben führen, werden in der Nascent-Entrepreneurship-Literatur jedoch drei mögliche Resultate dieser Aktivitäten unterschieden. Die erste Möglichkeit besteht in der Fortführung der Gründungsaktivitäten was folglich bedeutet, dass ein Unternehmen auch formell gegründet wird und das Vorhaben in die Exploitation Phase übergeht. Dieses Ergebnis der Nascent Entrepreneurship-Phase wird im Zuge der vorliegenden Forschungsarbeit als Gründungserfolg bezeichnet.[116] Die

---

114 Nach Wagner, J. (2007), S. 20. Eigene Darstellung.

115 Wagner, J. (2007), S. 21. „[…] what a nascent entrepreneurs does" im Original. Anmerkung des Verfassers.

116 Vgl. Kapitel 3.1.

zweite Möglichkeit besteht darin, weitere Gründungsaktivitäten innerhalb der Nascent Entrepreneurship-Phase durchzuführen, die bevorstehende Gründung also weiterhin zu planen und noch keine finale Entscheidung zu treffen, ob eine neue Organisation gegründet wird oder nicht.[117] Der Gründer verweilt also weiterhin in der Nascent Entrepreneurship-Phase. Diese Art der Fortführung von Gründungsaktivitäten und der Aufschiebung der eigentlichen Gründung wird in der Forschung als „still trying"[118] bezeichnet. Die dritte Möglichkeit ist die im Rahmen der vorliegenden Forschungsarbeit untersuchte Entscheidung, das Gründungsvorhaben abzubrechen.

In einigen Forschungsarbeiten aus dem Bereich der Nascent Entrepreneurship-Forschung wurden diese Möglichkeiten genauer analysiert. So hält bspw. DAVIDSSON (2006) in seinem Überblicksartikel über die Nascent Entrepreneurship-Forschung fest:

> *„The importance of this problem is illustrated by the early finding by Carter et al. (1996) that the 'up and running' and 'abandoned' cases seemed rather similar (but different from those 'still trying'). These two groups undertook similar activities; the difference seems to be that some arrived at the conclusion that their efforts would lead to a winner while others draw the opposite conclusion."*[119]

DAVIDSSON verglich verschiedene Forschungsarbeiten hinsichtlich ihrer Ergebnisse für die Nascent Entrepreneurship-Forschung und fokussierte dabei insbesondere auf solche Forschungsbeiträge, die mit Hilfe der oben vorgestellten PSED Studie durchgeführt wurden. Diese Studien haben durch die bereits oben beschriebenen, großangelegten Umfragen herausgefunden, dass sich die Aktivitäten von Gründern, Aufschiebern und Abbrechern grundsätzlich kaum unterscheiden. Die Vermutung liegt demnach nahe, dass nicht die Aktivitäten der Gründer während der Planungsphase - also der Nascent Entrepreneurship-Phase - von Bedeutung für den Gründungserfolg sind, sondern vielmehr andere Ursachen eine Rolle bei der Entscheidung spielen, ein Gründungsvorhaben abzubrechen. Denn die Frage, welche Ursachen nun zum Abbruch von Gründungsvorhaben führen, konnte innerhalb der Nascent Entrepreneurship-Forschung bislang nicht geklärt werden, wie DAVIDSSON festhält:

---

117 Der Übergang in die Exploitation Phase wird nach der der vorliegenden Forschungsarbeit zugrunde liegenden Definition dann vollzogen, wenn eine neue Organisation institutionell, d.h. legal formell gegründet wird, bspw. also eine GmbH in das Handelsregister eingetragen oder eine gewerbliche Tätigkeit beim Finanzamt angemeldet wird.

118 Davidsson, P. (2006), S. 20.

119 Davidsson, P. (2006), S. 19 f.

„This shows that abandoned vs. not-yet-abandoned - especially if interpreted as failed vs. (more) successful - is not a suitable dependent variable in research on nascent entrepreneurs."[120]

Diese Aussage von DAVIDSSON zeigt, dass sich dem Abbruch von Gründungsvorhaben aus einer anderen Perspektive gewidmet werden sollte, als dies in der bisherigen Nascent Entrepreneurship-Forschung geschieht. Denn die insbesondere durch die PSED Studie untersuchten ökonomischen Faktoren sowie die Qualität und Quantität der durchgeführten Aktivitäten während der Nascent Entrepreneurship-Phase spielen offensichtlich wenn überhaupt nur eine untergeordnete Rolle bei der wegweisenden Entscheidung, ob ein Gründungsvorhaben abgebrochen oder weiter geführt wird. Demnach scheint ein Perspektivwechsel sowohl hinsichtlich der Methodik als auch im Bezug auf die theoretische Fundierung notwendig.

DAVIDSSON nennt innerhalb seines Überblick-Artikels einen weiteren interessanten Gedankengang. Nach seiner Auffassung kann die Nascent Entrepreneurship-Phase als Experiment verstanden werden, in der eine unternehmerische Gelegenheit hinsichtlich ihrer wirtschaftlichen Umsetzbarkeit *getestet* wird.[121] Auch weitere Literatur beschäftigte sich mit der erstmalig von DAVIDSSON aufgezeigten Beschreibung der Nascent Entrepreneurship-Phase als Experiment. So definieren van GELDEREN ET AL. die Nascent Entrepreneurship-Phase als „reality check"[122]. Sie halten fest:

„By means of trial and error, one arrives at the point of "go" or "no go", and for some, it is a no go. [...] Although originally conceived for bundles of opportunities pursue by existing corporations, the basic idea is that new business ideas can be seen as options that may be "purchased" if it becomes clear that they will meet or exceed expectations. The [...] [Nascent Entrepreneurship] period is one in which assumptions are converted into knowledge."[123]

Die Nascent Entrepreneurship-Phase dient also dazu, die vorher angenommenen bzw. erwarteten Outputs (engl. für Resultate, nicht zwangsläufig quantifizierbar) hinsichtlich ihrer Machbarkeit zu überprüfen. Dieser Gedankengang wird im weiteren Verlauf der Arbeit noch eine wichtige Perspektive eröffnen, denn die Erwartungen scheinen wie bereits in der Einleitung erwähnt einen großen Einfluss auf die Abbruchentscheidung zu haben.

---

120 Davidsson, P. (2006), S. 20.
121 Vgl. Davidsson, P. (2006), S. 20.
122 Vgl. van Gelderen, M. et al. (2011), S. 84.
123 van Gelderen, M. et al. (2011), S. 84.

2.2 Einordnung der Untersuchung in den unternehmerischen Prozess

Wie bereits in Kapitel 2.1.3.1 durch Abbildung 4 gezeigt wurde, lässt sich der unternehmerische Prozess in verschiedene Phasen einteilen, die zum einen durch die praktischen Aktivitäten der Gründer, zum anderen aber auch durch die Überwindung von punktuellen Meilensteinen bestimmt werden. Ziel des folgenden Abschnitts ist es darzulegen, an welcher Stelle die vorliegende Untersuchung ansetzt - welchen Teilbereich des unternehmerischen Prozess sie also kritisch durchleuchtet. Dies ist zum einen aus theoretischer Perspektive bedeutsam, wird dem Leser doch so die Möglichkeit gegeben, sich entsprechend innerhalb der Entrepreneurship-Forschung zu orientieren. Zum anderen ist diese Einordnung von Bedeutung, da sich hieraus wichtige Faktoren ergeben, die bei der Auswahl und der Analyse der empirischen Daten und der zu befragenden Personen zu beachten sind. Im Folgenden werden diese wichtigen Kriterien beschrieben um darauf aufbauend einen konzeptionellen und theoretisch fundierten Kriterienkatalog anzufertigen, mit dessen Hilfe sich der Untersuchungsgegenstand für die vorliegende Forschungsarbeit charakterisieren lässt.

Die oben genannten Phasen- bzw. Prozessmodelle bilden Entrepreneurship aus einer *ganzheitlichen* Perspektive ab. Für die vorliegende Forschungsarbeit hilfreich sind jedoch auch solche Prozessmodelle, die die Nascent Entrepreneurship-Phase diffiziler unterteilen. Dabei existieren zwei Phasenmodelle, die dazu in der Lage sind, diesen frühen unternehmerischen Prozess detailliert zu beschreiben: Das Phasenmodell von VAN GELDEREN ET AL. (2006) sowie das Phasenmodell von ROTEFOSS & KOLVEREID (2005). Diese beiden Modelle bilden die Grundlage für die in diesem Kapitel erfolgende Prozesseinordnung der vorliegenden Untersuchung.

VAN GELDEREN ET AL. (2006) liefern mit ihrem Phasenmodell eine detaillierte Unterteilung des unternehmerischen Prozesses und gliedern den Gründungsprozess in vier Bereiche: Die erste Phase beschreibt den Entschluss eines oder mehrerer Individuen ein Unternehmen zu gründen. Hierbei wird eine Entwicklungsperspektive eingenommen, die den Weg hin zu einem Entschluss beschreibt.[124] Es stehen also vor allem konkreter werdende Vorüberlegungen, den Schritt in die Selbstständigkeit zu wagen, im Vordergrund dieser Phase. Anders als bei den oben beschriebenen Prozessmodellen beginnt der von VAN GELDEREN ET AL. beschriebene Prozess also nicht mit einer Geschäftsidee, sondern vielmehr mit den Überlegungen, inwieweit der Schritt in die Selbstständigkeit eine sinnvolle Option oder Alternative ist. Diese Überlegungen münden schließlich in die Entscheidung, ein Gründungsvorhaben zu verfolgen. Die zweite Phase wird von VAN GELDEREN ET AL. relativ weit gefasst. Innerhalb dieser Phase wird eine unternehmerische Gelegenheit wahrgenom-

---

[124] Vgl. van Gelderen, M. et al. (2006), S. 320.

men und ein Geschäftskonzept entwickelt.[125] Auch hier hebt sich diese Phaseneinteilung von den weiter oben skizzierten Konzepten ab. Denn erst *nachdem* die Entscheidung getroffen wurde, sich mit einem Gründungsvorhaben auseinander zu setzen und dem Entschluss, diesen Schritt auch tatsächlich zu gehen, wird eine unternehmerische Gelegenheit wahrgenommen (oder kreiert) und ein entsprechendes Konzept erarbeitet. Wesentlicher Unterschied zu den o.g. Phasenkonzepten ist also insbesondere die Vorlagerung einer Entschluss-Phase. In der dritten Phase werden die nötigen Ressourcen allokiert, um eine Gründung erfolgreich durchzuführen. Die Gründung einer neuen Organisation fällt ebenfalls in Phase drei.[126] Erst nach dieser Phase beginnt in Phase vier der Austausch mit dem Markt, d.h. die neu gegründete Unternehmung wird wirtschaftlich tätig.[127] VAN GELDEREN ET AL. beschreiben die Phasen zwei und drei als eigentlichen Kern der Nascent Entrepreneurship-Phase.[128] In Phase vier startet mit der Aufnahme der Geschäftstätigkeit bereits der Kern von Entrepreneurship bzw. die Infancy-Entrepreneurship-Phase. Die vorliegende Untersuchung widmet sich mit ihrer Analyse innerhalb dieses Phasenmodells den Phasen eins, zwei und drei. Mit Gründung einer neuen Organisation, also am Ende von Phase drei, wird jedoch der Schritt in die Infancy-Entrepreneurship-Phase vollzogen. Folglich kann nun gemäß der hier genutzten Arbeitsdefinition (siehe Kapitel 3.1) nicht mehr vom Abbruch von Gründungsvorhaben gesprochen werden. Innerhalb von Phase drei ist also die Entscheidung verortet, eine neue Unternehmung zu gründen oder aber ein Gründungsvorhaben abzubrechen.[129] Die Phasen eins und zwei müssen dabei vollständig durchlaufen werden, um zu dieser Entscheidung zu gelangen. Phase vier steht demnach nicht im Fokus der vorliegenden Untersuchung.

Ein weiteres Phasenkonzept, das ebenso für die vorliegende Forschungsarbeit von Bedeutung ist, ist das Meilenstein-Phasenmodell von ROTEFOSS & KOLVEREID aus dem Jahre 2005, das auf theoretischen Vorüberlegungen von KATZ aus dem Jahr 1990 sowie von LEARNED aus dem Jahr 1992 fußt.[130] KATZ entwickelte dabei ein dreiphasiges Modell, das Entrepreneure innerhalb des Unternehmensgründungsprozesses - also noch vor der Gründung einer neuen Organisation - durchlaufen. Auch das Prozessmodell nach KATZ beginnt innerhalb der ersten zu überwindenden Hürde, also innerhalb der ersten Phase, mit der Intention, ein Unternehmen zu gründen. Die erste Phase nennt KATZ demnach Aspirationsphase oder auch Bestrebensphase.[131] Die zweite Phase deklariert KATZ als Vorbereitungsphase. Innerhalb dieser Phase wird sich intensiv auf die angestrebte Gründung

125 Vgl. van Gelderen, M. et al. (2006), S. 320.
126 Vgl. van Gelderen, M. et al. (2006), S. 320.
127 Vgl. van Gelderen, M. et al. (2006), S. 320.
128 Vgl. van Gelderen, M. et al. (2006), S. 320.
129 Vgl. van Gelderen, M. et al. (2006), S. 322.
130 Vgl. Rotefoss, B. / Kolvereid, L. (2005), S. 109 ff sowie im Original Katz, J. A. (1990) und Learned, K. E. (1992).
131 Vgl. Katz, J. A. (1990), S. 16.

vorbereitet. So werden z.B. umfangreiche Recherchearbeiten unternommen, Ressourcen allokiert etc. Die dritte und zuletzt von KATZ beschriebene Hürde bzw. Phase definiert den eigentlichen Markteintritt. Die folgende Abbildung veranschaulicht diesen Prozess.

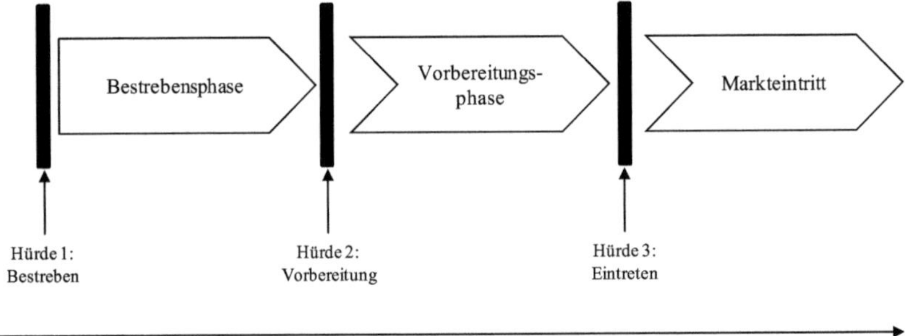

Abbildung 5: Der unternehmerische Prozess nach Katz[132]

LEARNED beschränkt sich auf die Ausarbeitung von drei Dimensionen, die Entscheidungen innerhalb des unternehmerischen Prozesses beeinflussen. Diese Dimensionen sind: „propensity to found, intention to found, [and] sense-making"[133]. 'Propensity to found' beschreibt die psychologische Neigung sowie die persönlichen Hintergrundfaktoren, die bei bestimmten Individuen die Wahrscheinlichkeit erhöhen, ein Unternehmen zu gründen. Die zweite Dimension beschreibt die Intention von Menschen, sich selbstständig machen zu wollen, die je nach psychologischem und persönlichem Hintergrund und den eigenen Zielen bei manchen Menschen höher ist als bei anderen. Die letztgenannte Dimension (,sense making') beschreibt die strukturierte Vorgehensweise, die manche Menschen bei der Allokation von Ressourcen und Informationen hinsichtlich einer Unternehmensgründung aufweisen. Andere Personen nehmen diese für eine Unternehmensgründung hilfreichen Informationen hingegen nicht oder nur bedingt wahr. All diese Dimensionen beeinflussen nach LEARNED die beiden wichtigsten Entscheidungen innerhalb des unternehmerischen Prozesses: Zum einen die Entscheidung, überhaupt ein Gründungsvorhaben anfänglich zu verfolgen sowie zum anderen die Entscheidung, das Gründungsvorhaben weiter zu forcieren und eine neue Organisation formell zu gründen. [134] Es liegt demnach nahe, dass diese Dimensionen also auch die Entscheidung beeinflussen, ein Gründungsvorhaben abzubrechen. Dieser Vermutung liegt jedoch die Annahme zugrunde, dass der Abbruch eines Gründungsvorhabens eine selbst getroffene Entscheidung ist. Diese Annahme wird in Kapitel 3.1 ausführlich diskutiert.

---

132 Vgl. Katz, J. A. (1990), S. 16. Eigene Darstellung.
133 Vgl. Learned, K. E. (1992), S. 109.
134 Vgl. Learned, K. E. (1992), S. 40.

ROTEFOSS & KOLVEREID fassen diese theoretischen Vorüberlegungen von KATZ und LEARNED zu einem sehr interessanten und fundierten unternehmerischen Prozess zusammen, der sich an verschiedenen Meilensteinen orientiert, die jeweils überwunden werden müssen, um zur finalen Entscheidung zu kommen, eine neue Organisation zu gründen. Der erste Meilenstein wird dabei als „aspiring milestone“[135] in Anlehnung an KATZ bezeichnet. Dieser beschreibt die Intention oder das Commitment eines potenziellen Gründers, ein Gründungsvorhaben zu verfolgen und die Selbstständigkeit als Alternative zum abhängigen Beschäftigungsverhältnis in Betracht zu ziehen. Somit beinhaltet die Überwindung des ersten Meilensteins noch wenig konkrete Aktivitäten. Vielmehr drücken ROTEFOSS & KOLVEREID mit der Erreichung dieses ersten Meilensteins die innere Einstellung aus, die ein Gründer (oder ein Gründerteam) vorweisen sollte, um sich auch tatsächlich einem Gründungsvorhaben zu widmen – eine Gründung also ernsthaft zu verfolgen. Der zweite Meilenstein wird als „preparing milestone“[136] bezeichnet und wird dann erreicht, wenn ein tatsächlicher, konkreter Versuch unternommen wird, eine neue Unternehmung zu etablieren und zu planen. Hierzu zählen konkrete Aktivitäten, die der oder die Gründer verfolgen, um ein Gründungsvorhaben zu starten. Doch erst nach dem dritten Meilenstein, dem „entering milestone“[137], wird die neue Institution im eigentlichen Sinne gegründet: die Geschäftstätigkeiten werden aufgenommen und ein junges Unternehmen wird errichtet.[138] Die notwendige Überwindung des dritten Meilensteins kann dabei nicht nur zur formellen Gründung führen, sondern auch zum Abbruch des Gründungsvorhabens, weshalb dieses Phasenmodell von Bedeutung für die vorliegende Forschungsarbeit ist.

Nach Beschreibung verschiedener Prozessmodelle und den daraus resultierenden Annahmen und Faktoren, die für die vorliegende Untersuchung bedeutsam sind, kann der folgende Kriterienkatalog aufgestellt werden (siehe Tabelle 6). Diese Kriterien liefern dabei auch erste Hinweise darauf, nach welchen Eigenschaften Probanden für die empirische Befragung ausgewählt werden sollten, um möglichst valide Ergebnisse zu erhalten. In Tabelle 5 werden zunächst die Vorüberlegungen beruhend auf den Prozessmodellen von LEARNED, VAN GELDEREN ET AL., KATZ sowie ROTEFOSS & KOLVEREID in einem Diagramm zusammengefasst um hierauf aufbauend einen abstrakteren Kriterienkatalog in Tabelle 7 aufzustellen.

---

135 Rotefoss, B. / Kolvereid, L. (2005), S. 110.
136 Rotefoss, B. / Kolvereid, L. (2005), S. 110.
137 Rotefoss, B. / Kolvereid, L. (2005), S. 110.
138 Vgl. Rotefoss, B. / Kolvereid, L. (2005), S. 109 f.

Der Weg zur Gründung		
Dimensionen, die die Entscheidung beeinflussen, sich selbstständig zu machen nach LEARNED (1992)		
Propensity to found		
Intention to found		
Sense making		
▼		
Kriterien nach VAN GELDEREN ET AL. (2006)	***Kriterien nach KATZ (1990)***	***Kriterien nach ROTEFOSS & KOLVEREID (2005)*** *(aufbauend auf Katz 1990 sowie Learned 1992)*
Konkrete Überlegungen, den Schritt in die Selbstständigkeit zu wagen	*Aspirationsphase:* Intention / Bestreben, ein Unternehmen zu gründen	Intention / Commitment, ein Gründungsvorhaben zu verfolgen
Entschluss, dass Selbstständigkeit eine Alternative ist		
Wahrnehmung / Identifikation einer unternehmerischen Gelegenheit	*Vorbereitungsphase:* Intensive Vorbereitung auf die Gründung, Allokation erster Ressourcen	Vorbereitung der eigentlichen Gründung; erste konkrete Gründungsaktivitäten
Erarbeitung eines Geschäftskonzepts		
Allokation erster Ressourcen		
Eigentliche Gründung / Ende der Nascent Entrepreneurship-Phase		

Tabelle 5: Herleitung der Kriterien zur Einordnung in den unternehmerischen Prozess[139]

Auf diesen Vorüberlegungen aufbauend ergibt sich der folgende Kriterienkatalog, der sowohl der Einordnung des Untersuchungsgegenstands in den unternehmerischen Prozess dient, als auch eine Übersicht bietet, nach welchen Aspekten potenziell zu befragende Abbrecher von Gründungsvorhaben ausgewählt werden sollten. Die Beachtung dieser Kriterien bei der Auswahl der empirischen Daten dient somit der Qualitätssicherung und der Transparenz, die wiederum für die Qualität qualitativer Sozialforschung von großer Bedeutung ist.

Vom Abbruch eines Gründungsvorhabens kann dann gesprochen werden,

[139] Vgl. Learned, K. E. (1992), van Gelderen, M. et al. (2006), Katz, J. A. (1990) sowie Rotefoss, B. / Kolvereid, L. (2005). Eigene Darstellung.

wenn:	
1)	Eine positive Neigung hinsichtlich einer Selbstständigkeit zu erkennen ist;
2)	Konkrete Intention, ein Unternehmen zu gründen vorhanden sind;
3)	Der Entschluss, sich selbstständig zu machen vorliegt;
4)	Eine unternehmerische Gelegenheit identifiziert und evaluiert wurde;
5)	Gründungsrelevante Aktivitäten zur Vorbereitung der Gründung durchgeführt wurden, z.B. die Erarbeitung eines Geschäftskonzepts;
6)	Erste Ressourcen allokiert wurden;

Tabelle 6: Kriterien zur Einordnung in den unternehmerischen Prozess[140]

2.3 Der Abbruch von Gründungsvorhaben in der Entrepreneurship-Literatur

Die vorliegende Forschungsarbeit widmet sich dem Phänomen, dass ein Gründungsvorhaben trotz vorheriger Beschäftigung abgebrochen wird. Es wird dabei untersucht, welche Faktoren zu dem Umstand führen, dass keine weiteren gründungsrelevanten Aktivitäten durchgeführt werden, obwohl sich vorab intensiv mit dem Vorhaben befasst wurde. Hierbei spielt insbesondere die Frage eine Rolle, inwieweit endogene oder exogene Faktoren einen Einfluss auf die Abbruchentscheidung haben. Als exogene (oder auch externale) Faktoren werden dabei solche Aspekte definiert, die außerhalb der Person liegen; als endogene (oder auch internale) Faktoren Merkmale, die *in* der Person begründet sind.[141] Neben dieser Frage scheint für die Nascent Entrepreneurship-Phase auch die Intensität und Ernsthaftigkeit von Bedeutung zu sein, mit der gründungsrelevante Aktionen durchgeführt werden.[142] Eine intensive und ernsthafte Beschäftigung mit einem Gründungsvorhaben meint dabei z.B. die Entwicklung einer konkreten Geschäftsidee, die Erstellung von Ideenskizzen und Businessplänen, Marktrecherchen, Allokation erster Ressourcen (monetärer, personeller oder sonstiger Art). Von Interesse sind demnach solche Fälle, bei denen der oder die Gründer konkrete Aktivitäten durchgeführt haben, um den Gründungserfolg zu erreichen. Ausgehend von diesen Einflussfaktoren auf die Nascent Entrepreneurship-Phase, scheint demnach auch der Abbruch von Gründungsvorhaben ein komplexes Phänomen zu sein. Daher erscheint es sinnvoll, dieses Phänomen vorab genauer zu beschreiben. Hierfür bedarf es in einem ersten Schritt einer intensiven Literaturrecherche, um den Status Quo der aktuellen Forschung zu diesem Themengebiet zu analysieren. Hierauf aufbauend kann in einem zweiten Schritt eine Arbeitsdefinition des Abbruchphänomens vorgenommen werden, um die vorliegende Untersuchung weiter zu konkretisieren. Die folgende Tabelle

140 Eigene Darstellung.
141 Vgl. Schneider, K. / Schmalt, H.-D. (1981), S. 265 ff.
142 Vgl. Davidsson, P. (2006).

bietet dabei eine Orientierungshilfe für die durchgeführte Literaturanalyse beruhend auf den bisherigen Überlegungen aus den vorangegangenen Kapiteln. Sie listet einige der bereits besprochenen Kriterien auf, nach denen im Zuge des Literaturstudiums gesucht wurde, die im folgenden Kapitel exemplifiziert wird.

Vorläufige Kriterien zur Suche nach Artikeln zum Abbruch von Gründungsvorhaben:		
Kriterium:	*Bedeutet:*	*Bedeutet nicht:*
intensive Vorüberlegungen	Entwicklung einer Geschäftsidee	z.B. spontane Idee, geboren aus einer Laune heraus
intensive Beschäftigung	Recherche in relevanten Bereichen wie Markt, Finanzen, etc.	z.B. grobe Abschätzung, wie realistisch es ist, dass man selbst die Idee umsetzen könnte
Durchführung gründungsrelevanter Aktivitäten	Allokation verschiedener, gründungsrelevanter Ressourcen	z.B. passive Haltung gegenüber des Gründungsvorhabens, ohne aktive Durchführung gründungsrelevanter Aktivitäten
internal herbeigeführter Abbruch	Entscheidung zum Niederlegen der Gründungsaktivitäten wird vom Gründerteam bzw. vom Gründer selbst getroffen	z.B. durch externale Faktoren erzwungener Abbruch des Gründungsvorhabens

Tabelle 7: Suchkriterien des Abbruchs von Gründungsvorhaben zur Literaturrecherche

2.3.1 Status Quo der aktuellen Abbruch-Forschung: Vorgehensweise

Dieses Kapitel beschäftigt sich aus einer literaturbasierten Perspektive intensiv mit dem Abbruch von Gründungsvorhaben. Zunächst werden die wichtigsten Erkenntnisse aus der umfangreichen Literaturrecherche wiedergegeben. Eine solche Literaturanalyse ist auch bei qualitativ-induktiven Forschungsarbeiten anzuraten, da sich der Forscher auch im Bereich qualitativer Sozialforschung nicht theorie- und konzeptlos in das soziale Feld begeben, sondern aus dem Literaturstudium erste theoretische und konzeptionelle Gedanken generieren sollte, um diese für die spätere Befragung zu nutzen.[143] In einem ersten Schritt wurden dabei verschiedene internetbasierte Suchmaschinen und Datenbanken genutzt, um für die vorliegende Forschungsarbeit relevante Artikel zu identifizieren. Zu den genutzten Suchmaschinen bzw. Datenbanken zählten dabei EBSCO bzw. die Subdatenbank Business Source Premier für den wirtschaftswissenschaftlichen Bereich sowie die wissenschaftliche Suchmaschine Google Scholar. Die Suchergebnisse von Google Scholar konnten dabei insbesondere dafür genutzt werden, um weiterreichende Suchaufträge durchzuführen und die Ergebnisse, die

[143] Vgl. Lamnek, S. (2010), S. 333.

mit der EBSCO Datenbank erzielt wurden, abzugleichen. Gesucht wurde nach verschiedenen Stichwörtern und Stichwortkombinationen, die mit Hilfe der Boolescher Operatoren ‚AND‘ oder ‚OR‘ verknüpft wurden, um eine größtmögliche Anzahl an relevanten Artikeln zu identifizieren. Die folgende Tabelle listet die verschiedenen durchgeführten Stichwortsuchen auf. Dabei wurden neben den deutschen Suchbegriffen die entsprechenden englischen Übersetzungen des Begriffs ‚Abbruch‘ verwendet und mit dem Wortstamm ‚entrepreneur‘ kombiniert, um die für die Entrepreneurship-Forschung relevanten Artikel zum Thema Abbruch zu identifizieren. Das verwendete Sternsymbol ‚*‘ diente dabei dazu, nicht nur nach dem Wort ‚abandon‘, sondern ebenso nach ‚abandonment‘ in einer Suchanfrage zu suchen, ebenso wie bei ‚abort‘ und ‚abortion‘ sowie ‚entrepreneur‘, ‚entrepreneurial‘ sowie ‚entrepreneurship‘.

Durchgeführte Stichwortsuchen:	
Deutsche Literatur:	*Englischsprachige Literatur:*
abbr*	abandon*
aufg*	abort*
niederleg*	break
niederleg* AND unternehm*	discontin*
aufg* AND unternehm*	disengag*
abbr* AND unternehm*	giv* up
niederleg* AND entrepreneur*	abandon* AND entrepreneur*
aufg* AND entrepreneur*	abort* AND entrepreneur*
abbr* AND entrepreneur*	break AND entrepreneur*
	discontin* AND entrepreneur*
	disengag* AND entrepreneur*
	giv* up AND entrepreneur*

Tabelle 8: Übersicht über die durchgeführten Stichwortsuchen

Durch die so durchgeführten Suchaufträge konnte der Autor nach den Ergebnissen der Stichwortsuche und Sichtung der Titel rund 500 Artikel identifizieren, die zumindest interessante Hinweise für die Abbruchthematik liefern. Bei diesen Artikeln war es durch die entsprechenden Datenbanksysteme möglich, nicht nur den Titel anzeigen zu lassen sondern auch den Abstract zu sichten. Nach dieser - durchaus zeitaufwändigen - Sichtung der Inhaltsangaben konnten in einem zweiten Schritt aus den rund 500 Artikeln 61 wissenschaftliche Beiträge identifiziert werden, deren Abstracts darauf hindeuteten, dass sie Erkenntnisse für die Abbruchsthematik lieferten. Die meisten dieser 61 Artikel konnten über EBSCO oder andere Datenbanksysteme - maßgeblich über den Online Zugang und die entsprechenden Lizenzen der Universitätsbibliothek der Bergischen Universität Wuppertal (BUW) - heruntergeladen werden. Die Artikel, die mangels entsprechender Lizenzen nicht heruntergeladen werden konnten, wurden über die ebenfalls kostenfreie Fernleihe der Universitätsbibliothek der BUW beschafft, so dass alle 61 Artikel auch tatsächlich physisch verfügbar waren. In einem dritten Schritt wurden diese 61 Artikel gesichtet und hinsichtlich ihrer Aussagekraft für die Erforschung des Forschungsgegenstandes Abbruch von Gründungsvorhaben analysiert. Somit konnten letztlich 30 für die vorliegende Forschungsarbeit relevante Forschungsbeiträge identifiziert werden, die konkrete Erkenntnisse zur Erforschung des Abbruchphänomens lieferten, die im folgenden in Form einer annotierten Auswahlbibliographie vorgestellt werden. Dabei beschäftigten sich lediglich vier dieser 30 Artikel direkt und explizit mit dem Abbruch von Gründungsvorhaben. Die anderen Artikel lieferten jedoch am Rande anders fokussierter Forschungsfragen wichtige Hinweise für die Erforschung des Abbruchs, so dass sie im folgenden Kapitel ebenfalls ausführlich vorgestellt werden.

2.3.2 Annotierte Auswahlbibliographie zum Stand der Abbruchsforschung

Im Zuge einer annotierten Auswahlbibliographie werden in den nächsten Kapiteln die Erkenntnisse aus den als wichtig für die Abbruchsthematik identifizierten Forschungsbeiträgen zusammengefasst und diskutiert. Die folgende Tabelle bietet einen Überblick über diese Einteilung.

2.3.2.1 - Der Abbruch von Gründungsvorhaben im Lichte gründungs-relevanter Aktivitäten	**2.3.2.2 Der Abbruch von Gründungsvorhaben aufgrund wahrgenommener Probleme**	**2.3.2.3 Der Abbruch von Gründungsvorhaben als selbst-herbeigeführte Entscheidung**	**2.3.2.4 Der Abbruch von Gründungsvorhaben im Lichte persönlicher Merkmale**
In Kapitel 2.3.2.1 werden Studien vorgestellt, die sich mit den Aktivitäten befassen, die Nascent Entrepreneure während der Vorgründungsphase durchführen. Dabei wird sich der Frage gewidmet, welchen Einfluss die durchgeführten Aktivitäten auf den Gründungserfolg oder -abbruch haben.	Hier werden solche Artikel vorgestellt, die den Zusammenhang zwischen den von den Gründern wahrgenommenen Problemen und dem Gründungserfolg oder dem Abbruch von Gründungsvorhaben erforschen.	Hier werden solche Artikel vorgestellt, die sich insbesondere mit den Entscheidungsprozessen innerhalb der Nascent Entrepreneurship-Phase befassen und Hinweise darauf geben, wie auch die Entscheidung, ein Gründungsvorhaben abzubrechen, zustande kommt.	In diesem Kapitel werden solche Artikel vorgestellt, die einen Zusammenhang zwischen persönlichen Merkmalen der Gründer bzw. der Gründerteams und dem Erfolg bzw. Abbruch von Gründungsvorhaben ziehen.

Tabelle 9: Thematische Unterteilung der Forschungsarbeiten zum Forschungsgegenstand Abbruch von Gründungsvorhaben

Diese Einteilung dient in erster Linie dazu, die Grundlage für den empirischen Teil der vorliegenden Arbeit zu schaffen. Dabei wurde eine inhaltliche Unterteilung der Forschungsarbeiten unternommen, die sich nach den thematischen Schwerpunkten der jeweiligen Forschungsarbeiten richtet.

2.3.2.1 Der Abbruch von Gründungsvorhaben im Lichte gründungsrelevanter Aktivitäten

Im Folgenden werden solche Artikel zusammengefasst und diskutiert, die sich meist am Rande anders fokussierter Forschungsfragen mit den gründungsrelevanten Aktivitäten befassen, die Individuen während der Verfolgung eines Gründungsvorhabens durchführen.

Der erste Artikel, der sich mit den gründungsrelevanten Aktivitäten von Gründern befasst und am Rande einer anders fokussierten Forschungsfrage Hinweise zur Erforschung des Abbruchphänomens liefert, ist der von NANCY M. CARTER, WILLIAM B. GARTNER und PAUL D. REYNOLDS erschienene Beitrag ‚Exploring Start-Up Event Sequences' aus dem Jahr 1996. In diesem Artikel versuchen die Autoren herauszufinden, welche Aktivitäten Nascent Entrepreneure unternehmen, um den Erfolg des Gründungsvorhabens (also die eigentliche Gründung) zu forcieren bzw. zu bewerkstelligen. Hiervon versprechen sie sich Erkenntnisse darüber, welche Aktivitäten einen Einfluss auf den Erfolg von Gründungsvorhaben nehmen. Sie untersuchen zum einen durch einen qualitativ-empirischen Teil die Aktivitäten von 71 Unternehmern, die sie intensiv hinsichtlich der durchgeführten Aktivitäten befragen. Zum anderen vergleichen sie diese qualitativ gewonnenen Ergebnisse mit Ergebnissen anderer Forscher.

Um die drei primären Forschungsfragen („What activities were undertaken? How many activities were undertaken? When were these activities undertaken?"[144]) zu beantworten, gehen die Autoren davon aus, dass Nascent Entrepreneure, die erfolgreich ein Unternehmen gründen andere Aktivitäten verfolgen, als solche, die ihr Gründungsvorhaben abbrechen („[...] than those nascent entrepreneurs who failed to start a business"[145]). Bereits an diesem Zitat wird ersichtlich, dass sich die Forschungsarbeit von CARTER ET AL. nicht direkt mit der Abbruchsthematik befasst, sondern vielmehr mit dem Scheitern (engl. ‚fail') und den Auswirkungen von Gründungsaktivitäten auf das Scheitern von Gründungsvorhaben. Mögliche Gründungsaktivitäten können nach Auffassung der Autoren dabei z.B. die Folgenden sein:

---

144 Carter, N. M. et al. (1996), S. 154.

145 Carter, N. M. et al. (1996), S. 154.

„Organized team, prepared plan, bought facilities / equipment, invested own money, ask for funding, got financial support, developed models, devoted fulltime.“[146]

Nach einem ersten Telefoninterview, in dem die Autoren willkürlich ausgesuchte Haushalte nach den oben beschriebenen möglichen Gründungsaktivitäten befragten, sollten in einem zweiten Telefoninterview diejenigen Personen, die tatsächlich die Gründung eines Unternehmens verfolgten, Fragen nach dem Status Quo ihrer Gründungsaktivitäten beantworten. Eine Antwortmöglichkeit lautete dabei: „given up, do not expect to start that business; [...]“[147]. Ergebnis dieser zweiten Interviewphase: 20% der Befragten hatten ihr Gründungsvorhaben aufgegeben. Dieses könnte laut den Autoren damit zusammenhängen, dass die ‚Aufgeber' (bzw. Abbrecher) weniger aggressiv ihr Gründungsvorhaben verfolgten, als diejenigen, die noch aktiv ihr Gründungsvorhaben verfolgen oder dieses bereits erfolgreich umsetzten.[148] Diese Annahme konnte von CARTER ET AL. jedoch beruhend auf ihren empirischen Ergebnissen nicht bestätigt werden. Ihre Ergebnisse lassen eher darauf schließen, dass Personen, die eine Gründung erfolgreich starteten, ebenso viele Aktivitäten in einer ähnlichen Intensität durchführten, wie Personen, die ihr Vorhaben abbrachen bzw. abbrechen mussten.[149] CARTER ET AL. halten dabei zur Gruppe der Abbrecher fest:

„This group of individuals might be seen as either having the wisdom to test their ideas out before jumping into something that might lead to failure or lacking the flexibility to find more creative ways to solve the problems that they were confronted with.“[150]

Somit geben CARTER ET AL. einige wichtige Hinweise für die vorliegende Forschungsarbeit. Vor allem die Frage, inwieweit Abbrecher nicht intensiv genug gründungsrelevante Aktivitäten durchgeführten haben, könnte von Interesse für die vorliegende Arbeit sein. Aber auch einige kurz angedeutete Hinweise könnten für den empirischen Teil dieser Arbeit von Interesse sein. So nennen CARTER ET AL. als Ursache für den Abbruch eines Gründungsvorhabens („gave up“[151]), dass die verfolgte Geschäftsidee nicht zum ursprünglich gewünschten Erfolg geführt hatte.[152] Allerdings nennen die Autoren diese interessante Vermutung lediglich in der Diskussion ihres Forschungsbeitrages. Er liefert dennoch einen interessanten Hinweis darauf, in welche Richtung einige weiterführende Überlegungen gehen könnten.

---

146 Carter, N. M. et al. (1996), S. 156.
147 Carter, N. M. et al. (1996), S. 157.
148 Vgl. Carter, N. M. et al. (1996), S. 159.
149 Vgl. Carter, N. M. et al. (1996), S. 162.
150 Carter, N. M. et al. (1996), S. 162.
151 Carter, N. M. et al. (1996), S. 152.
152 Vgl. Carter, N. M. et al. (1996), S. 162.

Der wissenschaftliche Beitrag von VAN GELDEREN ET AL. aus dem Jahr 2001 weist als erster vom Autor identifizierte Artikel die Abbruchsthematik bereits im Titel auf: ‚Setting up a business in the Netherlands: Who start, who gives up, who is still trying'. Die Untersuchung beschäftigt sich mit dem Prozess der Unternehmensgründung und zielt darauf ab, Ursachen für den Gründungserfolg zu bestimmen sowie den Abbruch von Gründungsvorhaben besser zu verstehen. Hierzu führten die Autoren eine Langzeitstudie durch, bei der insgesamt 330 niederländische Nascent Entrepreneure ein Jahr lang bei ihrer Unternehmensgründung begleitet wurden.[153] VAN GELDEREN ET AL. fokussieren sich in ihrer Untersuchung auf einen Vergleich von drei Gruppen von Nascent Entrepreneuren: Personen, die ihr Gründungsvorhaben erfolgreich abgeschlossen hatten (47%), Personen, die derzeit (oder noch immer) aktiv ihr Gründungsvorhaben verfolgen (27%) sowie Personen, die ihr Gründungsvorhaben abbrachen (26%).[154] Die Autoren verwendeten bei Ihrer Befragung das von KATZ & GARTNER 1988 konzeptionell entwickelte vier-Dimensionen-Modell, welches die Dimensionen beschreibt, die auf die Gründung wirken: „intention, boundary, resources, exchange"[155]. In ihrem Artikel ordnen die Antworten der Studienteilnehmer diesen vier Dimensionen zu und analysieren, inwieweit bestimmte Zusammenhänge zum Erfolg oder zum Abbruch von Gründungsvorhaben führen.[156] Die Autoren konnten hierdurch drei interessante Zusammenhänge feststellen: 1) Frauen benötigen mehr Zeit um ihr Gründungsvorhaben umzusetzen; 2) Finanzierungen von Drittparteien bzw. gar die Verwendung von mehr Kapital stehen in einem Zusammenhang zum Abbruch von Gründungsvorhaben; sowie 3), dass Management-Erfahrung sowie die Gründungserfahrung keine Erfolgsfaktoren sind.[157] Damit reiht sich diese Forschungsarbeit ein in die Reihe von Untersuchungen, die sich intensiv mit den verschiedenen Aktivitäten und Merkmalen von Nascent Entrepreneuren befassen und somit wichtige Hinweise für die Erforschung des Abbruchphänomens liefern.

Die von DAVIDSSON & HONIG 2003 veröffentlichte Studie nutzt das Forschungsdesign der US Panel Study of Entrepreneurial Dynamics (PSED). Die Arbeit fokussiert thematisch auf die Frage, welche gründungsrelevanten Aktivitäten zum Erfolg von Gründungsvorhaben führen.[158] Hierzu wurden insgesamt 380 schwedische Unternehmensgründer befragt, welche Aktivitäten sie verfolgen. Diese Personen wurden in einem Zeitraum von 18 Monaten bei der Umsetzung ihrer Gründungsaktivitäten begleitet und entsprechend befragt. Dabei wurde eruiert, inwieweit sich die Aktivitäten voneinander unterschieden und welche der Aktivitäten zum Erfolg führten. Erfolg wurde von den Auto-

153 Vgl. van Gelderen, M. et al. (2001), S. 1.
154 Vgl. van Gelderen, M. et al. (2001), S. 4.
155 van Gelderen, M. et al. (2001), S. 7.
156 van Gelderen, M. et al. (2001), S. 7.
157 Vgl. van Gelderen, M. et al. (2001), S. 13.
158 Vgl. Davidsson, P. / Honig, B. (2003), S. 301 f.

ren dabei anhand der Faktoren „sales and profitability“[159] gemessen. Folgende Faktoren wurden analysiert:

> *„[...] personal networks, business networks, contact with designated assistance agencies and taking business classes“*[160].

Demnach liegt der Fokus dieser Forschungsarbeit auf Human- und Sozialkapital-Faktoren.[161] Die Ergebnisse dieser Studie sind auch für die vorliegende Untersuchung von Interesse. So konnten die Autoren feststellen, dass solche Individuen, die über eine bessere Ausbildung verfügen („greater levels of human capital“[162]) eher dazu tendieren, unternehmerische Gelegenheiten zu identifizieren. Sie bewerteten diese unternehmerischen Gelegenheiten als attraktiv genug, um erste Schritte einzuleiten und ein Gründungsvorhaben zu verfolgen, als schlechter ausgebildete Individuen. Darüber hinaus führen besser ausgebildete Individuen sowie Individuen, die bereits Erfahrung im unternehmerischen Kontext aufweisen, mehr Aktivitäten durch, als die schlechter ausgebildeten Probanden.[163] Neben diesem Zusammenhang zwischen Humankapital und gründungsrelevanten Aktivitäten identifizieren die Autoren auch einen Zusammenhang zwischen Sozialkapital und der Wahrscheinlichkeit, ein Gründungsvorhaben erfolgreich in die Tat umzusetzen. So konnten sie feststellen, dass familiäre oder freundschaftliche Verbindungen zu Personen, die in einem ähnlichen geschäftlichen Umfeld tätig sind oder sogar explizite Unterstützung beim Gründungsvorhaben zusichern, einen positiven Einfluss auf die Gründungswahrscheinlichkeit haben. Kein Zusammenhang konnte jedoch zwischen Gründungserfolg und Hilfestellung von externen Institutionen wie Inkubatoren oder Wirtschaftsförderungen festgestellt werden.[164] Diese Erkenntnisse könnten auch bei der Untersuchung des Abbruchphänomens durch die vorliegende Untersuchung eine Rolle spielen, so könnte ein Defizit an unterstützenden sozialen Faktoren den Abbruch eines Gründungsvorhabens begünstigen, ebenso, wie Defizite im Bereich der eigenen Fähigkeiten des Gründers bzw. des Gründerteams. Jedoch müssen sich solch groß angelegte Studien auch massiver Kritik stellen, wie bspw. TOWNSEND ET AL. festhalten:

> *„[...] [D]ue to the large amount of questions included in the survey, survey designers elected to shorten many of the scales used to measure certain cognitive variables [...] to single responses. [...] Certainly, the majority of respondents in the PSED sample would not traditionally be classified as innovating entrepreneurs.“*[165]

---

159 Davidsson, P. / Honig, B. (2003), S. 302.
160 Davidsson, P. / Honig, B. (2003), S. 302.
161 Vgl. Davidsson, P. / Honig, B. (2003), S. 304.
162 Davidsson, P. / Honig, B. (2003), S. 321.
163 Vgl. Davidsson, P. / Honig, B. (2003), S. 321.
164 Vgl. Davidsson, P. / Honig, B. (2003), S. 322.
165 Townsend, D. M. et al. (2010), S. 201.

Dennoch liefert die von DAVIDSSON & HONIG durchgeführte Studie einige wichtige Anregungen, die zu einem späteren Zeitpunkt aufgegriffen werden können.

Die von VOHORA & LOCKETT 2003 veröffentlichte Untersuchung beschäftigt sich mit der Frage, welche Phasen universitäre Spinouts durchlaufen, um ihr Gründungsvorhaben erfolgreich voranzutreiben. Sie befassen sich dabei insbesondere mit den Herausforderungen, die während dieser ersten Gründungsphase zu bewältigen sind.[166] Hierzu wurde der theoretische Fokus auf zwei Themengebiete gelegt: „stage-based models of new firm development" sowie den „resource-based view"[167]. VOHORA & LOCKETT versuchen ihre Forschungsfragen durch die Analyse von insgesamt neun ausführlichen Case-Studies über universitäre Spinouts zu beantworten.[168] Dieser multiple Case Study Ansatz erlaubt den Autoren hierbei eine enge Verknüpfung von Theorie und Praxis.

Die Autoren fanden durch ihre Untersuchung heraus, dass alle untersuchten universitären Spinouts in ihrer Entwicklung fünf Phasen durchliefen, die durch kritische Punkte miteinander verbunden waren. Diese Verbindungspunkte mussten zunächst bewältigt werden, um in die nächste Phase des Prozesses einzutauchen. [169] Die fünf Phasen, die die Entwicklung einer universitären Spinout-Gründung beschreiben, orientieren sich an den jeweiligen Aktivitäten, die die Gründer planen und realisieren. Die einzelnen Phasen stellen sich dabei wie folgt dar: „(1) research phase (2) opportunity-framing phase (3) preorganization phase (4) re-orientation phase and finally (5) sustainable returns phase."[170] Die kritischen Verbindungspunkte, die die Spinouts überwinden müssen, werden von den Autoren dabei wie folgt definiert:

> *„We define critical junctures as a complex problem that occurs at a point along a new high-tech venture's expansion path preventing it from achieving the transition from one development phase to the next. [...] Unless each critical juncture is overcome, the venture cannot move to the next phase of development and hence will stagnate. If a critical juncture remains unresolved for a prolonged period of time before it becomes able to generate sustainable returns, its initial resource endowment will become severely depleted and as a consequence the venture will fail."*[171]

Insbesondere diese Beobachtung ist für die vorliegende Forschungsarbeit von Bedeutung, obgleich sich VOHORA & LOCKETT nicht direkt auf den Abbruch von Gründungsvorhaben beziehen, sondern

166 Vgl. Vohora, A. / Lockett, A. (2003), S. 1.
167 Vohora, A. / Lockett, A. (2003), S. 1.
168 Vgl. Vohora, A. / Lockett, A. (2003), S. 1.
169 Vgl. Vohora, A. / Lockett, A. (2003), S. 2.
170 Vohora, A. / Lockett, A. (2003), S. 2.
171 Vgl. Vohora, A. / Lockett, A. (2003), S. 4.

vielmehr auf das Scheitern von Gründungsprojekten. So definieren die Autoren hiermit kritische Situationen, die überwunden werden müssen, um in die jeweils nächste Phase einzutauchen. Werden diese Punkte nicht überwunden, scheitert das Gründungsvorhaben nach Auffassung der Autoren. Dies lässt vermuten, dass das Nicht-Überwinden der von VOHORA & LOCKETT beschriebenen kritischen Augenblicke sowohl zum Scheitern, als auch zum Abbruch führen könnte. Sie beschreiben, dass jeder der neun Fälle von einer äußerst kritischen Phase geprägt war, die vor allem auf finanziellen oder ressourcenbedingten Problemen beruhte. Aber auch mangelnde Erfahrung der Gründer oder ungenügende Informationen schienen Probleme zu sein, die bei jedem der neun untersuchten Gründungsfälle auftauchten.[172] VOHORA & LOCKETT ziehen folgendes Fazit aus ihrer Untersuchung: Werden die einzelnen von ihnen identifizierten Phasen und Punkte nicht innerhalb eines gewissen Zeitkorridors überwunden, erhöht sich die Wahrscheinlichkeit, dass das Vorhaben nicht weiter verfolgt wird.[173] Der Faktor Zeit könnte demnach auch für den Abbruch von Gründungsvorhaben eine bedeutende Rolle spielen. Wenn also Individuen zu lange in einer Phase verweilen, könnte demnach eher eine Abbruchentscheidung getroffen werden. Daher gilt es zu untersuchen, inwieweit Zeit von den Probanden als Einflussfaktor auf die Abbruchentscheidung benannt wird.

Eine weitere Forschungsarbeit, die interessante Erkenntnisse hinsichtlich des Abbruchs von Gründungsvorhaben liefert, ist die von SCOTT SHANE und FRÉDÉRIC DELMAR im Jahr 2004 veröffentlichte Arbeit. Sie befasst sich mit der Frage, inwiefern eine vorgelagerte, detaillierte Planung eines Gründungsvorhabens in Form eines Businessplans die Wahrscheinlichkeit beeinflusst, eine Gründung erfolgreich zu bewerkstelligen.[174] Demnach fokussieren sich die Autoren also auf eine Untersuchung der gründungsrelevanten Aktivitäten und deren Einfluss auf die Erfolgswahrscheinlichkeit eines Gründungsvorhabens. Hierzu wurden aus einer großen Anzahl an Befragten (35.971) insgesamt 223 Personen über einen Zeitraum von 2 ½ Jahren bei der Umsetzung ihrer Gründungsaktivitäten begleitet und via Telefonbefragung mehrfach befragt.[175]

Die Autoren befassen sich aus Perspektive der ‚Goal Setting Theory' mit dem Zusammenhang zwischen Businessplanerstellung und Gründungserfolg. Diese Theorie besagt, dass mentale Prozesse menschliche Aktionen führen und dass gerade das Setzen von konkreten Zielen die Durchführung menschlicher Aktionen bestimmt. Die Businessplanerstellung gleicht nach Auffassung der Autoren dem Setzen solcher Ziele, wodurch eher zielgerichtete Aktivitäten durchgeführt werden, was wiede-

---

172 Vgl. Vohora, A. / Lockett, A. (2003), S. 5.
173 Vgl. Vohora, A. / Lockett, A. (2003), S. 5.
174 Vgl. Shane, S. / Delmar, F. (2004), S. 767.
175 Vgl. Shane, S. / Delmar, F. (2004), S. 772 f.

rum die Erfolgswahrscheinlichkeit eines Gründungsvorhabens positiv beeinflusst.[176] Durch die von den Autoren durchgeführte empirische Analyse konnte dieser Zusammenhang bestätigt werden:

> *„Controlling for a variety of factors that capture the entrepreneurs' human capital, venture strategy, the development of the venture, and the venture's industry, we show that new ventures are less likely to be terminated if the entrepreneurs complete business plans before initiating marketing and promotion and before talking to customers."*[177]

Demnach brechen solche Gründer, die einen Businessplan schreiben und somit entsprechende Zielformulierungen vornehmen, weniger häufig das Gründungsvorhaben ab, als Individuen, die keinen Businessplan erstellen. Diese Resultate bieten verschiedene Implikationen für die vorliegende Forschungsarbeit. Der Zusammenhang zwischen der Erstellung eines Businessplans, der hiermit einhergehenden Formulierung eines klaren Zieles und der Wahrscheinlichkeit, ein Gründungsvorhaben abzubrechen könnte einen Hinweis darauf geben, welche Faktoren die Abbruchentscheidung beeinflusst. Darüber hinaus liefern SHANE & DELMAR eine weitere wichtige Erkenntnis für die vorliegende Forschungsarbeit:

> *„What entrepreneurs do in their day-to-day activities matters. The kind of activities that nascent entrepreneurs undertake...and the sequence of these activities have a significant influence on the ability of nascent entrepreneurs to successfully create new ventures."*[178]

Daher scheint eine genaue Analyse der verschiedenen Aktivitäten, die die Gründer in der frühen Phase ihrer Unternehmensgründung unternehmen und planen von Bedeutung zu sein. Jedoch sollte der direkte Zusammenhang zwischen dem Erstellen eines Businessplans und der Wahrscheinlichkeit zu gründen vorsichtig betrachtet werden, denn oftmals werden Businesspläne nicht aus einer intrinsischen Motivation heraus geschrieben, sondern entstehen vielmehr basierend auf dem Wunsch potenzieller Investoren.

Ziel des 2005 von NEWBERT veröffentlichten Artikels ist es herauszufinden, welche Aktivitäten mit dem Gründungserfolg verbunden sind.[179] Hierzu verwendet der Autor die Daten der zuvor vorgestellten PSED Studie und wertet diese hinsichtlich der Aktivitäten, die die Nascent Entrepreneurs unternehmen, um ihr Gründungsvorhaben erfolgreich abzuschließen, aus.[180] Die von NEWBERT durchgeführte Studie bietet einige hilfreiche Hinweise im Bezug auf Aktivitäten, die Nascent Ent-

---

176 Vgl. Shane, S. / Delmar, F. (2004), S. 769.
177 Vgl. Shane, S. / Delmar, F. (2004), S. 781.
178 Shane, S. / Delmar, F. (2004), S. 783.
179 Vgl. Newbert, S. (2005), S. 55.
180 Vgl. Newbert, S. (2005), S. 62.

repreneure durchführen, um den Erfolg ihres Gründungsvorhabens herbeizuführen.[181] So ermittelt er folgende Aktivitäten, die nach seinen Auswertungen in einem Zusammenhang mit dem Gründungserfolg von Nascent Entrepreneuren stehen könnten:

> „*[...] developing models and/or prototypes, purchasing materials, buying and/or renting facilities and/or equipment, investing their own money in the venture, committing full time to the venture, hiring employees, and engaging in promotional efforts [...]*“[182]

Allerdings schränkt er die Aussagekraft seiner eigenen Ergebnisse ein, da diese nicht hochgradig signifikant zu sein scheinen. Dies erklärt der Autor damit, dass der Prozess einer Unternehmensgründung in jeder Industrie und für jedes Individuum unterschiedlich ist.[183] NEWBERTS Studie liefert darüber hinaus Hinweise dafür, welche oftmals als kritische Faktoren bezeichneten Aktivitäten offenbar keinen direkten Einfluss auf den Erfolg von Gründungsvorhaben zu haben scheinen:

> „*Contrary to expectations, the solicitation and acquisition of external capital appears unimportant to high-technology entrepreneurs. The results suggest that writing business plans, organizing startup teams, projecting financial statements, forming legal entities, and asking others for money were not critical to success for high-technology nascent entrepreneurs.*“[184]

Diese Aussage wirft die Frage auf, welche Aktivitäten, die von Gründern durchgeführt werden, schlussendlich zum Erfolg eines Gründungsvorhabens führen. Offenbar scheinen einige Faktoren wie die Akquise von Kapital oder das Schreiben eines Businessplans nicht zwangsläufig erfolgskritisch zu sein, was wichtige Hinweise hinsichtlich der Erforschung des Abbruchphänomens liefert.

Der von CARDON ET AL. 2005 veröffentlichte Artikel beschäftigt sich mit einer Elternschaftsmetapher eines Entrepreneurship-Lebenszyklusmodells. Die Autoren entwickeln in ihrer konzeptionellen Arbeit ein Modell, das helfen soll, neue Erkenntnisse hinsichtlich der Nascent Entrepreneurship-Phase zu gewinnen. Dabei berücksichtigen CARDON ET AL. auch explizit das Phänomen des Abbruchs. Die Autoren erforschen hierbei insbesondere die verschiedenen Phasen einer Unternehmensgründung und vergleichen diese mit den verschiedenen Phasen der Elternschaft:[185]

> „*We suggest that a relational metaphor can provide new insight into our understanding of entrepreneurial activities such as opportunity search, recognition and evaluation, start up and early business development.*“[186]

---

181 Vgl. Newbert, S. (2005), S. 74.
182 Newbert, S. (2005), S. 67.
183 Vgl. Newbert, S. (2005), S. 73.
184 Newbert, S. (2005), S. 73.
185 Vgl. Cardon, M. S. et al. (2005), S. 23.
186 Cardon, M. S. et al. (2005), S. 24.

Interessant ist diese Vorgehensweise vor allem vor dem Hintergrund, dass die Autoren durch die Übertragung der Elternschaftsmetapher irrational anmutende Vorgehensweisen von Unternehmensgründern rational erklären können:

> *„We suggest that relational metaphors [...] shed light on aspects of entrepreneurship that seem illogical from a rational perspective, that is, cognitive biases that reduce the perception of risks (love may be blind), entrepreneurial persistence despite poor results (some parents never give up, even when perhaps they should), often extreme devotion to the business entailing self-sacrifice and delayed gratification, and the separation problems that sometimes accompany founder succession.“*[187]

Um die Akzeptanz dieser Vorgehensweise zu bekräftigen, beschäftigen sich die Autoren zunächst mit dem Phänomen und der Kraft von Metaphern.[188] So werden Metaphern nicht nur in vielen anderen Feldern der Betriebswirtschaftslehre genutzt, sondern auch im Feld Entrepreneurship: „Nascent Entrepreneurs [...], organization in vitro [...], gestation [...], and business incubators are all terms from the literature.“[189] Die von den Autoren verwendete Elternschaftsmetapher beschreibt dabei die Vorentstehungsphase einer Unternehmensgründung.[190] Diese Phase wird von CARDON ET AL. in einzelne Stufen eines Lebenszyklusmodells überführt: „infancy, toddlerhood, childhood, growth, and maturity.“[191] Diese differenzieren sie weiterhin in verschiedene Teilphasen: „Conception / Gestation / Infancy and Toddlerhood / Childhood and Adolescence / Maturity / Failure“[192]. Die Autoren untersuchen die unterschiedlichen Aktivitäten und Besonderheiten dieser Teilphasen. Nachdem sich die Autoren intensiv mit den Aktivitäten und Besonderheiten der einzelnen Teilphasen beschäftigen und diese ausführlich beschreiben, weisen sie auch einige Male auf den Abbruch des Gründungsvorhabens als mögliches Phänomen während der Vorentstehungsphase einer Unternehmung hin:[193]

> *„[...] [W]hen attachment or identification is not strong, perhaps because the venture has proven troublesome or preliminarily unsuccessful, the entrepreneur may abandon the new venture early. Early dissonance between entrepreneurial expectations and realities, as with parental dissonance, may lead to dissatisfaction, disappointment, rejection, and abandonment of the new venture.“*[194]

---

187 Cardon, M. S. et al. (2005), S. 25.
188 Vgl. Cardon, M. S. et al. (2005), S. 25.
189 Cardon, M. S. et al. (2005), S. 26.
190 Vgl. Cardon, M. S. et al. (2005), S. 27.
191 Cardon, M. S. et al. (2005), S. 27.
192 Cardon, M. S. et al. (2005), S. 29.
193 Vgl. Cardon, M. S. et al. (2005), S. 33 ff.
194 Cardon, M. S. et al. (2005), S. 33.

Demnach sehen die Autoren die nicht erfüllten Erwartungen einer Unternehmensgründung als mögliche Ursachen dafür an, dass ein Gründungsvorhaben vom Gründer – in einer internal getroffenen Entscheidung – abgebrochen wird. Als einen möglichen Grund für diese nicht erfüllten Erwartungen sehen die Autoren in der Tatsache begründet, dass Gründer sowie Eltern oftmals zu selbstsicher und vermessen über ihr Baby – die Unternehmung oder ihr Kind – urteilen und somit zu nicht erfüllbaren Erwartungen tendieren.[195] Ein wichtiger Hinweis, der durch die vorliegende Untersuchung empirisch überprüft werden kann.

Die von DELMAR & DAVIDSSON 2005 veröffentlichte Forschungsarbeit widmet sich dem Nascent Entrepreneurship Phänomen und untersucht empirisch, welche Faktoren die zukünftige Firmengröße einer Unternehmung beeinflussen. Hierbei konzentrieren sich die Autoren auf vier Felder, die ihrer Meinung nach im Zusammenhang mit der späteren Firmengröße, gemessen an der Mitarbeiterzahl, stehen könnten.[196] Diese Felder sind: „initial human capital, personal/business goals, environmental and business context, and gestation activities“[197]. Hierzu wurden insgesamt knapp 50.000 Individuen willkürlich ausgewählt, von denen ca. 36.000 kontaktiert werden konnten. 961 dieser ausgewählten und via Telefon kontaktierten Individuen konnten als Nascent Entrepreneure identifiziert werden. Hiervon konnten insgesamt 128 dazu bewegt werden, an der von DELMAR & DAVIDSSON durchgeführten umfangreichen Studie teilzunehmen – nur 0,25% der ursprünglich befragten Personen. Diese 128 Nascent Entrepreneurs wurden durch längere Telefoninterviews zu ihren gründungsrelevanten Aktivitäten und den weiteren oben genannten Feldern befragt.[198] Die Ergebnisse der von DELMAR & DAVIDSSON durchgeführten Forschung scheinen jedoch die Autoren selbst nicht zu befriedigen. So stellen sie lediglich schwache Zusammenhänge zwischen den jeweiligen Dimensionen und der Wachstumsrate eines Gründungsvorhabens fest. Lediglich „early stage level of commitment“[199] konnte als Faktor identifiziert werden, der das Wachstum eines Gründungsprojekts teilweise vorhersagen kann.[200] Im Umkehrschluss liefert diese Erkenntnisse aber einen interessanten Hinweis für die vorliegende Forschungsarbeit, könnte mangelndes Commitment zum Gründungsvorhaben dazu führen, dass das Projekt nicht weiter verfolgt, also abgebrochen wird. Darüber hinaus liefern die Autoren einen weiteren möglichen Indikator für den Abbruch von Gründungsvorhaben:

---

195 Vgl. Cardon, M. S. et al. (2005), S. 33.
196 Vgl. Delmar, F. / Davidsson, P. (2005), S. 2.
197 Delmar, F. / Davidsson, P. (2005), S. 2.
198 Vgl. Delmar, F. / Davidsson, P. (2005), S. 6.
199 Delmar, F. / Davidsson, P. (2005), S 14.
200 Vgl. Delmar, F. / Davidsson, P. (2005), S 14.

„It is possible that those that never realized their start-up plans have other growth or size expectations than those actually starting. For example a nascent entrepreneur could abandon a business idea for the reason that it is not in accordance with his or her growth ambitions.“[201]

Wie auch einige der oben genannten Artikel vermuten also auch DELMAR & DAVIDSSON, dass möglicherweise die individuelle Erwartungshaltung bspw. im Bezug auf Wachstumsbestrebungen einen Einfluss auf den Abbruch von Gründungsvorhaben haben könnte.

Eine weitere Arbeit, die sich in die Liste der Forschungsarbeiten einreiht, die sich auf ein PSED-Forschungsdesign stützt, wurde 2006 von PARKER & BELGHITAR veröffentlicht. Die Autoren beschäftigen sich dabei mit der Frage, welche ökonomischen Charakteristika mit dem Phänomen eines Gründungsvorhabens verbunden sind und welche dieser Faktoren dazu führen, dass Nascent Entrepreneure in dieser frühen Phase ihres Gründungsvorhabens verweilen oder dieses gar aufgeben:

„We address the question of what happens to nascent entrepreneurs by developing a simple two-period economic model of NE choices based on expected utility maximization, in which waiting can be valuable.“[202]

Zur Überprüfung dieser Frage nutzen die Autoren ein ökonometrisches Modell basierend auf den Ergebnissen der PSED. PSED Teilnehmer werden dann als Nascent Entrepreneur klassifiziert, wenn Sie mit ‚Yes' auf die Frage „Are you, alone or with others, now trying to start a new business?"[203] antworten. PARKER & BELGHITAR gehen dabei davon aus, dass Unternehmer, abhängig von ihren (finanziellen) Ressourcen und ihren individuellen Charakteristika jeweils drei Entscheidungen treffen können: Sie können vorerst Nascent Entrepreneure bleiben, d.h. weiterhin ihr Gründungsvorhaben planen und daran arbeiten; sie können ihr Unternehmen gründen, d.h. Entrepreneure werden bzw. in die Infancy Entrepreneurship-Phase übergehen; und sie können ihr Gründungsvorhaben abbrechen.[204] Darüber hinaus nehmen die Autoren an, dass das Verbleiben in der Nascent Entrepreneurship-Phase bzw. das „warten" hinsichtlich der eigentlichen (formellen) Gründung durchaus auch positiv auf den Gründungserfolg wirken kann.[205] Die Opportunitätskosten des Wartens werden nach Vermutung der Autoren kleiner, je höher die finanziellen Mittel sind, die dem Gründungsteam zur Verfügung stehen – sowohl auf privater, als auch auf unternehmerischer Ebene:

---

201 Delmar, F. / Davidsson, P. (2005), S. 3.
202 Parker, S. C. / Belghitar, Y. (2006), S. 82.
203 Parker, S. C. / Belghitar, Y. (2006), S. 82.
204 Vgl. Parker, S. C. / Belghitar, Y. (2006), S. 83.
205 Vgl. Parker, S. C. / Belghitar, Y. (2006), S. 84.

> *„Studies on entrepreneurial initiatives pointed out that an entrepreneur is likely to „wait and see“ when committing resources to new ventures [...].“*[206]

Dies bedeutet im Umkehrschluss, dass je geringer das Haushaltseinkommen oder die allgemeinen finanziellen Ressourcen von Unternehmensgründern, desto höher sind die Opportunitätskosten des Wartens.[207] PARKER & BELGHITAR vermuten, dass langes Verharren in der Vorgründungsphase oftmals auch mit dem Warten auf geeignete (finanzielle) Ressourcen verbunden ist. Erhalten die Gründer in der Zeit, in der sie das Warten überbrücken können, kein passendes Investment, so könnte dies wiederum zum Abbruch des Vorhabens führen. Neben dieser ressourcenbasierten Sichtweise vermuten die Autoren auch, dass die Durchführung prozessgerichteter Aktivitäten einen Einfluss auf die Entscheidung hat, inwieweit gegründet, weiterhin gewartet, oder abgebrochen wird. Prozessgerichtete Aktivitäten, wie z.B. das Schreiben eines Businessplans, werden dabei einen positiven Einfluss auf eine finale Entscheidung wie ‚Gründen‘ oder aber eben auch ‚Abbrechen‘ haben, wohingegen das Ausbleiben solcher Aktivitäten eher dazu führt, dass gewartet wird. Jedoch vermuten die Autoren auch, dass je länger gewartet wird, desto höher ist die Wahrscheinlichkeit, dass final abgebrochen wird.[208] Im Zuge ihrer Datenanalyse konnten PARKER & BELGHITAR herausfinden, dass ein positiver Zusammenhang zwischen der Gründungswahrscheinlichkeit und der Unterstützung durch universitäre Beratungs- und Unterstützungsangebote besteht. Für das Phänomen des Abbruchs von Gründungsvorhaben könnte dies bedeuten, dass sich das Nicht-Wahrnehmen von Unterstützung durch öffentliche Beratungsangebote Einfluss auf die Abbruchentscheidung haben könnte. Außerdem konnten PARKER & BELGHITAR herausfinden, dass Nascent Entrepreneure, die ihr Gründungsvorhaben abgebrochen hatten, kaum oder keine eigenen finanziellen Ressourcen in ihr Vorhaben investierten.[209] Nascent Entrepreneure, die hingegen über mehr finanzielle Ressourcen verfügen, warten häufiger mit ihrer eigentlichen Gründung als Personen, die später ihr Gründungsvorhaben abbrechen oder eine formelle Gründung vollziehen.[210] Die Ursache scheint nach Auffassung der Autoren klar zu sein: Gründer, die über ein größeres finanzielles Polster verfügen, können ihr Gründungsvorhaben intensiver und detaillierter planen. Demnach könnte das Nicht-Vorhandensein von finanziellen Ressourcen zum einen dazu führen, dass ein Gründungsvorhaben abgebrochen wird. Zum anderen könnte der Umstand, dass Abbrecher weniger eigene Mittel in ihr Vorhaben investieren jedoch auch bedeuten, dass sie das Risiko scheuen, eigenes Geld zu nutzen. Das Schreiben eines Businessplans hat nach PARKER & BELGHITAR jedoch keinen Einfluss auf die

---

206 Parker, S. C. / Belghitar, Y. (2006), S. 87.
207 Vgl. Parker, S. C. / Belghitar, Y. (2006), S. 88.
208 Vgl. Parker, S. C. / Belghitar, Y. (2006), S. 89.
209 Vgl. Parker, S. C. / Belghitar, Y. (2006), S. 82.
210 Vgl. Parker, S. C. / Belghitar, Y. (2006), S. 91.

Entscheidung, abzubrechen oder zu gründen. Demnach liefert die von PARKER & BELGHITAR veröffentlichte Forschungsarbeit interessante Denkanstöße für die vorliegende Arbeit.

Die von MARCO VAN GELDEREN ET AL. 2006 veröffentlichte Forschungsarbeit befasst sich mit der Frage, warum manche Personen erfolgreich ein Unternehmen gründen, andere hingegen das Gründungsvorhaben abbrechen. Die Autoren fokussieren sich innerhalb ihrer Forschungsarbeit dabei auf den Unterschied zwischen Entrepreneuren und Nicht-Entrepreneuren und die Faktoren, die erfolgreiche von nicht erfolgreichen Unternehmensgründern unterscheiden. Dabei teilen die Autoren den Unternehmensgründungsprozess zunächst in vier Abschnitte ein: Die erste Phase beschreibt dabei die Entwicklung einer Intention ein Unternehmen zu gründen; innerhalb der zweite Phase nimmt das Individuum eine unternehmerische Gelegenheit wahr um darauf aufbauend ein unternehmerisches Konzept zu entwickeln; die dritte Phase ist durch die Akquirierung von Ressourcen sowie das Kreieren einer neuen Organisation gekennzeichnet; erst in der letzten, der vierten Phase startet das Unternehmen den Austausch mit den Märkten, tritt also in die Infancy Entrepreneurship-Phase ein.[211] VAN GELDEREN ET AL. fokussieren mit ihrer explorativen Untersuchung innerhalb dieses Konzepts auf die Phasen zwei und drei und untersuchen die Frage, inwieweit Erfolgsfaktoren diese beiden Phasen beeinflussen.[212] Sie verwenden zur theoretischen Fundierung ihrer Arbeit dabei das von GARTNER 1985 vorgestellte Modell der ‚new venture creation':

> *„This framework suggests that start-up efforts differ in terms of the characteristics of the individual(s) who start the venture, the organization which they create, the environment surrounding the new venture, and the process by which the new venture is started."*[213]

Die Autoren leiten aus jedem dieser Faktoren bestimmte Erfolgs- sowie Risikofaktoren ab. Daher geben die Autoren im Verlauf ihrer Forschungsarbeit einen detaillierten Überblick über die von GARTNER 1985 beschriebenen Faktoren Individuum, Umwelt, Prozess und Organisation.[214] Hinsichtlich des Faktors *Individuum* können dabei vor allem zwei Typen von Variablen unterschieden werden: Humankapital sowie individuelle psychologische Unterschiede.[215] Als Variablen im Bereich Humankapital nennen die Autoren Wissen, Ausbildung, Fähigkeiten und Erfahrung. Psychologische Unterschiede kennzeichnen Verschiedenheiten im Bereich der Persönlichkeit, der kognitiven Leistungsfähigkeit oder der Ausprägung der Motivation. Forschungszweige, die sich mit diesem Bereich befassen, bringen persönliche Charakteristika wie internale Kontrollüberzeugung oder Risikoaffinität in Verbindung mit dem Erfolg von Gründungsvorhaben. Demzufolge könnten diese

211 Vgl. van Gelderen, M. et al. (2006), S. 320.
212 Vgl. van Gelderen, M. et al. (2006), S. 320.
213 van Gelderen, M. et al. (2006), S. 320.
214 Vgl. van Gelderen, M. et al. (2006), S. 320 ff.
215 Vgl. van Gelderen, M. et al. (2006), S. 320 f.

Faktoren auch einen Einfluss auf den Erfolg von Gründungsvorhaben – also einen Einfluss auf den Erfolg oder Misserfolg in den oben beschriebenen Phasen zwei und drei – haben.[216]

Die zweite Dimension nach GARTNERS Modell beschreibt die *Umwelt* eines Gründungsvorhabens. Die unternehmerische oder gründungsspezifische Umwelt eines Gründungsvorhabens kann in Netzwerk, finanzielle und ökologische Faktoren unterteilt werden, die allesamt einen erheblichen Einfluss auf ein Gründungsvorhaben nehmen können. Die dritte Dimension von GARTNER'S Rahmenmodell befasst sich mit dem *Prozess* der Unternehmensgründung. Innerhalb des Unternehmensgründungsprozesses ist vor allem der Unternehmensgründer von Bedeutung. Verfolgt er aggressiv sein Ziel ein Unternehmen zu gründen, kann davon ausgegangen werden, dass der Gründungserfolg wahrscheinlicher eintritt, als bei Personen, die ihr Gründungsvorhaben nicht aggressiv verfolgen.[217] Die letzte Dimension beschäftigt sich mit der geplanten *Organisation* bzw. organisatorischen Einheit. Hierbei spielt die wahrgenommene oder entdeckte unternehmerische Gelegenheit eine fundamentale Rolle, ebenso wie die Fragen, inwiefern es sich um eine technologiebasierte Gründung handelt, wie viele Mitarbeiter zwingend benötigt werden und wie groß das geplante Unternehmen zu Beginn oder nach der Gründung sein soll.[218] All diese Faktoren beeinflussen den Prozess einer Unternehmensgründung hinsichtlich Erfolg oder Misserfolg und können demnach einen erheblichen Einfluss auf die Entscheidung des Unternehmensgründers nehmen, sein Gründungsvorhaben abzubrechen oder weiter zu verfolgen. Methodisch lehnt sich die von VAN GELDEREN ET AL. durchgeführte Untersuchung am Forschungsdesign der PSED an. Dabei wurden insgesamt 49.936 niederländische Telefonnummern gewählt, von denen insgesamt 21.393 Personen befragt werden konnten. Eine wichtige Herausforderung für die Forscher bestand damals darin herauszufinden, inwieweit die Personen, die auf die Frage, ob sie derzeit aktiv und evident eine Unternehmensgründung verfolgen, mit ‚ja' antworteten, auch tatsächlich so handelten oder lediglich davon träumten.[219] Insgesamt konnten 517 Fälle identifiziert werden, bei denen die Personen tatsächlich eine Unternehmensgründung verfolgten – bzw. dies zumindest angaben. Diese Fälle wurden nach sechs Monaten, einem Jahr, zwei Jahren und drei Jahren erneut nach dem Stand des Gründungsvorhabens befragt. Ein interessantes Ergebnis dieser Befragungen: 115 der 517 Befragten hatten nach der letzten Befragung nach drei Jahren ihr Gründungsvorhaben abgebrochen - was einem Anteil von rund 20 Prozent entspricht.[220] VAN GELDEREN ET AL. beschreiben innerhalb ihrer Auswertung einige für die vorliegende Forschungsarbeit wichtige Aspekte, die in die oben vorgestellten Dimensionen ein-

---

216 Vgl. van Gelderen, M. et al. (2006), S. 321.
217 Vgl. van Gelderen, M. et al. (2006), S. 322.
218 Vgl. van Gelderen, M. et al. (2006), S. 322.
219 Vgl. van Gelderen, M. et al. (2006), S. 322.
220 Vgl. van Gelderen, M. et al. (2006), S. 325.

geordnet werden konnten. So konnten sie hinsichtlich der Dimension ‚Prozess‘ herausfinden, dass Gründer, die während des Prozesses den Kapitalbedarf senkten, wahrscheinlicher ihr Unternehmen gründeten.[221] Einen bedeutungsvollen, positiven Einfluss auf den Gründungserfolg haben auch Faktoren die der Dimension Individuum zugeordnet werden konnten. Industrieerfahrung sowie die Hilfestellung von Beratern und Gründungsinitiativen wirkten demnach positiv auf den Gründungserfolg.[222] Allerdings betonen die Autoren auch:

> *„Summarizing the results we conclude that few of the nascent entrepreneurs‘ characteristics are directly associated with success (a start-up).“*[223]

Die meisten signifikant erfolgskritischen Faktoren betreffen die Umwelt in dem die Unternehmensgründung stattfindet: Startup-Kapital, Marktrisiko sowie Gründen als Vollzeit-Beschäftigung scheinen von besonderer Bedeutung für den Erfolg eines Gründungsvorhabens zu sein. Unterschiede in den individuellen Charakteristika scheinen hingegen nicht erfolgskritisch zu sein.[224] Auch das Schreiben eines Businessplans wirkt sich nur schwach auf den Gründungserfolg aus.[225] VAN GELDEREN ET AL. halten in ihrem Fazit fest, dass maßgeblich vier Variablen identifiziert werden konnten, die einen entsprechend signifikanten Einfluss auf den Gründungserfolg haben: Die Vollzeit-Beschäftigung mit dem Gründungsvorhaben wirkt sich positiv auf den späteren Erfolg aus, im Gegensatz zu einer Gründung, die nur Teilzeit verfolgt wird; Das wahrgenommene Marktrisiko spielt eine bedeutsame Rolle für den Gründungserfolg, denn je höher das subjektiv wahrgenommene Marktrisiko, desto höher die Wahrscheinlichkeit, das Gründungsvorhaben abzubrechen; Je mehr Kapitalbedarf ein Unternehmensgründer einplant, desto geringer ist die Wahrscheinlichkeit des Gründungserfolgs; Gründungsvorhaben im produzierenden Gewerbe starten häufiger als Gründungsvorhaben in anderen Industriebereichen.[226] Diese Erkenntnisse sind erste wichtige Schritte, die das Verständnis des Abbruchphänomens erweitern, wie auch VAN GELDEREN ET AL. festhalten. Sie fordern dabei eine intensivere Betrachtung dieser Faktoren und eine tiefergehende Untersuchung, welche Faktoren den Erfolg oder auch den Abbruch von Gründungsvorhaben beeinflussen.[227] Die Faktoren Vollzeitbeschäftigung, wahrgenommenes Marktrisiko, Kapitalbedarf sowie Industriebereich könnten demnach auch einen Einfluss auf die Abbruchentscheidung nehmen.

---

221 Vgl. van Gelderen, M. et al. (2006), S. 329.
222 Vgl. van Gelderen, M. et al. (2006), S. 330.
223 van Gelderen, M. et al. (2006), S. 330.
224 Vgl. van Gelderen, M. et al. (2006), S. 330.
225 Vgl. van Gelderen, M. et al. (2006), S. 331.
226 Vgl. van Gelderen, M. et al. (2006), S. 332.
227 Vgl. van Gelderen, M. et al. (2006), S. 334.

2.3.2.2 Der Abbruch von Gründungsvorhaben aufgrund wahrgenommener Probleme

In diesem Kapitel werden solche Forschungsbeiträge vorgestellt, die sich mit den Problemen beschäftigen, die Gründer während der Nascent Entrepreneurship-Phase wahrnehmen. Diese Forschungsarbeiten vermuten meist einen Zusammenhang zwischen der Wahrnehmung von Problemen und dem Misserfolg oder Abbruch von Gründungsvorhaben.

Die erste identifizierte Studie, die sich mit dieser Thematik befasst, wurde von BAHß ET AL. 2003 im Zuge einer KfW-Forschungsreihe veröffentlicht. Die Autoren widmen sich direkt der Frage, was die Ursachen für den Abbruch von Gründungsvorhaben sein könnten. Sie arbeiten dabei mit Daten des KfW Gründungsmonitors, einer Untersuchung, gefördert von der Kreditanstalt für Wiederaufbau, die sich mit der Beschreibung von Unternehmensgründungen in Deutschland sowie dem Gründungspotenzial befasst.[228] In der 2003 veröffentlichen Arbeit fragen die Autoren auch:

> *„Was hindert die Abbrecher, ihre Gründungsabsicht zu verwirklichen? Welche Probleme und Barrieren stehen im Weg – nicht nur den Abbrechern, sondern auch denjenigen, die tatsächlich gründen?“*[229]

Die Autoren definieren den Begriff ‚Gründung‘ dabei nicht vorab, sondern überlassen den Befragten die Antwort, inwieweit sie sich selbst als Gründer, Abbrecher oder Nicht-Gründer sehen. Das Forschungsdesign lehnt sich also eng an das der PSED an. In die Befragung gingen darüber hinaus aber auch solche Personen mit ein, die in der Befragung angeben, sich binnen der nächsten sechs Monate selbstständig machen zu wollen.[230] Diese ‚Planer‘ wurden nach einer Dauer von sechs Monaten im Zuge „einer Follow-up-Studie befragt, inwieweit sie ihr Vorhaben realisiert haben bzw. welche Probleme der Gründung im Weg standen.“[231] Insgesamt nahmen 300 Gründungsplaner an der Befragung teil.[232] BAHß ET AL. konnten herausfinden, dass rund 18% der Befragten ihr Gründungsvorhaben aufgaben.[233] Als Ursache für den Abbruch gaben die meisten Befragten an, dass vor allem die schlechte konjunkturelle Lage zur Abbruchentscheidung geführt hatte. Rund ein Viertel der Befragten nannten diesen Grund als Hauptursache für Ihre Entscheidung.[234] BAHß ET AL. halten zu den Ursachen für das Abbrechen von Gründungsvorhaben weiterhin fest:

---

228 Vgl. Bahß, C. et al. (2003), S. 2.
229 Bahß, C. et al. (2003), S. 2.
230 Vgl. Bahß, C. et al. (2003), S. 4.
231 Bahß, C. et al. (2003), S. 4.
232 Vgl. Bahß, C. et al. (2003), S. 4.
233 Vgl. Bahß, C. et al. (2003), S. 4.
234 Vgl. Bahß, C. et al. (2003), S. 5.

„Als weitere Gründe, die letztendlich zur Aufgabe des Vorhabens geführt haben, geben die Befragten die schlechten Erfolgsaussichten auf Grund mangelnder Nachfrage für das eigene Geschäftskonzept (20 %) und den Nichterhalt notwendiger Finanzierungen (20 %) an.“[235]

Als weitere Ursachen nennen die Autoren: „Sozialer Abstieg bei Scheitern, Zu hohe Belastung für Partnerschaft/Familie, Bürokratische Hürden und Verzögerungen“[236]. Darüber hinaus konnten BAHß ET AL. einen Zusammenhang zwischen Gründungen aus der Arbeitslosigkeit und dem Abbruch von Gründungsvorhaben identifizieren: Gründungen aus der Arbeitslosigkeit werden dabei häufiger abgebrochen, als Gründungen aus einem abhängigen Beschäftigungsverhältnis heraus.[237] Die von BAHß ET AL. veröffentlichte Forschungsarbeit liefert demnach einige interessante Hinweise, welche Faktoren den Abbruch von Gründungsvorhaben beeinflussen könnten. Die Autoren fokussieren in ihrer Untersuchung jedoch stark auf die Erforschung des Zusammenhangs zwischen exogenen Faktoren und dem Gründungsabbruch. Aufgabe der vorliegenden Forschungsarbeit ist daher zu zeigen, inwieweit diese exogenen Faktoren einen Einfluss auf die Entscheidung nehmen, das Vorhaben abzubrechen, oder ob nicht doch tieferliegende Ursachen die Abbruchentscheidung bestimmt. Insbesondere das von BAHß ET AL. genutzte Forschungsdesign lässt dabei die Vermutung zu, dass die Studie nicht die notwendige Tiefe für die Untersuchung eines solch komplexen Phänomens aufwies, wie die Autoren auch selbst erkennen:

„Die Befragten haben daher nur wenig Möglichkeit für tiefer gehende Erläuterungen an den Interviewer.“[238]

Ähnlich wie die bereits im Jahr 2003 von BAHß ET AL. veröffentlichte KfW Studie widmet sich auch die 2004 veröffentliche Arbeit von REENTS ET AL. der Frage, aus welchen Gründen Gründungsinteressierte und Gründungsplaner ihr Vorhaben abbrechen. Dabei verwenden die Forscher ebenso wie im Jahre 2003 Daten des KfW Gründungsmonitors.[239] REENTS ET AL. gehen ebenso wie BAHß ET AL. sehr pragmatisch vor und präsentieren die Ergebnisse ohne theoretische Fundierung. Dabei fokussieren sie sich im Wesentlichen auf die Erforschung des Zusammenhangs zwischen Problemen bzw. Gründungshemmnissen und dem Abbruch von Gründungsvorhaben. Ähnlich wie auch BAHß ET AL. legten die Autoren im Zuge ihrer Befragung den Probanden dabei Fragebögen vor, in denen sie verschiedene Kategorien von möglichen Problemen vorgegeben und abfragten, die von den Probanden auf einer Skala von 1-5 („1=Problem hat mich sehr stark beschäftigt bis

235 Bahß, C. et al. (2003), S. 5.
236 Vgl. Bahß, C. et al. (2003), S. 6.
237 Vgl. Bahß, C. et al. (2003), S. 7.
238 Bahß, C. et al. (2003), S. 7.
239 Vgl. Reents, N. et al. (2004), S. 4.

5=Problem ist nicht aufgetreten"[240]) eingeschätzt werden sollten. Ähnlich wie die Ergebnisse von BAHß ET AL. halten auch REENTS ET AL. fest, dass als Hauptprobleme „schlechte konjunkturelle Lage, zu hohes finanzielles Risiko, schlechte Erfolgsaussichten"[241] angegeben wurden. Die Autoren halten fest:

„Diejenigen Gründungsplaner, die ihr Vorhaben tatsächlich realisiert haben, geben grundsätzlich an, mit den Problemen in der Gründungsphase weniger stark konfrontiert worden zu sein. Demgegenüber stufen die Planer, die ihre Gründungsabsicht verschoben oder aufgegeben haben, die Gründungsbarrieren fast durchweg als problematischer ein [...]."[242]

Anders als einige auf dem PSED Forschungsdesign basierenden weiter oben vorgestellten Forschungsarbeiten konnten REENTS ET AL. demnach herausfinden, dass die Gruppe der Abbrecher mehr Probleme wahrnahm, als die Gruppe der Gründer. Demnach liefert auch die von REENTS ET AL. veröffentlichte Forschungsarbeit einige Hinweise, welche Faktoren auf die Abbruchentscheidung Einfluss nehmen könnten.

Eine weitere von VAN GELDEREN ET AL. veröffentlichte Forschungsarbeit aus dem Jahr 2007 befasst sich ebenfalls mit den Ursachen für das Abbrechen von Gründungsvorhaben sowie den Ursachen für eine erfolgreiche Gründung. Auch diese jüngere Forschungsarbeit der Autoren legt ihr theoretisches Fundament auf die von GARTNER 1985 veröffentlichte Forschungsarbeit und die oben beschriebenen vier Dimensionen, die die Gestation Phase eines Gründungsvorhabens beeinflussen. Dabei fokussieren VAN GELDEREN ET AL. im Gegensatz zu der vorangegangen Forschungsarbeit jedoch auf ein Element der vierten von GARTNER beschriebenen Dimension, auf den Gründungsprozess:

„[...] namely the role of problems encountered in the process of getting a firm started."[243]

VAN GELDEREN ET AL. beginnen in ihrem Artikel zunächst mit einer Skizzierung des Gründungsprozesses und den damit verbundenen Elementen. Sie beschreiben, dass sich die Entrepreneurship-Forschung erst seit ca. 2006 explizit mit der Nascent Entrepreneurship-Phase beschäftigt und viele verschiedene Ansätze existieren, diese theoretisch zu fundieren.[244] Unter anderem beschreiben sie dabei das von KATZ & GARTNER 1988 veröffentlichte theoretische Konzept zu den Eigenschaften von emergierenden, d.h. in der Gründungsphase befindlichen Organisationen.[245] VAN GELDEREN ET

---

240 Reents, N. et al. (2004), S. 9.
241 Reents, N. et al. (2004), S. 9.
242 Reents, N. et al. (2004), S. 12.
243 van Gelderen, M. et al. (2007), S. 2.
244 Vgl. van Gelderen, M. et al. (2007), S. 3.
245 Vgl. van Gelderen, M. et al. (2007), S. 4.

AL. behaupten, dass Nascent Entrepreneure während der Verfolgung ihres Gründungsvorhabens auf verschiedene Probleme stoßen können, die wie folgt kategorisiert werden können: „resource acquisition, boundary, and exchange“[246]. Zur Untersuchung, inwieweit diese Faktoren den Erfolg oder den Abbruch von Gründungsvorhaben beeinflussen, vergleichen VAN GELDEREN ET AL. wie schon einige der oben vorgestellten Forschungsarbeiten zwei Gruppen von Entrepreneuren: Gründer bzw. Starter und Abbrecher.[247] VAN GELDEREN ET AL. konnten durch ihre empirische Untersuchung herausfinden, dass nahezu 50% der gesamten Stichprobe (die, die insgesamt vier Mal befragt werden konnten) angaben, keinerlei Probleme wahrgenommen zu haben. Selbst bei der Gruppe der Abbrecher gaben 40% der Befragten an, dass Sie keine Schwierigkeiten bei der Umsetzung ihres Gründungsvorhabens erfahren hatten. Dies kann nach Auffassung der Autoren verschiedene Ursachen haben. So könnte es sein, dass die Befragten erst ab einer sehr hohen Schwelle Herausforderungen tatsächlich als Probleme bezeichnen. Demnach hätten sie nach der Definition der Forscher sicherlich mit Problemen zu kämpfen, hätten diese Umstände aber nicht explizit als Problem bezeichnet. Ebenso könnte es sein, dass Probleme lange vor den Interviews aufgekommen sind und zeitnah gelöst wurden, so dass sie zum Zeitpunkt des Telefoninterviews schon wieder vergessen waren. Die Autoren hatten bei der Diskussion der Ergebnisse im Bezug auf die Wahrnehmung von Problemen deutlich mehr Probleme innerhalb der Gruppe der Abbrecher erwartet, als tatsächlich empirisch gemessen werden konnte.[248] Auch hinsichtlich des Vergleiches der Problemwahrnehmung der beiden untersuchten Gruppen konnte lediglich festgestellt werden, dass sich die wahrgenommenen Probleme der beiden Gruppen weder hinsichtlich der Art, noch im Bezug auf die Quantität unterschieden.[249] Jedoch konnte eine klare Rangfolge der Probleme identifiziert werden:

> *„For both groups regulatory issues had the highest frequency, followed by organizational problems, followed by finance tribulations.“*[250]

Hinsichtlich der Frage, inwieweit die wahrgenommenen Probleme einen Einfluss auf die Abbruchentscheidung hatten konnten die Autoren herausfinden, dass die meisten Probanden andere Ursachen als die wahrgenommenen Probleme für das Abbrechen verantwortlich machten. Die Gründe, die zur Abbruchentscheidung führten, wichen also stark von den wahrgenommenen Problemen ab.[251] Die größte Übereinstimmung konnte noch im Bezug auf die organisatorischen Probleme festgestellt werden. Hier gaben 36% der befragten Probanden an, dass sie in diesem Bereich Probleme

---

246 van Gelderen, M. et al. (2007), S. 4.
247 Vgl. van Gelderen, M. et al. (2007), S. 5.
248 Vgl. van Gelderen, M. et al. (2007), S. 10.
249 Vgl. van Gelderen, M. et al. (2007), S. 11.
250 van Gelderen, M. et al. (2007), S. 11.
251 Vgl. van Gelderen, M. et al. (2007), S. 13.

wahrgenommen hatten, die auch letztlich zum Abbruch des Gründungsvorhabens führten.[252] Das Marktrisiko, dass viele der Probanden als Problem wahrgenommen hatten, wurde hingegen nur von wenigen Gründern als Ursache für das Abbrechen von Gründungsvorhaben angegeben. Als Einflussfaktoren auf den Abbruch des Gründungsvorhabens nannten die Probanden mangelnde Nachfrage, sowie den Wechsel in ein abhängiges Beschäftigungsverhältnis.[253] Abschließend halten die Autoren fest:

> *„The results suggest that the ‚abandonment' group did not encounter problems of a different quality, because that would have shown up in the responses for reasons to abandon. Encountered problems seem to play only a small role in the explanation of abandonment."*[254]

Wie auch bereits andere Forschungsarbeiten zeigen konnten, scheinen demnach die wahrgenommenen Probleme nur einen schwachen Einfluss auf die Abbruchentscheidung zu nehmen. Darüber hinaus geben VAN GELDEREN ET AL. einen wichtigen Hinweis zur Untersuchung des Abbruchphänomens: Abbruch sollte nicht als Scheitern angesehen werden, sondern vielmehr als durchaus nachvollziehbarer und positiver Ausgang des Experiments Unternehmensgründung.[255] Die Autoren weisen darauf hin, dass die Entscheidung das Gründungsvorhaben abzubrechen auch als Entscheidung innerhalb einer erweiterten ‚Opportunity Evaluation'-Phase angesehen werden kann. Die Autoren bezeichnen diese erweiterte Phase als "reality check"[256]

> *„When nascent entrepreneurship is seen as an ‚experiment' (see Davidsson, 2006, p25) to find out whether a particular business idea is viable, this is the ‚best' reason to abandon. By means of trial and error one arrives at the point of 'go' or 'no go', and for some, it is a no go (cf. Sarasvathy's notion of effectuation, 2001)."*[257]

VAN GELDEREN ET AL. konstatieren, dass zukünftige Forschung sich vor allem der Frage widmen muss, welche genauen Ursachen dem Abbruch von Gründungsvorhaben zugrunde liegen und wie Gründer diese vermeiden können. Damit richten sich die Forderungen von VAN GELDEREN ET AL. auf eine Untersuchung, die tiefer geht, als dies durch quantitative Forschungsdesigns wie z.B. anhand des PSED-Designs möglich ist.

VAN GELDEREN ET AL. widmeten sich 2011 erneut der Frage, welche Probleme Nascent Entrepreneure während der Gründungsphase wahrnehmen. Eine auf die Problemwahrnehmung gerichtete Forschungsfrage scheint dabei vielversprechend hinsichtlich der Abbruchsthematik zu sein, liegt die

---

252 Vgl. van Gelderen, M. et al. (2007), S. 13.
253 Vgl. van Gelderen, M. et al. (2007), S. 13.
254 van Gelderen, M. et al. (2007), S. 13.
255 Vgl. van Gelderen, M. et al. (2007), S. 17.
256 van Gelderen, M. et al. (2007), S. 17.
257 van Gelderen, M. et al. (2007), S. 16.

Vermutung doch nahe, dass bestimmte Probleme den Abbruch von Gründungsvorhaben positiv beeinflussen.[258] Zu Beginn ihrer Forschungsarbeit beschreiben VAN GELDEREN ET AL. hypothetisch einige mögliche Probleme von Unternehmensgründern:

> *„New ventures can be resource-hungry, and sometimes, acquiring these resources may prove more difficult, expensive, or time-consuming than originally planned. Information may be difficult to obtain, prove unreliable, lack specificity, or turn out to be irrelevant. Governmental regulations may delay the process. A new competitor may capture the targeted customers. Furthermore, one may dislike particular aspects of venturing, for example, bookkeeping or selling. The market may prove to be less interested in one's product or service than was initially hoped for, which can make it difficult to keep up initial levels of enthusiasm."*[259]

All diese Probleme können zu einem hohen Grad an Unsicherheit führen – was wiederum zu Problemen beim Gründer oder innerhalb des Gründerteams führen kann. Inwieweit bestimmte Situationen jedoch als Problem wahrgenommen werden, kann jedoch kaum objektiviert werden. Die Wahrnehmung von Problemen ist subjektiver Natur, wie die Autoren festhalten:

> *„Whether something is experienced as a problem is determined by one's aims end expectations, response options, and response actions, as much as by objective features."*[260]

Die Autoren überprüfen sowohl durch quantitative als auch durch qualitative Befragungen folgende Hypothesen: (1) "The NEs who started encounter substantially fewer problems than the NEs who abandoned the start-up process."[261] (2) "The started NEs encounter different problems than the abandoning NEs."[262] sowie (3) "The experienced problems contribute to the abandonment group giving up."[263] Um die Hypothesen zu überprüfen, nutzen die Autoren die PSED Vorgehensweise und befragten insgesamt 527 niederländische Personen im Alter zwischen 18 und 65, die allesamt angaben, aktuell ein Gründungsvorhaben zu verfolgen.[264] Im Bezug auf ihre erste Hypothese konnten die Autoren herausfinden, dass die Abbrecher mehr Probleme wahrnahmen, dieser Zusammenhang jedoch statistisch nicht signifikant ist.[265] Auch die zweite von VAN GELDEREN ET AL. aufgestellte Hypothese muss verworfen werden, denn Unternehmensgründer und Abbrecher unterscheiden sich nicht hinsichtlich der von ihnen wahrgenommenen Probleme. So gaben die beiden Gruppen an, dass regulatorische sowie organisatorische Angelegenheiten die häufigsten Probleme dar-

---

258 Vgl. van Gelderen, M. et al. (2011), S. 71.
259 van Gelderen, M. et al. (2011), S. 72.
260 van Gelderen, M. et al. (2011), S. 72.
261 van Gelderen, M. et al. (2011), S. 74.
262 van Gelderen, M. et al. (2011), S. 74.
263 van Gelderen, M. et al. (2011), S. 74.
264 Vgl. van Gelderen, M. et al. (2011), S. 75.
265 Vgl. van Gelderen, M. et al. (2011), S. 78.

stellen, dicht gefolgt von finanziellen Problemen. Scheinbar unterscheiden sich die von Abbrechern und Gründern wahrgenommenen Probleme nicht oder nur kaum.[266] Zur Überprüfung der dritten Hypothese, inwieweit die wahrgenommenen Probleme einen direkten Einfluss auf die Abbruchs- oder Weiterführungsentscheidung haben, verglichen sie die Angaben der Probanden hinsichtlich der wahrgenommenen Probleme und der angegebenen Gründe für das Abbrechen des Vorhabens. Interessanterweise konnten die Autoren herausfinden, dass die Ursachen für das Abbrechen von Gründungsvorhaben stark von den wahrgenommenen Problemen abwichen. Die höchste Übereinstimmung (36%) von wahrgenommenen Problemen und Ursachen für das Abbrechen haben dabei noch die organisatorischen Probleme. Die meisten anderen wahrgenommenen Probleme führten nicht zum Abbruch. So gaben z.B. 15 Personen an, dass sie Finanzierungsprobleme hatten, jedoch nur 3 dieser Personen gaben an, dass diese finanziellen Probleme auch zum Abbruch des Gründungsvorhabens geführt hätten.[267] Ebenso verhält es sich mit dem Marktrisiko, dass nur in einem Fall als Problem wahrgenommen wurde und zum Abbruch führte. Interessanterweise gaben viele Gründer an, dass ‚andere Ursachen' zum Abbruch führten. Hierunter fielen alternative Jobangebote sowie die Entscheidung ein Studium aufzunehmen.[268] Diese Erkenntnisse sind für die vorliegende Forschungsarbeit von besonderer Bedeutung. So scheinen die wahrgenommenen Probleme nicht direkt zum Abbruch von Gründungsvorhaben zu führen. Auch ein Unterschied zwischen Gründern und Abbrechern hinsichtlich der von ihnen wahrgenommenen Probleme, scheint nicht oder nur wenig stark vorhanden zu sein. Die von VAN GELDEREN ET AL. angegebenen Ursachen wie alternative Jobangebote, geben jedoch auch nur wenige Hinweise für die Abbruchsthematik. So bleiben die Autoren die Antwort auf die Frage schuldig, warum sich die Probanden für ein alternatives Jobangebot entschieden haben? Die gewonnenen Erkenntnisse werden von VAN GELDEREN ET AL. wie folgt gedeutet:

> *„The results suggest that the „abandonment"group does not encounter problems of a different kind [...]. Encountered problems seem to play only a small role in the explanation of abandonment."*[269]

In ihrer Diskussion halten die Autoren fest, dass offensichtlich etwas anderes als die wahrgenommenen Probleme zur Abbruchentscheidung führt.[270] Die Autoren ziehen ein für die Abbruchsthematik wichtiges Fazit: In vielen Fällen, bei denen ein Gründungsvorhaben abgebrochen wird, werden kaum Probleme wahrgenommen, und wenn, sind sie nach Aussagen der Gründer überwindbar. Probleme scheinen also zum einen eine geringe Rolle bei der Erforschung der Ursachen für das

266 Vgl. van Gelderen, M. et al. (2011), S. 79.
267 Vgl. van Gelderen, M. et al. (2011), S. 81.
268 Vgl. van Gelderen, M. et al. (2011), S. 82.
269 van Gelderen, M. et al. (2011), S. 82.
270 Vgl. van Gelderen, M. et al. (2011), S. 84.

Abbrechen von Gründungsvorhaben zu spielen, zum anderen werden offenbar viele Situationen von den meisten Gründern (wie auch den Abbrechern) nicht als Probleme identifiziert. Demnach besteht auch nach Auffassung der Autoren weiterhin erheblicher Forschungsbedarf hinsichtlich der Erforschung des Abbruchphänomens.[271]

2.3.2.3 Der Abbruch von Gründungsvorhaben als selbst-herbeigeführte Entscheidung

Die folgend beschriebenen wissenschaftlichen Beiträge beschäftigten sich thematisch mit Artikeln, die sich mit den verschiedenen Entscheidungen innerhalb der Nascent Entrepreneurship-Phase befassen und somit auch mit der Entscheidung, inwieweit ein Gründungsvorhaben weiter verfolgt oder aber abgebrochen wird.

Der erste vom Autor identifizierte Artikel, der sich maßgeblich mit den unterschiedlichen unternehmerischen Entscheidungsprozessen beschäftigt, wurde von ROBERT MACDONALD im Jahr 1991 veröffentlicht. MACDONALD befragt in seinem Aufsatz ‚Risky business? Youth in the enterprise culture' mit Hilfe von ethnographischen Interviews 18-25 jährige, die neue Unternehmen bzw. Existenzen gegründet haben. Ziel dieser Untersuchung ist es, die Erfahrungen der jungen Menschen hinsichtlich ihrer Erfolgs- oder Misserfolgsaussichten bei der Gründung ihres eigenen Unternehmens zu analysieren. MACDONALDS Forschung richtet sich auf die persönlichen Erfahrungen von „'runners', ‚fallers' and ‚plodders'"[272]. Er befragt insgesamt 100 junge Menschen mittels teilweise offener Interviewfragen und versucht dabei herauszufinden, welche Motivation die 18-25-jährigen verspürten, bereits in solch jungen Jahren ein eigenes Unternehmen zu gründen. Obwohl sich MACDONALD nicht explizit mit dem Phänomen des Abbruchs beschäftigt ist dieser Aufsatz der erste vom Verfasser identifizierte Artikel, der den Begriff ‚abandon' beschreibt:

„[...] going bust and leaving the enterprise culture [...]."[273]

Die Vermutung liegt nahe, dass MACDONALD mit dem Wortlaut „leaving the enterprise culture"[274] einen selbst herbei geführten Abbruch meint. Dies bekräftigt auch ein von MACDONALD ausführlich beschriebener Fall einer jungen Entrepreneurin, die über die Zeit feststellte, dass bei einem Workload von ca. 60-80 Stunden in der Woche zu Beginn des Gründungsvorhabens nur ein geringer monetärer Erfolg zu realisieren war. Trotz anfänglicher, eigener Überlegungen das bereits bestehende Unternehmen aufzugeben, wurde der Abbruch letztlich jedoch durch eine unerwartete und nicht

---

271 Vgl. van Gelderen, M. et al. (2011), S. 87.
272 Vgl. MacDonald, R. (1991), S. 255.
273 MacDonald, R. (1991), S. 261.
274 MacDonald, R. (1991), S. 261.

eingeplante Rechnung, also einen exogenen Faktor herbeigeführt.[275] Dieser von MACDONALD beschriebene Fall wirft einige interessante Fragen auf: Hatte die Entrepreneurin die falschen Vorstellungen hinsichtlich ihrer Arbeitszeit? Was führte zu den eigenen Überlegungen das Gründungsvorhaben niederzulegen? Fungierte die unerwartete Rechnung lediglich als Auslöser, ursächlich für den Abbruch waren aber vielleicht andere Faktoren? MACDONALD selbst geht nicht weiter auf diese Fragen oder auch die Ursachen für den Abbruch des Gründungsvorhabens ein, nennt jedoch den Abbruch eines Gründungsvorhabens im Zusammenhang mit einer selbst getroffenen Entscheidung:

> *„It was often when all or many of these problems came together that businesses were closed and the informants decided it was time to abandon the enterprise culture.“*[276]

Dies lässt erkennen, dass auch MACDONALD Abbruch prinzipiell als internal vom Gründungsteam bzw. vom Gründer (selbst) herbeigeführte Entscheidung ansieht. MACDONALD unterscheidet darüber hinaus zwischen einem external herbeigeführten Niederlegen gründungsrelevanter Aktivitäten, dass er als „entrepreneurial failure“[277] bezeichnet, und einer selbst getroffenen Entscheidung, das Gründungsvorhaben niederzulegen, wie das oben genannte Zitat vermuten lässt. Er nennt verschiedene Gründe, warum junge Unternehmer ihr Gründungsvorhaben abgebrochen haben. Er hält fest, dass viele der Ursachen für das „closing“[278] (selbst herbeigeführt) auch Ursachen für das Scheitern (durch exogene Faktoren bestimmt) entsprechen, wie z.B.: „general lack of capital, the market for goods and services appeared to informants to be saturated and highly competitive, lack of trade“[279]. Diese von MACDONALD beschriebenen Ursachen sind das Ergebnis von insgesamt 100 geführten Interviews mit Gründern, die jedoch - anders als in der vorliegenden Untersuchung – das jeweilige Gründungsvorgang bereits abgeschlossen hatten und in die Exploitation-Phase eingeordnet wurden. Auch KEVIN E. LEARNED befasst sich mit seinem im Jahr 1992 veröffentlichten Artikel mit der Entscheidung von Gründern, den Eintritt in die Infancy-Entrepreneurship-Phase einzuleiten. Dieser Text spielt eine wichtige Rolle für die vorliegende Arbeit, insbesondere für die theoretische Fundierung, wie in Kapitel 3.2 näher beleuchtet wird. LEARNED entwickelt in seiner Arbeit drei Dimensionen, die Entscheidung, ein Gründungsvorhaben zu verfolgen, bestimmen: „propensity to found, intention to found, and sense making“[280]. LEARNED geht konzeptionell vor und entwickelt beruhend auf einer intensiven Literaturanalyse ein Modell der Formierung von Organisationen – jedoch ohne

---

275 Vgl. MacDonald, R. (1991), S. 262.
276 MacDonald, R. (1991), S. 263.
277 MacDonald, R. (1991), S. 263.
278 MacDonald, R. (1991), S. 263.
279 MacDonald, R. (1991), S. 263.
280 Learned, K. E. (1992), S. 39.

empirische Fundierung.[281] Er bezieht sich bei der theoretischen Einbettung seiner Forschungsarbeit auf einen ähnlichen Rahmen, wie der vorliegende Forschungsansatz:

> *„[This paper's] domain is the emerging organization [...]. Its unit of analysis is the founding episode and its levels of analysis include the founding individual or individuals, networks of individuals, the new organization, and the environment."*[282]

Das von LEARNED konzipierte Modell beschreibt die Umstände, die dazu führen, ob und wie Individuen eine Entscheidung darüber treffen, ob sie den Eintritt von der Nascent Entrepreneurship-Phase in die Infancy Entrepreneurship-Phase wagen, also rechtlich formell eine neue Organisation gründen, oder aber das Gründungsvorhaben abbrechen. Folgende Einflussfaktoren unterscheidet LEARNED innerhalb seines Konstrukts: die Umwelt; die eigenen Gedanken des potenziellen Entrepreneurs; die Eigenschaften sowie der Hintergrund des Individuums; dessen Absichten und Neigungen; und die Situation, in der sich gründungsaffine Individuen befinden. [283] Mit diesem Konzept liefert LEARNED wichtige Hinweise für die spätere Befragung von Abbrechern von Gründungsvorhaben. So könnten insbesondere die individuellen Absichten und Neigungen von gründungsaffinen Personen einen Einfluss darauf haben, unter welchen Umständen Situationen dazu führen, dass ein Gründungsvorhaben abgebrochen wird. Bezugnehmend auf diese Annahmen stellt LEARNED folgende, direkt mit dem Abbruch von Gründungsvorhaben verbundene Behauptung auf:

> *"The decision to found or to abandon the attempt to found is triggered by the accumulation of confirming and disconfirming evidence as perceived by the founder."*[284]

LEARNED hält demnach fest, dass der Gründer bzw. der potenzielle Entrepreneur eine solche Entscheidung beruhend auf die von ihm subjektiv wahrgenommenen Voraussetzungen und Informationen trifft. Eine solche Abbruchs- oder auch Start-Entscheidung wird also nach LEARNED selbst herbeigeführt. LEARNED behauptet, dass die bis 1992 veröffentlichte Forschung noch nicht dazu in der Lage war, grundlegende Einflussfaktoren für das Abbrechen von Gründungsvorhaben zu identifizieren. Hierzu sei eine theoretisch fundierte empirische Untersuchung notwendig.[285] Diese Aussage unterstreicht die Bedeutsamkeit der vorliegenden Forschungsthematik.

Die von LANDIER 2005 veröffentlichte Studie widmet sich der Frage, inwieweit politische und kulturelle Einstellungen gegenüber dem Scheitern die Entscheidungen von Gründern beeinflussen. Hierbei wählt der Autor eine makroökonomische Perspektive, mit Hilfe derer er ein neuartiges Mo-

---

281 Vgl. Learned, K. E. (1992), S. 40.
282 Learned, K. E. (1992), S. 39.
283 Vgl. Learned, K. E. (1992), S. 39 f.
284 Vgl. Learned, K. E. (1992), S. 44.
285 Vgl. Learned, K. E. (1992), S. 41.

dell aufstellt, das zeigt, warum gerade Entrepreneure, die mit ihrem Gründungsvorhaben nicht erfolgreich waren die Volkswirtschaft durch den Neuversuch eines Gründungsvorhabens nicht so sehr belasten, wie die Volkswirtschaftslehre oder auch die Politik annimmt. Die von LANDIER veröffentlichte Forschungsarbeit ist dabei eine der wenigen vom Autor der vorliegenden Forschungsarbeit identifizierten Arbeiten, die sich aus einer theoretisch-konzeptionellen Perspektive dem Thema Abbruch von Gründungsvorhaben widmet. In einer ausführlichen Einführung in die Thematik nennt der Autor einige interessante Fakten. So geben ca. 10% der Teilnehmer der GEM-Befragung (einer repräsentativen Umfrage in den USA) an, dass sie derzeit in ein Gründungsvorhaben involviert sind, in weiten Teilen Europas sind es hingegen nur ca. 4%.[286] Eine solche Diskrepanz kann laut Meinung des Autors in dem Umstand begründet sein, dass in den beiden Regionen grundlegende kulturelle Unterschiede im Bezug auf das Selbstständigsein bestehen, wie z.B. verschiedene Ausmaße von Risikoaversion oder auch unterschiedliche staatliche Restriktionen wie Steuern oder Kosten zur Administration. Um diese und weitere Effekte zu erklären, versucht LANDIER ein ökonomisches Modell, basierend auf der Internalität von sozialen Normen, zu entwickeln.[287] LANDIERS Modell liegen dabei folgende Annahmen zugrunde: Die Entscheidung, ob ein potenziell Gründungswilliger ein Gründungsvorhaben aufnimmt, wieder abbricht oder gar nicht erst aufnimmt, hängt von den Gründungskosten sowie den potenziellen Kosten eines möglichen Scheiterns ab. Sofern die Kosten für das Scheitern sehr hoch sind, werden nur solche Gründungsvorhaben abgebrochen, die wirklich sehr schlechte bis keine Ergebnisse erwarten lassen – andernfalls würde das Gründungsvorhaben – einmal aufgenommen – weiter verfolgt, um den hohen Kosten des Scheiterns zu entgehen. Diese Annahme macht es unwahrscheinlich, dass gute Entrepreneure scheitern, was wiederum die Qualität von gescheiterten Entrepreneuren beeinträchtigt. In Rahmen eines solchen Modells ist die Wahrscheinlichkeit, dass ein Gründungsvorhaben abgebrochen wird, eher niedrig - ebenso wie der Wert von neu gegründeten Unternehmen, da meist mittelklassige Gründungsprojekte überleben. Wenn jedoch die Kosten des Scheiterns eher niedrig sind, verfolgen Gründer nur solche Projekte, die hohe Ergebnisse erwarten lassen. Denn wenn die Barrieren für das freiwillige Abbrechen aufgrund der geringen Kosten für das Scheitern sehr niedrig sind, ist die Entscheidung, ein Vorhaben abzubrechen schnell getroffen. In einer solchen Ökonomie, brechen Entrepreneure zwar häufiger ab, experimentieren aber auch mehr, was zu Unternehmensgründungen führt, die höhere Ergebnisse erwarten lassen als in der zuvor beschriebenen konservativen Gleichung.[288] Der Autor fasst diese Annahmen wie folgt zusammen:

---

[286] Vgl. Landier, A. (2005), S. 2.
[287] Vgl. Landier, A. (2005), S. 2.
[288] Vgl. Landier, A. (2005), S. 3.

„[...] [T]he two types of equilibria are characterized by different levels of stigmatization of failure. In ‚conservative equilibria‘, an entrepreneur is highly stigmatized for his failure, to the detriment of his credit conditions whereas in ‚experimental equilibria‘, the perception of an entrepreneur by the credit market (or the job-market) is only slightly worsened by failure.“[289]

Nach mathematischer Klärung der jeweiligen Gleichungen (konservative vs. experimentelle Gleichung) widmet sich der Autor den Ergebnissen seiner Untersuchung. Der jeweilige kulturelle, administrative, politische, wirtschaftliche, Umgang mit dem Phänomen des Abbruchs von Gründungsvorhaben und dem Scheitern solcher Projekte – vom Autor „stigma of failure“[290] genannt – bestimmt nach Auffassung von LANDIER nicht nur die Entscheidung, ein Unternehmer zu werden, sondern auch die Wahl des Projekts sowie die Aktivitäten, die mit der Umsetzung des Gründungsvorhabens einher gehen.[291] Insbesondere die nach LANDIER wichtigen Kosten des Scheiterns scheinen also einen Einfluss darauf zu haben, ob ein Gründungsvorhaben nun weiter verfolgt wird oder nicht.

Das von MCCANN & VROOM 2010 veröffentlichte Discussion Paper widmet sich der Frage, inwieweit sich die Entscheidung, eine unternehmerische Gelegenheit zu verfolgen, während des Gründungsprozesses verändert.[292] Dabei argumentieren die Autoren, dass in der Entrepreneurship-Forschung die Meinung weit verbreitet ist, dass die Entscheidung, sich selbstständig zu machen, eine Karriereentscheidung ist, die auf einer Abwägung „between the utility gained in entrepreneurship versus the utility gained in the individual's next best alternative“[293] beruht. Dabei spielen nach Auffassung der Autoren auch die individuellen Vorstellungen hinsichtlich der potenziellen Ergebnisse des Gründungsvorhabens eine Rolle bei dieser Entscheidung:

„This view implies that an individual will pursue an entrepreneurial opportunity when its projected return exceeds some minimum level of return.“[294]

Jedoch schließen nicht alle Personen, die sich ursprünglich für die Selbstständigkeit entschieden haben das Gründungsvorhaben erfolgreich ab. Einige werden das Gründungsvorhaben abbrechen. Demnach wird sich die Entscheidung im Laufe der Zeit verändern, inwieweit das Gründungsvorhaben weiter verfolgt oder aber abgebrochen wird.[295] Mit dieser Begründung geben die Autoren be-

289 Landier, A. (2005), S. 3.
290 Landier, A. (2005), S. 2.
291 Vgl. Landier, A. (2005), S. 27.
292 Vgl. McCann, B. T. / Vroom, G. (2010), S. 1.
293 McCann, B. T. / Vroom, G. (2010), S. 1.
294 McCann, B. T. / Vroom, G. (2010), S. 1.
295 Vgl. McCann, B. T. / Vroom, G. (2010), S. 1.

reits zu Beginn ihrer Forschungsarbeit einen interessanten Hinweis, welche Ursachen für das Abbrechen von Gründungsvorhaben in Frage kommen:

> *„We argue in this research that the comparative decision to engage in entrepreneurship has an inherent dynamic component; that is, as potential entrepreneurs investigate entrepreneurial opportunities, the factors underlying this comparison decision are likely to change as the potential entrepreneur learns more about the opportunity under consideration."*[296]

McCann & Vroom untersuchen demnach die Faktoren, die auf diesen Veränderungsprozess wirken, weshalb diese Arbeit auch hinsichtlich der Abbruchsthematik von Interesse ist. Nach Auffassung der Autoren könnten gerade die Veränderungen in der individuellen Wahrnehmung der unternehmerischen Gelegenheit als Ursachen für das Abbrechen von Gründungsvorhaben in Frage kommen. Um die Forschungsfrage zu beantworten, nutzen McCann & Vroom wie auch viele Arbeiten zuvor das PSED Forschungsdesign, das bereits weiter oben kurz dargelegt wurde. Sie gehen innerhalb ihrer Arbeit zunächst auf einige, auch weiter oben vorgestellte Forschungsarbeiten zum Thema Nascent Entrepreneurship ein, wie z.B. auf die von Carter et al. 1996 veröffentlichte Forschungsarbeit. Diese konnte zeigen, dass Nascent Entrepreneure, die ihr Gründungsvorhaben abbrachen, ähnliche Aktivitäten und einen ähnlichen Prozess verfolgen, wie die Gründer, die ihr Vorhaben aggressiv und erfolgreich umsetzen.[297] Die Autoren fassen zusammen:

> *„This result led the authors to speculate that these individuals may very well have tested their ideas out, received negative feedback, and rationally decided to end the process."*[298]

Scheinbar hat demnach negatives Feedback, unabhängig vom Feedback-Geber, einen Einfluss auf die Entscheidung, das Gründungsvorhaben abzubrechen. Eine interessante Aussage für die vorliegende Forschungsarbeit. Um herauszufinden, welche Faktoren zu diesem negativen Feedback führen, ordnen McCann & Vroom ihre Forschungsarbeit in drei Bereiche ein: Die Lernen-basierte Perspektive, bei der in der Evaluationsphase neues Wissen hinzukommt, um erst in einem weiteren Schritt zu entscheiden, ob das Gründungsvorhaben nun tatsächlich in die Tat umgesetzt wird; die „Real Options"[299] Perspektive, bei der die unternehmerische Gelegenheit ein großes Maß an Unsicherheit mit sich bringt und daher eine Exploration der unternehmerischen Gelegenheit von Nöten ist; sowie der so genannte „Creation-based View"[300], bei der unternehmerische Gelegenheiten von Entrepreneuren geschaffen und getestet werden.[301] Beruhend auf diesen Ansichten gehen die Auto-

---

296 McCann, B. T. / Vroom, G. (2010), S. 1.
297 Vgl. McCann, B. T. / Vroom, G. (2010), S. 4.
298 McCann, B. T. / Vroom, G. (2010), S. 5.
299 McCann, B. T. / Vroom, G. (2010), S. 2.
300 McCann, B. T. / Vroom, G. (2010), S. 3.
301 Vgl. McCann, B. T. / Vroom, G. (2010), S. 7.

ren davon aus, dass Entrepreneure in jedem Falle in der Vorgründungsphase Informationen bezüglich der unternehmerischen Gelegenheit sammeln um ihre Entscheidung, sich selbstständig zu machen, genau zu prüfen und diese gegebenenfalls zu überdenken.[302] Die Autoren vermuten:

> *"In sum, we argue below that after a potential opportunity has been identified, projections of economic performance will change through the evaluation stage (although the direction of these changes will be indeterminate), perceptions of uncertainty will be reduced, and that the number of activities engaged in by the nascent will be associated with these changes. Thus, our perspective provides insight into whether and how the activities of the entrepreneurial process might influence the decision to exploit an entrepreneurial opportunity."*[303]

Demnach könnte eine intensive Beschäftigung mit dem Gründungsvorhaben, also die Durchführung gründungsrelevanter Aktivitäten, neue Erkenntnisse für die Gründer liefern und die Entscheidung hinsichtlich der Fortführung des Gründungsvorhabens beeinflussen. Die Autoren vermuten, dass die Erwartungen hinsichtlich des potenziellen Ergebnisses, dabei einen erheblichen Einfluss auf diese Entscheidung haben könnten. Die Faktoren Lernen, Unsicherheit und Austesten der Gründungsidee könnten dabei diese individuellen Erwartungen beeinflussten.

Bei der Überprüfung ihrer Hypothesen gehen die Autoren einen interessanten Weg. So fragten die Autoren ihre Probanden neben den üblichen PSED-Fragen auch nach den erwarteten Umsätzen nach 5 Jahren am Markt. Diese Frage wurde von den Autoren nach 12 Monaten ein weiteres Mal gestellt und dann mit den Antworten aus Fragerunde 1 verglichen, um insbesondere den oben beschriebenen Veränderungsprozess hinsichtlich der erwarteten potenziellen Ergebnisse analysieren zu können.[304] Die Autoren konnten herausfinden, dass sich die erwarteten Erfolge von der ersten zur zweiten Befragungsrunde tatsächlich stark veränderten. 50% der Befragten schätzten die erwarteten Erfolge bei der zweiten Befragungsrunde geringer ein, 50% höher.[305] Darüber hinaus stellen McCann & Vroom ebenso fest, dass sich die wahrgenommene Unsicherheit von der ersten zur zweiten Befragungsrunde veränderte.[306] Unterstützt durch weitere Ergebnisse fassen die Autoren zusammen:

> *„The search for information about entrepreneurial opportunities does not stop with the identification of the opportunity. Instead, the identification of a potential opportunity and the ensuing efforts to establish a new venture are merely the start of a continuing process of learning about*

---

[302] Vgl. McCann, B. T. / Vroom, G. (2010), S. 8.
[303] McCann, B. T. / Vroom, G. (2010), S. 8 f.
[304] Vgl. McCann, B. T. / Vroom, G. (2010), S. 18.
[305] Vgl. McCann, B. T. / Vroom, G. (2010), S. 20.
[306] Vgl. McCann, B. T. / Vroom, G. (2010), S. 21.

> *the opportunity, which impacts the decision of whether to exploit the opportunity. Thus, rather than characterizing an entrepreneurial career choice as a binary, one-time choice, we should view the decision to pursue an entrepreneurial opportunity as a dynamic decision process in which the decision is subject to updating and revision as more information about the opportunity becomes available."*[307]

Wie auch schon DAVIDSSON vermutet, scheint die Nascent Entrepreneurship-Phase also als Experiment zur Austestung des Gründungsvorhabens zu dienen.[308] Die Autoren konnten demnach herausfinden, dass die Erkenntnisse über Unsicherheit und Gründungsvorhaben durch den Lernprozess zu einer veränderten und vor allem fundierteren Erwartungshaltung führen.[309] Der Lernprozess der Nascent Entrepreneurship-Phase spielt also eine bedeutsame Rolle bei der Entscheidung das Gründungsvorhaben fortzuführen.[310] Wie also auch andere Forschungsarbeiten (vgl. z.B. TOWNSEND ET AL. 2010) annahmen, scheint die Erwartungshaltung hinsichtlich des Erfolges (oder Misserfolges) einer Gründung eine Rolle bei der Entscheidung zu spielen, ob das Gründungsvorhaben weiter verfolgt oder aber abgebrochen wird.

Die von YUSUF 2011 veröffentlichte Forschungsarbeit beschäftigt sich explizit mit der Thematik des Abbruchs von Gründungsvorhaben. YUSUF verwendet dabei die Terminologie „disengagement"[311]. Sie beschäftigt sich grundlegend mit zwei Fragen: „(1) is disengagement a negativ outcome? and (2) are all cases of disengagement homogeneous?"[312]. YUSUF definiert den Abbruch dabei als eine der ersten vom Verfasser identifizierten Artikel explizit:

> *„[...] [N]ascent entrepreneurs disengage from the organizing process before the start-up successfully transitions to a new operating firm. [...]Disengagement is defined as start-up disbandment where all members of the start-up team withdraw from and cease pursuit of the start-up."*[313]

Sie widmet sich der Frage, inwieweit verschiedene Kategorien des Abbruchs bestehen.[314] Um ihre Forschungsfrage zu überprüfen führt die Autorin eine Cluster-Analyse durch, bei der sie sowohl Entrepreneure, die die Nascent Entrepreneurship erfolgreich abgeschlossen haben, als auch Entrepreneure, die den Gründungsprozess verlassen haben, befragt.[315] YUSUF vermutet, dass die Einfluss-

---

307 McCann, B. T. / Vroom, G. (2010), S. 27.
308 Vgl. Davidsson, P. (2006), S. 20.
309 Vgl. McCann, B. T. / Vroom, G. (2010), S. 27.
310 Vgl. McCann, B. T. / Vroom, G. (2010), S. 29.
311 Yusuf, J.-E, (2010), S. 1.
312 Yusuf, J.-E. (2010), S. 1.
313 Yusuf, J.-E. (2010), S. 1.
314 Vgl. Yusuf, J.-E. (2010), S. 1.
315 Vgl. Yusuf, J.-E. (2010), S. 2.

faktoren für das vorzeitige Beenden des Gründungsprozesses, basierend auf Überlegungen zum „Entrepreneurial Exit“[316] von DETIENNE, durch drei primäre Dimensionen bestimmt werden:

„(1) alternative opportunities (another job, educational or other business opportunity); (2) calculative forces related to the chances of achieving goals; and (3) normative concerns such as the negative perceptions of family and friends regarding the business opportunity.“[317]

YUSUF geht zur Überprüfung ihrer Vermutungen zunächst auf Ergebnisse vorheriger Studien ein. Dabei hält sie fest, dass die Abbruchentscheidung positiver zu bewerten sei, als die Entscheidung, weiterhin (rudimentär) das Gründungsvorhaben zu verfolgen, wie auch schon DAVIDSSON bekräftigte. YUSUF fasst dabei zusammen, dass, ebenso wie bereits MCCANN & VROOM anmerkten, eine Abbruchentscheidung am Ende eines intensiven Lernprozesses steht. Auch geht sie auf die von DIOCHON ET AL. beschriebene Beobachtung ein, dass fast alle Individuen, die ihr Gründungsvorhaben abbrechen, dies auch so wollen. Der Abbruch eines Gründungsvorhabens sollte daher als freiwillige, selbst getroffene, positive Entscheidung betrachtet werden.[318] YUSUF rückt die Annahme in den Fokus ihrer Forschungsarbeit, dass die Abbruchentscheidung basierend auf einem intensiven Lernprozess, z.B. in Form von Machbarkeitsanalysen getroffen wird.[319] Machbarkeitsanalysen werden von YUSUF wie folgt definiert:

„Feasibility analysis refers to the collection of data and the analysis and interpretation of this data to test assumptions about the feasibility of the business idea being pursued through the start-up. It includes activities related to opportunity identification, business planning, product development, and the assessment of external support capabilities.“[320]

Demnach scheinen die individuellen Vorstellungen hinsichtlich der Machbarkeit eines Gründungsvorhabens, ähnlich wie die individuellen Erwartungen, inwieweit ein Gründungsvorhaben durch die eigenen Fähigkeiten umgesetzt werden kann, einen erheblichen Einfluss auf die Entscheidung zu haben, ein Gründungsvorhaben abzubrechen. Wie also auch schon TOWNSEND ET AL. vermutet auch YUSUF einen Zusammenhang zwischen dem Abbruch von Gründungsvorhaben und persönlichen, endogenen Faktoren im Bezug auf die Person des Gründers bzw. das Gründerteam. Erst durch eine Machbarkeitsanalyse, kann die Wahrscheinlichkeit eines Gründungserfolgs bzw. des Erfolgs der späteren Unternehmung vom Gründer eingeschätzt werden. YUSUF zitiert des Weiteren DART & WEICK (1984) sowie GARTNER & CARTER (2003), die bemerken, dass eine Organisation bzw. ein

316 Detienne, D. R. (2010), S. 203.
317 Yusuf, J.-E. (2010), S. 3.
318 Vgl. Yusuf, J.-E. (2010), S. 4.
319 Vgl. Yusuf, J.-E. (2010), S. 5.
320 Yusuf, J.-E. (2010), S. 5.

Startup-Unternehmen ein System von Interpretationen ist.[321] Auf diesen Interpretationen beruhen die meisten - wenn nicht alle - Handlungen der involvierten Individuen. Lernprozesse, z.B. in Form von Machbarkeitsstudien scheinen dabei einen wichtigen Einfluss auf die individuellen Einschätzungen und Vorstellungen des Gründers zu haben.[322] Dieser Lernprozess wird von YUSUF in vier miteinander verbundene Kategorien eingeteilt: „(1) opportunity identification, (2) business planning, (3) product development, and (4) support capabilities."[323] Auf dieser Basis, so YUSUF, ist es möglich, den intelligenten, internal herbeigeführten Abbruch vom Abbruch ohne hinreichende Informationen – bzw. dem Scheitern – zu separieren. So wird es nach Auffassung der Autorin möglich, zwischen Abbrechern des „discovering mode"[324] sowie Abbrechern des „enacting mode"[325] zu unterscheiden:

> *„[...] [D]iscovering-oriented entrepreneurs would likely be more systematic and structured in their activities. In the process of collecting data and giving meaning or interpreting the data, these entrepreneurs would be more inclined to undertake efforts to define market opportunities [...]. The enacting mode, with its effectual processes, involves a more flexible, less systematic approach to learning about the business or idea."*[326]

Beruhend auf diesen Annahmen unterscheidet YUSUF zwischen zwei Arten des Abbruchs: den „intelligent exit"[327] sowie den „uninformed exit"[328]. Darüber hinaus kann der tatsächliche Abbruch im hier verstandenen Sinne - also nach YUSUF der intelligent exit - unterteilt werden in „exit prompted by enacting-oriented learning"[329] sowie „exit prompted by discovery-oriented learning"[330]. Um ihre Vermutungen zu überprüfen verwendet YUSUF Daten der ersten Phase der PSED und nutzt die Methode der Cluster-Analyse, basierend auf elf Variablen: der Abbruchsvariable sowie zehn Lern- bzw. Machbarkeitsanalyse-Variablen, wobei alle Variablen dichotome bzw. binäre Ausprägungen vorwiesen.[331] In einem ersten Schritt wurde das Sample dabei in zwei in etwa gleichgroße Subsample unterteilt, um daraufhin durch hierarchische Cluster-Analyse die Anzahl von Cluster zu bestimmen. Im Anschluss wurde eine nicht-hierarchische Cluster-Analyse durchgeführt und als letzter Schritt basierend auf dem ursprünglichen Sample um im Abgleich mit der Subsample-Cluster-

321 Vgl. Yusuf, J.-E. (2010), S. 5.
322 Vgl. Yusuf, J.-E. (2010), S. 5.
323 Yusuf, J.-E. (2010), S. 6.
324 Yusuf, J.-E., (2010), S. 5.
325 Yusuf, J.-E., (2010), S. 5.
326 Yusuf, J.-E., (2010), S. 5.
327 Yusuf, J.-E., (2010), S. 6.
328 Yusuf, J.-E., (2010), S. 6.
329 Yusuf, J.-E. (2010), S. 7.
330 Yusuf, J.-E. (2010), S. 7.
331 Vgl. Yusuf, J.-E. (2010), S. 7 ff.

Analyse die tatsächliche Anzahl von Clustern zu bestimmen. Durch diese Clusteranalyse konnte herausgefunden werden, dass drei Cluster entstanden sind:

„The cluster analysis produced three clusters, one cluster covering all operating businesses (cluster 3) and the remaining two clusters classifying cases of disengagements with different levels of feasibility analysis undertaken."[332]

Cluster 2 beschreibt dabei solche Abbrecher, die mit einem so genannten intelligenten Exit, also einem Abbruch im hier verstandenen Sinne, ihr Gründungsvorhaben niederlegten. Hier wurden in einem größeren Ausmaß Aktivitäten verfolgt, die die oben beschriebenen vier Dimensionen verfolgten. Cluster 1 hingegen beinhaltet solche Abbruchsfälle, in denen die Machbarkeitsanalysen weniger verfolgt wurden. Cluster 1 und 2 unterscheiden sich dabei signifikant voneinander.[333] So schreiben bspw. 46% der Entrepreneure in Cluster 2 einen Businessplan, wohingegen nur 2% der Entrepreneure aus Cluster 1 einen solchen verfassten.[334] YUSUF fasst zusammen:

„This comparison suggests that the clusters resulting from the analysis do comport with the theoretical framework of intelligent vs. reactive exit. Entrepreneurs in cluster 2 can be seen as representing the intelligent exit category, deciding to disengage from the start-up once they learned of the lower feasibility; in this case the knowledge gained from undertaking feasibility analysis influenced the decision to withdraw from the start-up." [...] Cluster 1 could be interpreted as representing cases where the nascent entrepreneur's decision to withdraw and disengage from the start-up was more reactive, for example, due to lack of flexibility or inability to deal with problems that arise."[335]

Demnach kann bestätigt werden, dass sich nicht nur die Gründe, sondern auch die Entscheidungswege hin zur finalen Abbruchentscheidung innerhalb der von YUSUF untersuchten Fälle stark voneinander unterschieden. Allerdings konnte YUSUFS Arbeit auch bestätigen, dass sich die Gruppe derer, die die Nascent Entrepreneurship-Phase erfolgreich abschlossen, kaum von der Gruppe der Abbrecher unterscheidet.[336] YUSUF fasst zusammen, dass ihre Forschungsarbeit folgende Erkenntnisse liefern konnte:

„[...] [T]he cluster analysis did identify two disengagement clusters that are statistically significantly different, indicating that disengagements are not homogeneous, and not all cases of disengagement should be lumped together into one outcome category."[337]

---

[332] Yusuf, J.-E. (2010), S. 11.
[333] Vgl. Yusuf, J.-E. (2010), S. 11.
[334] Vgl. Yusuf, J.-E. (2010), S. 12.
[335] Yusuf, J.-E. (2010), S. 12.
[336] Vgl. Yusuf, J.-E. (2010), S. 13.
[337] Yusuf, J.-E. (2010), S. 15.

Darüber hinaus stellt sie fest, dass der Abbruch eines Gründungsvorhabens kein negativ einzuschätzendes Ergebnis sein muss, sondern ein durchaus adäquates Resultat der Entrepreneurship-Planungsphase sein kann.[338] Somit liefert YUSUFS Analyse sowohl wichtige Hinweise für die Erforschung des Abbruchphänomens, also auch für die vorliegende Forschungsarbeit.

2.3.2.4 Der Abbruch von Gründungsvorhaben im Lichte persönlicher Merkmale

Im Folgenden werden solche Artikel vorgestellt, die sich mit den persönlichen, rationalen oder auch sozialpsychologischen Merkmalen der Gründerperson befassen und eine Verbindung zwischen diesen Eigenschaften und dem Erfolg bzw. Abbruch von Gründungsvorhaben ziehen.

Der erste Artikel, der sich mit dieser Thematik befasst, wurde von ELIZABETH J. GATEWOOD ET AL. 1995 veröffentlicht. Die Autoren untersuchten anhand von Interviews und standardisierten Fragebögen, inwieweit bestimmte kognitive Faktoren genutzt werden könnten, um die Langlebigkeit und den Erfolg von Gründungsvorhaben vorherzusagen. Hierzu wurde versucht herauszufinden, inwieweit eine internale Überzeugung eine solide Erklärung für die Aufnahme eines Gründungsvorhabens (wie z.B. ‚Ich wollte schon immer mein eigenes Geschäft haben') liefern kann, oder auch inwieweit der Faktor Selbstvertrauen einen messbaren Einfluss auf den Erfolg von Gründungsvorhaben hat.[339] Die Autoren gehen dabei davon aus, dass eine gewisse Art zu denken die Wahrscheinlichkeit erhöht ein Gründungsvorhaben erfolgreich umzusetzen. Erfolg wird in diesem Falle definiert als die Beständigkeit („persistence"[340]) eines Gründungsvorhabens.[341] Die Persistenz wurde dabei durch eine Follow-Up Studie gemessen, die rund eineinhalb Jahre nach der ersten Befragung von Kunden eines Business Development Centers vorgenommen wurde.[342] Die Autoren nehmen an, dass die erfolgreiche Umsetzung eines Gründungsversuchs mit einigen Schwierigkeiten verbunden ist, so dass bspw. eine hohe eigene Überzeugung sowie ein großes Selbstbewusstsein helfen könnten, mit diesen Problemen umzugehen, um den Abbruch des Vorhabens zu vermeiden.[343]

GATEWOOD ET AL. postulieren in ihrer Arbeit zwei Hypothesen, die sie mit Hilfe einer Kombination aus qualitativ- und quantitativ-empirischen Verfahren überprüfen:

338 Vgl. Yusuf, J.-E. (2010), S. 14.
339 Vgl. Gatewood, E. J. et al. (1995), S. 371.
340 Gatewood, E. J. et al. (1995), S. 372.
341 Vgl. Gatewood, E. J. et al. (1995), S. 372.
342 Vgl. Gatewood, E. J. et al. (1995), S. 376.
343 Vgl. Gatewood, E. J. et al. (1995), S. 373.

„H1: *Potential entrepreneurs who offer internal and stable explanations for their plans for getting into business should be more likely to persist in actions that lead to successfully starting a business.*“[344]

sowie

“H2: *Potential entrepreneurs with high personal efficacy scores should be more likely to persist in actions that lead to successfully starting a new business.*”[345]

GATEWOOD ET AL. präsentieren einige für die vorliegende Forschungsarbeit interessante Ergebnisse als Antwort auf diese Hypothesen. So schildern sie, dass die Ursachen für das erfolgreiche Gründen wohl – anders als von ihnen erwartet - in der Natur der unternehmerischen Gelegenheit (der ‚Opportunity‘) liegen. Sowohl die erfolgreichen, als auch die erfolglosen ‚Umsetzer‘ der Gründungsvorhaben – also die Weiterführer sowie die Abbrecher – benötigten die gleiche Zeit, um die unternehmerische Gelegenheit zu entdecken.[346] Der Prozess dieser Entdeckung (engl. „explore“[347]) kann mit dem hier verstanden Opportunity Identification-Ansatz gleich gesetzt werden. Die Autoren halten fest:

„*Some opportunities are likely to be ‚bad‘ opportunities (new ventures with a low probability of sufficient rewards for the efforts and investments necessary), whereas other opportunities are likely to be ‚good‘ opportunities. Successful entrepreneurs may be luckier than unsuccessful entrepreneurs (encounter better opportunities) or successful entrepreneurs may perceive opportunities differently than unsuccessful entrepreneurs. As we suggested earlier, individuals who are successful at getting into business might have skills and abilities that better match the opportunities they face than unsuccessful entrepreneurs.*”[348]

Damit scheint für die Autoren die Geschäftsidee einen erheblichen Einfluss auf die Entscheidung zu haben, inwiefern ein Gründungsvorhaben fortgeführt oder aber abgebrochen wird. Darüber hinaus konnten die Autoren festhalten, dass die Beharrlichkeit von solchen Gründern, die sich insbesondere wegen eines Unabhängigkeitsstrebens selbstständig machen wollten größer war, als die von Menschen, die sich aus opportunistischen Gründen selbstständig machten. Darüber hinaus waren Gründer mit einer intrinsischen Motivation und einer entsprechenden Beharrlichkeit erfolgreicher als solche Gründer, die extrinsisch motiviert waren.[349] Demnach scheint die individuelle Motivation

---

344 Gatewood, E. J. et al. (1995), S. 374. Hervorhebungen im Original.
345 Gatewood, E. J. et al. (1995), S. 375. Hervorhebungen im Original.
346 Vgl. Gatewood, E. J. et al. (1995), S. 386.
347 Gatewood, E. J. et al. (1995), S. 384.
348 Gatewood, E. J. et al. (1995), S. 386.
349 Vgl. Gatewood, E. J. et al. (1995), S. 385.

einen Einfluss auf die Entscheidung zu haben, inwieweit ein Gründungsvorhaben weiter verfolgt oder aber abgebrochen wird.

Die qualitativ-empirische Forschungsarbeit von VOLERY ET AL. aus dem Jahr 1997 befasst sich mit der von den Autoren als „pre-decision stage“[350] bezeichneten Phase, also der Phase, die noch *vor* der Abbruchs- oder Weiterführungsentscheidung abläuft. Die Autoren untersuchten dabei Einflussfaktoren auf diese wichtige Entscheidung und gingen der Frage nach, inwieweit persönliche Merkmale eine solche Entscheidung beeinflussen.[351] Dabei stellen sie einen direkten Bezug zu dem bereits oben vorgestellten Artikel von LEARNED her, in dem sie festhalten:

> *„[Older] Studies did not address Learned's (1992) observation that not all of those attempting to form an organization will succeed.“*[352]

Die Autoren verwenden für Ihre Untersuchung standardisierte Interviews mit 98 Entrepreneuren, davon 48 Starter, also Entrepreneure, die tatsächlich gegründet haben, sowie 45 Nicht-Starter, also solche Individuen, die den Gründungsversuch abgebrochen haben.[353] Sie fordern mit ihrer Untersuchung, dass auch zukünftige Forschung solche Individuen mit in die Nascent Entrepreneurship-Forschung einbezieht, die nicht erfolgreich gegründet haben:

> *„We have clearly established that, in order to gain an insight into the barriers and triggers to start-up, it is vital to integrate in the research the nascent entrepreneurs who failed to set up their own business venture along with the successful ones.“*[354]

VOLERY ET AL. stellen in ihrer Studie die Intentionen der Gründer den wahrgenommenen Barrieren gegenüber und gleichen diese mit den individuellen Einschätzungen der Probanden ab.[355] Die Autoren händigten ihren Probanden allerdings vorgefertigte Fragebögen aus, in denen sie vordefinierte Determinanten abfragten. So konnte bei der Erfragung der Barrieren demnach auch lediglich herausgefunden werden, dass die von den Forschern vorgeschlagenen Barrieren meist als ‚nicht so wichtig‘ angesehen wurden.[356] Lediglich drei Risiken scheinen die Gründer und Abbrecher mehr zu bewegen: „‘risks greater than initially expected‘, the ‚lack of own savings or assets‘, and ‚a more difficult task than expected’“[357]. Demnach scheint die Erwartungshaltung einen besonderen Einfluss auf die individuelle Wahrnehmung zu haben, inwieweit ein Gründungsvorhaben eher als risikoreich

---

350 Volery, T. et al. (1997), S. 1.
351 Vgl. Volery, T. et al. (1997), S. 1.
352 Volery, T. et al. (1997), S. 3.
353 Vgl. Volery, T. et al. (1997), S. 4 f.
354 Volery, T. et al. (1997), S. 5.
355 Vgl. Volery, T. et al. (1997), S. 6 ff.
356 Vgl. Volery, T. et al. (1997), S. 8.
357 Volery, T. et al. (1997), S. 8.

oder risikoarm angesehen wird. Dieser Zusammenhänge könnte auch für die Abbruchentscheidung von Bedeutung sein, könnte doch die individuelle Erwartungshaltung die spätere Risikowahrnehmung beeinflusst, die wiederum Einfluss auf die Entscheidung nimmt, inwieweit ein Gründungsvorhaben fortgeführt oder aber abgebrochen wird.

Die im Folgenden vorgestellte Forschungsarbeit von MAZZAROL ET AL. aus dem Jahr 1999 beschäftigt sich ebenfalls mit der „entrepreneurial intention“[358]. Die Autoren befragten insgesamt 93 Entrepreneure, die zum Teil erfolgreich ein Unternehmen gründeten, zum Teil das Gründungsvorhaben aber noch vor Gründung einer neuen Organisationform abbrachen.[359] Beruhend auf einer ausführlichen Literaturanalyse entwickeln die Autoren ein Modell, in dem sie die beiden ihrer Meinung nach wichtigsten Einflussfaktoren auf den Unternehmensgründungsprozess zusammenfassen: „Environment“[360] und „Personality“[361]. Auf diesen beiden Einflussfaktoren, die sich aus vielen einzelnen Variablen zusammensetzen, entwickelt sich laut den Autoren die „Entrepreneurial Intentionality“[362]. Auf Basis dieser unternehmerischen Intention wird die Entscheidung getroffen, die ursprünglichen Gedanken, Ideen und Träume weiter zu verfolgen („found“[363]) oder das Gründungsvorhaben abzubrechen („abandon“[364]).[365] Das bedeutet, dass die ursprüngliche und anfängliche Intention eines Individuums auch einen Einfluss auf die Entscheidung hat, das Gründungsvorhaben abzubrechen oder aber tatsächlich zu gründen.

Als Ergebnis der Interviewauswertungen identifizieren die Autoren drei demographische Variablen, die einen negativen Einfluss auf den Erfolg von Gründungsvorhaben aufweisen: „gender“[366], also das Geschlecht der Probanden, „previous government employment“[367], also inwieweit die Probanden in ihrem vorherigen Beschäftigungsverhältnis Angestellte einer öffentlichen Institution waren, sowie „recent redundancy“[368], inwieweit die Probanden also vor Verfolgung eines Gründungsvorhabens von Arbeitslosigkeit betroffen waren. Diese Variablen - die die Einflussfaktoren Environment und Personality und somit auch die „entrepreneurial intentionality“[369] beeinflussen - haben im

358 Mazzarol, T. et al. (1999), S. 48.
359 Vgl. Mazzarol, T. et al. (1999), S. 48.
360 Mazzarol, T. et al. (1999), S. 52.
361 Mazzarol, T. et al. (1999), S. 52.
362 Mazzarol, T. et al. (1999), S. 52.
363 Mazzarol, T. et al. (1999), S. 52.
364 Mazzarol, T. et al. (1999), S. 52.
365 Vgl. Mazzarol, T. et al. (1999), S. 52.
366 Mazzarol, T. et al. (1999), S. 53.
367 Mazzarol, T. et al. (1999), S. 54.
368 Mazzarol, T. et al. (1999), S. 56.
369 Mazzarol, T. et al. (1999), S. 51.

Gegensatz zu allen anderen Variablen einen starken positiven Einfluss auf die Wahrscheinlichkeit, dass ein Gründungsvorhaben abgebrochen wird:

> *„Female, previous government employees and those experiencing redundancy were all less likely to form businesses than those other respondents."*[370]

Die Autoren benennen verschiedene Hintergründe, die diese Ergebnisse erklären könnten. So könnten persönliche Charakteristika bzw. psychologische Eigenschaften der Individuen dazu führen, dass ein Gründungsvorhaben vielleicht weniger konsequent umgesetzt wird.[371] Dass Frauen jedoch weniger erfolgreich gründen, mag laut der Autoren auch daran liegen, dass Frauen zusätzlich zu ihren Gründungsaktivitäten auch Aufgaben im privaten Bereich ausüben und somit weniger Zeit auf ihr Gründungsvorhaben verwenden können.[372] Der Zusammenhang zwischen dem Abbrechen von Gründungsvorhaben und einer vorherigen beruflichen Tätigkeit in Form eines Angestelltenverhältnisses im öffentlichen Sektor wird von den Autoren so erklärt, als das im öffentlichen Sektor Jobsicherheit herrscht und somit die Gründer nicht auf das harte Leben als Unternehmensgründer vorbereitet werden. Ähnlich verhält es sich mit einer vorherigen Arbeitslosigkeit, die ebenfalls nicht auf die Verfolgung eines Gründungsvorhabens vorbereiten würde.[373] Demnach könnten diese Faktoren auch eine Rolle für die vorliegende Arbeit spielen, die in das Konstrukt der unternehmerischen Intention fließen. Die Autoren schließen mit dem Fazit, dass gerade der Abbruch von Gründungsvorhaben und die Ursachen dieses Phänomens genauer untersucht werden sollten, da offensichtlich einige Gruppen von Unternehmens- bzw. Existenzgründern spezielle Unterstützung in gewissen Bereichen benötigen.[374]

KORUNKA ET AL. gehen in ihrem Artikel aus dem Jahr 2003 der Frage nach, welche Konfigurationen – also welche Struktur bzw. Anordnung bestimmter Dimensionen – einen Einfluss auf den Erfolg oder Misserfolg eines Gründungsvorhabens haben könnten.[375] KORUNKA ET AL. identifizieren vier Felder, die einen Einfluss auf das Gründungsgeschehen haben könnten:

> *„[...] characteristics of the (nascent) entrepreneurs, resources of the nascent entrepreneurs, environment, and organizing activities (management) [...]."*[376]

KORUNKA ET AL. fokussieren dabei stark auf die Person des Gründers, beschreiben aber auch einzelne Faktoren der anderen Elemente. Aspekte des Elements „personality"[377] könnten z.B. „need for

---

370 Mazzarol, T. et al. (1999), S. 56.
371 Vgl. Mazzarol, T. et al. (1999), S. 56.
372 Vgl. Mazzarol, T. et al. (1999), S. 58.
373 Vgl. Mazzarol, T. et al. (1999), S. 59 f.
374 Vgl. Mazzarol, T. et al. (1999), S. 60.
375 Vgl. Korunka, C. et al. (2003), S. 25.
376 Korunka, C. et al. (2003), S. 25.

achievement, internal locus of control, and risk-taking propensity"[378] sein, wie auch „personal initiative"[379] sowie „personal motives"[380]. Auch innerhalb der Dimension Ressourcen spielen vor allem die persönlichen Ressourcen des Entrepreneurs eine Rolle, wie z.B. das Humankapital, die jeweilige Ausbildung und Erfahrung sowie auch die finanzielle Aufstellung des Gründers. Aspekte, die die Umgebung bzw. die Umwelt eines Gründungsvorhaben beschreiben können sind solche, die eine mikrosoziale (z.B. Familienunterstützung) sowie eine makrosoziale Perspektive (z.B. soziale Netzwerke) einnehmen.[381] Die Management-Aktivitäten innerhalb des Start-up Prozesses weisen sowohl kognitive Aspekte, wie Planung, Entscheidungen und Überlegungen im Bezug auf das Scheitern auf, als auch Aktionen wie die aktive Akquise von Ressourcen.[382] Demnach kann ein Gründungsvorhaben als multifaktorielles Phänomen betrachtet werden, das aber nach Auffassung der Autoren maßgeblich von der Persönlichkeit des Unternehmers beeinflusst wird.[383]

Um zu untersuchen, inwieweit das Zusammenwirken verschiedener Elemente und ihre entsprechende Konfiguration einen Einfluss auf den Erfolg eines Gründungsvorhabens haben, vergleichen die Autoren die Gruppe der Nascent Entrepreneure mit einer Gruppe von „new business owner-managers".[384] Die Autoren verschickten dabei insgesamt 5.983 Fragebögen und werteten 1.169 Fragebögen mittels statistischer Methoden aus.[385] Durch diese groß angelegte quantitative Studie konnten verschiedene Zusammenhänge identifizieren werden, die scheinbar einen Einfluss auf den Erfolg von Gründungsvorhaben haben. Diese Erkenntnisse fassen die Autoren in 3 Clustern von Konfigurationen zusammen.[386] Vor allem Cluster 1 ist dabei von Bedeutung für die vorliegende Arbeit, da diese Gruppe eine höhere Wahrscheinlichkeit aufweist, das Gründungsvorhaben nicht erfolgreich weiterzuführen. Daher wird auf die Beschreibung der anderen Cluster verzichtet und an dieser Stelle auf den Primärtext verwiesen.

Cluster 1 beschreibt dabei solche Individuen, die angeben, viele Probleme bei der Umsetzung ihres Gründungsvorhabens bewerkstelligen zu müssen, also mehr, als die befragten „new business owner-manager"[387]. Die Probanden, die in dieses Cluster eingeordnet werden konnten, weisen dabei eine geringe Leistungsmotivstärke, eine geringe internale Kontrollüberzeugung sowie eine geringe

377 Korunka, C. et al. (2003), S. 26.
378 Korunka, C. et al. (2003), S. 26.
379 Korunka, C. et al. (2003), S. 26.
380 Korunka, C. et al. (2003), S. 26.
381 Vgl. Korunka, C. et al. (2003), S. 26.
382 Vgl. Korunka, C. et al. (2003), S. 27.
383 Vgl. Korunka, C. et al. (2003), S. 25 ff.
384 Vgl. Korunka, C. et al. (2003), S. 27.
385 Vgl. Korunka, C. et al. (2003), S. 28.
386 Vgl. Korunka, C. et al. (2003), S. 34 ff.
387 Korunka, C. et al. (2003), S. 26.

persönliche Überzeugung auf. Zusätzlich werden sie nur in geringem Ausmaß von ihrer Familie oder ihrem Netzwerk unterstützt, führen weniger organisationale Aktivitäten aus und nutzen Informationen nur rudimentär.[388] Die Autoren bezeichnen diese Gruppe als „Nascent Entrepreneurs against Their Will“[389].

Ein weiterer Artikel, der sich mit dem Phänomen des Abbruchs von Gründungsvorhaben aus einer Persönlichkeitsperspektive befasst, ist der von ROTEFOSS & KOLVEREID 2005 veröffentlichte Artikel. Die Untersuchung beschäftigt sich mit der Frage nach Faktoren, die den individuellen Erfolg oder Misserfolg von aufstrebenden, werdenden oder jungen Unternehmern bei der Umsetzung ihres Gründungsvorhabens vorhersagbar machen können.[390] Hierzu untersuchen die Autoren sowohl individuelle als auch umweltspezifische Faktoren, um jeden der von ihnen definierten Meilensteine zu erreichen:

> *„[...] becoming an aspiring entrepreneur, a nascent entrepreneur and a founder of a fledgling new business.“*[391]

Damit befasst sich diese Studie sowohl mit der Nascent Entrepreneurship-Phase, als auch mit den unmittelbar davor und danach liegenden Phasen. Innerhalb dieser frühen Phasen des Unternehmertums unterscheiden die Autoren zwischen drei Meilensteinen, die es zu erreichen und zu überwinden gilt. Diese bauen auf den Konzepten von LEARNED (1992) sowie KATZ (1990) auf.[392] ROTEFOSS & KOLVEREID beschreiben dabei das bereits oben skizzierte Meilenstein-Konzept nach LEARNED:

> *„[...] propensity to found, intention to found, and sense-making of information acquired during the attempt to assemble resources and actualize ideas.“*[393]

KATZ exemplifiziert, dass Entrepreneure drei Hürden überwinden müssen, damit ihr Gründungsvorhaben als erfolgreich umgesetzt gilt: “aspiring, preparing, and entering.“[394]. Daraus entwickeln ROTEFOSS & KOLVEREID drei Phasen, die charakteristisch für den Gründungsprozess sind:

> *„(1) reaching the aspiring milestone represents an intention to purse, or commitment to continue, an entrepreneurial career; (2) reaching the preparing milestone indicates an attempt to*

388 Vgl. Korunka, C. et al. (2003), S. 34.
389 Korunka, C. et al. (2003), S. 34.
390 Vgl. Rotefoss, B. / Kolvereid, L. (2005), S. 109.
391 Rotefoss, B. / Kolvereid, L. (2005), S. 109.
392 Vgl. Rotefoss, B. / Kolvereid, L. (2005), S. 109 f.
393 Rotefoss, B. / Kolvereid, L. (2005), S. 109.
394 Rotefoss, B. / Kolvereid, L. (2005), S. 109.

establish a business; and (3) the entering milestone implies the actual start-up of a fledgling new business."[395]

Die Autoren räumen bei diesem Modell die Möglichkeit ein, dass Gründungsvorhaben abgebrochen werden, ähnlich also, wie es auch KATZ in seinem Modell 1990 anmerkte.[396] Anhand einer empirischen Umfrage konnten 322 von 9533 willkürlich befragten Norwegern identifiziert werden, die derzeit in ein Gründungsvorhaben involviert sind bzw. die sich derzeit in der Nascent Entrepreneurship-Phase befinden.[397] 145 dieser Gründer konnten über einen Zeitraum von einem Jahr mittels telefonischen und postalischen Umfragen hinsichtlich ihres Gründungsvorhabens in Form einer Langzeitbefragung befragt werden. Dabei wurde versucht, unter anderem die folgende Forschungsfrage zu beantworten, die für die vorliegende Untersuchung von Interesse ist:

„*(3) Among those who try to start a business, which factors cause some individuals to succeed in establishing a business, and what separates these individuals from those who fail to found a business?*"[398]

Die Autoren untersuchen also, welche Faktoren das Erreichen der von ihnen beschriebenen Meilensteine beeinflussen. Insbesondere die Einflussfaktoren, die das Erreichen des dritten Meilensteins beeinflussen, sind dabei für die Abbruchsthematik von Interesse. Hier konnten die Autoren herausfinden, dass gerade vorherige unternehmerische Erfahrung einen positiven Einfluss auf das Erreichen des dritten Meilensteins hat. Weitere für die Abbruchsthematik relevante Faktoren, die insbesondere die Überwindung des dritten Meilensteins beeinflussen, konnten nicht identifiziert werden. Jedoch fordern die Autoren explizit eine intensive Beschäftigung mit der Abbruchsthematik, wie das folgende Zitat beweist:

„*Individuals who give up along the way have received surprisingly scant attention in the entrepreneurship literature.*"[399]

Dieser Forderung kommt die vorliegende Forschungsarbeit nach.

WAGNER beschäftigt sich in seiner 2005 veröffentlichten Studie mit der Frage, inwieweit die in der Theorie angenommenen Variablen wie Gründungserfahrung, Gründervorbilder in der Familie oder Risikoaversion das spätere Gründungsverhalten sowie den Gründungserfolg beeinflussen.[400] WAGNER beginnt dabei mit einer Unterteilung des Entrepreneurship Prozesses in vier verschiedene Pha-

---

395 Rotefoss, B. / Kolvereid, L. (2005), S. 110.
396 Vgl. Rotefoss, B. / Kolvereid, L. (2005), S. 110.
397 Vgl. Rotefoss, B. / Kolvereid, L. (2005), S. 116 f.
398 Rotefoss, B. / Kolvereid, L. (2005), S. 110.
399 Rotefoss, B. / Kolvereid, L. (2005), S. 122.
400 Vgl. Wagner, J. (2005), S. 1.

sen, die er wie REYNOLDS & WHITE sowie REYNOLDS analog zum Prozess aus „conception, gestation, infancy, and adolescence“[401] beschreibt.[402] Auf einer praktischen Ebene beschreibt er dabei Kriterien, die die Übergangsphase von einer Phase in die andere erklären. (1) Eine erste Transformation beginnt von der Konzeption hin zum Reifeprozess bspw. dann, wenn eine oder mehrere Personen damit beginnen, Zeit und Ressourcen in eine Gründungsidee zu investieren. Sobald diese erste Transformation durchlaufen ist, kann von Nascent Entrepreneuren gesprochen werden. (2) Die zweite Transformation tritt auf, wenn der Reifeprozess – also die Gestation-Phase – abgeschlossen ist, also das operative Geschäft beginnt anzulaufen. (3) Eine weitere Möglichkeit wie dieser Prozess ausgestaltet sein kann, ist nach Angaben des Autors aber auch der Abbruch des Gründungsvorhabens, der vom Autor auch mit dem Terminus „abandon“[403] bezeichnet wird. (4) Die letzte Transformation beschreibt den Prozess von der Infancy Phase hin zum etablierten Unternehmen.[404] WAGNER befasst sich in seiner Untersuchung mit den ersten beiden Transformationen. Hierbei geht er der Frage nach, in welchen Aspekten sich Nascent Entrepreneure von jungen Unternehmern – also denen, die in die dritte Phase eingetaucht sind – voneinander unterscheiden. Darüber hinaus beschäftigt er sich mit der Frage, warum manche Unternehmer erfolgreicher sind als andere.[405] Um diese Fragen zu beantworten nutzt WAGNER den eng an den Global Entrepreneurship Monitor angelegten Datensatz des Regional Entrepreneurship Monitor Germany (REM). REM wurde im Jahr 2000 eingeführt und erhob Daten bezüglich der unterschiedlichen Gründungsaktivitäten in Deutschland. Insgesamt wurden 2001 10.000 und 2003 12.000 Personen zufällig via Telefoninterview befragt, inwieweit sie derzeit ein Gründungsvorhaben planen, umsetzen oder starten.[406] Durch diese Befragungen konnten 3% Nascent sowie 1,3% Infant Entrepreneure identifiziert werden.[407] So konnte WAGNER herausfinden, dass Risikoaversion sowohl für die Entscheidung, grundsätzlich ein Gründungsvorhaben in Angriff zu nehmen (Nascent Entrepreneur), als auch für den Eintritt in die Jungunternehmer-Phase (Infant Entrepreneur) hinderlich ist.[408] Diese Erkenntnisse sind auch für die Abbruchsthematik interessant. So könnte Risikoaversion entsprechend auf die Entscheidung wirken, ein Gründungsvorhaben abzubrechen, z.B. dann, wenn die Gründer der Auffassung sind, dass mit der weiteren Verfolgung des Gründungsvorhabens ein zu großes Risiko verbunden ist. Interessant wäre demnach die Frage, welche Faktoren dazu führen, dass ein solches Risiko wahrgenommen wird.

---

401 Wagner, J. (2005), S. 2.
402 Vgl. Wagner, J. (2005), S. 3.
403 Wagner, J. (2005), S. 2.
404 Vgl. Wagner, J. (2005), S. 1.
405 Vgl. Wagner, J. (2005), S. 3.
406 Vgl. Wagner, J. (2005), S. 4.
407 Vgl. Wagner, J. (2005), S. 5.
408 Vgl. Wagner, J. (2005), S. 17.

DIOCHON ET AL. beschäftigen sich in ihrem 2005 veröffentlichten Artikel mit der Frage, warum einige Gründungsvorhaben erfolgreich umgesetzt, andere hingegen abgebrochen werden.[409] Die Autoren fokussieren ihre Forschungsfrage dabei auf die individuellen Attribute der Gründer und inwiefern Differenzen in der Persönlichkeit einen Einfluss auf den späteren Gründungserfolg haben. Dabei beginnen die Autoren mit einer wiederkehrenden Kritik an der Forschung zu neu gegründeten Unternehmen: Oftmals werden nur solche Unternehmen erforscht, die bereits am Markt agieren, ihr Gründungsvorhaben also erfolgreich in die Tat umgesetzt haben. Vielmehr sollten nach Auffassung der Autoren auch solche Gründer befragen, die diesen Prozess nicht weiter verfolgt hatten.[410] Damit fordern die Autoren auch, dass das Abbruchphänomen einer intensiveren Erforschung bedarf. Dies verdeutlicht auch die Tatsache, dass die von DIOCHON ET AL. veröffentlichter Forschungsarbeit als eine der ersten identifizierten Forschungsbeiträge einen klaren Bezug zum Abbruchphänomen aufweist und sogar eine Art Definition liefert:

> *„In the literature, many terms are used synonymously with both „success" („survival" or „continued viability") and „failure" („closure" or „bankruptcy") even though they do not mean the same thing [...]. Indeed, a business can be abandoned without failing such as when an owner becomes ill."*[411]

Auch wenn die Autoren hier ebenfalls keine klare Definition geltend machen, so ist dieser Aussage dennoch zu entnehmen, dass eine klare Trennung zwischen dem Phänomen des Scheiterns von Gründungsvorhaben, sowie des Abbruchs solcher Projekte vorgenommen werden sollte.

DIOCHON ET AL. nehmen in ihrer Forschungsarbeit eine theoretische Perspektive basierend auf der ‚Attribution Theory' ein. Diese besagt, dass in Bezug auf den erfolgreichen Abschluss einer Aufgabe drei notwendige Aspekte vorhanden sind:

> *„[...] an intention to perform the task, exertion in the direction of the intention, and a personal ability that exceeded the difficulty of the task."*[412]

Zusätzlich hängen diese Aspekte von zwei Dimensionen ab: „locus of causality and stability of the cause"[413]. Die zuerst genannte Dimension beschreibt dabei die Einschätzung der aufgabenerfüllenden Person, inwieweit die Ursache des eigenen Verhaltens intern oder extern herbeigeführt wurde. Die letztgenannte Dimension legt den Umstand dar, inwieweit die Ursache für ein Verhalten direkt oder weniger direkt beeinflusst werden kann.[414] Der Vorteil dieses theoretischen Fundaments liegt

---

409 Vgl. Diochon, M. et al. (2005a), S. 1.
410 Vgl. Diochon, M. et al. (2005a), S. 2 f.
411 Diochon, M. et al. (2005a), S. 3.
412 Diochon, M. et al. (2005a), S. 4.
413 Diochon, M. et al. (2005a), S. 4
414 Vgl. Diochon, M. et al. (2005a), S. 4 f.

nach Auffassung der Autoren in der Beachtung psychologischer Faktoren, mit denen auch die Umsetzung eines Gründungsvorhabens – das letztlich aus vielen verschiedenen Aktivitäten des Gründers (oder des Gründerteams) besteht – umschrieben werden kann:

> „*Attribution theory is said to be one of the few psychological theories that can deal with a key characteristics of entrepreneurs – persistence after setbacks or failure [...]. If an entrepreneur attributes the cause of setbacks or failure to external factors (such as size of the market or the number of competitors), there is no reason not to try again. However, if the cause is attributed to internal factors – specifically stable ones such as ability – then the entrepreneur would be unlikely to view starting a second venture as appealing [...].*"[415]

Um die verschiedenen Hypothesen zu testen, wurden aus insgesamt 49.763 willkürlich gewählten Telefonnummern 416 Nascent Entrepreneurs identifiziert, die bereit waren, an der Studie teilzunehmen und sich Telefoninterviews über einen längeren Zeitraum zu stellen.[416] Letztlich konnten 91 Nascent Entrepreneurs dann tatsächlich über einen Zeitraum von fünf Jahren regelmäßig interviewt werden.[417] DIOCHON ET AL. konnten dabei einige für die Abbruchsthematik interessante Aspekte aus der Datenanalyse generieren. So gaben bspw. 65% der befragten Nascent Entrepreneure an, ihr Gründungsvorhaben abgebrochen zu haben.[418] Hierzu wurden die Interviewten nach dem aktuellen Status ihres Gründungsvorhabens gefragt, welcher in folgende Phasen eingeordnet wurde: „operating, active, inactive, no longer worked on by anyone, or something else."[419] Die Gruppe der Gründer unterschied sich dabei von der Gruppe der Abbrecher insbesondere hinsichtlich der Einschätzung von Problemen. So neigen die erfolgreichen Gründer dazu, Probleme nicht grundsätzlich als externe und somit nur schwer zu bewältigende Situationen anzusehen, sondern als variable Faktoren, die ihnen extern wie intern lösbar erscheinen.[420] DIOCHON ET AL. halten hierzu fest:

> „*[...] [I]t is interesting to note that the data [...] indicates more of a susceptibility to self-serving bias among those who were successful in creating a firm than among those who were unsuccessful. Indeed, among those who were successful in starting a business, 28.6% offered an internal locus of causality in describing why they started and an external locus of causality in describing problems. Among those who had abandoned their efforts to start a business, 20.3% were similarly categorized.*"[421]

---

415 Diochon, M. et al. (2005a), S. 6 f.
416 Vgl. Diochon, M. et al. (2005a), S. 8.
417 Vgl. Diochon, M. et al. (2005a), S. 9.
418 Vgl. Diochon, M. et al. (2005a), S. 9.
419 Diochon, M. et al. (2005a), S. 12.
420 Vgl. Diochon, M. et al. (2005a), S. 13.
421 Diochon, M. et al. (2005a), S. 14 f.

Für die vorliegende Forschungsarbeit sind diese Ergebnisse sehr interessant. So scheint die individuelle Wahrnehmung von Problemen und die Einschätzung, inwiefern diese selbst gelöst werden können oder nicht, einen Einfluss darauf zu haben, inwiefern das Gründungsvorhaben weitergeführt oder aber abgebrochen wird. Dies unterstreicht auch die folgende Aussage der Autoren:

> *„Nascent entrepreneurs who succeeded in starting a business were more likely to have an internal locus of causality than those who were unsuccessful in starting a firm. When describing their first reason for starting a business, about 40% of those reporting an internal locus of causality had succeeded in establishing a new business while only about seven percent of those with an external locus of causality succeeded in doing so."*[422]

DIOCHON ET AL. bekräftigen daher die Vermutung, dass primär persönliche Faktoren die Weiterführungs- und Abbruchentscheidung beeinflussen, als exogene Faktoren. Menschen, die dazu neigen, Probleme als extern und somit als nur schwer beeinflussen zu bewerten, weisen nach den Erkenntnissen von DIOCHON ET AL. also eine geringere Wahrscheinlichkeit auf, ein Gründungsvorhaben erfolgreich in die Tat umzusetzen, als Personen, die der Auffassung sind Probleme selbst bewältigen zu können:

> *„While positive situations tended to be viewed as a result of their abilities (internal/stable), problems were considered a result of their effort (internal/variable). In terms of the attributional framework, overcoming these problems would require greater effort."*[423]

Als Fazit halten DIOCHON ET AL. fest, dass die persönlichen Eigenschaften und Merkmale der Person im Sinne der Attribution Theory einen erheblichen Einfluss auf die Entscheidungen im Gründungsprozess haben und demnach auch auf die Entscheidung, ein Gründungsvorhaben abzubrechen wirken könnten.

DIOCHON ET AL. veröffentlichten 2005 einen weiteren Forschungsbeitrag, der sich mit den gründungsrelevanten Aktivitäten, die Gründer zur Verfolgung ihres Gründungsvorhabens unternehmen, befasst. Sie versuchen mit einem, sich sehr an die PSED Vorgehensweise anlehnenden Forschungsdesign herauszufinden, welche Anstrengungen Nascent Entrepreneure verfolgen, um ihr Gründungsvorhaben erfolgreich umzusetzen. Neben den Aktivitäten widmen sich DIOCHON ET AL. auch den individuellen Eigenschaften der Gründer. Die Forscher vergleichen dazu unter anderem die Attribute der Unternehmensgründer, die erfolgreich ihr Unternehmen gründeten mit denen, die das Gründungsvorhaben abbrachen.[424] Zur theoretischen Fundierung ihrer Arbeit nutzen DIOCHON ET

[422] Diochon, M. et al. (2005a), S. 15.
[423] Diochon, M. et al. (2005a), S. 16. Hervorhebungen im Original. Anmerkung des Verfassers.
[424] Vgl. Diochon, M. et al. (2005b), S. 3.

AL. das von KIRTON entwickelte „Adaptation-Innovation theoretical framework“[425]. Dieses zeigt ein Kontinuum auf, das vom extremen Adaptor hin zum extremen Innovator ragt. KIRTONS Theorie besagt dabei, dass Individuen mit einem adaptiven Gründungsstil eher konservativ sind und Lösungen innerhalb bestehender Systeme und Strukturen suchen. Individuen mit einem eher innovativen Verhalten sehen hingegen bestehende Strukturen als Teil des Problems an und beabsichtigen diese Strukturen aufbrechen. Vorangegangene Studien konnten nach Auffassung von DIOCHON ET AL. zeigen, dass adaptive Problemlösungsstrategien von Unternehmensgründern häufiger zum Gründen führten als innovative Problemlösungsstrategien.[426] Durch die Auswertung ihrer umfangreichen Empirie konnten die Autoren im Bezug auf das von KIRTON aufgestellte Spektrum herausfinden, dass Gründer, die sich selbst eher in Richtung des Innovators einordnen würden, mit einer höheren Wahrscheinlichkeit ihr Gründungsvorhaben abbrechen, also solche, die sich eher in Richtung des Adaptors einordnen.[427] Demnach könnte ein Zusammenhang zwischen dem Ausmaß an Veränderungs- und Innovationswillen der Gründer und dem Abbruch des Vorhabens bestehen. Darüber hinaus konnten die Autoren hinsichtlich des Abbruchs von Gründungsvorhaben herausfinden, dass 47% der Nascent Entrepreneure ihr Gründungsvorhaben bereits nach einem Jahr abbrechen.[428] Hierfür konnten sie verschiedene Ursachen festmachen. Z.B. die Angaben der Gründer, zu viel und zu hart zu arbeiten, sich eine bessere Work-Life-Balance wünschen und / oder in ein abhängiges Beschäftigungsverhältnis wechseln wollen. Der letzte Punkt kann daher jedoch eher als Auslöser verstanden werden, die Ursachen, die letztlich zu der Entscheidung führen in ein abhängiges Beschäftigungsverhältnis zu wechseln, bleiben DIOCHON ET AL. schuldig. Sie bekräftigen jedoch die bereits mehrfach aufgestellte Vermutung, dass der Abbruch von Gründungsvorhaben eher endogene Ursachen hat, als exogene:

> *"These findings suggest that 'deaths' and 'unsuccessful' efforts to start a business are the result of a conscious choice rather than 'failure'."*[429]

Diese Aussage ist für die vorliegende Forschungsarbeit von besonderer Bedeutung, wird hier doch explizit darauf eingegangen, dass der Abbruch von Gründungsvorhaben eine bewusste, internal herbeigeführte Entscheidung ist und sich klar vom Scheitern von Gründungsvorhaben unterscheidet.[430] Nach dem kurzen Hinweis auf die Ursachen für das Abbrechen von Gründungsvorhaben widmen sich die Autoren den persönlichen Charakteristika der Entrepreneure und inwiefern sich diese von Gründern und Abbrechern unterscheiden. So konnten die Autoren keinen signifikanten

---

[425] Diochon, M. et al. (2005b), S. 7.
[426] Vgl. Diochon, M. et al. (2005b), S. 7.
[427] Vgl. Diochon, M. et al. (2005b), S. 13.
[428] Vgl. Diochon, M. et al. (2005b), S. 11 f.
[429] Diochon, M. et al. (2005b), S. 12.
[430] Vgl. Diochon, M. et al. (2005b), S. 12.

Unterschied zwischen den sozio-demografischen Hintergründen von Gründern und Abbrechern feststellen. Gründer unterscheiden sich weder in Alter, Geschlecht, ethnischem Hintergrund, Nationalität, Sprache oder Mobilität von Abbrechern.[431] Auch der berufliche Hintergrund von Gründern unterscheidet sich nicht signifikant von dem von Abbrechern. Darüber hinaus fanden sie heraus:

> *„Furthermore, the nascent entrepreneurs who were less likely to perceive their problem-solving style as being a good match for the type of problems encountered in starting a business were more likely to discontinue their efforts to start a business […].“*[432]

Diese Erkenntnis lässt vermuten, dass Entrepreneure, die bereits (von anderen) erprobte Problemlösungsstrategien anwenden, eher erfolgreich gründen als solche, die eigene Problemlösungsstrategien anwenden. Diese weitestgehend jedoch nicht signifikanten Ergebnisse lassen den Schluss zu, dass auch DIOCHON ET AL. in ihrer Untersuchung nur an der Oberfläche der Abbruchsforschung gekratzt haben und die Thematik einer tieferen und intensiveren Beschäftigung bedarf. Scheinbar beeinflussen nach Vermutung von DIOCHON ET AL. aber die persönlichen Eigenschaften der Gründer maßgeblich die Entscheidung, inwieweit ein Gründungsvorhaben weiter verfolgt, oder aber abgebrochen wird.

Eine der jüngeren Forschungsarbeiten, die sich implizit mit der Abbruchsthematik beschäftigt und am Rande einer anderen Forschungsfrage interessante Erkenntnisse hinsichtlich der Erforschung des Abbruchphänomens liefert, ist das von BRIXY & HESSELS im Jahr 2010 veröffentlichte Discussion Paper. Die Autoren widmen sich in ihrer Arbeit der Frage, inwieweit das Humankapital des Gründers, im Sinne von Wissen, Ausbildung, Fähigkeiten und Erfahrung, das Umsetzen einer Geschäftsidee beeinflusst.[433] BRIXY & HESSELS fokussieren sich in ihrer Forschungsarbeit auf den Zusammenhang zwischen dem Individuum des Entrepreneurs bzw. seinen Fähigkeiten und den Erfolg des Gründungsvorhabens.[434] Sie unterscheiden dabei zwischen generellem Humankapital, gründungsspezifischem Humankapital und Breite des Humankapitals und halten im Bezug auf die „Jack of all trades“-Theorie fest:[435]

> *„According to this theory more generalist gifted persons decide to become an entrepreneur, whereas more one-sided talented persons will decide to become an employee.“*[436]

---

431 Vgl. Diochon, M. et al. (2005b), S. 12.
432 Diochon, M. et al. (2005b), S. 13.
433 Vgl. Brixy, U. / Hessels, J. (2010), S. 4.
434 Vgl. Brixy, U. / Hessels, J. (2010), S. 6.
435 Vgl. Brixy, U. / Hessels, J. (2010), S. 6 f.
436 Brixy, U. / Hessels, J. (2010), S. 7.

Um die Frage, inwieweit Humankapital den Erfolg von Gründungsvorhaben beeinflusst, zu beantworten, nutzen die Autoren Daten des Global Entrepreneurship Monitor, der ebenfalls weiter oben beschrieben wurde. Sie führten insgesamt zwei Interviewrunden durch, wobei die zweite ein Jahr nach der ersten Runde erfolgte.[437] BRIXY & HESSELS konnten durch ihre Untersuchung herausfinden, dass ein mittleres Ausbildungslevel die Wahrscheinlichkeit erhöht, ein Unternehmen zu gründen.[438] BRIXY & HESSELS vermuten, dass dieser Zusammenhang die folgende Ursache hat:

> „*[...] [O]ur results probably reflect that for those with a higher level of education plans to become self-emplyed are likely to compete with attractive job opportunities as employees. Therefore they face higher opportunity-costs for starting a business as compared to individuals with a lower level of education.*“[439]

Somit könnte das Annehmen eines neuen Jobs in Form eines abhängigen Beschäftigungsverhältnisses ein Auslöser für das Abbrechen von Gründungsvorhaben sein. Ursächlich für die Entscheidung, eines solches, abhängiges Beschäftigungsverhältnis anzutreten, könnten die mit der Fortführung des Gründungsvorhabens verbundenen Opportunitätskosten sein. Für die Erforschung des Abbruchs von Gründungsvorhaben könnte die Frage also von Bedeutung sein, wann die Opportunitätskosten eines Gründungsvorhabens als so hoch wahrgenommen werden, dass ein Vorhaben niedergelegt wird. Neben den Opportunitätskosten spielt nach Angaben der Autoren auch gründungsspezifisches Humankapital eine Rolle bei der Entscheidung, ob ein Vorhaben erfolgreich gegründet wird. Gründungsspezifisches Humankapital verringert demnach die Wahrscheinlichkeit, dass das Gründungsvorhaben abgebrochen wird.[440] Darüber hinaus scheint die individuelle Motivation der Probanden ebenfalls auf den Erfolg von Gründungsvorhaben zu wirken:

> „*While opportunity motivated entrepreneurs appear more likely to succeed and less likely to postpone than necessity motivated ones, we in particular find that individuals with mixed motivations are even more likely to succeed in setting up a firm and less likely to postpone and to abandon their start-up attempts than individuals who are purely necessity driven.“ [...] It is this combination of push and pull motivations that in particular seems to facilitate entry into entrepreneurship.*”[441]

Wie auch einige der bereits oben erwähnten Forschungsarbeiten vermuten, scheint die Erfolgswahrscheinlichkeit – oder im Umkehrschluss auch die Abbruchswahrscheinlichkeit – eng mit der individuellen Motivation der Individuen verbunden zu sein. Insbesondere könnte die Zielgerichtetheit

---

437 Vgl. Brixy, U. / Hessels, J. (2010), S. 8.
438 Vgl. Brixy, U. / Hessels, J. (2010), S. 11.
439 Brixy, U. / Hessels, J. (2010), S. 11.
440 Vgl. Brixy, U. / Hessels, J. (2010), S. 11.
441 Brixy, U. / Hessels, J. (2010), S. 14.

(„opportunity motivated“[442] vs. „mixed motivations“[443]) hier einen Einfluss auf die Entscheidung haben, inwieweit ein Vorhaben weiter geführt oder abgebrochen wird. Die von BRIXY & HESSELS neu untersuchte Dimension Breite des Humankapitals hatte jedoch keinen signifikanten Einfluss auf den Gründungserfolg oder auf die Wahrscheinlichkeit des Abbruchs von Gründungsvorhaben.[444]

TOWNSEND ET AL. widmen sich in ihrem 2010 veröffentlichten Artikel der Frage, warum manche Individuen sich dazu entscheiden, ein Unternehmen zu gründen, andere hingegen nicht. Die Autoren fokussieren sich dabei auf den Zusammenhang zwischen den Erwartungen, die die Gründer an das Resultat ihrer Gründung haben, und der Entscheidung, das Gründungsvorhaben umzusetzen oder abzubrechen. Dabei spielt nach Auffassung der Autoren vor allem die individuelle Erwartungshaltung hinsichtlich der eigenen Qualifikation des Gründers – inwieweit er also selbst das Vorhaben umsetzen kann – sowie die Erwartung an die Resultate, die mit der Gründung realisiert werden können, eine besondere Rolle.[445] TOWNSEND ET AL. unterscheiden zwischen den Ursachen für das Scheitern von Gründungsvorhaben und dem Ansatz, dass internale Faktoren dazu führen, dass ein Gründungsvorhaben freiwillig nicht weiter verfolgt wird, also die Entscheidung getroffen wird, das Gründungsvorhaben abzubrechen.[446] In ihrer Literaturanalyse gehen die Autoren auf verschiedene Entscheidungsmodelle ein, die nach ihrer Auffassung nicht nur die Entscheidung sich selbstständig zu machen beeinflussen, sondern auch die späteren Resultate der Unternehmung bis hin zum Scheitern oder Abbrechen des Gründungsvorhabens.[447] Sie überprüfen in ihrer Studie folgende Hypothesen: 1) Je höher die Resultaterwartung ist, desto höher ist die Wahrscheinlichkeit, ein neues Unternehmen zu gründen.[448] 2) Je höher die Fähigkeitserwartungen im Bezug auf das Gründungsvorhaben sind, desto höher ist die Wahrscheinlichkeit, ein Unternehmen zu gründen.[449] 3) Je länger Entrepreneure gründungsrelevante Aktionen hinauszögern, desto weniger wahrscheinlich wird die tatsächliche Gründung – oder desto höher wird die Wahrscheinlichkeit abzubrechen.[450] Die Hypothesen 4 bis 6 sind für die vorliegende Forschungsarbeit nicht von Relevanz, so dass auf eine Erläuterung verzichtet wird. Die Methodologie, die TOWNSEND ET AL. verwenden knüpft an die

---

442 Brixy, U. / Hessels, J. (2010), S. 14.
443 Brixy, U. / Hessels, J. (2010), S. 14.
444 Vgl. Brixy, U. / Hessels, J. (2010), S. 12.
445 Vgl. Townsend, D. M. et al. (2010), S. 193.
446 Vgl. Townsend, D. M. et al. (2010), S. 193.
447 Vgl. Townsend, D. M. et al. (2010), S. 194.
448 Townsend et al. gehen in ihrem Forschungsartikel von generellen „outcome expectancies“ aus, also nicht von einer quantifizierbaren Erwartung bspw. an die Höhe der Umsätze o.Ä. Daher wird im Folgenden von Resultaterwartungen gesprochen, um Überschneidungen mit Termini aus der Betriebswirtschaftslehre zu vermeiden. Vgl. Townsend, D. M. et. al. (2010), S. 195. Anmerkung des Verfassers.
449 Vgl. Townsend, D. M. et al. (2010), S. 195.
450 Vgl. Townsend, D. M. et al. (2010), S. 196.

bereits oben mehrfach vorgestellten PSED-Studien an.[451] Sie konnten bezüglich ihrer ersten Hypothese lediglich einen marginalen Zusammenhang zwischen der Wahrscheinlichkeit ein Unternehmen zu gründen und der erwarteten Ergebnisse feststellen.[452] Bezogen auf die zweite Hypothese konnten TOWNSEND ET AL. feststellen, dass die erwarteten Fähigkeiten der Individuen einen starken Einfluss auf die Gründungswahrscheinlichkeit aufwies:

> *„[...] [R]egardless of the value placed on certain outcomes (e.g., creating a successful firm), in the sample of entrepreneurs studied here, belief in one's ability appears to drive the process. Furthermore, the results also suggest the widely-assumed relationship between outcome expectancies and start-up may simply be a residual of the relationship between ability expectancies and start-up decisions. An entrepreneur's belief in their abilities seems to be of central importance."*[453]

Demnach scheint der individuelle Glaube, mit den eigenen Fähigkeiten ein Gründungsvorhaben umsetzen zu können, einen erheblichen Einfluss auf die Gründungswahrscheinlichkeit zu haben. Je größer dabei der Glaube an die eigenen Fähigkeiten ist, desto größer ist dabei auch die Wahrscheinlichkeit, ein Gründungsvorhaben umzusetzen.[454]

> *„[...] [I]t really may be hubris (e.g., extreme self-pride) rather than overconfident predictions of potential outcomes which explains entrepreneurial entry."*[455]

Der Umkehrschluss dieser Ergebnisse liegt nahe: Nascent Entrepreneure, die nicht so stark an ihre eigenen unternehmerischen Fähigkeiten glauben, brechen ihr Gründungsvorhaben häufiger ab. Diese Erkenntnisse sind von großer Bedeutung für die vorliegende Forschungsarbeit, denn TOWNSEND ET AL. vermuten demnach als eine der wenigen Forschungsarbeiten einen Zusammenhang zwischen internalen Faktoren und dem Abbruch von Gründungsvorhaben:

> *„[...] [T]he erosion of these strong beliefs over time may be the central mechanism leading to the decision to abandon a venture."*[456]

Damit geben die Autoren einen wichtigen Hinweis darauf, welche Ursachen zu der Entscheidung führen könnten, ein Gründungsvorhaben trotz intensiver vorheriger Beschäftigung abzubrechen: Nimmt der Glaube, das Gründungsvorhaben durch die eigenen persönlichen Fähigkeiten zum Erfolg zu führen während der Gestation Phase ab, erhöht sich die Wahrscheinlichkeit, das Gründungsvorhaben abzubrechen.

---

451 Vgl. Townsend, D. M. et al. (2010), S. 196.
452 Vgl. Townsend, D. M. et al. (2010), S. 199.
453 Townsend, D. M. et al. (2010), S. 199.
454 Vgl. Townsend, D. M. et al. (2010), S. 200.
455 Townsend, D. M. et al. (2010), S. 200.
456 Townsend, D. M. et al. (2010), S. 200.

WERNER nutzt in seiner 2011 veröffentlichten Forschungsarbeit Daten des Gründerpanels des Instituts für Mittelstandsforschung (IfM) Bonn, dass Daten durch Befragungen der Besucher von „deutschlandweit stattfindenden Gründermessen" gewann.[457] In seiner Forschungsarbeit geht er der Vermutung nach, dass Gründer ihr Gründungsvorhaben deswegen abbrechen, weil sie während der Vorbereitung erkennen, dass sie „(noch) nicht über die notwendigen Fähigkeiten und Fertigkeiten [verfügen], um das Gründungsvorhaben zu einer erfolgreichen Unternehmensgründung zu machen."[458] WERNER definiert Gründungsabbrecher dabei wie folgt:

> *„Personen, die zunächst ein starkes Interesse an der beruflichen Selbstständigkeit bezeugen, später jedoch von ihrer Gründungsabsicht wieder Abstand nehmen."*[459]

WERNER identifiziert im theoretischen Teil seiner Forschungsarbeit durch eine ausführliche Literaturanalyse zunächst wichtige mögliche Einflussfaktoren auf den Gründungsabbruch.[460] Dabei leitet er Einflussfaktoren auf den Abbruch von Gründungsvorhaben vor allem aus Ergebnissen der Erfolgsfaktorenforschung ab. Der Autor unterscheidet dem leitlinientheoretischen Ansatz folgend zwischen personellen, organisationalen und externen Faktoren. Darüber hinaus unterscheidet er zwischen sechs Variablengruppen, die durch das Gründerpanel des IfM gemessen und drei Dimensionen zugeordnet werden können: Personeller Bereich: soziodemografische Merkmale, Humankapital und Finanzressourcen, Persönlichkeitseigenschaften und Gründungsmotive; organisationaler Bereich: betriebsbezogene Faktoren; und externer Bereich: umfeldbezogene Aspekte.[461] Zur Untersuchung, inwieweit diese Dimensionen und Faktoren den Abbruch von Gründungsvorhaben beeinflussen, befragte WERNER Besucher von deutschlandweit stattfindenden Gründermessen, die in zwei Gruppen - Selbstständige und Nicht-Selbstständige - eingeteilt wurden. Für seine Untersuchung nutzt WERNER dabei ausschließlich Daten der Gruppe der (noch) Nicht-Selbstständigen. Diese Personen wurden nach einem Jahr erneut befragt, wie es um ihr Gründungsvorhaben steht. WERNER unterteilt die Gruppe der (noch) Nicht-Selbstständigen in drei Gruppen: Gründer, also Personen, die zwischen Erst- und Zweitbefragung gegründet hatten; Gründungsabbrecher, also Personen, die zum Zeitpunkt der Erstbefragung Interesse bekundet hatten, jedoch bei der zweiten Befragung das Vorhaben abgebrochen hatten; sowie Gründungsaufschieber, die weder zur ersten noch zur zweiten Befragungsrunde gegründet hatten.[462] WERNER hält fest, dass 28,2% der befragten Personen ihr Gründungsvorhaben abbrachen.[463] Darüber hinaus stellt er fest, dass Ledige signifikant häu-

457 Vgl. Werner, A. (2011), S. 1.
458 Werner, A. (2011), S. 1.
459 Werner, A. (2011), S. 2.
460 Vgl. Werner, A. (2011), S. 5 ff.
461 Vgl. Werner, A. (2011), S. 5 f.
462 Vgl. Werner, A. (2011), S. 16.
463 Vgl. Werner, A. (2011), S. 17.

figer ihr Gründungsvorhaben abbrachen als Verheiratete. Bezüglich der Faktoren Humankapital und Finanzressourcen konnte WERNER hinsichtlich der Gruppe der Abbrecher keine bedeutsamen Erkenntnisse gewinnen.[464] Er stellt jedoch fest, dass Gründer, die in der Vergangenheit bereits erfolgreich ein Gründungsvorhaben umgesetzt hatten „mit einem Anteil von 19,3% die geringste Abbruchwahrscheinlichkeit“[465] aufwiesen. Als Ursache für das Abbrechen von Gründungsvorhaben konnte er vor allem „Startkapitalengpässe“[466] identifizieren. Bei der Untersuchung von Persönlichkeitsmerkmalen und Gründungsmotiven und der damit verbundenen Wahrscheinlichkeit ein Gründungsvorhaben abzubrechen, konnte WERNER herausfinden, dass solche Gründer, die „von Zweifeln an ihren eigenen Fähigkeiten und Fertigkeiten berichteten [...] [eine] durchgängig signifikant höhere [Abbruchsrate]“[467] aufweisen. Damit bekräftigt die von WERNER durchgeführte Untersuchung die Feststellung von TOWNSEND ET AL., dass endogene Faktoren wie der Glaube an die eigenen Fähigkeiten einen erheblichen Einfluss auf die Abbruchentscheidung haben. Gründungsmotive spielen nach den Erkenntnissen WERNERS jedoch eine eher untergeordnete Rolle bei der Entscheidung das Vorhaben niederzulegen.[468] Interessanterweise konnte WERNERS Untersuchung zeigen, dass „Personen, welche ein Unternehmen übernehmen wollten [...] [sowie] Personen, welche eine Franchise-Gründung planten [...] am häufigsten zu den Gründungsabbrechern zählen“[469]. Auch der positive Zusammenhang zwischen Nebenerwerbsgründungen und der Abbruchswahrscheinlichkeit, der schon in vorherigen Studien gezeigt werden konnte, konnte von WERNER nachgewiesen werden. Ebenso brechen Gründer, die ein Dienstleistungsunternehmen gründen möchten, ihr Vorhaben häufiger ab, als Gründer in anderen Branchen.[470] Insbesondere die Gründungserfahrung wird von WERNER als wichtige Determinante für die Abbruchentscheidung identifiziert:

> *„Gründungsinteressierte Personen, die Erfolg in ihrer vorhergehenden unternehmerischen Tätigkeiten hatten, gehörten mit einer um 12,3 Prozentpunkte geringeren Wahrscheinlichkeit zu den Gründungsabbrechern [...] als Erstgründer.“*[471]

Sofern Finanzierungsprobleme vorliegen, liegt die Wahrscheinlichkeit um 6,0 Prozentpunkte höher das Gründungsvorhaben abzubrechen als ohne Finanzierungsprobleme.[472] Zusammenfassend beschreibt WERNER ein Profil von Gründungsabbrechern:

---

464 Vgl. Werner, A. (2011), S. 18 f.
465 Werner, A. (2011), S. 23.
466 Werner, A. (2011), S. 22.
467 Werner, A. (2011), S. 24.
468 Vgl. Werner, A. (2011), S. 24.
469 Werner, A. (2011), S. 26.
470 Vgl. Werner, A. (2011), S. 26.
471 Werner, A. (2011), S. 31.
472 Vgl. Werner, A. (2011), S. 32.

„Gründungsabbrecher sind dadurch gekennzeichnet, dass sie häufiger eine Nebenerwerbsgründung planten, bereits zum Zeitpunkt der Messebefragung häufiger mit Kapitalrestriktionen rechneten und die geplante Gründung häufiger eine Erstgründung und nicht eine erneute Gründung nach vorangegangener erfolgreicher unternehmerischer Tätigkeit darstellt.“[473]

Auch die Ergebnisse der zweiten Befragungsrunde sind für die vorliegende Forschungsarbeit von Interesse. So gaben die Befragten an, dass folgende Ursachen zum Abbrechen des Gründungsvorhabens führten: „‘Chance auf Einkommen war zu gering‘, ‚Finanzielles Risiko zu hoch‘, ‚Von Geschäftspartnern nicht akzeptiert‘, ‚Eigene Finanzierungsmittel reichten nicht aus‘, ‚Belastung durch Familie zu hoch‘, ‚Ziel ist eher eine Anstellung als Arbeitnehmer‘, ‚Angst zu scheitern war zu groß‘ und ‚Vorhaben stößt im persönlichen Umfeld auf Ablehnung‘ […].“[474] Demnach liefert die von Werner veröffentlichte Forschungsarbeit viele wichtige Hinweise, welche Faktoren den Abbruch von Gründungsvorhaben beeinflussen können. Aufgabe der vorliegenden Forschungsarbeit muss es daher sein, die wichtigen Erkenntnisse, die die verschiedenen Forschungsarbeiten zum Abbruchphänomen haben gewinnen können, bei einer tiefgehenden Analyse des Forschungsgegenstandes zu berücksichtigen, um somit das Phänomen des Abbruchs besser verstehen zu können.

2.3.3 Zusammenfassung der Erkenntnisse aus Kapitel 2

Die auf den vorherigen Seiten ausführlich beschriebene Literatur zur Thematik Abbruch von Gründungsvorhaben konnte nach Einschätzung des Autors der vorliegenden Forschungsarbeit nur bedingt die tatsächlichen Einflussfaktoren auf die Abbruchentscheidung identifizieren. Dies hat verschiedene Gründe, die im folgenden Zwischenfazit erörtert bzw. zusammengefasst werden, um darauf aufbauend die Forschungslücke zu beschreiben, die die vorliegende Forschungsarbeit zu schließen versucht. Die nachstehende Tabelle fasst die wichtigsten Erkenntnisse und Kritikpunkte aus den zuvor vorgestellten Forschungsarbeiten zusammen und unterteilt die Literatur hinsichtlich ihrer Methodik (quantitative vs. qualitativ). Die Anordnung der Beiträge erfolgt dabei chronologisch. Die so erstellte Übersicht kann als Überblick über die bis 2012 veröffentlichten Forschungsbeiträge verstanden werden, die Erkenntnisse für die Erforschung des Abbruchs von Gründungsvorhaben liefert. Die vom Verfasser identifizierten vier Forschungsbeiträge, die sich direkt und explizit mit der Frage nach den Ursachen für das Abbrechen von Gründungsvorhaben befassen, sind grau hervorgehoben.

---

473 Werner, A. (2011), S. 32.
474 Werner, A. (2011), S. 33.

Nr.	Autor / Jahr:	Quantitativ	Qualitativ	Konzeptionell	Erkenntnisse für die Erforschung des Abbruchphänomens:	Limitationen hinsichtlich der Erforschung des Abbruchphänomens:
1	MacDonald 1991		X		Gründe für das closing (= nach Gründung, ≠ Abbruch von Gründungsvorhaben): fehlendes Kapital, gesättigter Mark, schlechte Planung, zu hohe Arbeitsbelastung, Angst vor hohen Schulden;	Deskriptive Beschreibung von Ursachen für das Closing; Befragung von erfolgreichen Gründern;
2	Learned 1992			X	Einflussfaktoren auf die Entscheidung zu gründen oder abzubrechen: Umwelt, Gedanken des Gründers, Eigenschaften und Hintergrund des Individuums, seine Absichten und Neigungen sowie die Situation;	Konzeptionelle Arbeit, nicht empirisch überprüft;
3	Gatewood et al. 1995	X			Die Opportunity bestimmt maßgeblich, inwieweit ein Vorhaben erfolgreich umgesetzt wird; Unterscheidung zwischen ‚good' und ‚bad' opportunities; Art der Motivation hat ebenfalls einen Einfluss auf die Entscheidung;	Fokussierung auf Erfolgsfaktoren – Übertragung auf Faktoren, die den Abbruch beeinflussen nur bedingt möglich;
4	Carter et al. 1996	X			Mögliche Ursache für das Abbrechen: Geschäftsidee bringt nicht den ursprünglich erwarteten Erfolg; Abbrecher verfolgen nicht intensiv genug ihr Vorhaben;	Fokussierung auf die Aktivitäten, nicht auf den Ausgang (Abbruch vs. Gründung);
5	Volery et al. 1997		X		Risiken, die zum Abbruch führen könnten: Risiko größer als erwartet; nicht genug Eigenkapital; Aufgaben schwieriger als erwartet;	Fokus auf entrepreneurial intention; Untersuchung fragt von den Forschern vorgegebene Kategorien ab – standardisierte Interviews;
6	Mazzarol et al. 1999		X		Basierend auf der unternehmerischen Intention wird eine Entscheidung für die Gründung oder für den Abbruch getroffen; die Intention beruht auf der Umwelt und der Persönlichkeit der Individuen;	Fokus auf entrepreneurial intention;
7	van Gelderen et al. 2001	X			Je mehr Kapital benötigt wird, desto eher kommt es zum Abbruch von Gründungsvorhaben;	Untersuchung fragt von den Forschern vorgegebene Kategorien ab; sehr breite Kategorien als Ursachen für das Abbrechen von Gründungsvorhaben; Wenig aussagekräftige Ergebnisse;
8	Bahß et al. 2003	X			Schlechte konjunkturelle Lage verantwortlich für Abbruch, ebenso wie schlechte Erfolgsaussichten und mangelnde Nachfrage; Angst vor sozialem Abstieg beim Scheitern sowie familiäre Belastung sind weitere Abbruchsursachen;	Untersuchung fragt von den Forschern vorgegebene Kategorien ab; sehr breite Kategorien als Ursachen für das Abbrechen von Gründungsvorhaben; kein theoretisches Fundament;
9	Davidsson & Honig 2003	X			Die Entscheidung ein Unternehmen zu gründen wird positiv von einer guten Ausbildung und relevanten Gründungsaktivitäten beeinflusst;	PSED Forschungsdesign: Untersuchung fragt von den Forschern vorgegebene Kategorien ab;

Nr.	Autor / Jahr:	Quantitativ	Qualitativ	Konzeptionell	Erkenntnisse für die Erforschung des Abbruchphänomens:	Limitationen hinsichtlich der Erforschung des Abbruchphänomens:
10	Korunka et al. 2003	X			Beschreibung von 3 Clustern: Cluster von Gründern, die viele Probleme bewerkstelligen – mit geringerer Leistungsmotivstärke; Cluster von Gründern, mit starker Leistungsmotivstärke und starken Sicherheitsstreben; Cluster von Gründern, die sich viel mit dem Scheitern befassen und eine geringe Ambiguitätstoleranz aufweisen;	Untersuchung fragt von den Forschern vorgegebene Kategorien ab;
11	Vohora & Lockett 2003		X		Erarbeitung von kritischen Verbindungspunkten innerhalb des Gründungsprozesses, die Gründer überwinden müssen; werden diese nicht innerhalb eines bestimmten Zeitkorridors überwunden, kommt es zum Scheitern des Gründungsvorhabens;	Keine Fokussierung auf den Abbruch, sondern auf das Scheitern von Gründungsvorhaben;
12	Reents et al. 2004	X			Unterschiedliche Wahrnehmung bzgl. der Probleme scheint eine Rolle bei der Entscheidung, das Gründungsvorhaben abzubrechen, zu spielen;	Untersuchung fragt von den Forschern vorgegebene Kategorien ab; sehr breite Kategorien als Ursachen für das Abbrechen von Gründungsvorhaben; kein theoretisches Fundament;
13	Shane & Delmar 2004	X			Businessplanning hat einen positiven Einfluss auf die Gründungswahrscheinlichkeit und auf den Erfolg einer Gründung; ebenso die Aktivitäten, die tatsächlich ausgeführt werden;	Keine Fokussierung auf den Abbruch, sondern auf die erfolgreiche Gründung – somit auf Erfolgsfaktoren;
14	Cardon et al. 2005			X	Realität steht nicht in Einklang mit den ursprünglichen Erwartungen, die an die Gründung geknüpft wurden;	Konzeptionelle Arbeit, ohne empirische Überprüfung;
15	Delmar & Davidsson 2005	X			Theoretische Fundierung durch GARTNER'S vier Dimensionen; Forderung nach einer explorativen, qualitativen Untersuchung von Nascent Entrepreneurship;	Fokussierung auf die Firmengröße; Untersuchung fragt von den Forschern vorgegebene Kategorien ab, nur schwache Zusammenhänge konnte gefunden werden;
16	Diochon et al. 2005a	X			Unterscheidung zwischen Abbruch und Failure; Gründer unterliegen weniger häufig dem self-serving bias; Gründer hatten einen höhere internale Kontrollüberzeugung; Attribution Theory könnte eine Rolle bzgl. der Ursachen des Abbruchs von Gründungsvorhaben aufweisen;	Untersuchung fragt von den Forschern vorgegebene Kategorien ab;

Nr.	Autor / Jahr:	Quantitativ	Qualitativ	Konzeptionell	Erkenntnisse für die Erforschung des Abbruchphänomens:	Limitationen hinsichtlich der Erforschung des Abbruchphänomens:
17	Diochon et al. 2005b	X			Work-Life Balance scheint eine Rolle dabei zu spielen, ob die Gründer sich für oder gegen eine Gründung entscheiden; Persönliche Eigenschaften scheinen keine Rolle bei der Abbruchentscheidung zu spielen; Gründer und Abbrecher sind in ihren Aktivitäten sehr ähnlich, lediglich die Still-Trying Gründer unterscheiden sich;	Untersuchung fragt von den Forschern vorgegebene Kategorien ab; kaum signifikante Ergebnisse;
18	Landier 2005			X	Entscheidung, ein Gründungsvorhaben abzubrechen hat vor allem etwas mit den Kosten des Scheiterns zu tun – sowohl auf monetärer, als insbesondere auch auf gesellschaftlicher Seite;	Konzeptionelle Arbeit, keine empirisch überprüften Ergebnisse;
19	Newbert 2005	X			Wichtiger Erfolgsfaktor für Unternehmensgründungen ist die Akquise von monetären und personellen Ressourcen, scheint also auch für den Abbruch eine Rolle zu spielen;	Keine Fokussierung auf den Abbruch, sondern auf den Erfolg; PSED Forschungsdesign: Untersuchung fragt von den Forschern vorgegebene Kategorien ab;
20	Rotefoss & Kolvereid 2005	X			Meilenstein-Konzept: Aspiring entrepreneur, nascent entrepreneur, founder; in den verschiedenen Phasen spielen unterschiedliche Faktoren eine Rolle; Unternehmerische Erfahrung ist positiv mit dem Gründungserfolg verknüpft; Forderung nach intensiver Forschung bzgl. des Abbruchs;	Fokussierung auf den Gründungserfolg; Untersuchung fragt von den Forschern vorgegebene Kategorien ab;
21	Wagner 2005	X			Industrieerfahrung ist positiv mit dem Gründungserfolg verknüpft; Risikoaversion ist negativ mit dem Gründungserfolg verknüpft;	Fokussierung auf den Gründungserfolg; Untersuchung fragt von den Forschern vorgegebene Kategorien ab;
22	Parker / Belghitar 2006	X			Abbrecher verfügen kaum über finanzielle Ressourcen; Zugang zu Gründungsnetzwerken positiv mit Gründungserfolg verknüpft; Schreiben eines Businessplans positiv mit Gründungserfolg verknüpft; Nebenberufliche Gründungen werden häufiger abgebrochen;	PSED Forschungsdesign: Untersuchung fragt von den Forschern vorgegebene Kategorien ab;
23	van Gelderen et al. 2006	X			Theoretische Fundierung nach GARTNER; alle von GARTNER identifizierten Dimensionen scheinen eine Rolle bei der Entscheidung zu spielen, ein Gründungsvorhaben abzubrechen; je höher das Marktrisiko, desto höher die Abbruchswahrscheinlichkeit; je höher der Kapitalbedarf, desto höher die Abbruchswahrscheinlichkeit;	PSED Forschungsdesign: Untersuchung fragt von den Forschern vorgegebene Kategorien ab; kaum signifikante Ergebnisse;

Nr.	Autor / Jahr:	Quantitativ	Qualitativ	Konzeptionell	Erkenntnisse für die Erforschung des Abbruchphänomens:	Limitationen hinsichtlich der Erforschung des Abbruchphänomens:
24	van Gelderen et al. 2007	X			Probleme scheinen keinen Einfluss auf die Abbruchswahrscheinlichkeit zu haben, eher, inwiefern Herausforderungen / Situationen als Probleme wahrgenommen werden; Abbrecher und Gründer geben an, kaum Probleme wahrgenommen zu haben und wenn, waren es ähnliche Probleme; die Qualität der Probleme unterscheidet sich nicht; Forderung nach einer intensiven Beschäftigung mit dem Abbruch von Gründungsvorhaben;	PSED Forschungsdesign: Untersuchung fragt von den Forschern vorgegebene Kategorien ab; kaum signifikante Ergebnisse;
25	Brixy & Hessels 2010	X			Fokussierung auf Humankapital; push und pull Faktoren haben einen Einfluss auf den Gründungserfolg; je besser Gründer ausgebildet sind, desto weniger wahrscheinlich gründen sie ein Unternehmen; ein mittleres Ausbildungsniveau erhöht hingegen die Gründungswahrscheinlichkeit;	Untersuchung fragt von den Forschern vorgegebene Kategorien ab;
26	McCann & Vroom 2010	X			Abbruch scheint ein rationaler Prozess zu sein, dessen Initiativentscheidung von den Abbrechern / Gründern gut überdacht wurde; Lernen scheint eine große Rolle dabei zu spielen, auf welcher Basis die Entscheidung zu gründen / abzubrechen getroffen wird; Lernen reduziert dabei Unsicherheit und Risiko; Abbruch nicht negativ, sondern positiv;	PSED Forschungsdesign: Untersuchung fragt von den Forschern vorgegebene Kategorien ab;
27	Townsend et al. 2010	X			Erwartungen an die eigenen Fähigkeiten, inwieweit der potenzielle Entrepreneur also daran glaubt, selbst die Gründung zu einem Erfolg zu führen, in Verbindung mit den Erwartungen an die Ergebnisse der Gründung, scheinen einen erheblichen positiven Einfluss auf die Wahrscheinlichkeit zu haben, dass ein Unternehmen gegründet wird; verändern sich diese Erwartungen über die Zeit, kann sich die Abbruchswahrscheinlichkeit erhöhen;	Untersuchung fragt von den Forschern vorgegebene Kategorien ab; kaum signifikante Ergebnisse;
28	Yusuf 2010	X			Unterteilung in verschiedene Abbruchsarten: intelligenter Exit und reaktiver Exit; Abbruch sollte in jedem Falle als positives Ergebnis der Evaluationsphase angesehen werden;	PSED Forschungsdesign: Untersuchung fragt von den Forschern vorgegebene Kategorien ab; kaum signifikante Ergebnisse;

Nr.	Autor / Jahr:	Quantitativ	Qualitativ	Konzeptionell	Erkenntnisse für die Erforschung des Abbruchphänomens:	Limitationen hinsichtlich der Erforschung des Abbruchphänomens:
29	van Gelderen et al. 2011	X			Regulatorische und organisatorische Probleme führen zu der Entscheidung, ein Gründungsvorhaben abzubrechen; Probleme führen aber nicht signifikant und zwangsläufig zum Abbruch; die subjektive Wahrnehmung dieser Probleme spielt eine Rolle; Abbruch als Experiment – als positives Ergebnis der Evaluation Phase;	PSED Forschungsdesign: Untersuchung fragt von den Forschern vorgegebene Kategorien ab; kaum signifikante Ergebnisse;
30	Werner 2011	X			Zweifel an den eigenen Fähigkeiten und Fertigkeiten führen häufig zum Abbruch; mangelnde Gewinnaussichten bzw. fehlende Ertragserwartungen als Ursachen für den Abbruch von Gründungsvorhaben; eine risikoaverse Gründungseinstellung erhöht die Wahrscheinlichkeit, das Gründungsvorhaben abzubrechen;	Untersuchung fragt von den Forschern vorgegebene Kategorien ab; Messebesucher (= Befragte) wurden mit Gründern gleichgesetzt;

Tabelle 10: Zusammenfassung der annotierten Auswahlbibliographie

Dabei fallen verschiedene Punkte bei Sichtung der zusammengefassten Erkenntnisse aus der Literaturanalyse auf. So näherten sich 23 der insgesamt 30 vorgestellten wissenschaftlichen Beiträge der jeweiligen Forschungsfrage aus einer quantitativ-deduktiven Perspektive. Lediglich vier der 30 exzerpierten Artikel verfolgten eine qualitative Vorgehensweise. Dabei widmete sich jedoch keine dieser Arbeiten explizit und direkt der Erforschung des Abbruchphänomens. Allein diese Gegenüberstellung der unterschiedlichen Forschungsdesigns zeigt, dass sich der Abbruchsthematik maßgeblich aus einer deduktiven Perspektive genähert wurde. Die meisten Forschungsbeiträge fokussieren also auf ein breit angelegtes Forschungsdesign, maßgeblich angelehnt an die PSED Vorgehensweise. Hierbei werden durch sehr zeit- und ressourcenintensive Studien repräsentative Stichproben ermittelt, die hinsichtlich ihrer Gründungsaktivitäten über einen Zeitraum von drei Jahren hinweg immer wieder befragt werden. Diese durch Langzeitbefragungen gewonnenen umfangreichen Daten werden meist durch Regressionsmodellierungen ausgewertet. Somit werden sehr umfangreiche – breite – Erkenntnisse über die Gründungsaktivitäten und Eigenschaften von Gründern, Abbrechern und Verweilern gewonnen. Allerdings sind mit einem solch breiten Forschungsdesign naturgemäß einige Limitationen verbunden, die auch die Autoren dieser Beiträge selbst nennen: Die Probanden wurden meist mittels standardisierter Fragebögen oder Telefoninterviews befragt, wie sie die von den Forschern vorgegebenen Kategorien hinsichtlich der Wichtigkeit bewerten. Das Forschungsdesign lässt demnach eine tiefergreifende, offenere Erforschung der verschiedenen Phänomene innerhalb der Nascent Entrepreneurship-Phase kaum zu.[475] So bleiben Zusammenhänge unklar, wie z.B. die Frage, was dazu führt, dass Gründer ein abhängiges Beschäftigungsverhältnis annehmen und das Gründungsvorhaben abbrechen: Denn nach Auffassung des Verfassers ist die Annahme eines alternativen Jobangebots nicht die Ursache für den Abbruch eines Gründungsvorhabens, sondern vielmehr der Auslöser für eine entsprechende Entscheidung. Doch welche Faktoren beeinflussen die Entscheidung des Gründers, gründungsrelevante Aktivitäten niederzulegen?

Es kann daher festgehalten werden, dass die bisherige Nascent Entrepreneurship-Forschung aufgrund anders fokussierter Forschungsansätze nur bedingt dazu in der Lage war, dass Abbruchphänomen zu beschreiben und zu verstehen. Die bisherigen Ergebnisse geben zwar wichtige Hinweise zur Erforschung dieses Ereignisses, beschreiben jedoch nur im Ansatz die eigentlichen, tiefergreifenden Ursachen, die letztlich zu der Entscheidung führen, ein vormals intensiv und ernsthaft verfolgtes Gründungsvorhaben abzubrechen. Auch einige der Autoren der oben vorgestellten Beiträge fordern daher explizit eine intensivere und direkt auf das Abbruchphänomen gerichtete Vorgehensweise, die diese aktuell vorhandene Forschungslücke schließen kann.[476] Diese Forschungslücke beschreibt vor allem die folgenden Fragen: Was führt dazu, dass die Gründer alternative Jobangebote, mangelnde Nachfrage oder nicht ausreichendes Kapital als Abbruchsursache nennen?[477] Was führt dazu, dass Personen ein Gründungsvorhaben abbrechen und als Grund hierfür angeben, dass sich die eigenen Fähigkeiten als nicht ausreichend herausstellten – obwohl sich die Personen doch schon vorher intensiv mit ihrem Vorhaben beschäftigt haben?[478] Warum scheinen die von den Probanden angegebenen Probleme kaum eine Ursache für den Abbruch von Gründungsvorhaben zu spielen?[479] Was also führt schließlich zu der Entscheidung, ein Gründungsvorhaben abzubrechen? Die Erforschung dieser Zusammenhänge kann nur durch eine Methode gewährleistet werden, die dazu in der Lage ist, die eigentlichen Einflussfaktoren auf die Abbruchentscheidung zu analysieren, ohne jedoch den Forschungsgegenstand zu weit einzuengen und vorzudefinieren. Für diese Erforschung kommen vor allem qualitativ-induktive Verfahren in Frage. Daher wird in Kapitel 4 das Wesen dieser Verfahren genauer beleuchtet werden. Zuvor werden jedoch für den späteren empirischen Teil der vorliegenden Arbeit im folgenden Kapitel 3 wichtige Arbeitsdefinitionen gegeben, basierend auf den Erkenntnissen der Literaturanalyse und den verschiedenen Vermutungen aus Kapitel 2.

---

475 Vgl. z.B. Delmar, F. / Davidsson, P. (2005), S. 3 ff; Rotefoss, B. / Kolvereid, L. (2005), S. 111 sowie S. 122 sowie van Gelderen, M. et al. (2011), S. 84 ff.

476 Vgl. z.B. Delmar, F. / Davidsson, P. (2005); Rotefoss, B. / Kolvereid, L. (2005) oder van Gelderen, M. et al. (2007).

477 Vgl. z.B. Bahß, C. et al. (2003); van Gelderen, M. et al. (2001) oder Parker, S. C. / Belghitar, Y. (2006).

478 Vgl. u.a. Townsend, D. M. et al. (2010).

479 Vgl. u.a. van Gelderen, M. et al. (2007).

3. Arbeitsdefinitionen, Forschungsfrage, Arbeitsthesen

Auf den folgenden Seiten werden zunächst in Kapitel 3.1 einige wichtige Begrifflichkeiten beschrieben um im Anschluss in Kapitel 3.2 die Forschungsziele theoretisch zu untermauern. In Kapitel 3.3 werden einige Arbeitsthesen formuliert, die auf der umfassenden Literaturrecherche und den theoretischen Überlegungen aus Kapitel 2 basieren und der empirischen Untersuchung eine Forschungsrichtung geben. In Kapitel 3.4 wird das Design der empirischen Untersuchung beschrieben bevor in Kapitel 3.5 die wichtigsten Erkenntnisse dieses Kapitels noch einmal zusammengefasst werden.

3.1 Arbeitsdefinitionen

3.1.1 Gründungsvorhaben

Um eine solide Definition für den Terminus ‚Gründungsvorhaben‘ bereit zu stellen, wird sich an dieser Stelle verschiedener Begrifflichkeiten bedient, die aus dem Bereich der Nascent Entrepreneurship-Forschung kommen. Wie oben bereits dargelegt, werden innerhalb der Nascent Entrepreneurship-Forschung Nascent Entrepreneure als Individuen bezeichnet, die Aktivitäten durchführen, um ein neues Unternehmen zu gründen und bisher noch nicht den Übergang zum Unternehmenseigentümer vollzogen haben.[480] Andere Definitionen bezeichnen Nascent Entrepreneure als Personen, die in den Start-Up Prozess involviert sind und Aktivitäten unternehmen, wie bspw. die Inanspruchnahme von Beratungsangeboten für Gründer oder das Schreiben eines Businessplans.[481] Wichtige Faktoren, die ein Gründungsvorhaben demnach beschreiben, sind zum einen die Personen, die in diesen Prozess involviert sind, zum anderen aber auch die Aktivitäten, die darauf gerichtet sind, ein neues Unternehmen zu gründen. Hierauf aufbauend wird innerhalb der vorliegenden Forschungsarbeit die folgende Arbeitsdefinition von Gründungsvorhaben genutzt:

» *Als Gründungsvorhaben werden Prozesse bezeichnet, in denen eine oder mehrere Personen (potenzielle Unternehmensgründer) Aktivitäten vollziehen, mit dem Ziel, ein neues Unternehmen zu gründen. Dabei ist anhand dieser gründungsrelevanten Aktivitäten, die die Individuen durchführen, zu erkennen, dass die klare Absicht besteht, ein neues Unternehmen innerhalb eines bestimmten Zeitkorridors zu gründen, um damit langfristig den Lebensunterhalt zu bestreiten.*

Diese Arbeitsdefinition von Gründungsvorhaben greift dabei die verschiedenen oben beschriebenen Aspekte wie Zielgerichtetheit, gründungsrelevante Aktivitäten und Prozessorientierung auf und ergänzt diese um die klare Absicht, die die Personen dazu bewegt, ein solches Gründungsvorhaben

---

480 Vgl. Cater, N. M. et al. (1996), S. 151.
481 Vgl. Korunka, C. et al. (2003), S. 27.

ernsthaft in die Tat umzusetzen. Da innerhalb der vorliegenden Forschungsarbeit solche Gründungsvorhaben untersucht werden, die sich im Bereich der Vollzeitgründungen bewegen, wurde ergänzt, dass die Personen beabsichtigen, mit dem von ihnen verfolgten Gründungsvorhaben den eigenen Lebensunterhalt zu bestreiten.

3.1.2 Abbruch von Gründungsvorhaben

Die Aufstellung einer Arbeitsdefinition des Abbruchs von Gründungsvorhaben ist für die vorliegende Forschungsarbeit nicht nur zur theoretischen Fundierung des empirischen Teils von Bedeutung, sondern auch hinsichtlich der später erfolgenden Entwicklung einer Theorie des Abbruchs von Gründungsvorhaben. Die folgende Tabelle gibt eine Übersicht über die vom Autor identifizierten Abbruchsbeschreibungen, d.h. über die in der aktuellen Literatur genannten Phänomene, Merkmale, Faktoren oder Ausprägungen, die das Abbruchphänomen charakterisieren.

Autor(en) und Erscheinungsjahr:	**Zitat aus dem Originaltext:**	**Aspekte:**
Gatewood et al. 1995	*„Entrepreneurs who had given up and were no longer actively trying to establish a business [...].“*[482]	Abbrecher versuchen nicht länger aktiv ein Unternehmen zu gründen;
Volery et al. 1997	*„[...] potential entrepreneurs who abandoned the idea to launch their business [...]*[483]	Potenzielle Entrepreneure brechen die Idee, ein eigenes Unternehmen zu gründen, ab;
Mazzarol et al. 1999	*Abbruch (erstmals) als Entscheidung, die im Zuge des „organization formation“-Modells als Alternative zur Gründung getroffen werden kann;*[484]	Sowohl der Abbruch als auch die Gründung sind Ausprägungen, die am Ende der Nascent Entrepreneurship-Phase stehen können; Individuen können hierüber selbst entscheiden;
Van Gelderen et al. 2001	*„[...] [people] who give up the effort [...]“*[485]	Abbruch als aktives Element, das durch Individuen bestimmt wird;
Davidsson / Hönig 2003	*„[...] efforts that fail or are abandoned [...]“*[486]	Abbruch als aktives Element, im Gegensatz zum Scheitern von Gründungsvorhaben;
Cardon et al. 2005	*„[...] the entrepreneur may abandon the new venture early.“*[487]	Abbruch als aktives Element, das durch den Gründer selbst bestimmt wird;
Landier 2005	*„Entrepreneurs [...] decide whether to continue the project or abandon it in favor of a new one.*[488]*“*	Abbruch als aktives Element, das durch den Gründer selbst bestimmt wird, in Abhängigkeit weiterer Faktoren;
Diochon et al.	*[...] deaths and ‚unsuccessful‘ efforts to start*	Abbruch als aktive, bewusste Entscheidung,

482 Carter, N. M. et al. (1996), S. 159.
483 Volery, T. et al. (1997), S. 4.
484 Vgl. Mazzarol, T. et al. (1999), S. 52.
485 van Gelderen, M. et al. (2001), S. 4.
486 Davidsson, P. / Honig, B. (2003), S. 304.
487 Cardon, M. S. et al. (2005), S. 33.
488 Landier, A. (2005), S. 3.

Autor(en) und Erscheinungsjahr:	Zitat aus dem Originaltext:	Aspekte:
2005b	*a business are the result of conscious choice rather than ‚failure'.“*[489]	im Gegensatz zum Scheitern;
van Gelderen et al. 2007	*„A decision to stop the nascent venture based on market expectations suggests that the pre-start-up phase can be seen as an extended period of opportunity evaluation. [...] The nascent Entrepreneurship-Phase serves as a reality check.”*[490]	Abbruch als aktives Element; der Gründer selbst trifft die Entscheidung, ein Gründungsvorhaben zu stoppen; die Phase vor der Gründung kann als Realitäts-Check angesehen werden;
Townsend et al. 2010	*“[...] the erosion of [...] strong beliefs over time may be the central mechanism leading to the decision to abandon a venture.”*[491]	Abbruch als aktive, bewusste Entscheidung;
Yusuf 2010	*“Disengagement is defined as start-up disbandment where all members of the start-up team withdraw from and cease pursuit of the start-up.”*[492]	Abbruch als aktives Element;
Werner 2011	*„Einflussfaktoren auf den Gründungsabbruch sind dabei solche Faktoren, welche die Zugehörigkeit der untersuchten Personen zur Gruppe der Gründungsabbrecher (also der Personen, die zunächst ein starkes Interesse an der beruflichen Selbstständigkeit bezeugen, später jedoch von ihrer Gründungsabsicht wieder Abstand nehmen) bestimmen.“*[493]	Abbruch als aktives Element; ein vorheriges, starkes Interesse am Gründungsvorhaben als Voraussetzung;

Tabelle 11: Charakterisierung des Abbruchs von Gründungsvorhaben in der aktuellen Literatur

Aus dieser tabellarischen Auflistung verschiedener Beschreibungen und Definitionen des Phänomens ‚Abbruch von Gründungsvorhaben‘ wird ersichtlich, dass sich die Forschung auch aus einer definitorischen Perspektive bisher nur wenig mit der Abbruchsthematik beschäftigt hat. Lediglich YUSUF und WERNER unternehmen den Versuch, das Abbrechen von Gründungsvorhaben zu definieren. Doch auch andere Forschungsarbeiten geben explizite Hinweise darauf, welche Merkmale das Phänomen beschreiben. So scheint einhellige Meinung darüber zu herrschen, dass der Abbruch als ein aktives Element angesehen werden sollte, in dem die Gründer bzw. die Personen selbst die Entscheidung treffen, das Vorhaben nicht weiter zu verfolgen.[494] Auch eine vorherige, intensive

489 Diochon, M. et al. (2005b), S. 12.
490 van Gelderen, M. et al. (2007), S. 17.
491 Townsend, D. M. et al. (2010), S. 200.
492 Yusuf, J.-E. (2010), S. 1.
493 Werner, A. (2011), S. 2.
494 Vgl. van Gelderen, M. et al. (2001), Davidsson, P. / Honig, B (2003); Cardon, M. S. et al. (2005), Landier, A. (2005), Diochon, M. et al. (2005b), van Gelderen, M. et al. (2007), Townsend, D. M. et al. (2010), Yusuf, J.-E. (2010) sowie Werner, A. (2011).

Beschäftigung mit dem Vorhaben scheint ein anerkannter Faktor zu sein.[495] Im Sinne einer deduktiven Definitionsherleitung ergeben sich aus den verschiedenen Beschreibungen und Definitionen aus der in Tabelle 11 genannten Literatur folgende Merkmale, die anschließend kurz beschrieben werden:

Merkmale des Abbruch-Phänomens
→ Abbruch = Gründungsvorhaben wird nicht länger aktiv verfolgt;
→ Niederlegung der Gründungsaktivitäten als aktive, bewusste Entscheidung von Personen;
→ Entscheidung wird bewusst, beruhend auf gewissen Faktoren getroffen;
→ Entscheidung, ein Vorhaben abzubrechen als Ergebnis des Realitätschecks;
→ Voraussetzung ist ein vorheriges starkes Interesse am Gründungsvorhaben;
→ Abbruch als Unterschied zum Scheitern;

Tabelle 12: Zusammenfassung verschiedener Merkmale des Abbruchphänomens

Abbruch = Gründungsvorhaben wird nicht länger aktiv verfolgt

Dieses Merkmal umschreibt, dass der Abbruch eines Gründungsvorhabens das Niederlegen aller damit verbundenen Aktivitäten bedeutet. Dabei spielt die aktive Komponente eine wichtige Rolle, denn das Niederlegen von Aktivitäten schließt die Beendigung aller relevanten aktiven Handlungen mit ein.

Niederlegung der Gründungsaktivitäten als aktive, bewusste Entscheidung von Personen

Auch innerhalb dieses Merkmals spielt die aktive Komponente eine wichtige Rolle. Darüber hinaus wird sie um eine ‚Bewusstseins'-Komponente erweitert. Auch hier überschneiden sich die Auffassungen unterschiedlicher Forscher, in dem sie konstatieren, dass eine aktive, bewusste, eigene Entscheidung dem Niederlegen gründungsrelevanter Aktivitäten zugrunde liegt, das Abbruchphänomen demnach selbst herbeigeführt wird.

Entscheidung wird bewusst, beruhend auf gewissen Faktoren getroffen

Diese aktive, bewusste Entscheidung der involvierten Personen wird beruhend auf verschiedenen Faktoren getroffen, die unterschiedlich stark auf eine solche, meist schwerwiegende Entscheidung

495 Vgl. Werner, A. (2011).

wirken können. Dabei bleibt in bisherigen Forschungsarbeiten offen, welche Faktoren diese Gedankengänge beeinflussen.

Entscheidung, ein Vorhaben abzubrechen als Ergebnis des Realitätschecks

Der ursprünglich von DAVIDSSON geprägte Gedankengang, dass die Planungsphase eines Gründungsvorhabens – egal wie das Ergebnis dieser Phase ausfällt – als Realitätscheck angesehen werden kann, wird von VAN GELDEREN ET AL. aufgenommen und in eine Beschreibung des Abbruchphänomens eingebettet.[496] Implizit bedeutet dieser Realitätscheck auch, dass ein vermeintlich erfolgloses Ergebnis, wie das nicht zustande kommen einer Unternehmensgründung, nicht als *negatives* Ergebnis angesehen werden sollte, sondern vielmehr als positive Erkenntnis.

Voraussetzung ist ein vorheriges starkes Interesse am Gründungsvorhaben

Wie vom Verfasser der vorliegenden Forschungsarbeit vermutet bestärkt WERNER 2011, dass eine vorherige, intensive Beschäftigung bzw. ein vorheriges, starkes Interesse am Gründungsvorhaben notwendige Voraussetzung dafür ist, dass vom Abbruch eines Gründungsvorhabens gesprochen werden kann.[497] Denn nur dann, wenn sich ein Gründer oder ein Gründerteam auch tatsächlich zielgerichteten, gründungsrelevanten Aktivitäten der Planung eines Gründungsvorhabens widmet, können solche Aktivitäten auch niedergelegt werden. Sofern nur eine bloße Idee besteht, jedoch kein besonders starkes Interesse, diese Idee auch in die Tat umzusetzen, kann nur schwer analysiert werden, wie ernsthaft das Gründungsvorhaben *tatsächlich* verfolgt worden ist. Diese definitorische Einschränkung ist dabei nicht als Restriktion sondern vielmehr als Forschungschance zu sehen, auch nur solche Vorhaben und Phänomene empirisch zu untersuchen, die auch tatsächlich ernsthaft verfolgt wurden und damit potenziell volkswirtschaftlichen Nutzen im Falle einer Gründung erzielt hätten.

Abbruch als Unterschied zum Scheitern

DIOCHON ET AL. greifen den Gedanken auf, dass der Abbruch von Gründungsvorhaben vom Scheitern unterschieden werden sollte.[498] Sie gehen insbesondere darauf ein, dass als Unterscheidungsmerkmal das Bewusstsein benannt werden kann. Denn anders als beim Scheitern, dass (meist) durch externale Faktoren von Außen bestimmt wird und somit von Außen oktroyiert wird, brechen Gründer das Gründungsvorhaben eher aus freien Stücken ab und treffen eine bewusste Entscheidung.

---

496 Vgl. Davidsson, P. (2006), S. 20 sowie van Gelderen, M. et al. (2007), S. 16.

497 Vgl. Werner, A. (2011), S. 2.

498 Vgl. Diochon, M. et al. (2005b), S. 12.

Arbeitsdefinition des Konstruktes ‚Abbruch von Gründungsvorhaben'

Nach Zusammenfassung dieser Beschreibungen und Definitionen und den hieraus extrahierten Merkmalen, die verschiedene Forscher unabhängig voneinander übereinstimmend als wichtige Aspekte des Abbruchphänomens benannten, kann die folgende Arbeitsdefinition des Abbruchs von Gründungsvorhaben festgehalten werden:

> *Das Phänomen Abbruch von Gründungsvorhaben wird definiert als Niederlegung aller zuvor auf eine Unternehmensgründung gerichteten, gründungsrelevanten Aktivitäten, die von Personen durchgeführt wurden, die sich intensiv mit der Umsetzung des Gründungsvorhabens befasst haben. Das Niederlegen dieser gründungsrelevanten Aktivitäten ist eine von Individuen aktiv und bewusst getroffene Entscheidung, die auf verschiedenen Faktoren beruht und für dieses Vorhaben endgültig ist.*

Zu den aus der Literatur übernommenen Aspekten wurde das Element der Endgültigkeit hinzugefügt. Aufgabe der vorliegenden Forschungsarbeit ist es dabei unter anderem, diese Arbeitsdefinition empirisch zu überprüfen und darüber hinaus verschiedenen Forschungszielen nachzugehen. Dies bedeutet jedoch nicht, dass maßgebliche Aufgabe der vorliegenden Forschungsarbeit die deduktive Theorieüberprüfung ist.[499] Vielmehr stellt die aus der Literaturanalyse entwickelte Arbeitsdefinition einen Wegweiser für die empirische Untersuchung dar, um den Forschungsgegenstand zu bestimmen und um sich innerhalb der Auswertung der empirischen Daten auf dieses Forschungsobjekt zu fokussieren. Die Ziele, die mit der Analyse des Forschungsgegenstandes verfolgt werden, werden im folgenden Kapitel durch die Formulierung der forschungsleitenden Arbeitsthesen zusammengetragen.

3.2 Theoretische Einbettung der Forschungsziele

Ziel der vorliegenden Forschungsarbeit ist es herauszufinden, welche Ursachen dazu führen, dass ein Gründungsvorhaben trotz intensiver, vorheriger Durchführung gründungsrelevanter Aktivitäten vom Gründer bzw. vom Gründerteam noch vor der eigentlichen Gründung abgebrochen wird. Da sich bislang nur wenige Forschungsarbeiten mit dieser Thematik auseinander gesetzt haben, ist es Aufgabe der vorliegenden Forschungsarbeit, sich dieser Forschungslücke zu widmen. Nach Auffassung des Verfassers sollte sich dieser Thematik jedoch zum gegenwärtigen Stand der Forschung aus einer induktiven, qualitativ-empirischen Perspektive genähert werden, um ein besseres Verständnis des bisher noch wenig beleuchteten, komplexen Phänomens zu generieren und auch die Entwicklung eines theoretischen Fundaments voranzutreiben. Unter Berücksichtigung der bisherigen Forschung zur Abbruchsthematik und der im vorherigen Kapitel entwickelten Arbeitsdefinition des

---

499 Vgl. Bansal, P. / Corley, K. (2012), S. 509.

Abbruchs von Gründungsvorhaben, scheint eine theoretische Anlehnung an die Nascent Entrepreneurship-Forschung und die in diesem Bereich etablierten Theorien zielführend. Insbesondere die verschiedenen Prozesse, die den Vorgründungsprozess beschreiben, sowie Modelle zur Entstehung von Entscheidungen, können als hilfreiche theoretische Stützen zur Erforschung des Abbruchphänomens dienen. Im Folgenden werden auf Basis der zuvor in Kapitel 2 erfolgten Literaturanalyse einige dieser Überlegungen aufgegriffen und zusammengefasst. Dabei werden vor allem solche Arbeiten und Modelle beschrieben, die auch einen Zusammenhang zum Abbruch von Gründungsvorhaben erkennen lassen und somit Hinweise darauf geben, welche Ursachen dem Abbruch eines Gründungsvorhabens zugrunde liegen. Die Erkenntnisse aus diesen Zusammenfassungen fließen am Ende eines Abschnittes in schematische Darstellungen, die am Ende des Kapitels in forschungsleitende Arbeitsthesen münden.

3.2.1 Entscheidungstheorie

Das von LEARNED 1992 konzipierte Modell lieferte erste Hinweise darauf, in welche Richtung die theoretische Untermauerung der vorliegenden Untersuchung zeigen könnte. So skizziert der vielfach zitierte Artikel von LEARNED[500], dass der Organisationsentstehungsprozess maßgeblich von vier Dimensionen beeinflusst wird:

> *„The model suggests three dimensions to the founding process which culminate in a decision to found or not to found. 1. Propensity to found. Some individuals have a combination of psychological traits in interaction with background factors which make them more likely candidates to attempt to found businesses. 2. Intention to found. Some of those individuals will encounter situations which, in interaction with their traits and backgrounds, will cause intentionality. 3. Sense making. An intentional individual engages the environment while attempting to assemble resources and make his or her ideas real. The individual must make sense of the information perceived during the attempt. 4. Decision. An intentional individual will ultimately make a decision to found, or to abandon the attempt to found, depending upon the sense made of the attempt."*[501]

Der mit diesen Dimensionen einhergehende Prozess bestimmt nach LEARNED die Wahrscheinlichkeit, ein Gründungsvorhaben zu verfolgen. Vor allem persönliche Faktoren scheinen dabei auch nach Auffassung anderer Forscher einen Einfluss darauf zu haben, inwieweit ein Gründungsvorhaben in die Tat umgesetzt oder aber abgebrochen wird. So haben nach Auffassung verschiedener

---

500 Gemäß Google Scholar Suche vom 01.11.2012 weist der o.g. Artikel von Learned (1992) 155 Zitationen auf. Im Internet unter http://scholar.google.de/scholar?q=%22What+Happened+Before+the+Organization%3F%C2%A0A+Model+of+Organization+Formation%22&btnG=&hl=de&as_sdt=0.

501 Learned, K. E. (1992), S. 40.

Forscher wie CARDON ET AL., MCCANN & VROOM, TOWNSEND ET AL. oder VAN GELDEREN ET AL., die teilweise auch Bezug auf den von LEARNED veröffentlichten Artikel nehmen, die individuellen Intentionen, Eigenschaften, Hintergründe und Erwartungen der Gründerperson an eine Selbstständigkeit einen besonderen Einfluss auf den Gründungsprozess und die verschiedenen Entscheidungen innerhalb dieser Phase. Diese endogenen Faktoren scheinen dabei einen größeren Einfluss auf die Nascent Entrepreneurship-Phase auszuüben, als umweltbedingte, exogene Faktoren.[502] Diese frühen Überlegungen und theoretischen Konzepte von LEARNED fließen u.a. auch in die deutlich jüngere Forschungsarbeit von TOWNSEND ET AL. ein. Sie halten fest:

> *„While explanations of venture failure are certainly numerous, one emerging perspective suggests that specific cognitive factors such as optimistic overconfidence may also play a significant role [...]. Specifically, hubris theory suggests that inflated expectations of success at the point of firm creation may contribute to subsequent failure in nascent firms as overconfident entrepreneurs start firms with insufficient capital, or over-allocate acquired capital to high risk projects with little intrinsic chance of success [...].“*[503]

Auch wenn TOWNSEND ET AL. hier von „failure“[504] sprechen, so kann die Erwartungshaltung an ein späteres Ergebnis auch im Bezug auf die Entscheidung, inwieweit ein Gründungsvorhaben weiter verfolgt oder aber abgebrochen wird, eine wichtige Rolle spielen. Dabei greifen TOWNSEND ET AL. den Gedankengang HAYWARDS auf, der behauptet, dass insbesondere zu selbstsichere („overconfident“[505]) Individuen die Entscheidung treffen, ein Gründungsvorhaben zu verfolgen.[506] Geht dieses besondere Ausmaß an Selbstsicherheit einher mit unrealistischen Erwartungen, so die weiteren Überlegungen von TOWNSEND ET AL. beruhend auf HAYWARD ET AL., erhöht sich die Wahrscheinlichkeit, dass Gründungen scheitern („fail“[507]).[508] Übertragen auf den Kontext der vorliegenden Untersuchung könnten unrealistische Erwartungen möglicherweise also auch den Abbruch eines Gründungsvorhabens verursachen.

Eine Theorie, die diese Zusammenhänge aufgreift ist die sozialwissenschaftliche Entscheidungstheorie. Rationale Entscheidungsmodelle besagen, dass eine jede Entscheidung durch drei Dimensionen bestimmt wird: Alternativen (welche Aktionen sind möglich?); Erwartungen (Welche Konsequenzen haben die verschiedenen Aktionen?); sowie Präferenzen (Wie wertvoll sind diese Konse-

---

502 Vgl. z.B. Cardon, M. S. et al. (2005), S. 25, McCann, B. T. / Vroom, G. (2010), S. 8 f., Townsend, D. M. et al. (2010), S. 200 sowie van Gelderen, M. et al. (2007), S. 17.

503 Townsend, D. M. et al. (2010), S. 193.

504 Townsend, D. M. et al. (2010), S. 193.

505 Townsend, D. M. et al. (2010), S. 194.

506 Vgl. Townsend, D. M. et al. (2010), S. 194, im Original Hayward, M. et al. (2006), S. 160.

507 Townsend, D. M. et al. (2010), S. 194.

508 Vgl. Townsend, D. M. et al. (2010), S. 194.

quenzen für den Entscheider?).[509] Es liegt demnach nahe, dass auch die Entscheidung ein Unternehmen zu gründen oder aber das Gründungsvorhaben abzubrechen beruhend auf diesen Dimensionen getroffen wird.

TOWNSEND ET AL. beziehen sich in ihrem ausführlichen und fundierten Theorieteil über Entscheidungsmodelle auf MARCH, einen wichtigen Vertreter der modernen Entscheidungstheorie. Nach MARCH wird jede Entscheidung nicht nur basierend auf den o.g. Dimensionen getroffen, sondern auch beruhend auf einer Logik der Konsequenz (engl. ‚logic of consequence'):

> *„The idea is that reasoning decision maker will consider alternatives in terms of their consequences for preferences... Deviations from a logic of consequence are treated as deviations from reason […]. Therefore, as March intimates, the guiding calculus of rational choice in decision theory is the pursuit of specific ends framed by an individual's assessment of the probability that treasured goals and objectives can be achieved (e.g., outcome expectancies)."*[510]

Auf das Abbruchphänomen übertragen bedeutet dies, dass die Abbruchentscheidung von einer Logik der Konsequenz bzw. von den drei inhärenten Dimensionen ‚Alternativen', ‚Erwartungen / Konsequenzen' sowie ‚Präferenzen' beeinflusst wird. Die Frage nach der persönlich erwarteten Erfolgswahrscheinlichkeit eines Gründungsvorhabens („[…] [H]ow likely is it that this venture will be successful?"[511]) scheint dabei von besonderer Bedeutung zu sein.

Interessanterweise konnte, wie auch VAN GELDEREN ET AL. verschiedentlich vermuten[512], in der Vergangenheit durch quantitative Forschungsdesigns herausgefunden werden, dass irrationale – also nicht der Logik der Konsequenz folgende – Erwartungshaltungen eine zentrale Ursache für das frühe Scheitern von Gründungsvorhaben ist.[513] Doch diese Forschungsarbeiten bezogen sich nicht auf den Abbruch eines Gründungsvorhabens, sondern auf das später erfolgende *Scheitern.* Im Bezug auf die frühere Nascent Entrepreneurship-Phase geben TOWNSEND ET AL. zu bedenken, dass Entrepreneure eher zu einer Überschätzung ihrer Fähigkeiten und der Konsequenzen ihres Handelns tendieren, als zu einer Unterschätzung, denn sonst hätten sie wohlmöglich nicht das Selbstvertrauen, sich einem Gründungsvorhaben überhaupt zu widmen.[514] Diese Vermutung lässt darauf schließen, dass viele besonders ambitionierte – oder gar überambitionierte – Menschen dazu tendieren, ein Unternehmen zu gründen. Diese Individuen tendieren aufgrund ihrer irrationalen Erwartungs-

---

509 Vgl. Townsend, D. M. et al. (2010), S. 194.
510 Townsend, D. M. et al. (2010), S. 194. Im Original March, J. G. (1994).
511 Townsend, D. M. et al. (2010), S. 194. Im Original Cooper, A. C. (1988).
512 Vgl. u.a. van Gelderen, M. et al. (2007). S. 17.
513 Vgl. Townsend, D. M. et al. (2010), S. 194. Im Original Hayward, M. et al. (2006).
514 Vgl. Townsend, D. M. et al. (2010), S. 194. Im Original Busenitz, L. W. / Barney, J. B. (1997).

haltung an die Gründung aber auch eher dazu zu scheitern – oder aber das Gründungsvorhaben abzubrechen – wie auch schon TOWNSEND ET AL. im Bezug auf HAYWARD ET AL. anmerken.[515] Die Dimensionen, die die individuellen Entscheidungen beeinflussen, scheinen dabei ebenso wie die individuelle Erwartungshaltung eine Rolle bei der Abbruchentscheidung zu spielen.

TOWNSEND ET AL. gehen innerhalb der theoretischen Fundierung ihrer Arbeit noch einen Schritt weiter. Nach ihrer Auffassung bestimmt sich jedwedes menschliches Handeln maßgeblich durch zwei Faktoren: Die wahrgenommene Fähigkeit, bestimmte Aktionen selbst durchführen zu können (auch bezeichnet als Fähigkeitserwartung); sowie die Erwartung, dass diese Aktionen auch die gewünschten Resultate liefern (auch bezeichnet als Resultaterwartung).[516] Demnach spielen die beiden Faktoren Fähigkeitserwartung und Resultaterwartung auch bei der Entscheidung ein Gründungsvorhaben abzubrechen eine wichtige Rolle. Denn Menschen widmen sich nach TOWNSEND ET AL. nur dann einem Gründungsvorhaben, wenn sie auch über die entsprechend positiven Erwartungen bzgl. ihrer Fähigkeiten sowie der Resultate verfügen. Menschen, die bspw. nicht daran glauben die entsprechenden Fähigkeiten zu besitzen um ein Gründungsvorhaben erfolgreich in die Tat umzusetzen, werden kaum den Versuch unternehmen, eine Gründung zu forcieren.[517] Möglicherweise beeinflusst die individuelle Erwartungshaltung in Bezug auf die eigenen Fähigkeiten und die potenziellen Resultate also nicht nur die Entscheidung, ein Gründungsvorhaben in einem ersten Schritt überhaupt erst aufzunehmen, sondern auch die späteren Entscheidungen innerhalb des Gründungsprozesses – und somit auch möglicherweise die Entscheidung, ein Gründungsvorhaben abzubrechen.

Eng mit der individuellen Resultaterwartung verknüpft ist der Zusammenhang zwischen den potenziellen Resultaten eines Vorhabens und dem hiermit verbundenen Aufwand. Individuen werden nur dann ein Gründungsvorhaben weiter verfolgen, wenn der Ertrag die Kosten bzw. den Aufwand eines Vorhabens übersteigt. Dieser rationale Entscheidungsfaktor ist eng mit der Resultaterwartung eines Individuums verknüpft, fügt aber neben den Fähigkeiten und Resultaten noch den Aufwand als wichtigen Aspekt hinzu.[518] Demnach könnte auch dieser Faktor einen Einfluss auf die verschiedenen Entscheidungen während des Gründungsprozesses habe, also auch auf die Abbruchentscheidung. Abbildung 6 fasst die verschiedenen Faktoren und Aspekte zusammen, die allesamt einen Einfluss auf die Abbruchentscheidung haben könnten.

515 Vgl. Townsend, D. M. et al. (2010), S. 194. Im Original Hayward, M. et al. (2006).
516 Vgl. Townsend, D. M. et al. (2010), S. 194.
517 Vgl. Townsend, D. M. et al. (2010), S. 194.
518 Vgl. Chwolka, A. / Raith, M. G. (2012), S. 386.

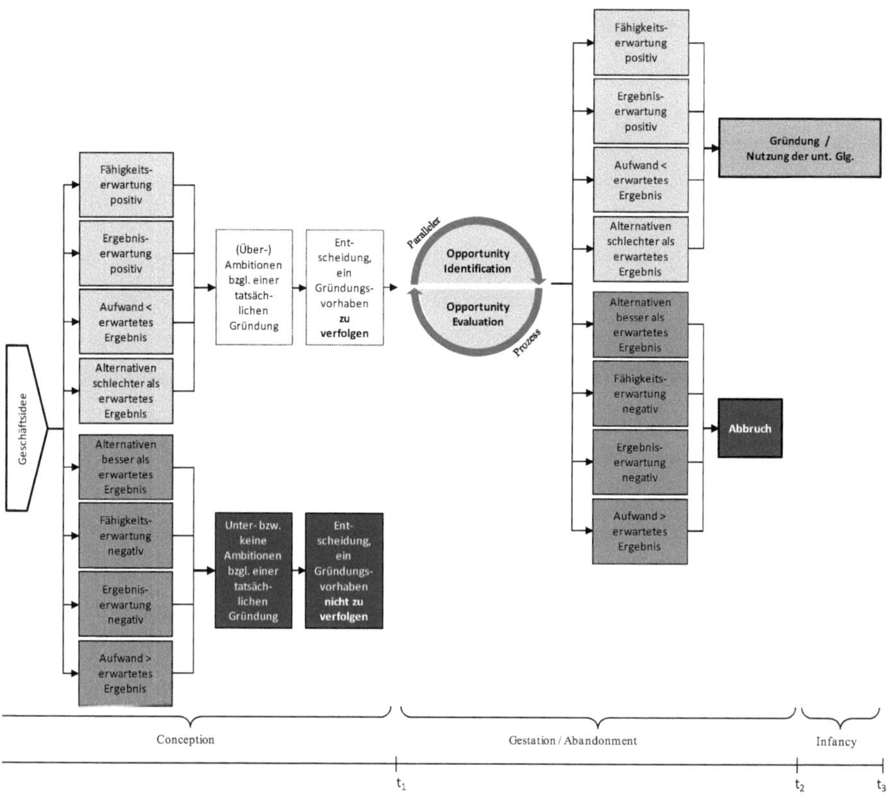

Abbildung 6: Orientierungshilfe: Einflussfaktoren auf die Entscheidung, ein Gründungsvorhaben abzubrechen

Die Darstellung der verschiedenen Faktoren erfolgte dabei unter Berücksichtigung des in Kapitel 2.2 skizzierten unternehmerischen Prozesses und den innerhalb dieses Prozesses angenommenen Entscheidungen, wie sie bspw. von TOWNSEND ET AL. vermutet werden. Ergänzt wurde neben der Entscheidung, ein Gründungsvorhaben in einem ersten Schritt aufzunehmen (t1), dabei die Entscheidung, das Gründungsvorhaben auch formell in die Tat umzusetzen (t2), also in die Infancy Entrepreneurship-Phase einzusteigen. Wie dabei in Kapitel 2.2 diskutiert wurde, wird die Abbruchentscheidung zu diesem Zeitpunkt getroffen. Dabei können die Faktoren Fähigkeits-, Resultat- und Aufwandserwartung bei allen Entscheidungen innerhalb des Gründungsprozesses eine Rolle spielen, demnach also sowohl bei der Entscheidung ein Gründungsvorhaben zum Zeitpunkt t1 aufzunehmen, als auch bei der Entscheidung, ein Gründungsvorhaben weiterzuführen oder abzubrechen zum Zeitpunkt t2.[519] Der unternehmerische Prozess stellt sich dabei beruhend auf den vorherigen Überlegungen wie folgt dar.

Die Geschäftsidee bildet das Fundament, um überhaupt in den unternehmerischen Prozess eintreten zu können, denn ohne diese Grundlage sind auch die bloßen Überlegungen obsolet. Darauf aufbauend werden in t1 zunächst die Erwartungen an ein Gründungsvorhaben überprüft. Der potenzielle Gründer bzw. das potenzielle Gründerteam beschäftigt sich bewusst oder unbewusst mit der Frage, inwieweit seine eigenen Fähigkeiten ausreichen, um das Gründungsvorhaben erfolgreich zu verfolgen (Fähigkeitserwartung), inwiefern positive Resultate bei intensiverer Beschäftigung mit dem Gründungsvorhaben zu erwarten sind (Resultaterwartung), ob der Aufwand in einer adäquaten Relation zu den erwarteten Resultaten steht (Aufwandserwartung) und inwieweit Alternativen zur Verfügung stehen, die bessere Konsequenzen erwarten lassen, als die Beschäftigung mit einem Gründungsvorhaben (siehe rationale Entscheidungsmodelle nach TOWNSEND ET AL.). Sobald einer (oder mehrere) dieser Punkte nicht entsprechend positive Ausprägungen für den Gründer bzw. das Gründerteam aufweist, vom Individuum also negativ eingeschätzt wird, fällt bereits zum Zeitpunkt t1 die Entscheidung, die Geschäftsidee zu verwerfen. Wenn jedoch keine besser gestellten Alternativen gegeben sind, der Aufwand in einer positiven Relation zu den erwarteten Konsequenzen steht sowie Resultat- und Fähigkeitserwartungen positiv mit einer möglichen Gründung verknüpft sind, wird sich zum Zeitpunkt t1 dazu entschieden, das Gründungsvorhaben zunächst weiter zu verfolgen und die Geschäftsidee durch den iterativ stattfindenden Prozess aus ‚Opportunity Identification‘ und ‚Opportunity Evaluation‘ zu einer unternehmerischen Gelegenheit zu entwickeln. Bevor jedoch die wichtige Entscheidung zum Zeitpunkt t2 bevorsteht, ein Unternehmen nun tatsächlich – formell – zu gründen (oder aber das Gründungsvorhaben abzubrechen, um möglicherweise in ein abhängigen Beschäftigungsverhältnis zu wechseln), werden wiederum die oben beschriebenen Entscheidungskriterien Fähigkeitserwartung, Resultaterwartung, Aufwandserwartung sowie Alternativen – bewusst oder unbewusst – vom Gründer bzw. vom Gründerteam überprüft. Hierauf aufbauend wird die Fortführungs- oder Abbruchentscheidung getroffen. Inwiefern jedoch diese vier Faktoren in Relation zueinander stehen und ob einer dieser Faktoren einen dominanten Einfluss auf die Abbruchentscheidung aufweist, hängt dabei stark von der individuellen Gewichtung ab. Aufgabe der vorliegenden Forschungsarbeit ist es dabei herauszufinden, inwieweit diese Faktoren einen Einfluss auf die Abbruchentscheidung ausüben.

---

[519] Vgl. Townsend, D. M. et al. (2010), S. 194 ff.

Doch nicht nur aus Perspektive der Entscheidungstheorie heraus spielen die verschiedenen Erwartungen eine Rolle bei der Entscheidung für oder gegen die Verfolgung eines zukünftigen Vorhabens. Auch aus einem psychologischen Blickwinkel spielen die Erwartungen an ein zukünftiges Ereignis beim Treffen von wichtigen Entscheidungen eine bedeutende Rolle. Die aus dem Gebiet der Psychologie stammende Erwartungstheorie (engl. ‚Expectancy Theory') beschäftigt sich mit diesen Zusammenhängen. Ein wichtiger Vertreter dieser Forschungsrichtung ist ALLAN WIGFIELD, der sich bereits seit Mitte der 1980er Jahre mit der Thematik beschäftigt. Die Erwartungstheorie beschreibt nach WIGFIELD folgende Zusammenhänge:

> *„[...] [I]individual's expectancies for success and the value they have for succeeding are important determinants of their motivation to perform different achievement tasks. Atkinson (1957) originally defined expectancies as individual's anticipations that their performance will be followed by either success or failure, and defined value as the relative attractiveness of succeeding or failing on a task."*[520]

Demnach spielt neben der Erwartungshaltung ein weiterer Faktor eine wichtige Rolle: Die unternehmerische Motivation, die im folgenden Kapitel detailliert betrachtet wird.[521]

3.2.2 Unternehmerische Motivation

Die unternehmerische Motivation wird bereits seit einigen Jahrzehnten als Prädiktor für zukünftige Aktivitäten von Entrepreneuren angesehen. So wird in vielen Forschungsarbeiten ein direkter Zusammenhang zwischen unternehmerischer Motivation und unternehmerischem Erfolg vermutet. CARSRUD & BRÄNNBACK zeigen in ihrem 2011 veröffentlichten Artikel, dass die Motivation der größte Einflussfaktor für spätere unternehmerische Aktionen ist. Überall dort, wo es explizites Ziel ist erfolgreich zu sein, zu überleben, oder Scheitern zu vermeiden, ist die Motivation der Treiber des Verhaltens und unterstützt dabei, Handlungen durchzuführen und Ziele zu erreichen.[522] Eine anerkannte Definition der Motivation aus dem Forschungsbereich der Psychologie stammt von RHEINBERG:

> *„In der Motivationspsychologie wird Motivation als ein hypothetisches Konstrukt gesehen, das heißt, als etwas gedanklich Konstruiertes, mit dem die Zielgerichtetheit des menschlichen Handelns erklärt werden soll. [...] [Die Motivation wird definiert] als ‚eine aktivierende Ausrichtung des momentanen Lebensvollzugs auf einen positiv bewerteten Zielzustand'. [...] [Folgende*

---

520 Wigfield, A. (1994), S. 49 f.
521 Vgl. Carsrud, A. / Brännback, M. (2011), S. 10.
522 Vgl. Carsrud, A. / Brännback, M. (2011), S. 11.

> *Komponenten lassen sich unterscheiden]: Erwartungen, Werte, Selbstbilder, Willensprozesse, Affekte/Emotionen, neurohormonelle Prozesse.“*[523]

Dabei scheint der Aspekt der Zielgerichtetheit von besonderer Bedeutung zu sein: Je abstrakter ein Ziel formuliert ist, desto unwahrscheinlicher ist es, dass ein Individuum auf dieses Ziel gerichtete Aktivitäten durchführt. Ziele sind dabei

> *„[...] mental representations of what the future could be, enabling individuals, such as entrepreneurs, not to give up [...].“*[524]

Dies lässt auch eine Vermutung hinsichtlich möglicher Abbruchsursachen zu. So könnte eine Veränderung in der Zielgerichtetheit dazu führen, dass ursprünglich gesetzte Ziele plötzlich abstrakter erscheinen, was wiederum dazu führt, dass die Motivation nachlässt, zukünftige Aktivitäten durchzuführen – und das Gründungsvorhaben abgebrochen wird.

Eine innerhalb der Entrepreneurship-Forschung besonders bedeutsame Richtung der Motivationsforschung wurde vor allem durch McClelland geprägt, der sich insbesondere der Leistungsmotivation und ihren Auswirkungen auf den unternehmerischen Erfolg widmete.[525] Die Definition der Leistungsmotivation geht dabei auf Murray zurück, der bereits 1938 beschrieb:

> *„[Achievement motive is defined] as [...] the desire or tendency to do things rapidly and / or as well as possible. (It also includes the desire) to accomplish something difficult. To master, manipulate and organize physical objects, human beings or ideas. To do this as rapidly and independently as possible. To overcome obstacles and attain a high standard. To excel one's self. To rival and surpass others. To increase self-regard by the successful exercise of talent.“*[526]

Seither existieren innerhalb der Entrepreneurship-Forschung mannigfaltige Diskussionen, inwieweit die Leistungsmotivstärke einen Einfluss auf den Erfolg von Gründungsvorhaben hat.[527] Eine entscheidende Rolle spielt die individuelle Leistungsmotivation jedoch bei der Aufnahme und Durchführung gründungsrelevanter Aktivitäten. So wirkt sich die Leistungsmotivation bspw. auf die Intensität aus, mit der Personen ein Gründungsvorhaben verfolgen. [528] Im Umkehrschluss könnte die Leistungsmotivstärke daher auch Einfluss auf die Entscheidung nehmen, inwieweit zukünftige gründungsrelevante Aktivitäten durchgeführt werden – oder aber das Gründungsvorhaben abgebrochen wird. Dabei setzt sich die Leistungsmotivation nach Auffassung von Carsrud & Brännback

---

523 Vollmeyer, R. (2005), S. 9 f.
524 Carsrud, A. / Brännback, M. (2011), S. 12. Im Original Perwin, L. (2003).
525 Vgl. Carsrud, A. / Brännback, M. (2011), S. 13.
526 Johnson, B. R. (1990), S. 40.
527 Für eine Übersicht vgl. Johnson, B. R. (1990) oder Carsrud, A. / Brännback, M. (2011).
528 Vgl. Carsrud, A. / Brännback, M. (2011), S. 12.

maßgeblich aus drei Faktoren zusammen: „mastery needs“[529], „work orientation“[530], sowie „interpersonal competitiveness“[531]. Die Dimension ‚mastery needs‘ beschreibt dabei das Bedürfnis von Individuen, in einem Umfeld tätig zu sein, dass ein hohes Maß an Know-how erfordert und dementsprechend mit Macht verknüpft ist, da durch das Wissensgefälle eine entsprechend machtvolle Position gewahrt werden kann. Die Dimension ‚work orientation‘ bezieht sich auf die Bereitschaft von Individuen besonders hart zu arbeiten, demnach also auf den Stellenwert der Arbeit. Die Dimension ‚interpersonal competitiveness‘ beschreibt letztlich die Stellung, die Siegen bzw. Gewinnen in den Aktionen von Individuen einnimmt –sowohl auf privater, als auch auf beruflicher Seite. Demnach könnten die individuelle Leistungsmotivation und die hiermit verbundenen Faktoren auch Einfluss darauf nehmen, wie gründungsrelevante Aktivitäten durchgeführt werden – und somit auch den Abbruch von Gründungsvorhaben beeinflussen.

GOLLWITZER & BRANDSTÄTTER stellen 2011 zwei weitere mit der unternehmerischen Motivation verknüpfte Konstrukte vor, die auch im Bezug auf die Abbruchentscheidung von Relevanz sein könnten: ‚implementation intentions‘ und ‚goal pursuit‘. Das Streben von Individuen, bestimmte Ziele zu erreichen durchläuft nach GOLLWITZER & BRANDSTÄTTER dabei vier Aktionsphasen, die eng mit dem weiter oben skizzierten unternehmerischen Prozess verwoben sind. Die erste Phase wird dabei als Vorentscheidungsphase bezeichnet, in der sich grundsätzliche Wünsche und Intentionen hinsichtlich der eigenen Selbstständigkeit entwickeln. In der Voraktionsphase, der zweiten Phase, werden erste Aktionen initiiert, d.h. es wird bspw. nach einer konkreten Geschäftsidee Ausschau gehalten. Hierauf folgen innerhalb der dritten Phase, der Aktionsphase, zielgerichtete Aktionen, die darauf abzielen, Erfolge hinsichtlich der eigenen Selbstständigkeit zu erreichen. Nachdem also bspw. in der ersten Phase der Wunsch entsteht ein Unternehmen zu gründen, in der zweiten Phase dann erste Aktionen durchgeführt werden, wie z.B. die Erstellung erster Konzepte, werden in der dritten Phase konkrete Handlungen unternommen, um Strukturen hinsichtlich eines Gründungsvorhabens zu etablieren und den Austausch mit dem Markt zu initiieren. In dieser Phase wird eine Entscheidung notwendig, ob ein Gründungsvorhaben weiter verfolgt – eine formelle Gründung also angestrebt – oder aber abgebrochen wird. Innerhalb der vierten und letzten Phase, der sog. Postaktionsphase, werden die Resultate evaluiert. Dabei findet auch eine Bewertung statt (bewusst oder unbewusst), inwieweit die zuvor erwarteten Resultate eingetroffen sind.[532] Diese Evaluation könnte auch zu der Feststellung führen, dass die erwarteten Resultate nicht eingetroffen sind, was möglicherweise einen Einfluss darauf haben könnte, inwieweit zukünftige gründungsrelevante Aktivitä-

529 Carsrud, A. / Brännback, M. (2011), S. 13.
530 Carsrud, A. / Brännback, M. (2011), S. 13.
531 Carsrud, A. / Brännback, M. (2011), S. 13.
532 Vgl. Carsrud, A. / Brännback, M. (2011), S. 18. Im Original Gollwitzer, P. & Brandstätter, V. (1997).

ten durchgeführt werden. Somit könnten diese Faktoren auch in Zusammenhang mit der Abbruchentscheidung stehen.

Die Implementierung einer expliziten Intentionsformulierung in den Zielerreichungsprozess („implementation intention“[533]) wirkt dabei auf den Goal-Pursuit-Prozess ein. Die einzelnen Phasen des ‚Goal pursuit‘-Modells werden dabei zunächst durch sog. Transitionspunkte verbunden: Punktuelle Abschnitte innerhalb dieses Prozesses, durch die die jeweils nächste Phase eingeläutet wird. CARSRUD & BRÄNNBACK geben als Beispiel für den Transitionspunkt von t0 zu Phase 1 an: „I intend to become an entrepreneur.“[534] Eine solch explizite (oder implizite) Formulierung einer Intention führt nach Auffassung der Autoren dazu, dass der Aktionsprozess in Gang kommt:

> *„An implementation intention can then function as a mediator and take the goal pursuit one step further. It serves to translate the goal state from a higher level of abstractness to a lower level and to link a certain goal-directed behavior to a situational context. An implementation intention could be, 'I intend to start my own company when I have finished my studies.'“*[535]

Wie bereits weiter oben festgehalten wurde, ist die Reduktion von Abstraktheit ein wichtiger Bestandteil, um die Motivation aufrecht zu erhalten, bestimmte Ziele zu erreichen und entsprechende Aktivitäten durchzuführen. Die explizite oder implizite Formulierung der individuellen Intention reduziert dabei den Abstraktionsgrad und unterstützt somit den Zielerreichungsprozess und den Übergang in die jeweils nächste Phase des Goal-Pursuit-Prozesses. Demnach kann nicht nur das individuell angestrebte Ziel, sondern auch der geplante Weg dorthin - insbesondere unterstrichen durch die Formulierung von ‚implementation intentions‘ - Entscheidungen und Zielerreichungsprozesse beeinflussen.[536] Für das Phänomen des Abbruchs könnte die Abwesenheit einer Intentionsformulierung bedeuten, dass der Abstraktheitsgrad der individuellen Ziele zu hoch ist, was wiederum einen Einfluss auf die Entscheidung haben könnte, ein Gründungsvorhaben abzubrechen.

Die folgende Grafik fasst die Erkenntnisse aus diesem Kapitel in einem Schaubild zusammen und setzt sie in Verbindung mit dem Abbruch von Gründungsvorhaben. Dabei dient das Schaubild der Orientierung.

---

533 Carsrud, A. / Brännback, M. (2011), S. 18.
534 Carsrud, A. / Brännback, M. (2011), S. 18.
535 Carsrud, A. / Brännback, M. (2011), S. 18.
536 Vgl. Carsrud, A. / Brännback, M. (2011), S. 18.

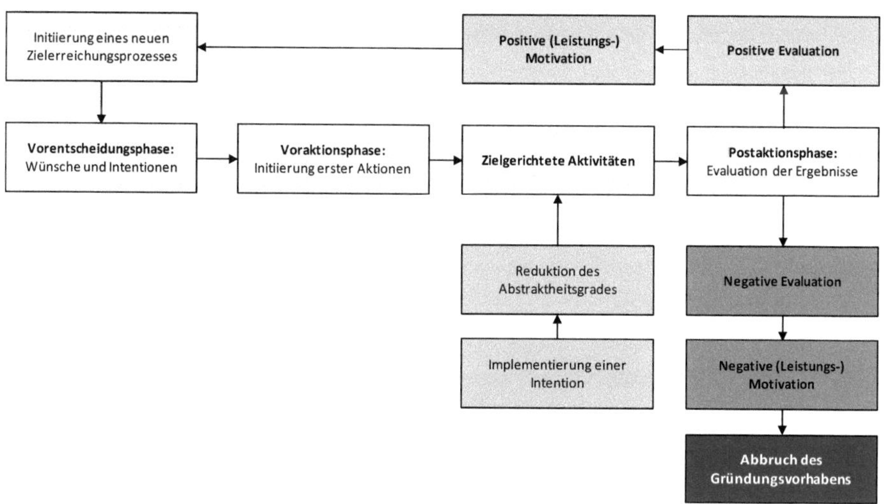

Abbildung 7: Orientierungshilfe: Die Motivation als Treiber von Entscheidungen

Abbildung 7 skizziert die oben beschriebenen Konstrukte, die auch auf die Abbruchentscheidung Einfluss nehmen könnten. Im Zentrum steht dabei der von CARSRUD & BRÄNNBACK beschriebene Goal-Pursuit-Prozess und die diesem zugrundeliegenden vier Phasen. Dabei wirkt die Implementierung einer Intention vor allem auf die Reduktion des Abstraktheitsgrades der verfolgten Ziele, so dass zielgerichtete Aktivitäten durchgeführt werden. Diese werden wie oben skizziert in der letzten Phase evaluiert. Kommt diese Evaluation dabei zu einem positiven Ergebnis, wird die Motivation des Individuums positiv beeinflusst, so dass ein neuer Zielerreichungsprozess in Gang gesetzt wird und weitere Aktivitäten durchgeführt werden. Fällt die Evaluation der durchgeführten Aktivitäten jedoch negativ aus, wird auch die Motivation des Individuums negativ beeinflusst. Die aktivierende Ausrichtung auf ein Ziel ist somit beeinträchtigt, so dass die Wahrscheinlichkeit, dass weitere zukünftige Aktivitäten durchgeführt werden, sinkt. Übertragen auf den unternehmerischen Prozess könnte demnach ein Rückgang der Motivation – beeinflusst durch die verschiedenen oben beschriebenen Faktoren – zum Abbruch des Gründungsvorhabens führen. Es bleibt daher abzuwarten, inwieweit diese Zusammenhänge durch die empirische Untersuchung bestätigt werden können und durch welche Mechanismen der Rückgang der Motivation initiiert wird.

3.3 Arbeitsthesen

Ziel des empirischen Teiles der vorliegenden Forschungsarbeit sollte es sein, die Hintergründe des Entscheidungsprozesses hin zur Abbruchentscheidung auszuleuchten, um somit Rückschlüsse darauf ziehen zu können, welche Einflussfaktoren auf die Abbruchentscheidung einwirken. Die Erkenntnisse aus der umfangreichen Literaturanalyse sowie den theoretischen Überlegungen hinsichtlich der Entscheidungstheorie und der unternehmerischen Motivation lassen dabei den Schluss zu, dass verschiedene in der Person des Gründers begründete Wirkungsweisen Einfluss auf die Entscheidung nehmen, ein Gründungsvorhaben abzubrechen. Anders als in einigen Forschungsarbeiten angenommen scheinen also eher internale Faktoren die Abbruchentscheidung zu beeinflussen, als externale Aspekte. Die folgende Abbildung fasst die in den Kapiteln 3.2.1 und 3.2.2 dargelegten literaturbasierten und theoretischen Gedanken zusammen und setzt diese in Verbindung zum Abbruch von Gründungsvorhaben.

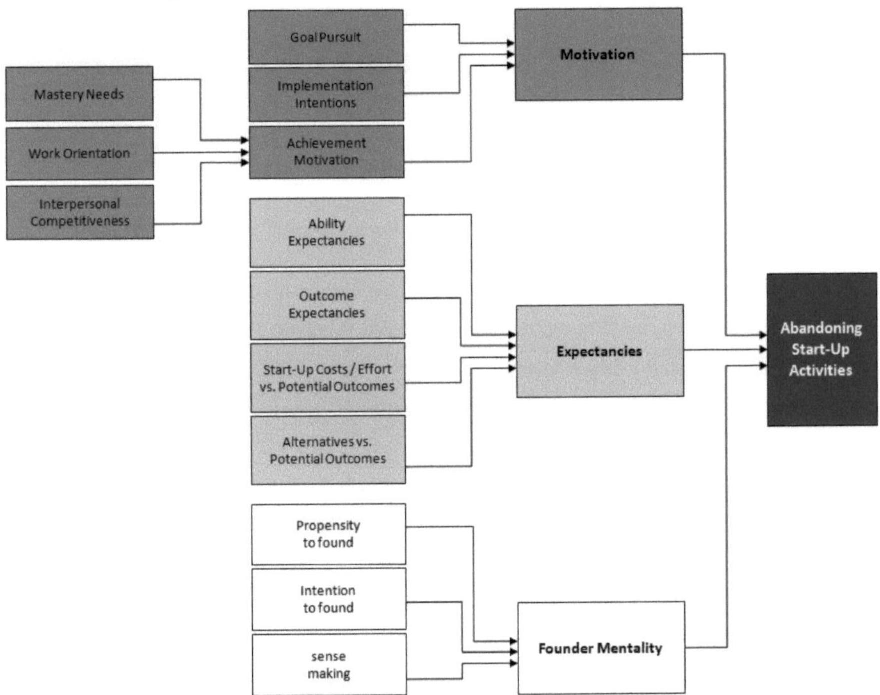

Abbildung 8: Orientierungshilfe: Einflussfaktoren auf das Konstrukt „Abbruch von Gründungsvorhaben"[537]

Diese Übersicht macht dabei die Forschungsrichtung der vorliegenden Arbeit deutlich, die sich auch in den folgenden Arbeitsthesen widerspiegelt. Anders als bei quantitativ-empirischen Forschungsarbeiten dienen diese Arbeitsthesen jedoch nicht der Überprüfung von Gesetzmäßigkeiten

[537] Eigene Darstellung. Da es sich tlw. um Konstrukte aus englisch-sprachiger Literatur handelt, wurden diese Begrifflichkeiten übernommen um übersetzungsbedingte Verzerrungen zu vermeiden. Anmerkung des Verfassers.

bzw. Hypothesen, sondern vielmehr der Festsetzung einer breiten Forschungsrichtung, wie LAMNEK festhält:

> *„Werden in der quantitativen Sozialforschung die theoretisch-abstrakt (woher und wie auch immer) gewonnenen Hypothesen formuliert und beibehalten, bis sie empirisch scheitern, so ist die Auffassung qualitativer Forschung die, daß man zu Beginn einer Forschung die Zielsetzung sehr breit wählt, um in permanenter Auseinandersetzung mit der Realität durch Exploration schließlich zu engeren Fragestellungen, Erkenntnisinteressen und Hypothesen zu kommen."*[538]

Die u.s. forschungsleitenden Thesen bieten daher Orientierung für die empirische Untersuchung.[539] Sie ergaben sich dabei aus den Erkenntnissen und Vermutungen der obigen Kapitel.

» *Forschungsleitende These 1:*
Die Einflussfaktoren auf die Abbruchentscheidung liegen weniger im Bereich der externalen Faktoren, wie z.B. den Determinanten „mangelnde Nachfrage", „unzureichendes Kapital", etc., sondern im Bereich internaler Faktoren, die die individuellen Eigenschaften und Verhaltensweisen der Gründerperson betreffen.

» *Forschungsleitende These 2:*
Ursachen für den Abbruch von Gründungsvorhaben sind eng mit der individuellen Erwartungshaltung verknüpft, die die Gründer an das jeweilige Gründungsvorhaben richten.

» *Forschungsleitende These 3:*
Ursachen für den Abbruch von Gründungsvorhaben sind eng mit der individuellen Motivation verknüpft, aus der heraus sich Individuen für das Verfolgen eines Gründungsvorhabens ursprünglich entscheiden.

» *Forschungsleitende These 4:*
Die Entscheidung ein Grünungsvorhaben abzubrechen ist eng mit einer Veränderung internaler Faktoren wie individueller Erwartungshaltung oder unternehmerischer Motivation verknüpft, die sich im Zuge des Gründungsprozesses ergeben.

» *Forschungsleitende These 5:*
Je weniger konkret die individuelle Vorstellung sowie die individuellen Ziele im Bezug auf das Gründungsvorhaben sind, desto eher wird die Entscheidung getroffen, ein Gründungsvorhaben abzubrechen.

---

538 Lamnek, S. (1995a), S. 103.
539 Vgl. Lamnek, S. (1995a), S. 117. Im Original Glaser, B. G. / Strauss, A. L. (1967), S. 48 f sowie Kapitel 4.1.2.

3.4 Forschungsdesign

Wie in Kapitel 2.3 gezeigt werden konnte, ist es bislang kaum gelungen, das komplexe Phänomen des Abbruchs von Gründungsvorhaben in all seinen Facetten zu verstehen. Gerade eine tiefe Analyse fand durch die bisher durchgeführten Forschungsarbeiten nur rudimentär statt, wodurch sich großes Potenzial für solche Forschungsdesigns ergibt, die eine intensive Beschäftigung mit dem Forschungsgegenstand zulassen. Die wenigen Forschungsarbeiten, die sich dem Forschungsgegenstand ‚Abbruch von Gründungsvorhaben' zuwendeten, verwendeten meist deduktive Forschungsdesigns. Nach Auffassung des Verfassers bedarf es daher einem Perspektivwechsel, der durch ein Forschungsdesign gewährleistet werden sollte, das eine vertiefende Untersuchung des Forschungsgegenstandes zulässt. Neben der intensiven Beschäftigung mit dem Abbruch von Gründungsvorhaben scheint auch eine möglichst offene Herangehensweise notwendig zu sein, um sich den oben stehenden Arbeitsthesen zu widmen und einen möglichst unvoreingenommenen Feldzugang zu ermöglichen. Wie bereits erwähnt, erscheint dem Verfasser dabei insbesondere eine explorative, qualitativ-empirische, induktive Methodik in besonderem Maße dazu geeignet, diesen Forderungen nachzukommen, um so den geforderten Perspektivwechsel vorzunehmen und sich der noch jungen Forschungsthematik des Abbruchs von Gründungsvorhaben zu widmen.[540] Die besondere Nähe zum Forschungsgegenstand, die durch eine solche qualitativ-empirische, induktive Vorgehensweise ermöglicht wird, bietet dabei viele Vorteile, wie im folgenden Kapitel 4 gezeigt werden wird. Das Forschungsdesign der vorliegenden Arbeit orientiert sich dabei an einem für die qualitative Sozialforschung üblichen, iterativen Ablauf, der durch die folgende Abbildung schematisch dargestellt wird.

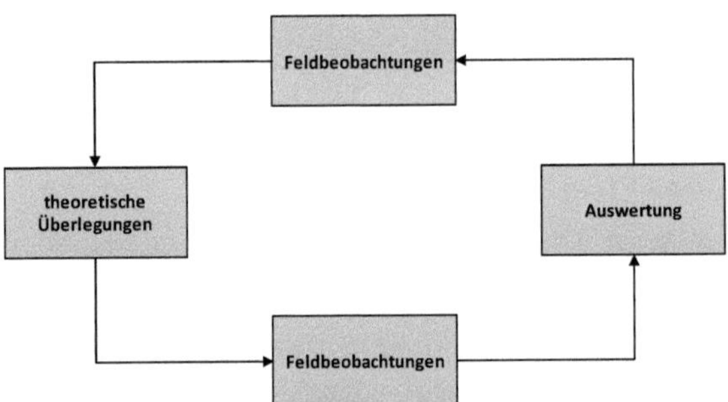

Abbildung 9: Induktives Forschungsdesign der vorliegenden Forschungsarbeit

Dabei werden aus theoretischen (Vor-)Überlegungen, wie sie innerhalb der intensiven Literaturanalyse vorgenommen wurden, Arbeitsthesen generiert, die eine Forschungsrichtung vorgeben. Erste

540 Vgl. Fauchart, E. / Gruber, M. (2011), S. 938.

Feldgänge zu einem frühen Zeitpunkt der Untersuchung werden direkt einer Analyse unterzogen, um sie hinsichtlich der theoretischen Überlegungen und der aufgestellten Arbeitsthesen zu überprüfen. Nach dieser Auswertung werden weitere Feldgänge unternommen, um erste gegenstandsbezogene Modelle des Forschungsgegenstandes zu entwickelt. Nach weiteren Überprüfungen durch Datensammlung und –auswertung wird als Ergebnis qualitativer Forschung die Generierung einer Theorie des Forschungsgegenstandes vorgenommen, die letztlich in die Entwicklung von Hypothesen fließt. Aufgabe zukünftiger Forschungsarbeiten ist dann die Falsifizierung dieser Hypothesen durch an qualitative Forschung anknüpfende z.B. deduktive Forschungsdesigns.[541] Durch die zu verschiedenen Zeitpunkten des Forschungsvorhabens erfolgenden Feldgänge kann eine besonders große Nähe zum Forschungsgegenstand gewährleistet werden, was insbesondere bei der Erforschung eines noch wenig durchleuchteten Forschungsgegenstands wie dem des Abbruchphänomens von besonderer Bedeutung ist. Dieser meist iterative oder gar gleichzeitig geschehende Prozess aus theoretischen Überlegungen, Feldbeobachtung und Auswertung wird von LAMNEK als „Gleichzeitigkeit von Datensammlung und –analyse“[542] bezeichnet und ist charakteristisch für qualitative Sozialforschung. In Kapitel 4 wird die in der vorliegenden Forschungsarbeit verwendete Methodik detailliert erläutert.

3.5 Zusammenfassung der Erkenntnisse

Die Erkenntnisse aus Kapitel 2 mündeten in Kapitel 3 in die Entwicklung einer Arbeitsdefinition des Phänomens ‚Abbruch von Gründungsvorhaben‘. Der Abbruch von Gründungsvorhaben setzt sich dabei aus unterschiedlichen Aspekten zusammen, die dieses Phänomen zu einem komplexen sozialwissenschaftlichen Konstrukt machen. Neben der unterstellten bewussten Freiwilligkeit, die in Form einer eigenen Entscheidung über die Fortführung oder eben den Abbruch eines Gründungsvorhabens in die theoretische Arbeitsdefinition einfließt, spielen dabei auch die vorherige, intensive Beschäftigung mit dem Vorhaben sowie die Durchführung gründungsrelevanter Aktivitäten eine wichtige Rolle im Zuge dieser Arbeitsdefinition. Diese Faktoren werden auch durch die theoretische Rahmung der vorliegenden Forschungsarbeit berücksichtigt, die vor allem die Entscheidungstheorie sowie die Motivationstheorie im Bezug auf die unternehmerische Motivation mit ihren Subfaktoren gewährleistet. Die verschiedenen Faktoren, die auf die Entscheidungen innerhalb des unternehmerischen Prozesses einwirken, wie Fähigkeitserwartung, Resultaterwartung, Aufwandserwartung und die Aussicht auf Alternativen, können die Abbruchentscheidung dabei ebenso beeinflussen, wie die unternehmerische Motivation und die hiermit eng verbundenen Faktoren Intention, Leistungsmotivation und Zielgerichtetheit. Nachdem im vorherigen Kapitel also das For-

541 Vgl. Kapitel 4.1.2.
542 Lamnek, S. (1995a), S. 118.

schungsdesign der vorliegenden Arbeit dargestellt wurde, sind sowohl der theoretische Teil (Kapitel 2) der vorliegenden Forschungsarbeit als auch die Entwicklung der forschungsleitenden Arbeitsthesen (Kapitel 3) abgeschlossen. Im folgenden Kapitel 4 wird sich intensiv mit der qualitativ-empirischen Sozialforschung auseinandergesetzt, um der vorliegenden Forschungsarbeit nicht nur eine fachlich-theoretische Fundierung, sondern auch eine methodologisch-wissenschaftstheoretische Rahmung zu geben.

4. Methodische Grundlagen und empirische Vorgehensweise

Die Erforschung des Phänomens des Abbruchs von Gründungsvorhaben erfordert eine empirische Herangehensweise, die die Komplexität des Phänomens berücksichtigt. Da diese Komplexität und Vielschichtigkeit in der bisherigen Forschung zum Abbruch von Gründungsvorhaben kaum Berücksichtigung fand und die Erkenntnisse nur bedingt ein tiefes Verständnis des Abbruchphänomens zulassen, erscheint ein Perspektivenwechsel insbesondere hinsichtlich der methodischen Vorgehensweise notwendig. Die qualitativ-empirische Sozialforschung mit ihrem induktiven Charakter ist dabei in besonderem Maße dazu geeignet, eine solch tiefgreifende Erforschung der Einflussfaktoren auf komplexe Phänomene wie den Abbruch von Gründungsvorhaben zu gewährleisten. Daher wurde zur Erforschung des Forschungsgegenstands eine qualitativ-empirische, induktive Vorgehensweise genutzt, die sich eng an der Methodik der entdeckenden Sozialforschung sowie der Grounded Theory orientiert. In den folgenden Unterkapiteln werden die Spezifika dieser beiden Teilbereiche der qualitativen Sozialforschung und ihre Vorteile für die Untersuchung des Abbruchphänomens kurz erläutert. Zuvor wird ein kurzer Überblick über die Merkmale qualitativ-empirischer, induktiver Sozialforschung gegeben.

4.1 Methodologie qualitativer Sozialforschung

Die Qualitative Sozialforschung entstand bereits im 17. Jahrhundert durch erste soziographische Untersuchungen von WILLIAM PETTYS in Irland, der im Auftrag des Militärs Lebensweisen von Völkerstämmen untersuchte.[543] Aufgabe qualitativer Forschung war damals wie heute vor allem die Beschreibung sozialer Gegenstände. Sie bedient sich dabei maßgeblich verbalisierter oder verschriftlicher Daten, die aus Befragungen, Beobachtungen, Teilnahme an Diskussionen etc. gewonnen werden können.[544] Qualitative Forschung kann da eingesetzt werden, wo erfahrbare Wirklichkeit beschrieben und analysiert werden soll. Denn qualitative Forschung ist durch einen geringen Abstraktionsgrad dazu in der Lage, eine große Nähe zum Forschungsgegenstand zu gewährleisten.[545] Darüber hinaus empfiehlt es sich laut KLEINING qualitative Forschung dort anzuwenden, wo der Forschungsgegenstand „[...] komplex, unübersichtlich [und] teilweise oder ganz unbekannt ist [...]“[546]. Ziel qualitativer Sozialforschung ist es, beruhend auf Beobachtungen der realen Welt, Theorien zu entwickeln, um den Forschungsgegenstand in seiner Komplexität zu beschreiben. Dabei bedient sich die qualitative Sozialforschung solcher Erhebungsmethoden, die es dem Forscher erlauben, in sehr enge Nähe zum Forschungsgegenstand zu treten und somit gegenstandsbezogene, direkte Erkenntnisse zu erlangen:

---

543 Vgl. Kleining, G. (1995), S. 119.
544 Vgl. Kleining, G. (1995), S. 13.
545 Vgl. Kleining, G. (1995), S. 131.
546 Kleining, G. (1995), S. 132.

„Qualitative Methodologie bezieht sich auf Forschungsstrategien [...], die dem Forscher erlauben, Wissen aus erster Hand über die fragliche empirische soziale Welt zu gewinnen. Qualitative Methodologie gestattet es dem Forscher, ‚nah ranzugehen an die Daten' und dabei die analytischen begrifflichen und kategorialen Bestandteile der Interpretation aus den Daten selbst zu entwickeln [...].“[547]

Die Nähe zum Forschungsgegenstand wurde dabei vor allem durch eine Adaption bestimmter Elemente der entdeckenden oder auch heuristischen Sozialforschung nach KLEINING und LAMNEK ermöglicht sowie durch die Nutzung methodischer Aspekte der von GLASER & STRAUSS geprägten Grounded Theory. Die folgenden Ausführungen zur entdeckenden Sozialforschung sowie zur Grounded Theory dienen dabei der methodischen Rahmung der empirischen Untersuchung.

4.1.1 Die Untersuchung im Lichte der entdeckenden Sozialforschung

Im Bereich der qualitativen Sozialforschung können nach KLEINING zwei methodische Schulen unterschieden werden, die hauptsächlich im Bezug auf ihr Subjekt-Objekt-Verhältnis, also ihr Verhältnis zwischen dem Forscher (Subjekt) und dem Forschungsgegenstand (Objekt) verschieden sind: Hermeneutik und Heuristik.[548] Die Frage, welche der beiden methodologischen Perspektiven Anwendung findet, ist dabei auch eine erkenntnistheoretische Frage, wie etwas über den Forschungsgegenstand erfahren werden soll.[549] Die Hermeneutik fragt, wie durch Deutung das Erkennen von Zusammenhängen möglich ist; die Heuristik hingegen, wie durch Forschung Erkennen möglich wird.[550] Hermeneutische Verfahren qualitativer Sozialforschung widmen sich der Auslegung bzw. Deutung (meist) von Texten, sie wird daher auch als Deutungskunst bezeichnet.[551] Die Heuristik beschreibt hingegen die Wissenschaft vom Entdecken oder Finden.[552] Heuristische Verfahren haben im Gegensatz zu hermeneutischen Verfahren den Vorteil, dass sie auf alle Arten von Gegenständen und Daten benutzbar sind sowie Unbekanntes entdecken oder finden können. Insbesondere im noch jungen Feld der Abbruchsforschung scheint die Heuristik gegenüber der Hermeneutik dabei den Vorteil zu haben, noch Unbekanntes aufspüren zu können – und zwar ohne Fokus auf die Deutung oder auch Interpretation des gewonnenen Datenmaterials. Die Heuristik hilft der Forschungsperson dabei, „[...] Neues zu entdecken, nicht Bekanntes auf neue Art zu interpretieren. Sie will Wirklichkeiten jeder Art erforschen, auch jeder Art gedeutete und interpretierte Wirklich-

---

547 Lamnek, S. (1995a), S. 195.
548 Vgl. Kleining, G. (1995), S. 18.
549 Vgl. Kleining, G. (1995), S. 118 f.
550 Vgl. Kleining, G. (1995), S. 118 f.
551 Vgl. Kleining, G. (1995), S. 18.
552 Vgl. Kleining, G. (1995), S. 19.

keit."[553] Qualitative Heuristik hat demnach zur Aufgabe, (neuartige) Probleme zu entdecken und die Verhältnisse, die zu diesen Problemen führen, zu erklären.[554] Aufgabe der vorliegenden Forschungsarbeit ist es also, die Verhältnisse zu erklären bzw. aufzuklären, die zum Abbruch von Gründungsvorhaben führen. Dabei gelten für die entdeckende Sozialforschung nach KLEINING verschiedene Prinzipien, die auch im Zuge der vorliegenden Forschungsarbeit beachtet wurden.[555] Diese Anwendungsregeln helfen dem Forscher dabei, möglichst transparent und präzise zu forschen.

Das erste Prinzip, das Dialogprinzip, gilt dabei als Basis qualitativ-heuristischer Forschung.[556] Es beschreibt den engen Dialog zwischen Forscher und Forschungsgegenstand und ermöglicht hierdurch eine weniger einseitige, also subjektive Erforschung eines Forschungsobjektes, sondern vielmehr eine transparente Vorgehensweise im Sinne einer Intersubjektivität.[557] Das zweite Prinzip beschreibt die Offenheit der Forschungsperson. Der Forscher sollte dem Forschungsgegenstand gegenüber offen sein. Das heißt, er sollte sich also trotz notwendiger Vorüberlegungen auch auf mögliche Änderungen seines Vorverständnisses vom Forschungsgegenstand einlassen.[558] Durch den weiter oben beschriebenen iterativen Forschungsprozess kann so das Verständnis über den Forschungsgegenstand immer wieder angepasst werden. Es kann daher auch notwendig sein, die eigene Meinung zu verwerfen. Wichtig ist dabei, *alle* Daten und Aussagen zum Forschungsthema zu akzeptieren.[559] Das dritte Prinzip beschreibt die Offenheit des Forschungsgegenstands. Hiermit ist gemeint, dass der Forschungsgegenstand lediglich vorläufig beschrieben werden kann und so lange einem gewissen Maß an Abänderungen unterworfen ist, bis er in Gänze entdeckt ist.[560] Die entdeckende Sozialforschung beginnt dabei mit der Idee, die der Forscher vom Forschungsgegenstand hat. Diese begründet er mit theoretischen und literaturbasierten Vorüberlegungen.[561] Über die Empirie werden höhere Grade der Intersubjektivität geschaffen, um somit den Forschungsgegenstand präziser beschreiben zu können.[562] Dabei sollte der Forschungsgegenstand nicht als starr und unbeweglich angesehen werden, sondern vielmehr als ein dynamisches und sich im Laufe des Forschungsprozesses entwickelndes Verständnis.[563] Ein weiteres wichtiges Prinzip stellt die Variation der Forschungsperspektive dar. Ziel ist es dabei, den Untersuchungsgegenstand aus möglichst vielen unterschiedlichen Richtungen zu erforschen. Hierzu zählt bspw. die Befragung unterschiedlicher

553 Kleining, G. (1995), S. 226.
554 Vgl. Kleining, G. (1995), S. 226.
555 Vgl. Kleining, G. (1995), S. 228 ff.
556 Vgl. Kleining, G. (1995), S. 228.
557 Vgl. Kleining, G. (1995), S. 228.
558 Vgl. Kleining, G. (1995), S. 228.
559 Vgl. Kleining, G. (1995), S. 232 f.
560 Vgl. Kleining, G. (1995), S. 228.
561 Vgl. Kleining, G. (1995), S. 234.
562 Vgl. Kleining, G. (1995), S. 234.
563 Vgl. Kleining, G. (1995), S. 236.

Personenkreise, aber auch der Wechsel von Rahmenbedingungen, Datenerhebungsmethoden und Frageformen.[564] Diese Variation der Blickwinkel und Methoden wird als Datentriangulation bezeichnet. Im Zuge der vorliegenden Forschungsarbeit wurde diese Datentriangulation gewährleisten, in dem neben der Personengruppe der Abbrecher, auch Experten sowie Starter – also Personen, die ein Unternehmen gegründet hatten – befragt wurden. Darüber hinaus wurden die Interviews unter Verwendung unterschiedlicher Befragungsformen durchgeführt. So wurden die Experten durch eine rein problemzentrierte Vorgehensweise befragt, die Abbrecher und Starter durch einen Mix aus narrativen und leitfadengestützten Interviews.[565] Das letzte wichtige Prinzip der entdeckenden Sozialforschung beschreibt die Analyse hinsichtlich der Gemeinsamkeiten im Datenmaterial. Diese besagt, dass so viele verschiedene Aspekte und Bereiche des Untersuchungsgegenstands wie möglich analysiert werden sollten. Wichtig dabei ist, Gemeinsamkeiten innerhalb der Unterschiede festzustellen:

> *„Die [...] erstellten maximal verschiedenen Daten zu jeweils demselben Gegenstand werden zusammengefaßt. Diese ‚Zusammenfassung' entsteht in der qualitativ-heuristischen Methodik durch Analyse, die darin besteht, daß das Gemeinsame aus den konkreten Daten abstrahiert wird."*[566]

Die Datenanalyse qualitativer Daten sollte dabei versuchen, den Untersuchungsgegenstand durch vergleichende und kontrastierende Analyse zu analysieren, um so die wesentlichen Gemeinsamkeiten und Unterschiede aufzuspüren.[567] Neben diesen Prinzipien der entdeckenden Sozialforschung wurden auch Merkmale der Grounded Theory zur Erforschung des Abbruchphänomens genutzt, die im Folgenden erläutert werden.

4.1.2 Die Untersuchung im Lichte der Grounded Theory

Eine der wesentlichen Elemente der von Barney Glaser & Anselm Strauss entwickelten Grounded Theory ist die Forderung nach einer induktiven Vorgehensweise, um eine möglichst große Nähe zum Forschungsgegenstand zu gewährleisten. Hierbei wird durch Beobachtung und Entdeckung vom Besonderen auf das Allgemeine geschlossen, also vom untersuchten Forschungsgegenstand auf eine verallgemeinerbare Theorie. Die Entwicklung einer solchen Theorie steht als Ergebnis am Ende dieses Prozesses. Anders, als in der quantitativen Forschung - die sich im Wesentlichen auf eine deduktiv-nomologische Methodologie stützt - also vom Allgemeinen auf das Besondere schließt sowie die erhobenen Daten auf Gesetzmäßigkeiten überprüft - werden demnach in

---

564 Vgl. Kleining, G. (1995), S. 238.
565 Für einen detaillierten Überblick über die empirische Vorgehensweise vgl. Kapitel 4.2.
566 Kleining, G. (1995), S. 249.
567 Vgl. Kelle, U. / Kluge, S. (2010), S. 78.

qualitativen Verfahren meist keine Hypothesen falsifiziert, sondern vielmehr Zusammenhänge entdeckt, die auf eine verallgemeinerbare Theorie hindeuten.[568] Dabei differenzieren GLASER & STRAUSS zwischen gegenstandsbezogenen Theorien und formalen Theorien, wobei gegenstandsbezogene Theorien als Vorstufe für die Entwicklung formaler Theorien gelten:[569]

> *„Gegenstandsbezogene Theorien stellen das ‚strategische Bindeglied zwischen der Formulierung und Entwicklung einer auf empirischen Daten basierenden formalen Theorie' [dar] [...].“*[570]

Erst also nach der Entwicklung einer gegenstandsbezogenen Theorie, beruhend auf eng mit dem Forschungsgegenstand verknüpfter Beobachtungen und Entdeckungen, sollten demnach formale Theorien mit einem deutlich höheren Abstraktionsgrad bzw. Allgemeinheitsgrad entwickelt werden. Um zu solchen formalen Theorien zu gelangen, schlagen GLASER & STRAUSS eine Vorgehensweise vor, die sich vor allem auf die vergleichende und kontrastierende Datenanalyse durch Codierung des Textmaterials stützt.[571] So sollen möglichst unterschiedliche, aber typische Daten und Fakten beobachtet bzw. entdeckt werden; die Kategorien, Dimensionen und Perspektiven, aus welchen heraus diese Daten und Fakten im Feld beobachtet und entdeckt werden, bleiben jedoch Daten- und Fakten-übergreifend konstant.[572] Der Analyseprozess startet dabei mit theoretischen, literaturbasierten Vorüberlegungen. Diese Vorüberlegungen münden jedoch nicht in eine ausführliche Genese von Hypothesen, die in einem nächsten Schritt überprüft oder widerlegt werden sollen, sondern führen zu soziologischen und fachlichen Perspektiven und Hintergrundinformationen. Ohne die Aufstellung eines festen theoretischen Modells (wie z.B. in der quantitativen Forschung üblich), jedoch mit fundiertem Vorwissen im Bezug auf die fachlichen und empirischen Aspekte des Forschungsvorhabens, soll nach GLASER & STRAUSS zu diesem frühen Zeitpunkt ein erster Feldgang unternommen werden, um erste theoretische Bezüge aus dem Datenmaterial zu entwickeln.[573] Die Auswahl geeigneter Probanden erfolgt dabei durch das Prinzip des theoretischen Samplings, das den Datenerhebungsprozess innerhalb einer durch die Grounded Theory bestimmten Untersuchung beschreibt. Aus den erhobenen Daten heraus soll also emergent eine Theorie gebildet werden, die wiederum parallel zum Prozess der Datenerhebung generiert wird und gleichzeitig als Entscheidungsgrundlage für die Auswahl der Daten und Probanden dient.[574] GLASER & STRAUSS halten hierzu fest:

---

568 Vgl. Kleining, G. (1995), S. 20 sowie Lamnek, S. (1995a), S. 111 ff.
569 Vgl. Lamnek, S. (1995a), S. 113.
570 Lamnek, S. (1995a), S. 113. Im Original Glaser, B.G. / Strauss, A. L. (1979), S. 108.
571 Vgl. Roski, M. B. (2011), S. 167.
572 Vgl. Lamnek, S. (1995a), S. 114 f. Im Original Glaser, B.G. / Strauss, A.L. (1967), S. 21 ff.
573 Vgl. Lamnek, S. (1995a), S. 117. Im Original Glaser, B.G. / Strauss, A.L. (1967), S. 48 f.
574 Vgl. Glaser, B.G. / Strauss, A.L. (1998), S. 53.

„Theoretisches Sampling meint den auf die Generierung von Theorie zielenden Prozeß der Datenerhebung, währenddessen der Forscher seine Daten parallel erhebt, kodiert und analysiert sowie darüber entscheidet, welche Daten als nächste erhoben werden sollen und wo sie zu finden sind. Dieser Prozeß der Datenerhebung wird durch die im Entstehen begriffene – materiale oder formale – Theorie kontrolliert."[575]

Unter Berücksichtigung dieser Auswahlprinzipien wird dabei so lange zusätzliches Datenmaterial – z.B. in Form von Interviews – gesammelt, bis die theoretische Sättigung erreicht ist. Die theoretische Sättigung beschreibt dabei den Zustand, dass dann von einem angemessenen Abbild der Realität gesprochen werden kann, wenn kein neuer Fall oder keine neuen Daten gefunden werden können, die nicht durch die bisher gebildeten theoretischen Konzepte angemessen repräsentiert werden können.[576] Dabei findet die Datenanalyse innerhalb des oben beschriebenen iterativen Forschungsprozesses gleichzeitig zur Datenerhebung statt. Die Datenanalyse stützt sich dabei im Wesentlichen auf die Kategorisierung bzw. Codierung relevanter Textpassagen. Dabei werden durch den ständigen Vergleich der verschiedenen Analysegruppen Unterschiede und Ähnlichkeiten im empirischen Datenmaterial entdeckt. Diese werden vom Forscher in Dimensionen und Kategorien übertragen, die wiederum der Analyse des Untersuchungsgegenstands dienen.[577] Aus den aufgestellten Kategorien und Dimensionen entwickeln sich dann in einem weiteren Schritt zunächst die oben skizzierten gegenstandsbezogenen Hypothesen und darauf aufbauend formale Hypothesen als Ergebnis dieses Prozesses. Wichtig ist festzuhalten, dass die Grounded Theory nach GLASER & STRAUSS eine große Theorienvielfalt anstrebt und somit ein Phänomen aus unterschiedlichsten Perspektiven beleuchten kann.[578]

4.2 Empirische Vorgehensweise

Nach dem in den vorherigen Kapiteln die methodologische Rahmung der vorliegenden Forschungsarbeit basierend auf der entdeckenden Sozialforschung sowie der Grounded Theory erörtert wurde, werden im Folgenden die konkreten Schritte zur empirischen Erforschung des Abbruchs von Gründungsvorhaben beschrieben. Dabei werden zunächst die Kriterien, nach denen die drei Probandengruppen ausgewählt wurden, dargelegt, um hierauf aufbauend die jeweilige Vorgehensweise des Datenerhebungsprozesses zu erläutern. Im Anschluss hieran erfolgt ein kurzer Überblick über weitere, durchgeführte Gespräche und ergänzendes Material, das ebenfalls bei der Untersuchung des

575 Glaser, B.G. / Strauss, A.L. (1998), S. 53.
576 Vgl. Küsters, I. (2009), S. 48. Im Original Hermanns, H. (1992), S. 116.
577 Vgl. Lamnek, S. (1995a), S. 120 f.
578 Vgl. Lamnek, S. (1995a), S. 128 sowie im Original Glaser, B.G. / Strauss, A. L. (1967), S. 81 ff.

Abbruchs von Gründungsvorhaben genutzt wurde. In Kapitel 4.2.6 werden schließlich die Besonderheiten der Datenanalyse veranschaulicht.

4.2.1 Auswahl der zu Befragenden Probanden

Um möglichst tiefgreifende Informationen über das Abbruchphänomen zu erheben, sollten verschiedene und diversifizierte Daten aus möglichst unterschiedlichen Personenkreisen gesammelt werden.[579] Denn durch eine entsprechend gegenstandsbezogene Datensammlung erscheint es möglich, das Abbruchphänomen aus unterschiedlichen Perspektiven zu beleuchten und gleichzeitig den für den aktuellen Status Quo der Abbruchsforschung erforderlichen Tiefgang hinsichtlich des Datenmaterials zu erlangen. Innerhalb der qualitativen Sozialforschung kann im Gegensatz zu quantitativen Forschungsmethoden jedoch nicht von einer vorab definierten Grundgesamtheit ausgegangen werden, von welcher dann Zufallsstichproben ausgewählt und befragt werden. Verallgemeinerung und Typisierung sind eher Ziel qualitativer Forschung als Repräsentativität.[580] Die standardisierte Befragung einer Stichprobe von Personen sowie deren zufällige Auswahl werden durch eine möglichst vielschichtige Erfassung des Forschungsgegenstands ersetzt. Eine solche vielschichtige Vorgehensweise wird durch das Verfahren des ‚Theoretical Samplings' geprägt, wie oben bereits beschrieben wurde. Diese Vorgehensweise wurde in dieser Untersuchung angewendet, wodurch sich eine Ausweitung der Befragung auf drei verschiedene Probandengruppen ergab. Eine solch theoriegeleitete Vorgehensweise bietet den Vorteil, dass neue Fälle stets beruhend auf den Erkenntnissen der vorherigen Datenerhebung und -analyse ausgewählt werden. Auch in der Entrepreneurship-Forschung wurde diese Vorgehensweise bereits angewendet, wie am Beispiel des von FAUCHART & GRUBER im Jahr 2011 veröffentlichten Artikel zu unterschiedlichen Typen von Nascent Entrepreneuren deutlich wird.[581] Zur konkreten Identifikation von Probanden wurde dabei von FAUCHART & GRUBER das „Snowball Sampling"[582] genutzt, dass von DENZIN & LINCOLN geprägt wurde.[583] Hierbei wird der jeweils nächste Proband durch Empfehlungen des vorherigen Interviewpartners identifiziert. Durch diese Vorgehensweise wird sichergestellt, dass die Variation im Sample gesteigert und ein leichterer Feldzugang sichergestellt wird.[584] In einem ersten Schritt wurden dabei zunächst Experten als Probanden identifiziert und befragt, um einen leichten ersten Feldzugang zu ermöglichen.

579 Vgl. Fauchart, E. / Gruber, M. (2011), S. 939.
580 Vgl. Lamnek, S. (1995b), S. 92.
581 Vgl. Fauchart, E. / Gruber, M. (2011), S. 939.
582 Vgl. Fauchart, E. / Gruber, M. (2011), S. 939.
583 Vgl. Fauchart, E. / Gruber, M. (2011), S. 939. Im Original Denzin, N.K. / Lincoln, Y.S. (2000).
584 Vgl. Fauchart, E. / Gruber, M. (2011), S. 939.

4.2.2 Experteninterviews

Um ein Gefühl für die sprachlichen, kommunikativen und sozialen Besonderheiten des Forschungsfeldes zu erlangen und zur Generierung von ersten Kontakte für die Identifikation von Abbrechern, wurde sich in einem ersten Feldgang dem Personenkreis der Experten gewidmet. Neben diesen Vorteilen bieten Interviews mit Experten weitere Vorzüge. So wurde durch das teilweise enge formelle wie informelle Netzwerk des Verfassers zu gründungsunterstützenden Institutionen ein unkomplizierter und früher Eintritt ins Feld ermöglicht. Zum anderen bietet die Befragung von Experten die Möglichkeit eines sehr breiten Feldzugangs, wie auch GLASER & STRAUSS sowie BOGNER & MENZ festhalten:[585]

> „*Zu einem frühen Zeitpunkt einer (theoretisch) noch wenig vorstrukturierten und informationell wenig vernetzten Untersuchung ermöglicht das Experteninterview eine konkurrenzlos dichte Datengewinnung gegenüber Erhebungsformen wie etwa teilnehmender Beobachtung oder einer systematischen quantitativen Untersuchung, die in der Organisation von Feldzugang und Durchführung zeitlich und ökonomisch weit aufwändiger sind.*“[586]

Die befragten Experten konnten dabei als Multiplikatoren bzw. ‚Kristallisationspunkte‘ dienen, die den Verfasser mit praktischem Insiderwissen versorgen und Einschätzungen über die in einem weiteren Schritt zu befragenden Akteure geben.[587] Die Frage, welche Personen als Experten gelten wird von MEUSER & NAGEL dabei wie folgt beantwortet:

> „*Eine Person wird im Rahmen eines Forschungszusammenhangs als Experte angesprochen, weil wir wie auch immer begründet annehmen, dass sie über ein Wissen verfügt, das sie zwar nicht notwendigerweise alleine besitzt, das aber doch nicht jedermann in dem interessierenden Handlungsfeld zugänglich ist. Auf diesen Wissensvorsprung zielt das Experteninterview.*“[588]

Als Experten wurden im Zuge der vorliegenden Untersuchung Personen befragt, die für öffentliche Institutionen als Gründungsberater tätig sind und somit Erfahrungen im Bereich der Beratung von Startern und Abbrechern haben. In einem ersten Schritt wurden acht Experten angefragt, ob sie für ein Interview zur Verfügung stehen würden, sechs dieser acht Personen erklärten sich schnell und unkompliziert für ein Interview bereit. Diese Personen stammten dabei aus dem näheren Umfeld eines Gründungsunterstützungsnetzwerks aus der Region Nordrhein und waren zum Zeitpunkt der Erhebung für fünf unterschiedliche, ausschließlich öffentliche Institutionen tätig. Die Befragung von Gründungsberatern, die für öffentliche Institutionen tätig sind, schien dabei insofern von Vor-

585 Vgl. Glaser, B.G. / Strauss, A.L. (1967), S. 48 f sowie Lamnek, S. (1995a), S. 117.
586 Bogner, A. / Menz, W. (2009), S. 8.
587 Vgl. Bogner, A. / Menz, W. (2009), S. 8.
588 Meuser, M. / Nagel, U. (2009), S. 35.

teil zu sein, da sie kostenlose Beratung für Unternehmensgründer anbieten und daher meist zu einem sehr frühen Zeitpunkt Einblicke in den Gründungsprozess erhalten.

Zu Beginn der Befragung wurden alle Experten zunächst ausführlich über die Forschungsthematik informiert, um so möglichst viele und im Bezug auf die Forschungsthematik dichte Erkenntnisse aus diesen Befragungen zu gewinnen. Die Experteninterviews wurden als reine problemzentrierte Interviews angefertigt. Diese Vorgehensweise ist insofern sinnvoll, als dass die befragten Personen nicht nur Experten für den Abbruch von Gründungsvorhaben sind, sondern allgemein als Gründungsberater fungieren und damit Ihre Erkenntnisse für die vorliegende Forschungsarbeit in diese Richtung gelenkt werden mussten. Der verwendete Fragebogen wurde dabei beruhend auf den Erkenntnissen der Literaturanalyse entwickelt. Dieser Rekurs auf bereits erfolgte Forschung ist als deduktives Element qualitativer Forschung möglich, um beruhend auf den Erkenntnissen vorheriger Forschungsarbeiten verschiedene Forschungsrichtungen anzutesten.[589]

Die Interviews fanden allesamt in den Büros der Experten statt. Während der Interviews liefen mit Einverständnis der Probanden zwei Aufnahmegeräte mit, um die Interviews unter Berücksichtigung dieser Tonbandaufnahmen anschließend transkribieren und mit Hilfe des Auswertungsprogramms ‚MAXQDA‘ auswerten zu können.[590] Bereits nach drei der fünf durchgeführten Interviews wurde ein Rückgang von neuen Informationen bemerkt. Nach fünf Interviews wurde die theoretische Sättigung festgestellt, so dass keine weiteren Interviews mit Experten durchgeführt werden mussten. Insgesamt konnten so knapp vier Stunden Interviewmaterial gewonnen werden. Auf eine vergleichende und kontrastierende Datenauswertung wurde im Zuge der Datenanalyse verzichtet, da die Experteninterviews vor allem dazu dienen sollten, erste Erkenntnisse über den Forschungsgegenstand zu erfahren. Die Erkenntnisse aus den Experteninterviews werden daher in der Ergebnisdarstellung nicht gesondert behandelt, fließen jedoch in die Ergebnisdiskussion mit ein. Die Fragebogen sowie die Transkripte können auf der beigelegten Daten-CD nachgelesen werden.

4.2.3 Vorgehensweise Personenkreis Abbrecher von Gründungsvorhaben

Im Fokus der vorliegenden Untersuchung stand die Befragung von solchen Personen, die gemäß der in Kapitel 3.1.2 entwickelten Arbeitsdefinition ein Gründungsvorhaben zunächst intensiv verfolgten, dieses jedoch dann noch vor der eigentlichen, formellen Gründung abbrachen. Zur Identifikation von geeigneten Probanden für den Personenkreis der Abbrecher wurde auf das oben beschriebe-

[589] Vgl. Glaser, B.G. / Strauss, A.L. (1998), S. 53.

[590] Im Sinne des Risikomanagements wurden stets zwei Aufnahmegeräte eingeschaltet, für den Fall, dass ein Aufnahmegerät unbeachtet von Forscher oder Proband plötzlich seinen Dienst verweigert. Anmerkung des Verfassers.

ne ‚Snowball Sampling' zurückgegriffen.[591] Hierbei wurden die interviewten Experten befragt, ob Sie Personen kennen, die über einen akademischen Ausbildungshintergrund verfügen und ein Gründungsvorhaben verfolgten, dieses dann aber niederlegten. Dabei erwies sich insbesondere die Befragung von Gründungsberatern als sinnvoll, da so zusätzlich verifiziert werden konnte, inwieweit sich die Abbrecher auch tatsächlich ernsthaft und intensiv einem Gründungsvorhaben gewidmet hatten, da alle so angesprochenen Abbrecher Gründungsberatungsangebote wahrnahmen. So konnte davon ausgegangen werden, dass die Probanden sich so intensiv mit ihrem Projekt befassten, dass sie externe Hilfe in Anspruch nahmen. In einem ersten Schritt hatten die Experten dabei potenzielle Probanden um Erlaubnis gebeten, ihre Kontaktdaten weiterzugeben, um datenschutzrechtliche Bestimmungen einzuhalten. Hieraus ergab sich eine relativ ausführliche Liste von Kontaktdaten zu 27 Personen, die potenziell hätten befragt werden können. Der Zugang zu diesen Personen erwies sich in einem ersten Schritt als überraschend leicht, was zum einem sicherlich mit der vorherigen Kontaktaufnahme durch die Experten zusammenhing, zum anderen aber auch möglicherweise mit dem individuellen Bedürfnis der Abbrecher, ihre Erfahrungen zu schildern - auch deshalb, weil sie hierzu bislang kaum Gelegenheit hatten. Diese 27 Personen wurden via E-Mail und / oder telefonisch kontaktiert, wodurch sich 11 konkrete Interviews mit Abbrechern ergaben. Drei weitere Interviews konnten durch die direkte Befragung der Probanden generiert werden, in dem sie gefragt wurden, inwieweit sie weitere Personen kennen, die ebenfalls ein Gründungsvorhaben zunächst intensiv verfolgt, dann aber abgebrochen hatten. Hierdurch ergab sich eine Gesamtzahl von 14 Interviews mit Abbrechern von Gründungsvorhaben.

Ex ante war die Anzahl der zu befragenden Personen dabei nicht bekannt, sondern ergab sich aus den einzelnen Befragungen und den hieraus generierten Kategorien und Theorien. Erst sobald die theoretische Sättigung festgestellt wurde, wurde nicht mehr nach weiteren Fällen gesucht.[592] Die theoretische Sättigung trat nach 11 durchgeführten Interviews mit dem Personenkreis der Abbrecher ein. Zur Sicherheit wurden weitere drei Interviews durchgeführt, um die theoretische Sättigung zu bestätigen. Insgesamt konnten so knapp 10 Stunden Interviewmaterial aus den Befragungen der Abbrecher gewonnen werden. Diese Interviews werden im Folgenden als ‚Fälle' bezeichnet, da die Interviews mit dieser Personengruppe als Kern der vorliegenden Forschungsarbeit betrachtet werden.

Bei der Wahl der Interviewsituation wurde darauf geachtet, dass eine möglichst alltagsnahe Gesprächssituation geschaffen wurde. Dazu wurden die Befragten meist in deren Büros oder Privat-

[591] Vgl. Fauchart, E. / Gruber, M. (2011), S. 939. Im Original Denzin, N.K. / Lincoln, Y.S. (2000).
[592] Vgl. Glaser, B.G. / Strauss, A.L. (1998), S. 56 ff.

räumen aufgesucht, so dass die Umgebung den Probanden vertraut war. Fünf der 14 Interviews wurden im Büro des Forschers durchgeführt, ein weiteres durch ein Videotelefonat mit Hilfe der Internettelefoniesoftware ‚Skype'. Dabei wurde auch darauf geachtet, mit den Probanden zunächst über alltägliche Gesprächssituationen ins Gespräch zu kommen, um darüber hinaus die Probanden implizit zur ausführlichen Gesprächsführung zu motivieren.[593] Den Abbrechern und Startern wurde dabei nach dieser ersten Sequenz über alltagssprachliche Gesprächsthemen das ‚Du' angeboten, um eine möglichst offene Gesprächsatmosphäre zu schaffen und die Barrieren, die das Siezen mit sich bringt, zu negieren. Dies wurde den Probanden auch transparent gemacht, um Widerstände, bspw. aufgrund eines hohen Altersunterschiedes, zu minimieren. Dankenswerterweise stimmten alle Befragten dieser Regelung zu. Die Befragungen der Abbrecher starteten dabei in Form von narrativen Interviews. Nach der Begrüßung und ersten alltäglichen Gesprächssequenzen wurde zu Beginn der Befragung zunächst ein Stimulus gesetzt, um den Probanden Gelegenheit zu bieten, sich auf das Gespräch einzulassen. Den Probanden wurde zunächst grob erklärt, dass das Interesse in den Zusammenhängen zwischen dem Gründungsvorhaben und dem Abbruch dieses Vorhabens liegt. Auf eine detailliertere Beschreibung der Forschungsabsicht wurde dabei verzichtet, um die Probanden nicht vorab in eine Richtung zu lenken und somit das Ergebnis zu verfälschen. Hiernach wurden die Probanden zunächst dazu aufgefordert, zu erzählen, wie sie auf die Idee gekommen sind, sich selbstständig zu machen. Dieser Stimulus erwies sich insofern als sinnvoll, als dass dieser bereits eine grobe Richtung vorgibt, ohne dies explizit kenntlich zu machen. Darüber hinaus aktivierte er zusätzlich die Bereitschaft auf Seiten des Probanden, viel über die eigenen Erfahrungen zu erzählen.[594] Diese narrativen Interviewelemente erschienen dem Verfasser der vorliegenden Forschungsarbeit insofern als sinnvoll, als das hiermit der induktive – und damit der für die aktuelle Abbruchforschung geradezu neuartige – Charakter der Untersuchung forciert wird, um die freien kommunikativen Interaktionen der sozialen Wirklichkeit zu Beginn der Befragung hervorzuheben.[595] In dieser narrativen Interviewphase, die mindestens die Hälfte der Interviewzeit einnahm, oftmals auch rund zwei Drittel, wurden die Probanden nicht unterbrochen. Vielmehr wurde durch zustimmende Gestik und Mimik Interesse signalisiert, so dass die Probanden angehalten waren, weiter frei zu sprechen. Bei Pausen der Probanden wurden lediglich immanente Fragen gestellt, also verständnisklärende Fragen zu bereits angesprochenen Aspekten, um so weiterhin zum erzählen zu animieren.[596] Im zweiten Teil der Interviews wurde mit so genannten exmanenten Fragen versucht, das Gespräch hinsichtlich konkreterer Forschungsrichtungen zu vertiefen. Die Interviews wandelten sich in diesem Teil zu eher problemzentrierten Interviews, um so Hinweise darauf zu erhalten, wel-

---

593 Vgl. Lamnek, S. (2010), S. 361.
594 Vgl. Küsters, I. (2009), S. 44 f.
595 Vgl. Küsters, I. (2009), S. 18.
596 Vgl. Froschauer, U. / Lueger, M. (1992), S. 44.

che bereits gewonnenen Erkenntnisse durch die neuen empirischen Daten gestützt werden konnten – und welche sich widersprachen.[597] Diese Verbindung narrativer und problemzentrierter (oder auch leitfadengestützter) Interviewelemente erwies sich im Erhebungsprozess als sehr nützlich, um die notwendige Offenheit qualitativer Sozialforschung zu gewährleisten, dabei aber möglichst nah am Forschungsgegenstand zu bleiben.

Auch bei der Wahl des Fragestils bzw. der Fragetechnik wurde darauf geachtet, möglichst lebensnahe Gesprächssituationen herbeizuführen. Die vorformulierten Fragen des Fragebogens wurden dabei nicht abgelesen und nahezu immer anders formuliert, als ursprünglich vorgesehen, da sich die meisten Fragen aus der jeweiligen Gesprächssituation ergaben. So konnte sich der Verfasser auf den Sprachduktus des Befragten anpassen. Zumeist wurden offene Frageformen verwendet, die teilweise in Form von erzählungsgenerierenden Fragen, Aufrechterhaltungsfragen sowie Steuerungsfragen abgewandelt wurden, um das Gespräch aufrecht zu erhalten. So sollten die Probanden zum breiten und ausführlichen Erzählen angehalten werden. Geschlossene Fragen wurden vermieden.[598]

Die Gruppe der Abbrecher erwies sich im Zuge der Befragung als sehr heterogen. So unterschieden sie sich hinsichtlich ihres Alters, ihres Studienfaches, der Ausrichtung ihrer Gründung im Bezug auf die jeweilige Branche, inwiefern es sich um eine Teamgründung handelte (Teamgründung mit einem oder zwei weiteren Personen vs. Gründung alleine) sowie hinsichtlich der Arbeits- und Gründungserfahrung. Einige der Gründer unternahmen direkt nach Abschluss ihres Studiums oder ihrer Promotion den Versuch, ein Gründungsvorhaben umzusetzen, andere noch während des Studiums sowie einige aus einer mehrjährigen Tätigkeit im abhängigen Beschäftigungsverhältnis heraus. Vier der interviewten Probanden aus dem Personenkreis der Abbrecher waren in unterschiedlichen Fachrichtungen promoviert. Auch die Dauer der Beschäftigung mit dem Gründungsvorhaben wich teilweise stark voneinander ab. Einige der Probanden gaben an, sich einige Wochen mit dem Thema befasst zu haben und auch Recherchearbeiten und Ideenskizzen verschriftlicht zu haben, andere hingegen, dass sie sich dem Gründungsvorhaben über mehrere Monate oder sogar Jahre hinweg gewidmet haben und bereits kurz vor der formellen Gründung standen. In Kapitel 5.1 wird in tabellarischer Form eine Übersicht über die Merkmale der befragten Probanden gegeben.

4.2.4 Vorgehensweise Personenkreis Starter

Nachdem bereits einige Interviews mit Probanden aus dem Personenkreis der Abbrecher geführt worden waren, entstand der Gedanke, die ersten Erkenntnissen mit den Erfahrungen von solchen

[597] Vgl. Küsters, I. (2009), S. 63 f.
[598] Vgl. Froschauer, U. / Lueger, M. (1992), S. 46 f sowie Lamnek, S. (2010), S. 362 f.

Personen zu vergleichen, die sich anders als die Abbrecher für die Fortführung ihres Gründungsvorhabens entschieden hatten. Somit wurde die Personengruppe der Starter in die empirische Untersuchung involviert. VAN GELDEREN ET AL. prägten in ihrem 2011 erschienenen Artikel den Begriff ‚Starter' für die Personengruppe von Individuen, die ein Gründungsvorhaben erfolgreich in die Tat umsetzen, also die (formelle) Gründung vollzogen und in die Infancy-Entrepreneurship-Phase eintauchten.[599] Daher wird dieser Terminus auch in der vorliegenden Arbeit verwendet. Die sich aus der Befragung dieser beiden Personenkreise ergebende Kontrastierung unterschiedlicher Perspektiven erschien dem Verfasser der vorliegenden Forschungsarbeit dabei insofern als zielführend, als das jede Person, die sich (intensiv) einem Gründungsvorhaben widmet, an einem gewissen Zeitpunkt vor der Entscheidung steht, das Gründungsvorhaben weiter zu verfolgen, also zu starten, oder es aber abzubrechen. Durch die vergleichende und kontrastierende Analyse könnten so weitere Hinweise darauf erkannt werden, welche Ursachen diese Entscheidung beeinflussen und wie sich ggf. Einflussfaktoren zwischen der Gruppe der Abbrecher und der der Starter unterscheiden.

Die insgesamt vier befragten Starter wurden dabei ebenfalls durch das ‚Snowball Sampling', also die Befragung der Experten, identifiziert. Der Kontakt wurde dabei ebenso wie bei der Gruppe der Abbrecher über die Experten hergestellt. Vorab wurden auch die Starter von den Experten befragt, ob ihre Kontaktdaten weitergegeben werden dürften. Auch hier erwies sich durch diese Vorgehensweise der Zugang ins Feld als recht unkompliziert, obgleich sich die Termingestaltung schwieriger erwies als bei der Gruppe der Abbrecher. Die geringe Fallzahl von nur vier Probanden kam dabei dadurch zustande, dass der Fokus der vorliegenden Untersuchung auf der Befragung der Abbrecher gelegt werden sollte, die Starterinterviews lediglich zur Spiegelung der Erkenntnisse diente. Darüber hinaus ähnelten sich viele der Erkenntnisse aus den Starterinterviews bereits nach zwei bis drei durchgeführten Befragungen, wodurch die theoretische Sättigung hier bereits nach vier Interviews festgestellt werden konnte.

4.2.5 Weitere Gespräche und ergänzendes Material

Neben den Daten aus den Interviews mit den oben skizzierten Personenkreisen der Experten, Abbrecher und Starter, wurden zahlreiche Gespräche mit Personen aus der Entrepreneurship-Forscher-Szene und der praktischen Gründungsszene geführt, wie z.B. mit Business Angels, Beteiligungsmanagern großer Wagniskapital-Gesellschaften, wissenschaftlichen Mitarbeitern und Gründungsberatern mit unterschiedlichen Fokussierungen. Diese Gespräche wurden jedoch nicht als Interviews ausgewertet und somit auch nicht in das Sample aufgenommen, dienten jedoch dem Erkennt-

599 Vgl. van Gelderen, M. et al. (2011), S. 71 ff.

nisgewinn und der Rückkopplung mit Forschung und Praxis während des gesamten Forschungsprozesses.

Darüber hinaus wurden in Ergänzung zu den Interviews mit den Personenkreisen der Abbrecher und Starter bei fast allen Probanden Ideenskizzen und Businesspläne gesichtet, um nicht nur die Intensität der Beschäftigung zu überprüfen, sondern auch den Fall als Ganzes zu verstehen. Dabei spielte insbesondere die Art der Gründung und deren Komplexität beim Verständnis der Zusammenhänge eine Rolle. Eine gesonderte wissenschaftliche Auswertung dieses ergänzenden Materials fand jedoch nicht statt, da diese als nicht zielführend für die Erforschung der Ursachen für den Abbruch von Gründungsvorhaben angesehen wurde.

4.2.6 Besonderheiten der Datenanalyse

Im folgenden Kapitel 5 werden die empirischen Erkenntnisse aus der Analyse der Interviews zusammengetragen. Die inhaltliche Analyse wurde dabei nach der von KELLE & KLUGE vorgeschlagenen synoptischen oder auch thematischen Vergleichsanalyse durchgeführt.[600] Die Analyse wurde dabei durch Durchleuchtung der Transkripte unter Nutzung des Datenanalyseprogramms ‚MAXQDA‘ durchgeführt. Hierzu wurden die Audiodateien der Interviews vom Verfasser der vorliegenden Arbeit zunächst in Transkripte überführt, um eine ausführliche Textanalyse zu ermöglichen. Die Transkripte aller durchgeführten Interviews können auf der beiliegenden Daten-CD eingesehen werden.[601] Bei der Transkribierung wurde darauf geachtet, stets wortwörtlich zu transkribieren, um so möglichst keine Abweichungen von den Audio-Dateien herbeizuführen. Längere Pausen, in denen der Proband keine Aussagen tätigt und offensichtlich über die nächste Aussage nachdenkt, wurden dabei mit ‚(…)‘ gekennzeichnet, ‚ähs‘, ‚ähms‘ und andere Füllwörter wurden nicht transkribiert. Wurden Sätze unterbrochen und grammatikalisch anders fortgeführt, wurde dies durch ein ‚/‘ kenntlich gemacht. Grammatikalische Satzfehlstellungen wurden nicht korrigiert, um die Originaldaten nicht zu verfälschen. Nach jedem Sprecherwechsel wurde die exakte Uhrzeit in ‚#‘ eingeschlossen, um so größtmögliche Forschungstransparenz zu gewährleisten. Die einzelnen Abschnitte sind dabei fortlaufend durchnummeriert. Auf diese Abschnitte, automatisch von ‚MAXQDA‘ als Paragraphen erstellt, wird in der folgenden empirischen Auswertung durch ‚§‘ innerhalb von Fußnoten verwiesen, so dass die jeweiligen Zitate schnell in den Transkript-Dateien nachgelesen und somit auch die Sinnzusammenhänge nachvollzogen werden können.

---

600 Vgl. Roski, M.B. (2011), S. 192. Im Original Kelle, U. / Kluge, S. (2010), S. 58 sowie S.76 ff.

601 Die Audio-Dateien befinden sich aus datenschutzrechtlichen Gründen nicht auf dieser CD. Anmerkung des Verfassers.

Die Datenanalyse erfolgte in einem ersten Schritt durch die zeilenweise erfolgende Analyse der Transkripte und der Zuordnung wichtiger Textabschnitte in Kategorien. Diese erste Analyse wurde zunächst für jeden Fall einzeln durchgeführt. In einem zweiten Schritte erfolgte ein fallübergreifender Vergleich der jeweiligen Kategoriensysteme und der kategorisierten – oder auch codierten – Textabschnitte. Hierbei wurde ein synoptischer Vergleich der Ähnlichkeiten und Unterschiede der einzelnen Codings durchgeführt.[602] Ähnlichkeiten zwischen den Codings wurden zu so genannten Subcodes zusammengefasst. Hierdurch konnten Ähnlichkeiten und Kontraste in den qualitativen Daten identifiziert werden, die das Fundament der induktiven Theoriebildung der vorliegenden Forschungsarbeit bilden. Darüber hinaus eignet sich diese Vorgehensweise auch zur Entwicklung von Typologien, die erst beruhend auf der kontrastierenden Analyse der Subcodes erfolgen kann.[603]

---

602 Die Textabschnitte, die bestimmten Kategorien zugeordnet wurden, werden als Codings bezeichnet. Anmerkung des Verfassers.

603 Vgl. Kelle, U. / Kluge, S. (2010), S. 78 ff. Im Original Glaser, B.G. / Strauss, A.L. (1967), S. 53.

5. Das Phänomen des Abbruchs von Gründungsvorhaben – empirische Erkenntnisse

In Kapitel 5 werden die Ergebnisse der empirischen Untersuchung detailliert beschrieben. Dabei wird in Kapitel 5.1 zunächst eine Übersicht über die durchgeführten Interviews gegeben, um darauf folgend in Kapitel 5.2 die empirischen Erkenntnisse ausführlich zu diskutieren. Die Darstellung der Ergebnisse orientiert sich dabei an den von den Probanden gesetzten Schwerpunkten innerhalb der Interviews und den darauf basierenden theoretischen Schwerpunkten der vorliegenden Forschungsarbeit. Diese Vorgehensweise orientiert sich an den von KELLE & KLUGE entwickelten drei Schritten der auch als „fallkontrastierende Analyse“[604] bezeichnete Theoriebildung durch die Analyse qualitativer Daten.[605]

5.1 Kurzbeschreibung der befragten Probanden

Wie bereits in den vorherigen Kapiteln dargelegt wurde, wurden innerhalb der vorliegenden Untersuchung insgesamt 23 Interviews durchgeführt. Die folgende Tabelle gibt einen schematischen Überblick über die durchgeführten Interviews und die Merkmale der befragten Probanden. Da allen Probanden vor der Befragung Anonymität zugesichert wurde, wird an dieser Stelle auf eine ausführliche Fallbeschreibung verzichtet und lediglich auf die Merkmale Alter, Position, Verfolgung des Vorhabens im Team, Ausbildung und evtl. Arbeitserfahrung, Tätigkeit nach Abbruch des Gründungsvorhabens und Intensität der Verfolgung eingegangen. Darüber hinaus wird eine kurze Beschreibung des Gründungsvorhabens wiedergegeben. In den Transkripten zu den Interviews mit den Abbrechern und Startern finden sich von den Probanden selbst wiedergegebene ausführlichere Beschreibungen des jeweiligen Gründungsvorhabens. Dabei wurden Passagen, die Rückschlüsse auf den tatsächlichen Fall zulassen könnten, bei allen Transkripten anonymisiert. Auch die Namen der Probanden sowie in den Interviews genannte Namen, Orte oder Firmenbezeichnungen wurden durch frei erfundene Namen und Bezeichnungen ersetzt.

Im Sinne der von GLASER & STRAUSS bzw. von KELLE & KLUGE geforderten möglichst großen Varianz bestimmter Eigenschaften eines sozialen Phänomens bei gleichzeitiger Konstanthaltung anderer Kriterien, kristallisierte sich im Datenmaterial eine große Heterogenität der verschiedenen Abbruchsfälle hinsichtlich Tätigkeitsbereich und Ausbildungshintergrund heraus.[606] Dabei wurde jedoch berücksichtigt, dass die engen Grundvoraussetzungen gemäß der in Kapitel 3.1.2 skizzierten Arbeitsdefinition eingehalten wurden.

---

604 Kelle, U. / Kluge, S. (2010), S. 78.
605 Vgl. Kelle, U. / Kluge, S. (2010), S. 78.
606 Vgl. Kelle, U. / Kluge, S. (2010), S. 48.

Nr.:	Zugehörigkeit zur Probandengruppe:	Alter zum Zeitpunkt der Befragung:	Person:	Teamgründung:	Position / Kurzbeschreibung des Vorhabens
1	Experte	25-30	Herr Dehrer	---	Betriebswirtschaftlicher Gründungsberater bei einer universitären Gründungsinitiative mit Fokus auf universitäre Ausgründungen;
2	Experte	40 – 45	Herr Dr. Taler	---	Geschäftsführer eines Technologiezentrums;
3	Experte	45 – 50	Frau Meisner	---	Betriebswirtschaftliche Gründungsberaterin bei einer Wirtschaftsförderung mit Fokus auf freiberufliche Gründungen;
4	Experte	30 – 35	Herr Klingen	---	Betriebswirtschaftlicher Gründungsberater bei einer staatlichen Institution mit Fokus auf Gründungen aus der Arbeitslosigkeit heraus;
5	Experte	40 – 45	Herr Dr. Niemann	---	Geschäftsführer eines Forschungsinstitutes an einer Universität mit Erfahrung im Bereich der Gründungsberatung;
6	Abbrecher	30 – 35	Herr Dr. Fels	ja	*Ausbildung & evtl. Arbeitserfahrung:* Promovierter Wirtschaftswissenschaftler; *Tätigkeit nach Abbruch:* Nach dem Gründungsvorhaben in einem abhängigen Beschäftigungsverhältnis im Bereich E-Commerce Forschung tätig; *Kurzbeschreibung Gründungsvorhaben:* Gründung wurde im Bereich E-Commerce / Marketing gemeinsam mit zwei weiteren Gründern nach Beendigung der Promotion angestrebt; *Intensität der Verfolgung:* Vorhaben wurde über mehrere Wochen verfolgt; Erkenntnisse der Recherchearbeit mündeten in eine Ideenskizze;
7	Abbrecher	30 – 35	Herr Martin	ja	*Ausbildung & evtl. Arbeitserfahrung:* Studierter Betriebswirt mit Erfahrung im Vertrieb erklärungsbedürftiger Produkte; *Tätigkeit nach Abbruch:* Nach dem Gründungsvorhaben in einem abhängigen Beschäftigungsverhältnis im Bereich Immobilienwirtschaft tätig; *Kurzbeschreibung Gründungsvorhaben:* Gründung wurde im Bereich IT-Vermarktung mit einem weiteren Gründer aus einem abhängigen Beschäftigungsverhältnis heraus angestrebt; *Intensität der Verfolgung:* Vorhaben wurde über knapp ein Jahr verfolgt, inkl. vollständiger Businessplanerstellung;

Nr.:	**Zugehörigkeit zur Probandengruppe:**	**Alter zum Zeitpunkt der Befragung:**	**Person:**	**Teamgründung:**	**Position / Kurzbeschreibung des Vorhabens**
8	Abbrecher	25 – 30	Herr Dr. Sana	nein	*Ausbildung & evtl. Arbeitserfahrung:* Promovierter Ingenieur; *Tätigkeit nach Abbruch:* Nach dem Gründungsvorhaben in einem abhängigen Beschäftigungsverhältnis im Bereich Innovationsmanagement tätig; *Kurzbeschreibung Gründungsvorhaben:* Gründung wurde im Bereich Innovationsmanagement nach Beendigung der Promotion als universitäre Ausgründung angestrebt; *Intensität der Verfolgung:* Vorhaben wurde über mehrere Wochen verfolgt; Erkenntnisse der Recherchearbeit mündeten in eine Ideenskizze; Vorhaben wurde vor Investoren vorgestellt;
9	Abbrecher	30 – 35	Herr Dr. Volkert	ja	*Ausbildung & evtl. Arbeitserfahrung:* Promovierter Chemiker; *Tätigkeit nach Abbruch:* Nach dem Gründungsvorhaben in einem abhängigen Beschäftigungsverhältnis im Bereich Chemie tätig; *Kurzbeschreibung Gründungsvorhaben:* Gründung wurde im Bereich Chemie nach Beendigung der Promotion als universitäre Ausgründung mit zwei weiteren Gründern angestrebt; *Intensität der Verfolgung:* Vorhaben wurde über mehrere Monate verfolgt; Erkenntnisse der Recherchearbeit mündeten in einen Businessplan; Vorhaben wurde vor Investoren vorgestellt; Fördermittel in Form des EXIST-Gründerstipendiums wurden versucht in Anspruch zu nehmen, jedoch ohne Erfolg;
10	Abbrecher	20 – 25	Herr Wehr	ja	*Ausbildung & evtl. Arbeitserfahrung:* Student der Wirtschaftswissenschaft; *Tätigkeit nach Abbruch:* Nach dem Gründungsvorhaben weiterhin Student der Wirtschaftswissenschaft in Vollzeit; *Kurzbeschreibung Gründungsvorhaben:* Gründung wurde im Bereich internetbasierte Dienstleistung während des Studiums mit einer weiteren Gründerin angestrebt; *Intensität der Verfolgung:* Vorhaben wurde über mehrere Wochen verfolgt; Erkenntnisse der Recherchearbeit mündeten in eine Ideenskizze;

Nr.:	**Zugehörigkeit zur Probandengruppe:**	**Alter zum Zeitpunkt der Befragung:**	**Person:**	**Teamgründung:**	**Position / Kurzbeschreibung des Vorhabens**
11	Abbrecher	30 – 35	Herr Schüler	ja	*Ausbildung & evtl. Arbeitserfahrung:* Studierter Betriebswirt mit Erfahrung im Bereich Marketing; *Tätigkeit nach Abbruch:* Nach dem Gründungsvorhaben weiterhin in einem abhängigen Beschäftigungsverhältnis im Bereich Marketing; *Kurzbeschreibung Gründungsvorhaben:* Gründung wurde im Bereich E-Commerce / Marketing gemeinsam mit zwei weiteren Gründern aus einem abhängigen Beschäftigungsverhältnis heraus angestrebt; *Intensität der Verfolgung:* Vorhaben wurde über mehrere Wochen verfolgt; Erkenntnisse der Recherchearbeit mündeten in eine Ideenskizze;
12	Abbrecher	25 – 30	Herr Dugic	nein / ja	*Ausbildung & evtl. Arbeitserfahrung:* Studierter Betriebswirt; *Tätigkeit nach Abbruch:* Nach dem Gründungsvorhaben zunächst Verfolgung weiterer Gründungsvorhaben, dann Wechsel in ein abhängiges Beschäftigungsverhältnis im Bereich Unternehmensberatung; *Kurzbeschreibung Gründungsvorhaben:* Gründung wurde im Bereich Projektmanagement und Unternehmensbeteiligungen nach Beendigung des Studiums angestrebt; dabei wurden mehrere Projekte verfolgt mit Fokus auf einem Projekt im Bereich Chemie, dass mit zwei weiteren Gründern verfolgt wurde; *Intensität der Verfolgung:* Vorhaben wurde über knapp ein Jahr verfolgt; Erkenntnisse der Recherchearbeit mündeten in einen Businessplan; Vorhaben wurde vor Investoren vorgestellt; Fördermittel in Form des EXIST-Gründerstipendiums wurden versucht in Anspruch zu nehmen, jedoch ohne Erfolg;
13	Abbrecher	20 – 25	Herr Venert	ja	*Ausbildung & evtl. Arbeitserfahrung:* Studierter Betriebswirt; *Tätigkeit nach Abbruch:* Nach dem Gründungsvorhaben Verfolgung eines weiteren Gründungsvorhabens im Bereich Internet; *Kurzbeschreibung Gründungsvorhaben:* Gründung wurde nach Beendigung des Studiums im Bereich Internet gemeinsam mit drei weiteren Gründern angestrebt; *Intensität der Verfolgung:* Vorhaben wurde über mehrere Monate verfolgt; Erkenntnisse der Recherchearbeit mündeten in einen Businessplan; Fördermittel in Form des EXIST-Gründerstipendiums wurden in Anspruch genommen;

Nr.:	Zugehörigkeit zur Probandengruppe:	Alter zum Zeitpunkt der Befragung:	Person:	Teamgründung:	Position / Kurzbeschreibung des Vorhabens
14	Abbrecher	30 – 35	Herr Dr. Gregor	ja	*Ausbildung & evtl. Arbeitserfahrung:* Promovierter Sicherheitstechniker; *Tätigkeit nach Abbruch:* Nach dem Gründungsvorhaben in einem abhängigen Beschäftigungsverhältnis im Bereich Benutzerfreundlichkeit tätig; *Kurzbeschreibung Gründungsvorhaben:* Gründung wurde im Bereich Benutzerfreundlichkeit gemeinsam mit einem weiteren Gründer angestrebt; *Intensität der Verfolgung:* Vorhaben wurde über mehrere Monate verfolgt; Erkenntnisse der Recherchearbeit mündeten in einen Businessplan; Vorhaben wurde vor Investoren vorgestellt;
15	Abbrecher	20 – 25	Herr Asal	nein	*Ausbildung & evtl. Arbeitserfahrung:* Student der Wirtschaftswissenschaft; *Tätigkeit nach Abbruch:* Nach dem Gründungsvorhaben weiterhin Student der Wirtschaftswissenschaft in Vollzeit; *Kurzbeschreibung Gründungsvorhaben:* Gründung wurde im produzierenden Gewerbe neben dem Studium allein angestrebt; *Intensität der Verfolgung:* Vorhaben wurde über mehrere Monate verfolgt; Erkenntnisse der Recherchearbeit mündeten in eine Ideenskizze;
16	Abbrecher	20 – 25	Herr Kabodi	ja / nein	*Ausbildung & evtl. Arbeitserfahrung:* Studierter Betriebswirt mit Erfahrung im Bereich der Gründungsberatung; *Tätigkeit nach Abbruch:* Nach dem Gründungsvorhaben Verfolgung eines weiteren Gründungsvorhabens im Bereich Lebensmittelchemie; *Kurzbeschreibung Gründungsvorhaben:* Gründung wurde im Bereich Crowdinvesting nach Beendigung eines abhängigen Beschäftigungsverhältnisses gemeinsam mit zunächst einem weiteren Gründer, später alleine, angestrebt; *Intensität der Verfolgung:* Vorhaben wurde über mehrere Monate verfolgt; Erkenntnisse der Recherchearbeit mündeten in einen Businessplan; Fördermittel in Form des EXIST-Gründerstipendiums wurden versucht in Anspruch zu nehmen, jedoch ohne Erfolg;

Nr.:	Zugehörigkeit zur Probandengruppe:	Alter zum Zeitpunkt der Befragung:	Person:	Teamgründung:	Position / Kurzbeschreibung des Vorhabens
17	Abbrecher	25 -30	Herr Julius	ja	*Ausbildung & evtl. Arbeitserfahrung:* Studierter Betriebswirt; *Tätigkeit nach Abbruch:* Nach dem Gründungsvorhaben in einem abhängigen Beschäftigungsverhältnis in einem anderen Start-Up tätig; *Kurzbeschreibung Gründungsvorhaben:* Gründung wurde im Bereich Umwelttechnik mit zwei weiteren Gründern nach Beendigung des Studiums angestrebt; *Intensität der Verfolgung:* Vorhaben wurde über knapp zwei Jahre verfolgt; Erkenntnisse der Recherchearbeit mündeten in einen Businessplan; Fördermittel in Form des EXIST-Gründerstipendiums wurden in Anspruch genommen; Vorhaben wurde vor Investoren vorgestellt;
18	Abbrecher	45 – 50	Frau Mahnert	ja	*Ausbildung & evtl. Arbeitserfahrung:* Studierte Juristin, Rechtsanwältin; *Tätigkeit nach Abbruch:* Nach dem Gründungsvorhaben in einem abhängigen Beschäftigungsverhältnis im Bereich Wirtschaftsförderung tätig; *Kurzbeschreibung Gründungsvorhaben:* Gründung wurde im Bereich Unternehmensberatung nach Beendigung eines abhängigen Beschäftigungsverhältnisses mit zwei weiteren Gründern angestrebt; *Intensität der Verfolgung:* Vorhaben wurde über mehrere Monate verfolgt; Erkenntnisse der Recherchearbeit mündeten in eine Ideenskizze;
19	Abbrecher	25 - 30	Frau Irina	nein	*Ausbildung & evtl. Arbeitserfahrung:* Studierte Betriebswirtin; *Tätigkeit nach Abbruch:* Nach dem Gründungsvorhaben in einem abhängigen Beschäftigungsverhältnis im Bereich Forschung tätig; Nebenberuflich Unterstützung des Familienbetriebs; *Kurzbeschreibung Gründungsvorhaben:* Gründung wurde im Bereich Internet nach Beendigung des Studiums alleine angestrebt; *Intensität der Verfolgung:* Vorhaben wurde über mehrere Wochen verfolgt; Erkenntnisse der Recherchearbeit mündeten in eine Ideenskizze;
20	Starter	30 – 35	Herr Dr. Schloss	ja	Promovierter Ingenieur; Geschäftsführer des selbst gegründeten Unternehmens im Automotivebereich;
21	Starter	30 – 35	Herr Dr. Dasing	ja	Promovierter Sicherheitstechniker; Geschäftsführer des selbst gegründeten Beratungsunternehmens im Bereich Sicherheitstechnik;

Nr.:	Zugehörigkeit zur Probandengruppe:	Alter zum Zeitpunkt der Befragung:	Person:	Teamgründung:	Position / Kurzbeschreibung des Vorhabens
22	Starter	30 - 35	Herr Dr. Schürle	ja	Promovierter Sicherheitstechniker; Geschäftsführer des selbst gegründeten Beratungsunternehmens im Bereich Sicherheitstechnik;
23	Starter	55 - 60	Herr Samarus	ja	Studierter Pädagoge; Geschäftsführer des selbst gegründeten Unternehmens im Bereich Beratung, Coaching und Therapie;

Tabelle 13: Übersicht über die geführten Interviews mit Experten, Abbrechern und Startern

5.2 Das Phänomen des Abbruchs von Gründungsvorhaben: Empirische Erkenntnisse

Die Analyse der empirischen Daten erfolgte auf Basis der im Zuge der Datenanalyse erstellten Codings. Während der Analyse wurde schnell deutlich, dass sich viele Aussagen der befragten Abbrecher stark ähnelten. Andere Merkmale, Aussagen und Situationen wurden hingegen von den Abbrechern höchst unterschiedlich beschrieben. Daher bietet sich im Folgenden eine Trennung der empirischen Erkenntnisse nach Ähnlichkeiten bzw. Analogien auf der einen Seite und Kontrastierungen bzw. Antagonismen auf der anderen Seite an. Diese Vorgehensweise dient dabei auch der Entwicklung von Typologien, die beruhend auf der Analyse der im ersten Schritt erstellten Codings und im zweiten Schritt generierten Subcodes vorgenommen wurde. Daher werden in Kapitel 5.2.1 zunächst die Ähnlichkeiten und Analogien im Datenmaterial beschrieben. Hiernach werden in Kapitel 5.2.2 die Kontrastierungen im Datenmaterial beschrieben, auf denen aufbauend eine Typologie verschiedener Abbrechertypen vorgenommen wurde. In Kapitel 5.2.3 werden die Erkenntnisse aus den Abbrecherinterviews mit den Erkenntnissen aus den Interviews mit der Probandengruppe der Starter gespiegelt.

5.2.1 Ähnlichkeiten und Analogien im Datenmaterial

Durch die intensive Datenanalyse der insgesamt 14 durchgeführten Interviews mit Abbrechern von Gründungsvorhaben wurde schnell deutlich, dass sich die Aussagen in einigen Themengebieten stark ähnelten. Mit Hilfe von ‚MAXQDA‘ konnte durch ein sog. Summary-Grid eine thematische Zusammenfassung der Codings dargestellt und ausgewertet werden. So konnten die folgenden Analogien in den Aussagen aller Probanden gefunden werden, die ein allgemeines Verständnis über den Abbruch von Gründungsvorhaben vermitteln:

- Intensität der Beschäftigung mit dem Gründungsvorhaben
- Abbruch als selbst getroffene Entscheidung
- Abbruch vs. Scheitern – der Abbruch als positive Lebenserfahrung
- Fortführung des Gründungsvorhabens

Diese *allgemeinen* Analogien, die also noch nicht auf konkrete Ursachen für den Abbruch von Gründungsvorhaben hindeuten, werden zunächst in Kapitel 5.2.1.1 beschrieben. Dabei werden die beschriebenen Zusammenhänge mit entsprechenden Zitaten aus dem Datenmaterial belegt. Bei der Skizzierung der allgemeinen Analogien im Datenmaterial, die keine direkten Erkenntnisse hinsichtlich der Abbruchsursachen zulassen, werden dabei nur wenige Zitate als Beleg angegeben. Weitere Belege können aber in den Transkripten nachgelesen werden.

Die Ergebnisse der ausführlichen, vergleichenden Datenanalyse hinsichtlich der Abbruchs*ursachen* werden in Kapitel 5.2.1.2 dargelegt. Diese Zusammenhänge konnten fallübergreifend, d.h. im Datenmaterial zu *jedem* der 14 durchgeführten Abbrecherinterviews, gefunden werden und bilden daher die erste Ergebnisebene der vorliegenden Untersuchung hinsichtlich der Einflussfaktoren auf den Abbruch von Gründungsvorhaben. Eine zweite Ergebnisebene, die die Unterschiede zwischen den einzelnen Fällen im Bezug auf Abbruchsursachen und Motive beschreibt und auf einer kontrastierenden Analyse beruht, wird in Kapitel 5.2.2 ausführlich beschrieben. Eine in zwei Ebenen unterteilte Ergebnisdarstellung ermöglicht dabei die Entwicklung von gegenstandsbezogenen Theorien im Sinne der Grounded Theory, um in einem letzten Schritt beide Ebenen miteinander zu vereinen und eine formale Theorie des Abbruchs von Gründungsvorhaben zu generieren.

Die identifizierten Einflussfaktoren auf die Abbruchentscheidung werden ausführlich mit Zitaten aus dem Datenmaterial belegt, die in den Interviewtranskripten (siehe Daten-CD) nachgelesen werden. Die Einflussfaktoren auf die Entscheidung ein Gründungsvorhaben abzubrechen münden am Ende des Kapitels in ein Abbruchmodell, das die empirischen Erkenntnisse aufgreift und ein wesentlicher Bestandteil der in der vorliegenden Arbeit entwickelten Theorie des Abbruchs von Gründungsvorhaben ist. Die folgenden Kategorien werden dabei beruhend auf dem empirischen Datenmaterial ausführlich behandelt:

- The erosion of strong beliefs – Diskrepanzen zwischen Erwartungen und Realität
- Mangel an Erfolgserlebnissen
- Mangel an ausgleichenden Teamfaktoren

Zunächst werden nun aber die allgemeinen Analogien, die im Datenmaterial festgestellt werden konnten, beschrieben.

5.2.1.1 Allgemeine Analogien im Datenmaterial

Intensität der Beschäftigung mit dem Gründungsvorhaben

Alle befragten Abbrecher geben an, dass sie ihr Gründungsvorhaben ernsthaft, relativ intensiv und über einen relativ langen Zeitraum von mindestens einigen Wochen verfolgt hatten. Die angegebenen Zeiträume variieren dabei wie oben bereits erwähnt zwischen einigen Wochen bis hin zu knapp zwei Jahren. Alle befragten Personen sehen dabei die Selbstständigkeit als echte Alternative zu einem abhängigen Beschäftigungsverhältnis an. Die Probanden verschriftlichten ihre Rechercheleistungen zu einem Ideenpapier oder schrieben einen ausführlichen Businessplan, um potenzielle Kapitalgeber von ihrem Vorhaben zu überzeugen. Sie nahmen dabei mindestens einen Termin bei einer öffentlichen Institution im Bereich der Gründungsberatung wahr, einige der Befragten sogar Termine bei Kapitalgebern. Daher kann festgehalten werden, dass es sich bei allen Fällen um ernsthaft verfolgte Gründungsvorhaben handelt, im Zuge derer Ressourcen allokiert und darüber hinaus öffentliche Förderungen monetärer oder nicht-monetärer Art wahrgenommen wurden.

Abbruch als selbst getroffene Entscheidung

Wie innerhalb der Arbeitsdefinition des Abbruchs von Gründungsvorhaben bereits vermutet wurde, scheint das Niederlegen aller gründungsrelevanten Aktivitäten auch beruhend auf den Erkenntnissen der empirischen Datenanalyse eine selbst getroffene Entscheidung zu sein. Alle Probanden geben an, dass sie die Abbruchentscheidung selbst getroffen hatten, diese also nicht von anderen Personen oder exogenen Faktoren herbeigeführt oder oktroyiert wurde, wie die folgende Aussage von Dr. Sana zeigt:

> *„Und all das, also dass ich nicht mehr so Risikofreund war, mit der familiären Situation, mit dem Arbeitsmarkt und den Angeboten die ich noch hatte, wo ich dann gesagt habe, ich glaub die Selbstständigkeit läuft mir nicht weg ich kann's auch später machen, aber wenn ich jetzt vielleicht in zwei drei Jahren wenn ich den umgekehrten Weg machen will, dann wird's vielleicht ein bisschen schwieriger, dann unterhält man sich natürlich auch mit ein paar Freunden und so und um deren Meinung einzuholen, das hab ich mir irgendwann als Entscheidung gesagt „nee, gehste den Weg" und nachdem das Angebot auch noch kam, hab ich gesagt, mach es. Das war dann die Entscheidung, dass ich es vorerst erst mal nicht mache."*[607]

Die Ursachen für den Abbruch von Gründungsvorhaben scheinen also möglicherweise tatsächlich in der Person des Gründers oder in den Personen des Gründerteams zu liegen, wenn auch äußere Faktoren natürlich Einfluss auf diese wichtige Entscheidung nehmen. Alle Gründer berichten jedoch von einer bestimmten Situation, die als Auslöser für die Herbeiführung dieser Entscheidung

[607] Hr. Dr. Sana, § 31.

fungierte. Beispielsweise schien das Feedback beratender Personen oder Institutionen hierzu einen Beitrag zu leisten. So geben einige der Abbrecher an, dass die kritische Rückmeldung der Gründungsberater dazu führte, dass sie oder das Team intensiv über die Vorgehensweise nachdachten und schließlich zu dem Entschluss kamen, das Vorhaben nicht weiter zu verfolgen, wie die folgende Aussage von Herrn Dr. Fels zeigt:

> *„Und dann war's das so. Das war dann ein sehr schneller Prozess bei uns / schneller Entscheidungsprozess bei uns, das wir dann gesagt haben: „Kennt einer einen Programmierer? Nein? Ok. Könnt Ihr Euch vorstellen, dass wir extern einen suchen, den wir mit ins Boot holen? Als Mitgründer? Nein? Ok. Gut, dann war's das.“*[608]

Andere Auslöser sind mit alternativen Jobangeboten verbunden, die an die Probanden herangetragen wurden. Dies führten dann letztlich dazu, dass das Vorhaben final niedergelegt wurde:

> *„Okay der entscheidende Schritt war, dass ich dann halt von meinem ehemaligen Professor halt ein Stellenangebot gekriegt hatte, was halt für mich sehr interessant war und das war dann der entscheidende Faktor im Prinzip.“*[609]

Somit kann der von LANDIER oder DIOCHON ET AL. skizzierte Aspekt, dass Gründer selbst darüber entscheiden, ob sie das Gründungsvorhaben weiterverfolgen oder aber abbrechen basierend auf den erhobenen Daten bestätigt werden.[610] Der Abbruch von Gründungsvorhaben ist demnach wie vermutet ein aktives Element, das durch die involvierten Personen selbst bestimmt wird.

Abbruch vs. Scheitern – der Abbruch als positive Lebenserfahrung

Die Abbrecher berichteten erstaunlich offen über ihre Erfahrungen sowie den Prozess, der zum Abbruch des Gründungsvorhabens führte. Dies war für den Verfasser der vorliegenden Arbeit insofern überraschend, als dass er zuvor davon ausgegangen war, größere Überzeugungsarbeit hinsichtlich der Auskunftsfreudigkeit der Probanden leisten zu müssen. Vermutet wurde, dass der Abbruch eines Gründungsvorhabens nach vorheriger, intensiver Beschäftigung als negatives Lebensereignis und möglicherweise gar als Scheitern angesehen wurde. Daher wurde mit Hemmnissen hinsichtlich der Auskunftsfreudigkeit über dieses Ereignis gerechnet. Diese Befürchtung war glücklicherweise unbegründet. Erstaunlicherweise bezeichnen die Probanden den Abbruch des Gründungsvorhabens und die vorherige Beschäftigung insgesamt als positives Ereignis und nützliche Erfahrung. Der Abbruch wird fallübergreifend nicht als Scheitern angesehen, wie bspw. die folgende Aussage von Herrn Dugic zeigt:

---

608 Hr. Dr. Fels, § 35.
609 Hr. Dr. Volkert, § 81.
610 Vgl. Landier, A. (2005), S. 3 sowie Diochon, M. et al. (2005b), S. 12.

„Ich sehe die Selbstständigkeit nicht als gescheitert an, weil ich rechtzeitig die Reißleine gezogen habe. Darum sehe ich das ganze Vorhaben nicht als gescheitert an, sondern als große Lebenserfahrung."[611]

Somit können die Aussagen von, DAVIDSSON & HONIG, DIOCHON ET AL. sowie YUSUF bestätigt werden, dass der Abbruch von Gründungsvorhaben vom Scheitern eines Gründungsvorhabens unterschieden werden sollte.[612] Die Probanden scheinen den Abbruch dabei auch deshalb als positives Lebensereignis anzusehen, weil sie durch das Niederlegen der gründungsrelevanten Aktivitäten (weitere) Misserfolge vermeiden konnten, wie die folgende Aussage unterstreicht:

„Es war jetzt etwas Positives, weil ich genau weiß, dass es nicht geklappt hätte. Das Team hat auch nicht weiter gemacht. Die Dinge, die zum Abbruch geführt haben mitunter, haben sich auch bestätigt. Von daher sehe ich das jetzt als positiv, dass ich es abgebrochen habe, ja."[613]

Fortführung des Gründungsvorhabens

Ein weiterer Punkt, der das aktuelle Verständnis des noch wenig erforschten Abbruchphänomens betrifft, bezieht sich auf die Fortführung des Gründungsvorhabens. Wie in der Literaturanalyse gezeigt werden konnte, besteht aktuell insbesondere in der deutschsprachigen Literatur die Ansicht, dass der Abbruch von Gründungsvorhaben maßgeblich durch externale Faktoren bestimmt wird, die bspw. die Nachfrage, die Ertragserwartungen oder das benötigte Kapitel betreffen.[614] Den innerhalb der vorliegenden Untersuchung befragten Abbrechern ist hingegen jedoch die Auffassung gemein, dass das Gründungsvorhaben nicht nur als ‚nicht-gescheitert' angesehen wurde, sondern vielmehr eine Fortführung trotz widerer Umstände möglich gewesen wäre. Zwar äußern einige der Probanden, dass sicherlich auch „Rahmenbedingungen"[615] ihre Entscheidung, das Vorhaben niederzulegen, beeinflusst haben. Jedoch zeigen sich die Probanden fallübergreifend einig darüber, dass diese externalen Hemmnisse, Probleme oder Herausforderungen mit Mehraufwand, Passion, Beharrlichkeit oder externalen Ressourcen hätten überwunden werden können, wie bspw. die folgende Aussagen zeigt:

„Ja, es hätte gebraucht, dass ich halt relativ zügig ein passendes Team gefunden hätte. Wo ich mich wohl gefühlt hätte, wo ich das Gefühl gehabt hätte, wir gehen gemeinsam im Team nach vorn. Zum Nutzen halt eben der Gesellschaft. Das wären für mich die Rahmenbedingungen gewesen. Das war zum Teil noch gegeben. Aber halt nicht stark genug. Also ich hätte jemanden

611 Hr. Dugic, § 29.
612 Vgl. Diochon, M. et al. (2005b), S. 12, Davidsson, P. / Honig, B. (2003), S. 304 sowie Yusuf, J.-E. (2010), S. 1.
613 Hr. Julius, § 37.
614 Vgl. u.a. Werner, A. (2011).
615 Hr. Julius, § 25.

direkt in meiner Nähe gebraucht, also in Anführungszeichen. Also so ein erweitertes Netzwerk hatte ich ja und war soweit sage ich mal in einer sehr guten Position, so gesehen. Aber das reichte mir halt zugegebenermaßen nicht aus."[616]

Die Aussage zeigt, dass Frau Mahnert durchaus einen Weg gesehen hätte, wie ihr Gründungsvorhaben noch hätte weiter verfolgt werden können, z.B. durch ein ihr ‚erweitertes Netzwerk', dass externale Hemmnisse hätte überwinden können. Doch ihr persönlich reichte diese Möglichkeit nicht aus, so dass sie aus einer eigenen Entscheidung heraus das Gründungsvorhaben abbrach. Diese Aussage unterstreicht die Freiwilligkeit der Abbruchentscheidung. Demnach scheinen möglicherweise vor allem endogene, in der Person der Abbrecher begründete Faktoren dazu zu führen, dass ein Gründungsvorhaben abgebrochen wird. Doch welche Ursachen liegen dieser Entscheidung zugrunde? Die Beantwortung dieser Frage ist Aufgabe der folgenden Kapitel.

5.2.1.2 Ursachen für den Abbruch von Gründungsvorhaben

„The erosion of strong beliefs"[617] *– Diskrepanzen zwischen Erwartungen und Realität*

Diese von TOWNSEND ET AL. getätigte Vermutung, dass ein Rückgang – oder die Erosion – des vormals starken Glaubens an das Gründungsvorhaben eine Ursache dafür sein könnte, dass ein Gründungsvorhaben abgebrochen wird, lieferte bereits im theoretischen Teil der vorliegenden Arbeit interessante Hinweis auf mögliche Abbruchsursachen. Durch das empirische Datenmaterial kann diese Erkenntnis von TOWNSEND ET AL. bekräftigt werden. Die Probanden geben fallübergreifend verschiedene Hinweise darauf, dass sich über den Zeitraum der Beschäftigung mit dem Gründungsvorhaben die individuellen Vorstellungen bzw. die individuellen Erwartungen über das Vorhaben verändern und dass diese Veränderungen einen direkten Einfluss auf die Abbruchentscheidung ausüben. Demnach scheint eine Diskrepanz zwischen Erwartung und Realität die Abbruchentscheidung möglicherweise tatsächlich zu beeinflussen. Jedoch unterscheiden sich die Ausführungen der Probanden hinsichtlich der Konkretisierung ihrer Vorstellungen bzw. Erwartungen, weshalb auch im Folgenden eine Unterscheidung dieser Diskrepanzen zwischen Erwartungen und Realität auf zwei Ebenen stattfindet: (1) Einige der Probanden berichten davon, konkrete Vorstellungen über die inhaltliche Ausgestaltung des Gründungsvorhaben zu haben; also darüber, wie das Gründungsvorhaben im Bezug auf die Arbeitsweisen und operativen Prozesse inhaltlich umgesetzt werden sollte. (2) Andere Probanden berichten von Erwartungen im Bezug auf die Rahmenbedingungen der Gründungsplanung; z.B. also mit welchem Zeithorizont der Planungsprozess abläuft oder wie die finanzielle Sicherheit gewährleistet werden sollte. Im Folgenden werden diese beiden Ebenen der Diskrepanz zwischen Erwartungen und Realität detailliert diskutiert.

---

[616] Fr. Mahnert, § 61.
[617] Vgl. Townsend, D. M. et al. (2010), S. 200.

(1) Einige der Probanden berichten von einer ganz bestimmten Vorstellung davon, wie das Gründungsvorhaben im Bezug auf ihr individuelles Wertesystem ausgestaltet sein sollte:

> *„Weil ich ganz bestimmte Vorstellungen davon habe, wie man nach außen auftreten sollte, und wie gesagt auch ein ganz bestimmtes Wertesystem habe. Und das entsprach einfach nicht deren Wertesystem. [...] Und hatte da bestimmte Vorstellungen wie bestimmte Dinge laufen sollten, könnten. Und das wollte ich einfach verwirklichen"*[618]

Frau Mahnert gab zu einem späteren Zeitpunkt der Befragung an, dass diese Vorstellung nicht in der Realität von ihr umgesetzt werden konnte – sie konnte ihre Vorstellung von der Art und Weise der Umsetzung des Gründungsvorhabens nicht durchsetzen. Diese Diskrepanz zwischen den ursprünglichen Vorstellungen und den tatsächlich in der Realität umsetzbaren Aktivitäten beeinflusste die Probanden stark negativ - so stark, dass sie von dieser Diskrepanz als Antwort auf die Frage, was zum Abbruch des Gründungsvorhabens führte, berichteten. Die folgende Aussage unterstreicht den Einfluss der Wahrnehmung einer solchen Diskrepanz auf die Abbruchentscheidung:

> *„Und das war auch genau der Punkt, der das aus meiner Sicht schwierig gemacht hat, weil nämlich ein Teampartner, oder genaugenommen eine Partnerin, ja mehr oder weniger andere Vorstellungen davon hatte, wie ich hatte."*[619]

Neben den konkreten Vorstellungen über ein bestimmtes Wertesystem, dass auch über den Außenauftritt transportiert werden sollte, berichtet die Probandin auch von einer bestimmten operativen Arbeitsweise, die sie verwirklichen wollte und die im Kern des Gedankens stand, sich selbstständig zu machen. Die folgende Aussage ist ein Teil von Frau Mahnerts Antwort auf die Frage, warum sie sich selbstständig machen wollte:

> *„Also mit meinen Ideen und weil ich ganz bestimmte Vorstellungen davon habe, wie man Dinge gut tun kann. Also zum Beispiel ganzheitlicher Beratungsansatz. Und da gab's noch nicht so viele am Markt. Und da habe ich gedacht, da wäre noch eine Lücke da."*[620]

Diese Aussage unterstreicht die Bedeutung, die diese bestimmte Vorstellung für die Probandin und ihr Vorhaben hatte. Dabei spielt auch der Teamgedanke eine wichtige Rolle. Für die Probandin ist es von enormer Bedeutung, sich im Team mit zwei weiteren Personen zu gründen, um so das Risiko, das ihrer Meinung nach als ‚Einzelkämpferin' anfallen würde, zu minimieren. Die potenziellen Partner des Gründungsvorhaben hatten jedoch in vielen Bereichen andere Vorstellungen, bspw. hinsichtlich des Außenauftritts oder auch, wie gleichberechtigt die Partner sein sollten. Der Umstand, dass sich Frau Mahnert in jedem Falle im Team selbstständig machen wollte, allerdings ihre

618 Fr. Mahnert, § 21 sowie § 51.
619 Fr. Mahnert, § 9.
620 Fr. Mahnert, § 13.

Vorstellungen innerhalb ihres Teams nicht durchsetzen konnte, erschwerte die Umsetzung ihrer konkreten Vorstellungen. Aus der Tatsache, dass sie ihre Vorstellungen nicht umsetzen konnte, resultierte die Entscheidung, das Vorhaben abzubrechen und in ein abhängiges Beschäftigungsverhältnis zu wechseln:

„Int: Wie kam es denn dazu, dass Du dann gesagt hast: Nee, mache ich doch nicht?

M: Es kam dazu, weil mir die Kollegin, die ist in einer Partnerschaft mit jemand anderem noch, und die verfolgt einfach ein anderes Wertesystem. Sagen wir mal so. Das stellte sich glücklicherweise noch vor der Gründung heraus. Sprich, ich wollte ja mein Ding machen. Es war dann faktisch so, dass ich mich dann dem Duktus von ihr und ihrem Kollegen unterordnen sollte. Und das dann so machen, wie die beiden sich das dann vorgestellt haben. Also in dem Mantel. Und genau das wollte ich nicht mehr tun. Weil ich ganz bestimmte Vorstellungen davon habe, wie man nach außen auftreten sollte, und wie gesagt auch ein ganz bestimmtes Wertesystem habe.“[621]

Dr. Fels berichtet ebenfalls von konkreten Vorstellungen über sein Geschäftsmodell und die operative Umsetzung des Gründungsvorhabens. So wollte er gemeinsam mit zwei Partnern eine Internetplattform für IT-gestützte Werbemaßnahmen gründen, die basierend auf bestimmten Algorithmen automatisiert Maßnahmen für die Kunden generiert. Jedoch fehlten dem Gründerteam die entsprechenden IT-Kenntnisse. Dr. Fels ging jedoch a priori davon aus, dass diese Kenntnisse leicht eingekauft werden konnten und rechnete nicht mit einem kritischen Feedback der Gründungsberatung, die er im Laufe des Prozesses aufsuchte:

„Da waren wir der Meinung, dass das evtl. möglich ist. Auch vor dem Hintergrund, dass wir die Geschichte von den beiden Fritz-Cola Gründern im Hinterkopf haben, die natürlich von dem Brauprozess – oder ich weiß gar nicht ob man bei Limonade von Brauprozess spricht – aber eben von dieser Brauereigeschichte null Ahnung haben. Aber die haben sich einfach eine Brauerei gesucht, die denen ihr Kernprodukt herstellen. Die beiden Gründer haben überhaupt keine Ahnung wie das hergestellt wird, die machen das Marketing, die machen den Vertrieb, und es ist trotzdem eine Erfolgsgeschichte geworden. Ja, und wenn man sowas dann im Hinterkopf hat, denkt man sich: „OK, ist so etwas übertragbar auf den Softwarebereich? Kann man sich einfach in irgendwelchen osteuropäischen Ländern die Programmierkunst zukaufen und sagen macht uns das so und so? Und wir gehen dann hier in die Vermarktung und in den Ver-

621 Fr. Mahnert, § 21.

trieb etc. pp." Und da war dann nach unserem Verständnis das Feedback dann schon so, dass das eigentlich keinen Sinn macht im Programmierbereich."[622]

Diese Diskrepanz zwischen der ursprünglichen Vorstellung des Geschäftsmodells und den Schwierigkeiten, dieses in der Realität umzusetzen, führte nach Angaben von Herrn Dr. Fels zum Abbruch des Gründungsvorhabens:

> *„Natürlich war an mancher Stelle erst einmal ein bisschen Frustration da, weil manche sich da ein positiveres Feedback erhofft hatten. Aber am Ende des Tages hatten wir dann aber doch [...] alle eingesehen, dass es durchaus ein gutes Feedback war, weil's einfach ein ehrliches Feedback war. Und dann hatte sich das dann eigentlich auch an dem Samstag erledigt. Da haben wir dann auch nie wieder was dran gemacht. Also es war dann einfach auch damit abgehakt. Und dann war's das so. Das war dann ein sehr schneller Prozess bei uns / schneller Entscheidungsprozess bei uns, das wir dann gesagt haben: „Kennt einer einen Programmierer? Nein? Ok. Könnt Ihr Euch vorstellen, dass wir extern einen suchen, den wir mit ins Boot holen? Als Mitgründer? Nein? Ok. Gut, dann war's das."*[623]

Auch Frau Irina berichtet von einer Diskrepanz zwischen ihren ursprünglichen Vorstellungen und der in der Realität umsetzbaren Ausgestaltung ihres Gründungsvorhabens. Sie berichtet davon, dass sie bestimmte innovative Features auf einer selbst entwickelten Online-Plattform für bestimmte Konsumentenprodukte etablieren wollte. Diese Vorstellung deckte sich jedoch nicht mit der Realität:

> *„Ich hab mir vorgestellt, dass ich mich mit der Sache beschäftige und dass das Spaß macht. Diese Modelle, den Sammelwert zu erstellen, die Leute auf die Plattform zu bringen. Und die anderen Sachen, die eigentlich bei einer Gründung wichtig sind, also gucken das die Umsätze stimmen, gucken, dass man irgendwelche Features, die man vielleicht ganz toll findet, die aber kein Geld bringen, nicht verfolgen sollte."*[624]

Die Probandin gibt an, dass sie, nachdem sie diese Diskrepanz wahrgenommen hatte, das Vorhaben immer weniger intensiv verfolgte und schließlich nach einigen Wochen abbrach. Dies bekräftigt vor allem den von TOWNSEND ET AL. vermuteten Einfluss, den eine dynamische Veränderung der individuellen, konkreten Vorstellungen während der Nascent Entrepreneurship-Phase auf die Abbruchentscheidung ausübt. TOWNSEND ET AL. sprechen dabei von ‚strong beliefs', also einer starken, bestimmten bzw. konkreten Vorstellung davon, wie ein Gründungsvorhaben ausgestaltet sein sollte. Am Ende dieses Abschnittes über die Diskrepanz zwischen Erwartungen und Realität wird eine

---

622 Hr. Dr. Fels, § 33.
623 Hr. Dr. Fels, § 35.
624 Fr. Irina, § 37.

ausführliche Diskussion der empirischen Erkenntnisse mit den zuvor in der Literaturanalyse identifizierten theoretischen Überlegungen stattfinden.

(2) Neben diesen sehr konkreten Vorstellungen und Erwartungen hinsichtlich der inhaltlichen Ausgestaltung des Gründungsvorhabens führt bei einigen Probanden auch schon eine Diskrepanz zwischen weniger konkreten Vorstellungen und der Realität zum Abbruch des Gründungsvorhabens. So geben einige der Probanden an, dass sie a priori bestimmte Vorstellungen oder auch Erwartungen über gewisse Rahmenbedingungen des Gründungsvorhabens hatten, im Zuge der Beschäftigung mit dem Gründungsvorhaben jedoch feststellen mussten, dass diese Erwartungen so nicht realisierbar waren. So gibt bspw. Herr Dr. Sana an, dass er in seiner Selbstständigkeit eine gewisse Sicherheit im Bezug auf die finanziellen Rahmenbedingungen erwartete:

> *„Der Anspruch war nämlich, dass ich eine gewisse Sicherheit in meiner Selbstständigkeit haben wollte. Was totaler Bullshit ist, weil Selbstständigkeit ist mit Risiko behaftet und wenn es kein Risiko hätte (...) würde sich ja jeder selber Selbstständig machen. Und trotzdem erwartet man dahinter irgendwie eine gewisse Sicherheit. Und deshalb / Natürlich war es schwerer, keine Frage, wobei meine Ansprüche dahinter nicht richtig waren oder auch anders waren, die für eine Selbstständigkeit nicht passen, meines Erachtens nicht."*[625]

Diese Aussage von Herrn Dr. Sana zeigt, dass eine bestimmte Diskrepanz zwischen den a priori explizit oder implizit formulierten Erwartungen an ein Gründungsvorhaben und den tatsächlichen, realen Gegebenheiten einen erheblichen Einfluss auf die Abbruchentscheidung zu haben scheint. Dr. Sana bezieht auch Stellung dazu, dass seine Erwartungen bzw. seine ‚Ansprüche' nach eigener Auffassung für eine Selbstständigkeit nicht die ‚richtigen' waren. Dies unterstreicht die beschriebene Diskrepanz zwischen ursprünglichen Vorstellungen und der Realität, die für den Proband so bedeutsam gewesen sein muss, dass er sie im Interview als eine der Ursachen dafür angibt, dass er das Gründungsvorhaben abbrach. Die folgende Aussage im direkten Anschluss an die oben dargelegte Interviewsequenz unterstreicht diesen Einfluss auf die Abbruchentscheidung:

> *„Je mehr ich mich damit beschäftigt habe, desto mehr war ich davon überzeugt. Total banal, bescheuert. Eigentlich hätte ich es machen müssen, weil von der Idee bin ich immer noch überzeugt, dass es klappt. Nur die Randbedingungen, Faktoren die dann eine Rolle gespielt haben und die Erwartungen die ich seinerzeit hatte, die ich an meine private und mein Privatumfeld*

---

[625] Hr. Dr. Sana, § 49.

hatte, dass ich diese Sicherheit haben wollte, familiäre Geschichten eben, ne? Die haben einfach zu der Entscheidung vor allem geführt."[626]

Hervorzuheben ist an dieser Stelle die innerhalb des theoretischen Teils aufgestellte Vermutung, dass die Ursachen für den Abbruch von Gründungsvorhaben offenbar nur bedingt etwas mit exogenen oder betriebswirtschaftlichen Faktoren wie z.B. ‚Mangel an Nachfrage' zu tun haben. So verweist bspw. Herr Dr. Sana explizit darauf, dass vielmehr seine individuellen Vorstellungen hinsichtlich der von ihm erwarteten Randbedingungen einen Einfluss auf seine Abbruchentscheidung hatten. Dies bekräftigt die in den Arbeitsthesen festgehaltene Vermutung, dass der Abbruch von Gründungsvorhaben weniger mit betriebswirtschaftlichen Faktoren verbunden ist, sondern die Entscheidung maßgeblich von Faktoren beeinflusst wird, die in der Gründerperson liegen.

Auch Herr Asal berichtet von einer Diskrepanz zwischen ursprünglichen Erwartungen hinsichtlich der finanziellen Rahmenbedingungen und der Realität. Konkret erwartete er von einem guten Bekannten und potenziellen Geschäftspartner eine persönliche Bürgschaft zur Absicherung seines Gründungsvorhabens. Dies hätte für Herrn Asal eine erhebliche Minderung des Risikos bedeutet, dass er mit einer Unternehmensgründung im produzierenden Gewerbe verbunden hatte. Doch die von ihm erwartete Bürgschaft kam nicht in der erwarteten Form zustande, so dass eine Diskrepanz zwischen Erwartung und Realität entstand, was an der folgenden Antwort auf die Frage, was er heute anders machen würde, ersichtlich wird:

„Ich würde von vornerein versuchen, ja die Fronten besser zu klären, wirklich zu gucken, was hab ich, was krieg ich von anderen Leuten, dass da nicht wieder so ein Missverständnis entsteht, weil das ist dann wirklich ein ganz schöner Dämpfer, wenn man mit Sachen rechnet, die dann aber von einer anderen Person anders verstanden worden und dann läuft da was schief."[627]

Herr Asal berichtet im weiteren Verlauf des Interviews davon, dass er das Vorhaben doch noch hätte umsetzen und sicherlich mehr Zeit und Elan in Recherche und Ausgestaltung hätte investieren können. Jedoch scheint die Diskrepanz zwischen den ursprünglichen Erwartungen und der Realität so groß zu sein, dass das Gründungsvorhaben abgebrochen wurde.

„Int: Ich sag mal, also du hast gerade schon gesagt. Hättest du mehr tun können um das Gründungsvorhaben doch noch umzusetzen? #00:12:51#

[626] Hr. Dr. Sana, § 57.
[627] Hr. Asal, § 81.

A: *Ja das auf jeden Fall. Also in der Hinsicht / ich hätte mich mehr in Französisch reinknien können, ich hätte mich öfter mit Leuten treffen können, die davon natürlich Ahnung haben einmal von dieser Gründung. Ich denke, hätte ich ein persönliches Gespräch mit der IHK gehabt, hätte das vielleicht irgendwie weitergeholfen. Dann gibt es ja eine Firma mit der ich zusammengearbeitet hätte und mit denen ich mich natürlich auch öfter treffen können und Telefonate führen können, dann wäre da auch irgendwie mehr Elan aufgekommen insgesamt, dann hätte man sich denke ich so eine kleine Dynamik entwickelt und das hab ich aber nicht gemacht.“*[628]

Doch nicht nur der Sicherheitsgedanke spielt für die Probanden eine Rolle bei der Entscheidung, das Vorhaben niederzulegen. Auch der Faktor Zeit scheint für die Befragten von Bedeutung zu sein. So gibt Herr Venert bspw. an, dass er und sein Team geplant hatten, zur Erlangung einer gewissen finanziellen Absicherung relativ schnell das Exist-Gründerstipendium zu beantragen. Sie hatten sich a priori einen Zeitrahmen von drei bis vier Monaten gesetzt, in denen diese Absicherung hätte erreicht werden sollen. Sie stellten jedoch fest, dass dieser ursprünglich erwartete Zeitrahmen nicht zu halten war:

„Die Idee war eigentlich, dass wir relativ schnell, dieses Exist-Stipendium bekommen und das hatte für uns die erste Priorität, weil wir uns ansonsten nicht finanzieren konnten. Und wir dachten das geht relativ schnell, das dauert irgendwie drei, vier Monate und dann ist das Stipendium da und dann haben wir ein Jahr Zeit um diesen / um einen schönen Prototypen zu entwickeln. Ja das war die ursprüngliche Idee und dann ist das eben aus dem Ruder gelaufen.“[629]

Herr Venert gab an, dass die im obigen Zitat beschriebenen Umstände maßgeblich zu der Entscheidung führten, das Gründungsvorhaben aufzugeben. Herr Venert wechselte nach dieser Entscheidung jedoch nicht wie viele der anderen Probanden in ein abhängiges Beschäftigungsverhältnis, sondern widmete sich einem neuen Gründungsvorhaben. Die Verbindung zwischen dieser Diskrepanz zwischen Erwartungen und Realität und der Entscheidung, das Vorhaben abzubrechen, wird von der folgenden Aussage Venerts bekräftigt:

„Also wenn mir damals jemand gesagt hätte, also es war wirklich vor vier Jahren als diese erste Idee kam vor vier Jahren, dass es irgendwie vier Jahre dauert bist Du vielleicht deine erste wirkliche Firma gründest oder so, dann hätte ich es wahrscheinlich sein lassen.“[630]

---

628 Hr. Asal, § 46, 47.
629 Hr. Venert, § 61.
630 Hr. Venert, § 65.

Dies bekräftigt die enge Verbindung zwischen den individuellen Erwartungen an ein Gründungsvorhaben und der Abbruchentscheidung. Der Zeitfaktor spielt dabei auch auf einer weiteren Ebene eine wichtige Rolle, wie unter dem Aspekt ‚Der Mangel an Erfolgserlebnissen' näher diskutiert wird.

Das Datenmaterial und die oben dargelegten Beispiele zeigen, dass die Entscheidung, ein ursprünglich intensiv verfolgtes Gründungsvorhaben noch vor der eigentlichen Gründung abzubrechen, eng mit den Erwartungen verknüpft ist, die die Individuen a priori an das Gründungsvorhaben oder den Prozess stellen. Diese Erkenntnisse stehen dabei mit einigen theoretischen Überlegungen in Einklang, die innerhalb der Literaturanalyse erläutert wurden. Denn wie TOWNSEND ET AL. darstellen, nehmen Individuen erst dann gründungsrelevante Aktivitäten auf, wenn sie daran glauben, dass ihre Handlungen wahrscheinlich zu einem positiven Resultat führen – wobei das potenzielle Resultat gründungsrelevanter Aktivitäten jeweils individuell definiert wird, d.h. nicht zwangsläufig für z.B. quantifizierbare Erträge stehen muss.[631] Sie verfügen also über eine positive Erwartung hinsichtlich der Resultate der von ihnen durchgeführten, gründungsrelevanten Aktivitäten. Werden diese zunächst positiven Erwartungen nicht bestätigt, ergibt sich eine Diskrepanz zwischen ursprünglicher Erwartung und der Realität, wie oben anhand einiger Zitate dargelegt wurde. Wird diese Diskrepanz zu groß, glauben die Individuen in einem zweiten Schritt nicht mehr an den Erfolg zukünftig durchgeführter Aktivitäten. Dies kann dazu führen, dass weitere gründungsrelevante Aktivitäten nicht mehr aufgenommen werden und das Vorhaben abgebrochen wird. In Abbildung 10 werden diese Zusammenhänge zwischen den enttäuschten Wirkungserwartungen und der Entscheidung, das Vorhaben abzubrechen, schematisch dargestellt. Die Darstellung orientiert sich dabei auch an den Ausführungen von TOWNSEND ET AL. zur Resultaterwartung von Individuen, wie sie in Kapitel 3.2.1 dargelegt wurden. Abbildung 10 kann daher als erster Entwurf zur Aufstellung eines Abbruchmodells verstanden werden, wobei auf den gesamten Prozess weitere Faktoren Einfluss nehmen könnten, wie z.B. das individuelle Wertesytem, der persönliche wie fachliche Hintergrund oder auch die klassischen Persönlichkeitsmerkmale nach MCCLELLAND.[632]

---

[631] Vgl. Townsend, D. M. et al. (2010), S. 194. („outcome expectancies").

[632] Vgl. Carland, J. W. et al. (1984), S. 62 sowie McClelland, D. C. (1961).

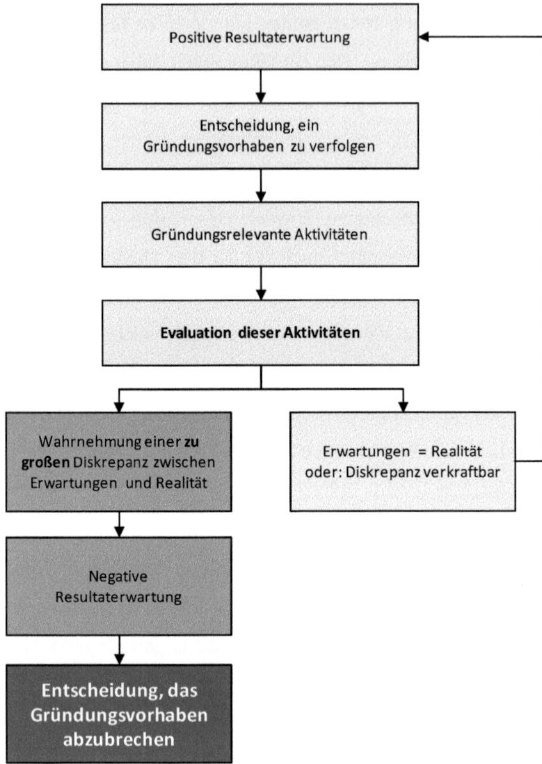

Abbildung 10: Empirische Erkenntnisse I: Einflussfaktoren auf die Abbruchentscheidung[633]

Bei der Entscheidung, ob ein Gründungsvorhaben weiterhin fortgeführt oder aber abgebrochen wird, scheint ein Abgleich zwischen den ursprünglichen Erwartungen und der Realität von besonderer Bedeutung zu sein. Daher lohnt ein Blick in die bereits in Kapitel 3.2.1 skizzierte Erwartungstheorie. Neben TOWNSEND ET AL., die sich mit der individuellen Erwartungshaltung beschäftigen, widmen sich auch NAFFZIGER ET AL. ausführlich den Erwartungen von werdenden Unternehmern. Wie sie 1994 festhalten, wird auch die Entscheidung, in den Gründungsprozess einzusteigen und die Umsetzung eines Gründungsvorhabens aufzunehmen von den individuellen Resultaterwartungen beeinflusst. Dabei zielen NAFFZIGER ET AL. in ihrem Modell explizit auf diese erste wichtige Entscheidung im Vorgründungsprozess, nicht also auf später im Prozess zu treffende Entscheidungen, wie die Abbruchentscheidung. Ein Gründungsvorhaben wird demnach erst dann aufgenom-

633 In Anlehnung an Naffziger, D. W. et al. (1994), S. 33. Eigene Darstellung.

men, wenn eine positive Erwartung hinsichtlich der Resultate des gesamten Vorhabens existiert.[634] Dieser Zusammenhang kann allerdings auch auf weitere Entscheidungen innerhalb des Gründungsprozesses übertragen werden, wie z.B. auf die Abbruchentscheidung. Denn auch diese Entscheidung wird von den individuellen Resultaterwartungen beeinflusst, wie das empirische Datenmaterial zeigt. Nachdem also gründungsrelevante Aktivitäten beruhend auf einer positiven, ersten Resultaterwartung aufgenommen wurden, werden zunächst die erzielten (oder nicht erzielten) Resultate evaluiert. Wird im Zuge dieser Evaluation festgestellt, dass die gewünschten Resultate der durchgeführten Aktivitäten nicht erreicht werden konnten, wird das Gründungsvorhaben dann abgebrochen, wenn die individuell wahrgenommene Diskrepanz zwischen Erwartungen und Realität zu groß ist. Dieser Prozess steht dabei in Verbindung zu der von NAFFZIGER ET AL. beleuchteten Entscheidung, ein Gründungsvorhaben in einem ersten Schritt überhaupt erst aufzunehmen. Diese Entscheidung wird nur dann getroffen, wenn die Erwartungen hinsichtlich der potenziellen Resultate der gründungsrelevanten Aktivitäten positiv sind. Innerhalb eines iterativen Prozesses – idealtypisch dargestellt in Abbildung 10 – werden diese von den involvierten Personen durchgeführten Aktivitäten immer wieder hinsichtlich ihrer Resultate evaluiert. Dabei erfolgt diese Evaluation im Bezug auf die individuellen Erwartungen, die die Individuen a priori an die jeweiligen Resultate hatten. Wird dann im späteren Verlauf des Gründungsprozesses eine Diskrepanz zwischen diesen ursprünglichen Erwartungen und der Realität festgestellt, wird das Gründungsvorhaben abgebrochen – insbesondere dann, wenn die Diskrepanz zu groß ist, um eine positive Resultaterwartung hinsichtlich zukünftiger Aktivitäten aufrechtzuerhalten. Dies zeigen auch Aussagen, wie die folgende von Herrn Venert:

> *„Dann wurde der Antrag einmal abgelehnt und dann haben wir den Antrag nochmal verfeinert und dann wurde er nochmal abgelehnt und dann irgendwann wurde er genehmigt und dieser ganze Prozess ab Teamzusammenstellung bis Antragbewilligung hat dann ein Jahr gedauert. Und da ging dann schon so ein bisschen die Luft raus und das hat sich dann eben fortgesetzt."*[635]

Herr Venert und sein Team nahmen einige Rückschläge bei der Beantragung des Exist-Gründerstipendiums wahr, verfolgten das Vorhaben aber zunächst weiter. Herr Venert brach das Vorhaben erst dann ab, als die Diskrepanz zwischen seinen ursprünglichen Erwartungen an das Vorhaben und der Realität zu groß wurde. Dies wird auch durch seine Antwort auf die Frage, was letztlich zum Abbruch des Gründungsvorhabens führte, verdeutlicht:

> *„Ja also was ich hier schon angedeutet habe, wir haben also eine sehr zähe Vorbereitungsphase gehabt. Am Anfang waren wir da eben bei der Teamfindung noch Feuer und Flamme und*

---

[634] Vgl. Naffziger, D. W. et al. (1994), S. 33 ff.
[635] Hr. Venert, § 19.

dann ging's eben um das Arbeiten, um diese Durststrecke, Antrag usw. Und da hat sich eben gezeigt, dass es das schon mal von vier Leuten im Team zwei gibt die da nicht so richtig mitziehen, wo man ab und zu den Prügel rausholen musste damit irgendetwas kommt. Und das war dann eben sehr, streckendweise sehr demotivierend [...].“[636]

Dabei berichtet Herr Venert auch von zwei weiteren Faktoren, die in den folgenden Abschnitten näher betrachtet werden: Die Wahrnehmung eines Mangels an Erfolgserlebnissen sowie kritische Teamfaktoren. All diese Aspekte wirkten dabei auf die Entscheidung, das Vorhaben abzubrechen – ergaben sich aber nach Aussage Venerts aus der Diskrepanz zwischen seinen ursprünglichen Erwartungen an das Gründungsvorhaben und der Realität, wie anhand des folgenden komprimierten Zitats deutlich wird, das bereits oben ausführlich belegt wurde:

„Die Idee war eigentlich [...] und dann ist das eben aus dem Ruder gelaufen.“[637]

Es kann demnach festgehalten werden, dass die Vermutung einiger Forscher wie z.B. von TOWNSEND ET AL., dass der Abbruch von Gründungsvorhaben eng mit einer Veränderung der individuellen Erwartungshaltung verbunden ist, anhand des empirischen Materials bestätigt werden konnte.[638] Dabei spielen die Erwartungen von Gründern jedoch nicht nur vorab oder in Bezug auf das Gesamtresultat des Vorhabens – z.B. in Form monetär quantifizierbarer Ergebnisse – eine wichtige Rolle. Vielmehr spielt die individuelle Resultaterwartung im Bezug auf unterschiedliche Aspekte, wie z.B. konkrete Erwartungen im Bezug auf Arbeitsweisen oder Erwartungen hinsichtlich finanzieller Rahmenbedingungen, eine wichtige Rolle bei der Entscheidung, das Gründungsvorhaben abzubrechen.

Der Mangel an Erfolgserlebnissen

Der Erfolg ist ein wichtiger Einflussfaktor innerhalb der Entrepreneurship-Forschung. Dabei spielt der Erfolg nicht nur als quantifizierbares Maß eine Rolle. Erfolg ist auch stets ein starker Motivator den Weg der Selbstständigkeit einzuschlagen. So fanden FAUCHART & GRUBER in ihrer qualitativen Studie aus dem Jahr 2011 heraus, dass die Aussicht auf Erfolg ein starker Treiber bei der Entscheidung ist, ein Gründungsvorhaben aufzunehmen.[639] Die Datenbasis der vorliegenden Forschungsarbeit zeigt, dass ein Mangel an Erfolg bzw. ein Mangel an Erfolgserlebnissen auch ein wichtiger Faktor bei der Entscheidung ist, ein Gründungsvorhaben abzubrechen. So berichten die Probanden fallübergreifend davon, dass ein Mangel an Erfolgserlebnissen bei ihnen dazu führte, dass ein Rückgang der eigenen Motivation wahrgenommen wurde, der letztlich mitverantwortlich für den

636 Hr. Venert, § 35.
637 Hr. Venert, § 61.
638 Vgl. Townsend, D. M. et al. (2010), S. 200.
639 Vgl. Fauchart, E. / Gruber, M. (2011), S. 942.

Abbruch des Gründungsvorhabens war. Dabei spielt neben dem reinen Mangel an Erfolgserlebnissen auch der Faktor Zeit eine Rolle. Viele Probanden geben an, dass sie nicht damit gerechnet hatten, dass Erfolgserlebnisse so lange auf sich warten lassen würden. Dr. Gregor berichtet bspw. von einer Durststrecke von ca. einem halben Jahr, in der kaum Erfolgserlebnisse wahrgenommen wurden:

„Aber wenn nach einer gewissen Zeit, nach einem halben Jahr, Jahr nichts klappt, oder nicht so erfolgreich das Ganze nach vorne stößt, ja dann lass ich die Finger davon und das war's, dann muss ich mich festeinstellen lassen und dann ist vorbei. Dann ist auch vorbei mit Idealismus oder mit dieser Kompetenz. Da wird einfach Energie verbraten."[640]

Viele der Probanden berichten von einer solchen Durststrecke. Auch Hr. Julius schildert eine solche Phase, in der er kaum Fortschritte des Gründungsvorhabens erkennen konnte:

„Es war eine sehr große Hilfe, finanziell usw., wegen verschiedenen Sachen, aber es ist viel zu wenig in der Zeit eigentlich passiert. Auch während des Exist-Gründerstipendiums ist letztlich zu viel passiert. Es ist zu viel Zeit ins Land gegangen, ohne dass etwas passiert ist."[641]

Dabei führt die Wahrnehmung einer solchen Durststrecke zu einem Rückgang der Motivation, weitere Aktivitäten durchzuführen, wie das folgende Zitat verdeutlicht:

„Ein ganz großer Punkt ist die Motivation. Es ist äußerst schwierig immer wieder von vorne zu beginnen. Immer wieder sich in neue Ideen einzuarbeiten, einen Businessplan aufzustellen, erst mal die Idee zu verstehen und das Ganze wie gesagt immer wieder von vorne aufzurollen. Das wäre nicht das Problem, wenn es ein Erfolgserlebnis zwischendurch gegeben hätte. Das eine Sache von vorne bis hinten durchgezogen worden wäre. Denn dann hätte man gesagt: OK, hat doch schon mal geklappt, mach ich nochmal. Das ist halt hier nicht der Fall. Hier hat man immer (...) noch nicht mal bis zur Hälfte gearbeitet, der gesamten Strecke, und hat dann zwischendurch aufgehört weil man gesehen hat, es hat nicht funktioniert. Und etwas auf halber Strecke aufzugeben und dann nochmal von vorne zu beginnen, das ist nach einem Jahr sehr zermürbend."[642]

Herr Dugic verfolgte innerhalb eines einjährigen Zeitraums mehrere Gründungsprojekte im Rahmen seines Versuches, sich als Gründungsberater und Beteiligungsmanager selbstständig zu machen. Hierbei stellte er bei vielen der von ihm in dieser Zeit verfolgten Projekten nach einer gewissen Zeit fest, dass die Erfolgserlebnisse, trotz intensiver Arbeit an den Projekten, ausblieben, wodurch er nach ca. einem Jahr den Versuch, sich selbstständig zu machen, beendete. Vorangegangen war eine

640 Dr. Gregor, § 11.
641 Hr. Julius, § 41.
642 Hr. Dugic, § 19.

längere Phase, in der er selbst kaum nennenswerte Erfolgserlebnisse wahrnahm und später einen starken Motivationsrückgang feststellte, wie anhand des oben dargelegten Zitates ersichtlich wird. Erfolg wird von den Probanden dabei individuell und unterschiedlich betrachtet, wie die folgende Aussage von Herrn Venert zeigt:

> *„Aber trotzdem haben wir das eben durchgezogen, das war dann aber mehr so nebenher, den Antrag zu schreiben. Dann wurde der Antrag einmal abgelehnt und dann haben wir den Antrag nochmal verfeinert und dann wurde er nochmal abgelehnt und dann irgendwann wurde er genehmigt und dieser ganze Prozess ab Teamzusammenstellung bis Antragbewilligung hat dann ein Jahr gedauert. Und da ging dann schon so ein bisschen die Luft raus und das hat sich dann eben fortgesetzt."*[643]

Herr Venert nahm demnach auch eine längere Phase ohne konkrete Erfolgserlebnisse wahr. Er und sein Gründerteam versuchten mehrere Male das Exist-Gründerstipendium zu beantragen, die ersten beiden Versuche waren dabei nicht von Erfolg gekrönt. Doch während dieser Phase schien die Motivation von Herrn Venert ausreichend genug zu sein, um weitere gründungsrelevante Aktivitäten durchzuführen. Erst in der Phase, als der dritte Versuch unternommen wurde, bemerkte Herr Venert einen Rückgang seiner Motivation, welcher auch durch die vorherigen missglückten Antragsversuche geprägt war. Obwohl das Stipendium dann doch noch gewährt wurde, sogar also ein Erfolgserlebnis wahrgenommen wurde, führte der vorherige Rückgang der Motivation letztlich zum Abbruch des Gründungsvorhabens.

Auch Herr Julius erläutert, dass die von ihm wahrgenommene längere Phase ohne Erfolgserlebnisse einen Einfluss auf die Abbruchentscheidung hatte:

> *„Ich glaube aber schon, dass es eben schon verschiedene Milestones erreicht werden müssen, das ist ganz klar. Für mich persönlich, das mag auch meine persönliche Einschätzung, aber es muss immer wieder irgendwo einen Schritt geben, der einen weiter hoffen lässt, der einen weiter machen lässt. Und ob's jetzt persönlich ist, weil man sich mit den Leuten so gut versteht, weil das Ganze so gut ankommt, weil man so viel / ich weiß nicht, welche / Erfolge irgendeiner Art zu verbuchen hat. Aber eben, wenn sich das nicht mehr einstellt, dann denke ich sollte man auch selbstkritisch genug sein, um das Ganze dann auch irgendwie abbrechen zu können."*[644]

Die Probanden beschreiben demnach einen Prozess, der über den Mangel an Erfolgserlebnissen zu einem Rückgang der Motivation führt, was wiederum starke Auswirkungen auf die Abbruchentscheidung hat. Wie bereits innerhalb der Literaturanalyse in Kapitel 2.3 dargestellt wurde, vermuten

643 Hr. Venert, § 19.
644 Hr. Julius, § 23.

CARSRUD & BRÄNNBACK, dass ein Zusammenhang zwischen der Motivation und gründungsrelevanten Handlungen besteht. Sie vermuten in ihrem 2011 veröffentlichten Artikel, dass gründungsrelevante Aktivitäten erst dann aufgenommen werden, wenn Individuen entsprechend motiviert sind.[645] Fällt diese Motivation während des Gründungsprozesses weg, besteht Grund zur Annahme, dass weitere, zukünftige Aktivitäten nicht aufgenommen werden – auch wenn vielleicht gewisse ökonomische Ziele oder Interessen (weiterhin) bestehen. So berichtet auch Herr Dugic davon, dass zwar das Ziel sich selbstständig zu machen auch nachdem er einen Mangel an Erfolgserlebnissen wahrgenommen hatte weiterhin vorhanden war. Allerdings weitere Handlungen oder auch das ‚Zurückschrauben' der eigenen Bedürfnisse nur schwierig umzusetzen waren:

„Int: Hättest Du gedacht es wäre einfacher? #00:25:22#

D: Nein (...) nein (...). Ich hätte nicht gedacht / ich dachte / ich war mir sicher, dass harte Zeiten auf mich zukommen, das man sein Ego zurückstellen muss, definitiv. Aber ich hätte nicht gedacht, dass ein konkretes Vorhaben so lange auf sich warten lässt, bzw. nicht zustande kommt. Das ist der Punkt. Also, wie gesagt, Ego, Finanzen, etc. etc. hätte man alles zurückschrauben können, wenn man irgendwelche Meilensteine gesehen und überwunden hätte in dieser Zeit schon mal. Aber das kam nicht zustande. Und dementsprechend / es ist schwer seine persönlichen Bedürfnisse zurückzuschrauben wenn man noch gar kein Erfolgserlebnis hat, geschweige denn eine Richtung vielleicht, und die Richtung immer wieder ändert, wie es halt bei mir war. Das geht halt nicht, das ist halt sehr schwierig."[646]

Wie in Kapitel 3.2.1 beschrieben, kann dieser durch die Probanden beschriebene Prozess in Verbindung mit den Zusammenhängen innerhalb der Motivationsforschung gebracht werden. Dabei hilft der von CARSRUD & BRÄNNBACK beschriebene Goal-Pursuit-Prozess, die einzelnen Faktoren zu ordnen.[647] Die Probanden entscheiden sich innerhalb der ersten Phase dazu, wahrscheinlich ausreichend motiviert und mit relativ klaren Wünschen und Intentionen, ein Gründungsvorhaben aufzunehmen. In der zweiten Phase beginnen sie mit der Initiierung erster gründungsrelevanter Aktionen, die in zielgerichtete Aktivitäten in der dritten Phase münden. Diese Aktivitäten werden in der letzten Phase, der Postaktionsphase, einer Evaluation unterzogen. Innerhalb dieser letzten Phase nehmen die Probanden nur wenige Erfolgserlebnisse wahr. Dieser Mangel an Erfolgserlebnissen bedingt einen Rückgang der individuellen Motivation, was wiederum dazu führt, dass die Motivation, zukünftige Aktivitäten durchzuführen, sinkt. Sinkt die Motivation dabei in einem für die Individuen zu großem Maße, oder wird dieser Mangel an Erfolgserlebnissen über einen sehr langen Zeitraum

---

645 Vgl. Carsrud, A. / Brännback, M. (2011), S. 11 ff.
646 Hr. Dugic, § 24, 25.
647 Vgl. Kapitel 3.2.2.

wahrgenommen, wird das Gründungsvorhaben abgebrochen. Die in Abbildung 10 dargestellten Einflussfaktoren auf den Abbruch von Gründungsvorhaben müssen daher um die Faktoren ‚Mangel an Erfolgserlebnissen' und ‚Motivation' ergänzt werden, da auch sie einen Einfluss auf die Entscheidung haben, ein Gründungsvorhaben abzubrechen. In Abbildung 11 wird diese Ergänzung vorgenommen.

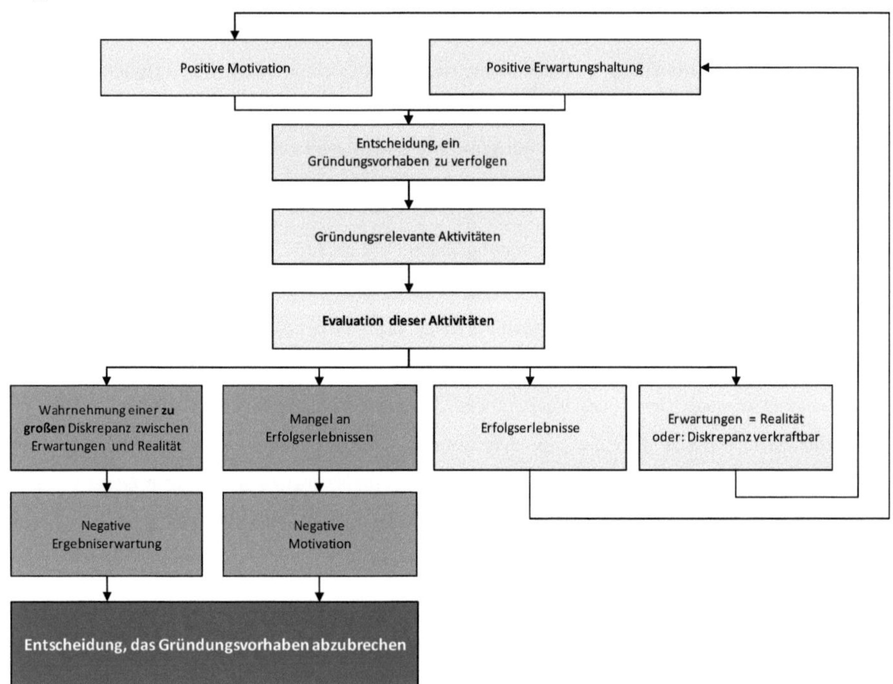

Abbildung 11: Empirische Erkenntnisse II: Einflussfaktoren auf die Abbruchentscheidung

Mangel an ausgleichenden Teamfaktoren

Innerhalb der Entrepreneurship-Forschung bestehen mittlerweile kaum noch Zweifel, dass Gründungsvorhaben, die von einem Gründerteam verfolgt werden, eine höhere Erfolgswahrscheinlichkeit aufweisen, als Vorhaben, die von Einzelpersonen verfolgt werden.[648] Dabei wirkt nicht nur der Ausgleich mangelnder individueller Kompetenzen positiv auf den Erfolg von Gründungsvorhaben, wie z.B. in den Bereichen Know-how, Aufmerksamkeit und Kreativität.[649] Auch persönliche bzw. sozialpsychologische Eigenschaften werden innerhalb eines Teams ausgeglichen, so dass sich er-

648 Vgl. Harper, D. A. (2008), S. 614.
649 Vgl. Harper, D. A. (2008), S. 614.

folgreiche Gründerteams auch hinsichtlich sozialer Aspekte ergänzen.[650] Auch im Bezug auf den Abbruch von Gründungsvorhaben spielen Teamfaktoren eine wichtige Rolle, wie das empirische Material zeigt. So schildern die Abbrecher fallübergreifend, dass es zu Situationen kam, in denen sie sich einen besseren Teamausgleich bzw. den Ausgleich bestimmter Defizite durch Teammitglieder gewünscht hätten – unabhängig davon, ob die Probanden das Gründungsvorhaben alleine oder aber gemeinsam mit anderen verfolgt hatten. Die Abbrecher erläutern, dass sie sich in bestimmten Situationen einen synergetischeren Ausgleich der von ihnen nach eigener Auffassung nur unzureichend abgedeckten Bereiche gewünscht hätten – sowohl auf sozialpsychologischer Ebene, als auch auf Ebene der für das Gründungsvorhaben benötigten rationalen Kompetenzen. Aus diesen fallübergreifenden Aussagen der Gründer ergibt sich die Kategorie ‚Mangel an ausgleichenden Teamfaktoren'.

So berichtet bspw. Frau Mahnert davon, dass sie sich gemeinsam mit zwei weiteren Personen selbstständig machen wollte, jedoch während der gemeinsamen Planung des Gründungsvorhabens kein vertrautes Teamgefühl entstand:

> *„Also wie gesagt, dieses ganze Teamgefühl entstand dann, oder breitete sich dann nicht auf uns drei aus, sondern die zwei gegen mich Neuling, so in der Art. Das war nicht das, wo ich mich so wohl mit fühlte."*[651]

Wenn man, wie Frau Mahnert, konkrete Vorstellungen nicht nur von der Umsetzung des Geschäftsmodells, sondern auch von der Zusammenarbeit im Team hat, setzen damit einige der bereits oben dargelegten Mechanismen ein: Die ursprünglichen Vorstellungen können in der Realität nicht umgesetzt werden, was bei Frau Mahnert erste Gedanken aufkommen ließ, inwieweit das gemeinsame Verfolgen des Gründungsvorhabens weiterhin sinnvoll erscheint:

> *„Und dann dachte ich: Moment, jetzt läuft das in eine ganz falsche Richtung. Also ich wollte eine Partnerschaft auf Augenhöhe und (...) nicht irgendwie so eine Geschichte: Er sagt mir wo's lang geht."*[652]

Frau Mahnert nahm innerhalb ihres Teams demnach keinen Ausgleich bestimmter, vor allem sozialpsychologischer Kompetenzen wahr, so dass dies ihre Motivation beeinträchtige, sich gemeinsam mit diesem Team selbstständig zu machen. Auch Herr Venert beschreibt, dass er einige teaminterne Konflikte wahrnahm, was dazu führte, dass er auch einen Mangel an ausgleichenden Teamfaktoren

650 Vgl. Meves, Y. (2013), S. 18 ff. Für eine überblicksartige Definition von rationaler und sozialpsychologischer Teamheterogenität siehe Kapitel 5.2.3 Abschnitt (3) Kein Mangel an ausgleichenden Teamfaktoren. Anmerkung des Verfassers.

651 Fr. Mahnert, § 23.

652 Fr. Mahnert, § 25.

feststellte. Er schildert verschiedene Situationen, in denen deutlich wurde, dass im Team unterschiedliche Vorstellungen über die Art und Weise der Ausgestaltung des Gründungsvorhabens vorherrschten:

> *„Alle hatten ja mehr oder weniger den Auftrag oder auch die Verpflichtung allein durch dieses Stipendium sich Vollzeit für diese Zeit zu widmen und Vollgas zu geben und das habe ich eben (...). Vom ersten Tag an gab's da eben Probleme immer wieder. Dass dann Leute um drei Uhr nach Hause gegangen sind, weil da was hier was regelmäßig usw./ das war einfach/ direkt war dieses Problem wieder da. Und das hätte eben was ändern können, wenn sich da jetzt / wenn sich da jetzt von vier Leuten/ von diesen vier Leuten haben sich eben nur zwei voll committed und wenn dieses comitten von allen eben da gewesen wäre, das hätte wirklich nochmal eine Änderung geben können. Aber hat es nicht."*[653]

Das durch diese Situation negativ beeinflusste Teamgefühl beeinträchtigt dabei auch Venerts Motivation, sich weiterhin dem Gründungsvorhaben zu widmen. Dabei rekrutierte Herr Venert gemeinsam mit einem vorher privat bekannten Partner zwei weitere Teammitglieder, die den technischen Part des Gründungsvorhabens übernehmen sollten. Nach einem Auswahlprozess konnten zwei Programmierer gefunden werden, die zunächst zum Team zu passen schienen. Angedacht war diese Rekrutierung von weiteren Teammitgliedern, um den Mangel an rationalen Kompetenzen auszugleichen. Doch dieser Teamausgleich kam nicht zustande - im Gegenteil, wie die folgende Aussage zeigt:

> *„Also wir waren eigentlich quasi getrieben durch diese Sache wir brauchen ein heterogenes Team, no matter what. Also wir brauchen einfach Leute die halt da reinpassen. Und wir waren dann eben froh - ist ja heutzutage sehr schwer Informatiker zu finden - wir waren dann eben froh als wir zwei Leute gefunden haben die zumindest behauptet haben, dass sie irgendwie programmieren können und dann war das für uns erledigt und dann haben wir (...). Und dann hat aber der ganze Prozess mit Antrag schreiben ein halbes Jahr gedauert und da gab's dann schon erste Probleme. Sah dann eher so aus, dass die beiden BWLer also mein BWL Kollege und ich, dass wir den Antrag quasi ganz allein geschrieben haben und eben die Informatiker sich ausgeruht haben. Und dann haben erste Teamprobleme angefangen."*[654]

Diese Teamprobleme spitzten sich zu, so dass Herr Venert wahrnahm, dass sich die jeweiligen Teamkompetenzen auf einer rationalen Ebene zwar ausglichen, auf einer sozialpsychologischen Ebene jedoch Konflikte entstanden. Das Team bremste sich auf dieser für die Teamharmonie so wichtigen, sozialpsychologischen Ebene also eher aus, als sich gegenseitig zu unterstützen. Dieser

---

653 Hr. Venert, § 47.
654 Hr. Venert, § 19.

Mangel an Teamausgleich führte dazu, dass die Motivation von Herrn Venert zurückging, sich weiter intensiv dem Gründungsvorhaben zu widmen:

„Und da hat sich eben gezeigt, dass es das schon mal von vier Leuten im Team zwei gibt die da nicht so richtig mitziehen, wo man ab und zu den Prügel rausholen musste damit irgendetwas kommt. Und das war dann eben sehr, streckendweise sehr demotivierend [...].“[655]

Ein nicht vorhandenes Teamgefühl – z.B. ausgelöst durch teaminterne Konflikte - sowie der Mangel an ausgleichenden Teamfaktoren können also dazu führen, dass Individuen einen Rückgang der eigenen Motivation wahrnehmen. Wie wichtig das Teamgefühl dabei insbesondere für solche Gründungsvorhaben ist, bei denen ein Teammitglied rekrutiert wurde, also nicht aus dem persönlichen oder beruflichen Bekanntenkreis stammte, unterstreicht auch der Fall von Herrn Julius. Die späteren Teammitglieder von Herrn Julius suchten während der Vorgründungsphase einen Betriebswirt für die Umsetzung eines naturwissenschaftlich fokussierten Gründungsvorhabens. Nach einem kurzen Auswahlprozess einigten sich die beiden Techniker auf Herrn Julius, der – nach eigener Aussage – das Gründungsvorhaben voller Elan aufnahm und verfolgte. Doch mit der Zeit kam es immer wieder zu teaminternen Konflikten, was dazu führte, dass Herr Julius auf die Frage, was die Ursachen für seine Abbruchentscheidung seien, Teamfaktoren als einen der wichtigsten Punkte hervorhob:

„Es war das persönliche Set-Up in dem Team, was nicht gepasst hat, keine gemeinsamen Ziele. Die Leute sind in verschiedene Richtungen gerannt.“[656]

Interessanterweise waren die Probanden dabei in der Lage, persönliche Teamfaktoren wie z.B. mangelnde Sympathie füreinander, von beruflichen Teamfaktoren zu trennen, wie die folgende Aussage zeigt:

„Es lag (...) letztlich (...) an dem Verständnis, oder an dem Teamspirit der drei Gründer. Während man am Anfang noch das Gefühl hatte, dass man in der gleichen Sprache über die gleichen Sachen spricht, ist es nach einer Zeit dazu gekommen, dass man sich nicht verstanden hat, sich persönlich nicht besonders gut verstanden hat, vor allem professionell. Wir hätten das schon hinbekommen, dieses freundschaftliche, dieses persönliche, oder eben das professionelle voneinander zu trennen. Aber ich glaube, dass es eine ganz andere Zielsetzung gab. Während der eine auf der einen Seite gebremst hat, hat der andere an der anderen Seite Gas gegeben und eben umgekehrt. Also es gab eben überhaupt gar keinen Teamspirit.“[657]

---

[655] Hr. Venert, § 35.
[656] Hr. Julius, § 19.
[657] Hr. Julius, § 19.

Hier wird der teilweise fließende Übergang deutlich zwischen einem nach Auffassung der Probanden nicht ausreichend vorhandenem Teamgefühl und dem Mangel an ausgleichenden Teamfaktoren. Die Teammitglieder steuerten nach Wahrnehmung von Herrn Julius in zwei verschiedene Richtungen. Die Teamkonstellation führte also nicht zu einem Ausgleich verschiedener Kompetenzen, sondern vielmehr zu einem teaminternen Ungleichgewicht, was demotivierend auf Herrn Julius wirkte.

Auch Herr Wehr nahm einen solchen Rückgang der Motivation wahr. Er hatte das Gefühl, dass seine Partnerin – gleichzeitig auch seine Lebensgefährtin – das Gründungsvorhaben nicht ähnlich intensiv und ernsthaft verfolgte wie er:

> *„Also es ist sowieso immer ein bisschen schwer, wenn der eine/ also ich hatte das Gefühl, dass ich es stärker verfolgen wollte als meine Freundin, und alleine hatte ich einfach nicht die Motivation.“*[658]

Die Wahrnehmung eines solchen Ungleichgewichtes führte dabei bei Herrn Wehr dazu, dass er nicht das Gefühl hatte, in dieser Teamkonstellation das Vorhaben erfolgreich weiterführen zu können. In Kombination mit den oben zitierten Aussagen Wehrs führte dieser Rückgang der Motivation zum Abbruch des Gründungsvorhabens.

Doch auch Probanden, die ihr Gründungsvorhaben allein verfolgten, berichten von einem Mangel an ausgleichenden Teamfaktoren, der wiederum zu einem Rückgang der persönlichen Motivation führte. Herr Asal schildert bspw. eine Situation als besonders prägend, in welcher ein wichtiger Partner seines Gründungsvorhabens die Zusammenarbeit niederlegte:

> *„Also die „krasseste“ Situation war die, wo dann klar wurde dass wir uns von Anfang an falsch verstanden hatten, glaub ich. Also das er gesagt hat okay er bürgt für alles und ich würde dadurch ja einfach an einen Kredit kommen, das wäre für mich dann ja eine ganz einfache Sache gewesen und er mir dann aber gesagt hat, ne so viel kann er dafür gar nicht aufbringen. Also es würde innerhalb dieser GmbH könnten die das gar nicht genehmigen. Und das war dann für mich so ein Rückschlag. Dann hab ich mir gedacht, okay dann ist es das auch nicht.“*[659]

Obwohl Herr Asal sein Gründungsvorhaben alleine verfolgte, baute er stark auf ausgleichende, rationale Kompetenzen eines Geschäftspartners, der für ihn vor allem eine bestimmte finanzielle Sicherheit gewährleisten sollte. Nachdem Herr Asal jedoch wahrnahm, dass der Partner ihm diese

---

[658] Hr. Wehr, § 35.

[659] Hr. Asal, § 55.

finanzielle Sicherheit nicht bieten konnte, nahm er einen Rückschlag war, der letztlich sogar zum Abbruch des Gründungsvorhabens führte. Auch Frau Irina schildert einen mangelnden Ausgleich rationaler Teamkompetenzen, der bei ihr letztlich zu einer gewissen Unsicherheit bzgl. ihres Gründungsvorhabens führte. Sie berichtet davon, dass ihr selbst insbesondere im Bereich der Programmierung wichtige Kompetenzen fehlten, die nicht durch ein Teammitglied hätten ausgeglichen werden können, da Frau Irina ihr Gründungsvorhaben allein verfolgte:

> *„Ich war, ich weiß nicht, zu dem Zeitpunkt auch ziemlich unsicher in mir. Was heißt unsicher, aber eben ob das klappt oder nicht. Der T. hat ja auch was dazu gesagt und die anderen. Und ich hatte wie gesagt keine Person, die halt diese Fehlkompetenzen ausfüllt, also das Programmieren und so, und auch mit so einem Feuer dabei ist, wie ich das war.“*[660]

Somit deuten auch die Aussagen von Abbrechern, die ihr Gründungsvorhaben alleine verfolgten, darauf hin, dass ein Mangel an ausgleichenden Teamfaktoren zu einem Rückgang der individuellen Motivation führt und somit einen direkten, teilweise starken Einfluss auf die Entscheidung hat, ein Gründungsvorhaben abzubrechen.

Die demotivierenden Auswirkungen solcher Teamfaktoren wurden dabei auch durch andere Forschungsarbeiten bestätigt. So konnten CHEN ET AL. 2011 zeigen, dass teaminterne Konflikte zu starken zwischenmenschlichen Spannungen führen, die demotivierend auf die Teammitglieder wirken.[661] Dabei kann der Rückgang der Motivation als Verbindung zwischen der Wahrnehmung eines Mangels an ausgleichenden Teamfaktoren und der Abbruchentscheidung angesehen werden: Wird ein solcher Mangel wahrgenommen, führt dies zu einem Rückgang der Motivation. Dieser Motivationsrückgang, beruhend auf Erfahrungen bereits durchgeführter Handlungen, führt dazu, dass Individuen nicht mehr ausreichend motiviert sind um zukünftige Aktivitäten aufzunehmen, so dass das Gründungsvorhaben abgebrochen wird. Der Aspekt des Mangels an ausgleichenden Teamfaktoren kann daher ebenfalls in das Modell der Einflussfaktoren auf die Abbruchentscheidung aufgenommen werde, wie Abbildung 12 veranschaulicht.

Abbildung 12 zeigt die Erkenntnisse aus diesem Abschnitt sowie aus dem gesamten Kapitel 5.2.1.2. Dieses Diagramm kann beruhend auf den entdeckten Analogien im Datenmaterial als erster Modellentwurf zum Abbruch von Gründungsvorhaben verstanden werden. Im folgenden Zwischenfazit werden die wichtigsten Erkenntnisse aus diesem Modell noch einmal aufgegriffen und in ein erstes Teilergebnis der vorliegenden Untersuchung überführt.

---

660 Fr. Irina, § 47.
661 Vgl. Chen, G. et al. (2011), S. 543.

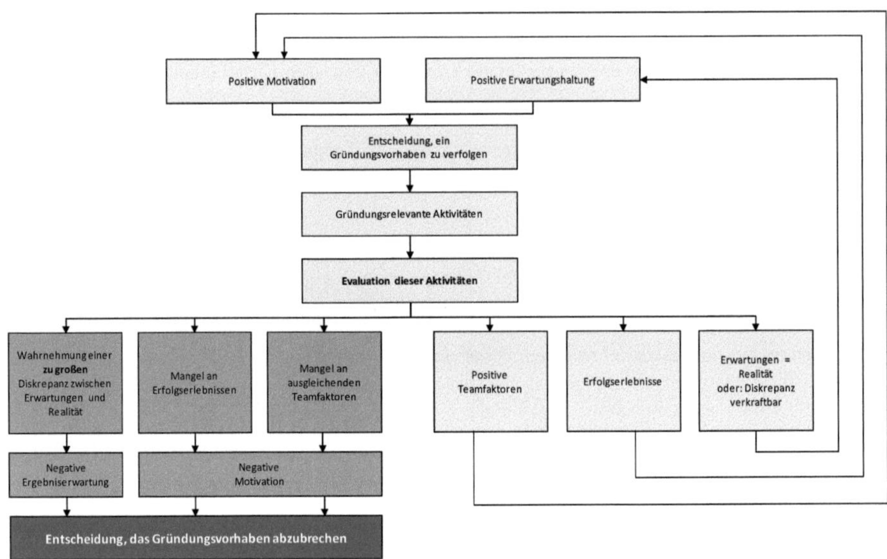

Abbildung 12: Empirische Erkenntnisse III: Einflussfaktoren auf die Abbruchentscheidung

5.2.1.3 Zusammenfassung der Erkenntnisse: Analogien im Datenmaterial

In den Kapiteln 5.2.1.1 und 5.2.1.2 wurden die im empirischen Datenmaterial entdeckten fallübergreifenden Analogien hinsichtlich der Besonderheiten und Ursachen des Abbruchs von Gründungsvorhaben dargestellt und mit verschiedenen theoretischen Überlegungen in Verbindung gesetzt. Zum besseren Verständnis des Abbruchs von Gründungsvorhaben wurde dabei auch auf die allgemeinen Auffälligkeiten im Datenmaterial eingegangen.

So scheint, wie bereits vermutet wurde, der Abbruch eines Gründungsvorhabens eine von den Individuen selbst und freiwillig getroffene Entscheidung zu sein, die von den Probanden zwar mit externalen Randbedingungen in Verbindung gebracht, aber letztlich vor allem durch internale Faktoren beeinflusst wird. Die Entscheidungstheorie konnte hier das theoretische Fundament liefern, das dabei hilft, diesen Prozess besser zu verstehen und die empirischen Erkenntnisse einzuordnen. Die vier Phasen, die diesem Prozess zugrunde liegen, weisen dabei auch Ähnlichkeiten zum Goal-Pursuit-Prozess nach CARSRUD & BRÄNNBACK aus dem Bereich der Motivationstheorie auf, wie ein erster Modellentwurf (Abbildung 12) verdeutlicht. Zu Beginn des unternehmerischen Prozesses scheint dabei sowohl aus Sicht der Entscheidungstheorie als auch aus Perspektive der Motivationstheorie eine positive Grundhaltung im Bezug auf die zukünftigen Aktivitäten und deren Resultate vorzuherrschen, ohne die der Gründungsprozess nicht initiiert wird. Diese positive Grundhaltung spiegelt sich in einer positiven Erwartungshaltung insbesondere hinsichtlich der potenziellen Resultate der durchzuführenden Aktivitäten sowie in einer positiven Motivation hinsichtlich eines konkreten Zieles wider. Die Entscheidung, inwieweit dann jedoch nach der Aufnahme und Realisierung bestimmter Aktivitäten weitere Aktionen durchgeführt werden, wird beruhend auf einer Rückschau und hiermit einhergehenden Bewertung der durchgeführten Aktionen getroffen. Diese Evaluation erfolgt dabei auf Basis der ursprünglichen Grundhaltung, bzw. auf Basis der ursprünglichen Erwartungen und Motivation. Erst basierend auf dieser Evaluation treffen die Probanden eine Entscheidung, inwieweit zukünftige Aktivitäten durchgeführt werden oder das Vorhaben abgebrochen wird. Diese Entscheidung wird dabei von den drei identifizierten Faktoren ‚The erosion of strong beliefs – Diskrepanzen zwischen Erwartung und Realität', ‚Der Mangel an Erfolgserlebnissen' sowie ‚Teamgefühl und Mangel an ausgleichenden Teamfaktoren' stark beeinflusst, wie anhand des empirischen Materials gezeigt werden konnte.

Der bei der Analyse des Datenmaterials auffälligste Faktor scheint dabei die Diskrepanz zwischen den ursprünglichen Erwartungen und den tatsächlichen Gegebenheiten in der Realität zu sein. Dieser Aspekt scheint die Entscheidung der Probanden am stärksten zu beeinflussen und direkt auf den Entscheidungsfindungsprozess einzuwirken. Dabei lässt das empirische Material auch den Schluss zu, dass die Probanden nicht per se mit überzogenen oder völlig unrealistischen Erwartungen an ein Gründungsvorhaben herantreten, wie teilweise in der Literatur angenommen wird.[662] So konnte in den Interviews interessanterweise festgestellt werden, dass nur drei der 14 befragten Abbrecher angaben, nicht mit einer so hohen Arbeitsbelastung gerechnet zu haben. Anders, als teilweise vermutet, spielen also unrealistische Einschätzungen bzw. Erwartungen, dass ein Gründungsvorhaben mit relativ geringem Aufwand bewerkstelligt werden kann, kaum eine Rolle bei der Entscheidung ein Gründungsvorhaben abzubrechen.[663] Die Mehrheit der befragten Abbrecher scheinen eine relativ hohe Arbeitsbelastung erwartet zu haben, was dadurch zum Ausdruck kommt, dass keiner der Probanden – auch nicht die eben erwähnten drei Probanden – die Abbruchentscheidung mit einer hohen Arbeitsbelastung in Verbindung bringt.

Vielmehr drücken sich die enttäuschten Erwartungen in der Gestalt aus, dass die Probanden scheinbar sehr konkrete Vorstellungen hinsichtlich des Wertesystems, dass dem Gründungsvorhaben zugrunde liegen sollte, der Ausgestaltung des Geschäftsmodells oder auch der Rahmenbedingungen

[662] Vgl. Townsend, D. M. et al. (2010).
[663] Vgl. MacDonald, R. (1991).

z.B. im Bezug auf die individuelle finanzielle Sicherheit ihres Vorhabens a priori hatten. Die Personen erwarteten, dass diese Vorstellungen als Resultat der von ihnen durchgeführten gründungsrelevanten Aktivitäten erreichbar seien. Die befragten Probanden schätzten die Wahrscheinlichkeit, dass sie diese Vorstellungen würden umsetzen können dabei ex ante als durchaus realistisch ein, was sie erst dazu bewegte, erste Schritte in Richtung Selbstständigkeit zu wagen. Diese Erwartungen wurden jedoch mit der Zeit enttäuscht. Die Probanden nahmen wahr, dass ihre vormaligen Vorstellungen so nicht umgesetzt werden konnten. Hierdurch brach ein wichtiges Fundament für die Durchführung weiterer Aktivitäten weg: Der Glaube daran, die persönlichen Erwartungen zu erfüllen. Ohne entsprechend positive Resultaterwartung werden zukünftige Aktivitäten nicht mehr durchgeführt, so dass das Gründungsvorhaben abgebrochen wird. Die Expectancy-Theory könnte dabei das theoretische Fundament liefern, um die im empirischen Material entdeckten Zusammenhänge zu untermauern.

Neben der Diskrepanz zwischen den ursprünglichen Erwartungen und der Realität, die die Abbruchentscheidung nach Angabe der Probanden direkt beeinflusste, liefert das Datenmaterial auch Hinweise darauf, dass ein Mangel an Erfolgserlebnissen ursächlich für die Abbruchentscheidung zu sein scheint. Dabei kann bei einer genaueren Betrachtung festgestellt werden, dass der Mangel an Erfolgserlebnissen nicht direkt auf die Abbruchentscheidung wirkt, sondern vielmehr einen Rückgang der individuellen Motivation zur Folge hat. Der Zielerreichungsprozess nach CARSRUD & BRÄNNBACK lieferte hierbei das Fundament zur theoretischen Untermauerung dieser Zusammenhänge. Ähnlich zu der Relation zwischen positiven Resultaterwartungen und Durchführung entsprechender Aktivitäten innerhalb der Expectancy-Theory veranschaulicht auch der von CARSRUD & BRÄNNBACK beschriebene idealtypische Prozess, dass zur Aufnahme von zielgerichteten Aktivitäten ein bestimmtes Maß an individueller Motivation erforderlich ist. Ist dieses Maß an Motivation nicht vorhanden, besteht die Gefahr, dass Aktivitäten nicht durchgeführt werden – ein Gründungsvorhaben also abgebrochen wird. Die Erkenntnisse aus der Analyse der empirischen Daten lassen also unter Berücksichtigung der theoretischen Prozesse den Schluss zu, dass ein Mangel an Erfolgserlebnissen die Motivation der Probanden so erheblich beeinflusst hat, dass sie nicht mehr ausreichend motiviert waren, zukünftige gründungsrelevante Aktivitäten durchzuführen. Dieser Rückgang der persönlichen Motivation und die Diskrepanz zwischen der ursprünglichen Zielgerichtetheit und der aktuell wahrgenommenen Gefühlslage können dazu führen, dass das Gründungsvorhaben abgebrochen wird.

Neben der individuellen Erwartungshaltung und dem Mangel an Erfolgserlebnissen, der zu einem Rückgang der Motivation führt, konnte durch die Datenanalyse ein dritter Faktor identifiziert werden, der von den Probanden fallübergreifend als Ursache für den Abbruch von Gründungsvorhaben angegeben wird. So wirken sich nach Angaben der Probanden ein nicht vorhandenes Teamgefühl bzw. ein Mangel an ausgleichenden Teamfaktoren auf die Abbruchentscheidung aus. Betrachtet man die empirischen Daten und gleicht sie bspw. mit Forschungserkenntnissen wie z.B. von CHEN ET AL. zu den Auswirkungen von negativ wahrgenommenen Teamfaktoren ab, fällt ebenso wie beim Faktor ‚Mangel an Erfolgserlebnissen' auf, dass sich negative Teamfaktoren in erster Linie negativ auf die individuelle Motivation auswirken. So konnte bereits in vorherigen Forschungsarbeiten empirisch bewiesen werden, dass teaminterne Konflikte demotivierend wirken. Dies deckt sich auch mit den Aussagen der Probanden. So wurde bei Betrachtung der Kategorie ‚Mangel an ausgleichenden Teamfaktoren' festgestellt, dass die Probanden einen Rückgang der Motivation, ausgelöst durch teaminterne Konflikte und negative Teamfaktoren, wahrnahmen. Ähnlich wie der Mangel an Erfolgserlebnissen wirken sich also auch negative Teamfaktoren zunächst auf einen Rückgang der Motivation aus, welche wiederum die Entscheidung beeinflusst, das Gründungsvorhaben weiter zu führen oder aber abzubrechen.

Als Zwischenfazit kann demnach festgehalten werden, dass vor allem zwei internale Faktoren einen direkten Einfluss auf die Abbruchentscheidung zu haben scheinen: Die individuelle Erwartungshaltung sowie die persönliche Motivation der Gründer, die jeweils durch verschiedene – internale - Faktoren beeinflusst werden. Ausgelöst durch eine individuell und subjektiv wahrgenommene Diskrepanz zwischen den a priori aufgestellten Resultaterwartungen an das Gründungsvorhaben und der Realität wird der Glaube an den Erfolg zukünftiger Aktivitäten negativ beeinflusst, wodurch es zu einer Abbruchentscheidung kommt. Auch eine Diskrepanz zwischen der ursprünglichen Motivation und einer gesunkenen Motivation, neue gründungsrelevante Aktivitäten durchzuführen, führt zu einer Abbruchentscheidung. Eine gesunkene Motivation scheint dabei vor allem durch einen Mangel an Erfolgserlebnissen und negative Teamfaktoren ausgelöst zu werden. Der Abbruch von Gründungsvorhaben scheint demnach also in einem erheblichen Maße durch eine Diskrepanz zwischen ursprünglichen Erwartungen und der Realität sowie einer Veränderung der individuellen Motivation beeinflusst zu werden.

Nachdem in diesem Kapitel die verschiedenen Analogien diskutiert wurden, die im Datenmaterial entdeckt werden konnten, wird sich das folgende Kapitel mit den Kontrasten innerhalb der empirischen Daten beschäftigen. Die intensive Analyse der Unterschiede im Datenmaterial führte dabei zu einer Kategorisierung verschiedener Abbruchstypen, die dabei hilft, das Abbruchphänomen noch besser zu verstehen.

5.2.2 Kontrastierungen im Datenmaterial: Typologie des Abbruchphänomens

Im Zuge der Datenanalyse konnten neben den fallübergreifenden Ursachen für den Abbruch von Gründungsvorhaben durch die kontrastierende Datenanalyse nach KELLE & KLUGE auch verschiedene Punkte identifiziert werden, die nur von einigen der befragten Interviewpartner angegeben wurden und dabei in deutlich erkennbarem Kontrast zu Aussagen anderer Probanden stehen. Anhand verschiedener Merkmale, die in den folgenden Abschnitten diskutiert werden, konnten die 14 befragten Abbrecher so in vier Gruppen bzw. Abbrechertypen unterteilt werden, die intern (also auf Ebene des Typus) eine hohe Homogenität aufweisen, sich extern (also auf Ebene der Typologie) jedoch stark voneinander unterscheiden. Diese Gruppen ergaben sich dabei anhand zweier Dimensionen und der jeweiligen Ausprägungen. Die Dimensionen orientieren sich dabei am individuellen Fokus der Gründungsmotivation sowie der Frage, ob die dem Gründungsvorhaben zugrunde liegende Geschäftsidee selbst kreiert, oder aber von einem Teammitglied genutzt wurde. Es scheinen also neben den im Datenmaterial entdeckten fallübergreifenden Abbruchsursachen verschiedene Abbruchstypen zu existieren, die sich hinsichtlich der individuellen Ursachen für die Abbruchentscheidung sowie der individuellen Gründungsmotivation unterscheiden. Die Verknüpfung der individuellen Abbruchsursachen und der jeweiligen Motivation der Probanden bietet für das Verständnis des Abbruchs von Gründungsvorhaben dabei eine neue Perspektive.

Im Folgenden werden zunächst die beiden entdeckten Dimensionen und ihre jeweiligen Merkmalsausprägungen beschrieben. Dabei werden wie schon im vorherigen Kapitel die Zusammenhänge mit Zitaten aus dem empirischen Datenmaterial ausführlich belegt. In Kapitel 5.2.2.3 fließen die beiden Dimensionen sowie ihre Merkmalsausprägungen in eine Typologiematrix, die die verschiedenen Abbrechertypen visualisiert und als zweiter wichtiger Schritt in Richtung einer formalen Theorie des Abbruchs von Gründungsvorhaben dient. Im Anschluss hieran werden die für die jeweiligen Abbrechertypen spezifischen Abbruchsursachen diskutiert. In Kapitel 5.2.2.4 werden die Erkenntnisse aus der Abbrechertypologie kurz in Tabellenform zusammengefasst, bevor im darauf folgenden Kapitel 5.2.3 die Erkenntnisse aus der Abbrecherbefragung mit den Erkenntnissen aus den Starterinterviews gespiegelt werden.

5.2.2.1 Dimension 1: Individueller Fokus der Gründungsmotivation

Die erste im Datenmaterial identifizierte Dimension bezieht sich auf den individuellen, *motivationalen* Fokus der Befragten. Innerhalb dieser Dimension steht die Frage im Vordergrund, welche Ziele die Probanden mit ihrem Gründungsvorhaben erreichen wollten. Aus dem Datenmaterial ergeben sich dabei zwei unterschiedliche Merkmalsausprägungen: Ideenfokussierte (A) und Selbstständigkeitsfokussierte (B) Individuen. Bei der Probandengruppe der Ideenfokussierten deuten einige Aussagen darauf hin, dass sie in erster Linie Objekt-motiviert waren, d.h. die Geschäftsidee bzw. die unternehmerische Gelegenheit stand im Vordergrund ihrer Motivation. Diese Probanden wollten sich mit der dem Gründungsvorhaben zugrunde liegenden Geschäftsidee beschäftigen. Die Selbstständigkeit erachteten sie dabei als Mittel zum Zweck; als Möglichkeit, einer intensiven Beschäftigung mit ihrer Geschäftsidee nachzugehen. Die Gruppe der Selbstständigkeitsfokussierten schienen eher Subjekt-motiviert zu sein. Im Gegensatz zu der Gruppe der Ideenfokussierten stand bei dieser Gruppe die Selbstständigkeit im Fokus der Motivation. Die Geschäftsidee, die dem Gründungsvorhaben zugrunde lag, war für sie von geringerer Bedeutung. Dabei verfolgten die Probanden innerhalb dieser Merkmalsausprägung eine Geschäftsidee entweder zur Erreichung des Ziels der Selbstständigkeit, oder aber zur Erreichung individuell-persönlicher Ziele. Im Folgenden werden die beiden Merkmalsausprägungen detailliert beschrieben.

(A) Ideenfokussierte:

In diese Ausprägung können vier der 14 befragten Probanden eingeordnet werden. Auf die verschiedenen Fragen, die sich an die Motivation der Probanden richteten, antworteten sie, dass sie sich in erster Linie mit einer konkreten Geschäftsidee bzw. einem bestimmten Tätigkeitsbereich befassen und dabei ihre konkreten Vorstellungen umsetzen wollten. Die Selbstständigkeit sehen diese Probanden demnach also eher als Mittel zum Zweck an. Sie stellt für diese Probanden eine alternative Beschäftigungsform dar, die ihnen die Möglichkeit dazu gibt, ihre Vorstellungen umzusetzen. Nicht also die Selbstständigkeit steht bei diesen Probanden im Vordergrund, sondern das Bedürfnis, die eigene(n) Geschäftsidee(n) nach ihren Vorstellungen umsetzen zu können, wie das folgende Zitat unterstreicht:

> *„Im Endeffekt ist es nie der Punkt gewesen, sich selbstständig machen zu wollen, sondern eigentlich ist es eine Frage der eigenen Motivation in erster Linie, die für mich eine Rolle spielt überhaupt irgendwas zu wollen oder tätig zu werden im Leben. [...] Es ist ja so, dass bestimmte gesellschaftliche, persönliche, familiäre Faktoren, eine bestimmte Entscheidung in mir hervorgerufen haben, oder eine bestimmte Motivation (...) ja, überhaupt, also eine Art Neugier und einen dadurch entstandenen Willen generiert haben. Für irgendwas. [...]. Mit diesem Verbessern von verschiedenen Techniken, Mensch-Maschine Techniken. Das ist definitiv der erste Grund – und nicht die Selbstständigkeit.“*[664]

Für die Probanden in dieser Kategorie stehen vor allem ihr individueller Schaffensbereich und ihre Vorstellung von der Ausgestaltung ihrer Tätigkeit im Vordergrund, nicht aber die Selbstständigkeit. Das dominante Ziel dieser Objekt-motivierten Personengruppe besteht darin, eine bestimmte Ge-

---

664 Hr. Dr. Gregor, § 9 ff.

schäftsidee umzusetzen bzw. sich mit einem bestimmten Geschäftsbereich inhaltlich befassen zu wollen. Die Probanden berichten davon, dass sie auf der Suche nach einem Arbeitsumfeld waren, in welchem sie einen bestimmten Freiheitsgrad in der operativen Umsetzung ihrer Geschäftsideen vorfinden wollten und in dem sie sich in erster Linie selbst verwirklichen konnten, wie das folgende Zitat von Herrn Martin zeigt:

> *„Also es geht letztendlich darum den eigenen Gedanken freien Raum zu schenken und letztlich sich dadurch selbst glücklich zu machen, indem man eigenes Baby hochgezogen / aufgezogen hat sozusagen.“*[665]

Anders als die Probanden innerhalb der Dimension der Selbstständigkeitsfokussierten ist ihnen dabei eine möglichst hohe Unabhängigkeit von Autoritäten scheinbar nicht so wichtig. Vielmehr stehen Freiheitsgrade im Bezug auf die inhaltliche Umsetzung der Geschäftsidee im Vordergrund:

> *„Einfach die Motivation der Antrieb sozusagen, etwas selber erreicht zu haben. Selber gemacht zu haben. Und das ist einfach was mich so motiviert hat um selbstständig zu sein. Und die Freiheit auch zu haben, zu tun und zu lassen was ich will, meine eigenen, man sagt zwar Freiheiten zu haben. Das hab ich aber immer geschätzt, egal ob bei meiner Arbeit usw. Die eigene Idee nicht einschränken zu wollen und das eben machen zu können. Und das hat mich schon immer beflügelt und das war auch in Aachen so und jetzt ist das zum Glück jetzt auch an der Stelle so. Und das hab ich mir einfach von der Selbstständigkeit erwartet. Meine eigenen Ideen durchsetzen zu können.“*[666]

Der Punkt der Selbstverwirklichung steht bei den Ideenfokussierten im Vordergrund ihrer Aussagen. Dabei verbinden die Probanden mit dem Terminus ‚Selbstverwirklichung‘ vor allem die Verwirklichung ihrer inhaltlichen Vorstellungen bzgl. der Umsetzung ihres Vorhabens, wie die folgende Antwort von Frau Mahnert auf die Frage, warum eine Selbstständigkeit angedacht war, zeigt:

> *„Um mich selber zu verwirklichen, auch. Also mit meinen Ideen und weil ich ganz bestimmte Vorstellungen davon habe, wie man Dinge gut tun kann. Also zum Beispiel ganzheitlicher Beratungsansatz.“*[667]

Drei der insgesamt vier befragten promovierten Probanden innerhalb der Abbrechergruppe können in diese Dimension eingeordnet werden. Gerade ihnen ist eine möglichst konkrete Umsetzung ihrer Vorstellungen wichtig. Wie oben bereits erwähnt, verfolgen die Ideenfokussierten die Selbstständigkeit, anders als die Selbstständigkeitsfokussierten, nicht zum Selbstzweck. Vielmehr sind sie der Auffassung, dass die Selbstständigkeit insofern eine Alternative zum abhängigen Beschäftigungs-

[665] Hr. Martin, § 55.
[666] Hr. Dr. Sana, § 19.
[667] Fr. Mahnert, § 13.

verhältnis darstellt, als das diese Erwerbsform scheinbar die freieren Rahmenbedingungen zur inhaltlichen Umsetzung ihrer Geschäftsideen und Vorstellungen bietet, wie auch das folgende Zitat unterstreicht:

> *„Und Selbstständigkeit ist halt eine Alternative des Geldverdienens.“*[668]

Es kann daher festgehalten werden, dass die ideenfokussierten Probanden die Selbstständigkeit als alternative Beschäftigungsform ansehen und die Verwirklichung einer konkreten Geschäftsidee oder einer bestimmten Arbeitsweise im Vordergrund ihrer Motivation steht. Die Selbstständigkeit scheint eine adäquate Beschäftigungsform hinsichtlich ihrer Bedürfnisse zu sein. Die Ideenfokussierten verfolgen die Selbstständigkeit, da sie daran glauben, mit dieser Beschäftigungsform am ehesten ihre Erwartungen im Bezug auf eine inhaltliche Umsetzung einer bestimmten Geschäftsidee erfüllen zu können.

(B) Selbstständigkeitsfokussierte:

Wie bereits BERTHOLD & NEUMANN 2008 herausfinden konnten, steht bei vielen Gründern der Gedanke daran im Vordergrund, eigenständig und frei arbeiten zu können.[669] Auch viele der befragten Probanden geben Selbstverwirklichung und eigenständiges Arbeiten als wichtigen Motivationsfaktor an. Dabei verstehen die Selbstständigkeitsfokussierten unter Selbstverwirklichung im Gegensatz zu den Ideenfokussierten vor allem eine unabhängige Arbeitsweise, ohne dabei Vorgaben von Vorgesetzten einhalten zu müssen. Anders als die Objekt-motivierte Gruppe der ideenfokussierten Abbrecher, scheint das dominante Ziel der Gruppe der Selbstständigkeitsfokussierten Abbrecher die Selbstständigkeit an sich zu sein. Selbstständigkeitsfokussierte können daher auch als Subjekt-motiviert bezeichnet werden, da es ihnen in erster Linie um die persönliche Unabhängigkeit und Selbstständigkeit geht. So berichtet bspw. Herr Dugic davon, wie wichtig ihm ein freies und eigenständiges Arbeiten war:

> *„Es war eine Kombination aus mehreren Punkten, unter anderem, was ich angesprochen habe, der Versuch der Selbstverwirklichung, sein eigener Herr zu sein, seine eigene Zeit frei einzuteilen, sich nicht in ein Raster drängen lassen zu müssen, von morgens acht bis abends acht arbeiten zu müssen und das Büro nicht verlassen zu können. Das war etwas was ich mir in der Zeit einfach nicht vorstellen konnte. Das andere war die Idee, in vielen verschiedenen Bereichen tätig zu sein, einfach auch / das war auch ein bisschen mein Versuch aus einem monotonen Arbeitsverhältnis zu fliehen.“*[670]

---

[668] Fr. Mahnert, § 45.

[669] Berthold, N. / Neumann, M. (2008), S. 240.

[670] Hr. Dugic, § 15.

Anders als bei den Ideenfokussierten, die Selbstverwirklichung ebenfalls als wichtigen Motivator im Bezug auf ihr Gründungsvorhaben ansehen, steht bei den Selbstständigkeitsfokussierten eine möglichst große Freiheit und Unabhängigkeit im Bezug auf die Arbeitsweise im Vordergrund, nicht aber im Bezug auf eine konkrete Geschäftsidee bzw. inhaltliche Ausgestaltung. Diese ist vielmehr nachrangig und Mittel zum Zweck – also gegenteilig zu den Vorstellungen der ideenfokussierten Abbrecher. Auch Herr Dr. Fels, der einzige promovierte Proband innerhalb der Gruppe der Selbstständigkeitsfokussierten, nennt diesen Freiheitsgedanken als wichtigen Motivator:

> *„Je älter ich dann wurde, je mehr Arbeitgeber die ich dann hatte, desto interessanter wurde dann der Gedanke sich selbständig zu machen, weil man dann einfach auch gesehen hat was man für Beschränkungen, ja, Limitierungen und unnötigen Kram man am Bein hat, wenn man abhängig beschäftigt ist und das man sich eben nicht so, ja, das klingt jetzt ein bisschen übertrieben, aber so selbst verwirklichen kann wie mit der Selbstständigkeit. Also dieses freie eigenständige Arbeiten, selber auch Entscheidungen treffen zu können.“*[671]

Einige der Probanden schildern darüber hinaus, dass sie nicht nur besondere Freiheitsgerade und ein gewisses Maß an Selbstverwirklichung anstrebten, sondern auch aufgrund schlechter Erfahrungen innerhalb eines vorherigen abhängigen Beschäftigungsverhältnisses zukünftig ohne Vorgesetzten arbeiten wollten:

> *„Ich hab da in einer Unternehmensberatung gearbeitet und auch ziemlich lange, also lange Arbeitszeiten gehabt, lange Arbeitstage gehabt. Das Ganze war also typisch unternehmensberaterisch, extrem anstrengend für mich, wo ich mich dann aber irgendwann gefragt habe: „Wo ist der Mehrwert des Ganzen?“ Dann fängt so dieses typische Kopfspielchen an, wenn Du Dir einfach mal Dein Monatsgehalt in die Stunde runter rechnest bei einer Unternehmensberatung, bleibt nicht mehr viel übrig. Dann hab ich mich irgendwann mal gefragt: „OK, wie lang soll das denn so weiter gehen? Wie weit muss ich eigentlich aufsteigen um wirklich (...) ja, angemessen entlohnt zu werden?“ (...) Zum einen finanziell (...) Und natürlich auch diese gewissen Freiheiten zu genießen, die ich auch mit einer Management-Position einher sehe. Also wie frei bin ich wirklich in meiner Arbeitszeiteinteilung? Wie sehr kann ich es aussuchen mit wem ich zusammen arbeite oder nicht? Weil in einem Angestelltenverhältnis / Ich hatte immer ein Autoritätsproblem.“*[672]

Herr Schüler berichtet ebenfalls von solch schlechten Erfahrungen und versuchte durch die Selbstständigkeit sein eigenes Handeln sowie seine Entscheidungen in den Mittelpunkt zu stellen:

[671] Hr. Dr. Fels, § 15.
[672] Hr. Dugic, § 7.

„Also ich denke, dass das weniger frustrierend ist einfach. Und du steuerst die Geschichten selber. Ja, so halt dieses Autoritäts-, also was heißt Problem, einfach dieser ganzen Autoritätsgeschichte aus dem Weg zu gehen, die ja auch irgendwie belastend ist. Also ich weiß, dass das ganz normal im Leben ist wenn du so einen Vorgesetzen hast der dir sagt „Nee, wir machen das so und so", aber ich will das lieber selber entscheiden."[673]

In Kontrast zu den Ideenfokussierten spielt die Geschäftsidee, mit der die eigene Selbstständigkeit umgesetzt werden soll, nur eine untergeordnete Rolle, wie das folgende Zitat von Herrn Julius veranschaulicht:

„Aber generell lässt sich diese Begeisterung auf vielfältige Industrien, auf vielfältige Gründungsvorhaben ausweiten. Also wenn ich da quasi Potenzial sehe und Begeisterung bei Leuten sehe, dann kann ich mir das auch mit anderen Sachen vorstellen. Das hat nichts mit meiner eigenen Idee zu tun. Es geht also um die Selbstständigkeit an sich und all das, was das bedeutet, und nicht um das eigene Projekt an sich, um Deine Frage zu beantworten."[674]

Auch für Herrn Venert stand die Selbstständigkeit im Vordergrund, die Geschäftsidee war zweitrangig und wurde von ihm als Mittel zum Zweck angesehen. Das war allerdings zu Beginn der Beschäftigung mit der Selbstständigkeit nicht immer so, wie er im folgenden Zitat berichtet:

„Ich dachte ursprünglich, dass das eine Idee sein muss / ja die Ideen sind im Prinzip relative / im Moment mach ich wieder/ mach ich ja jetzt eine andere Idee, wegen der wir jetzt hier sitzen, aber das sind eigentlich immer komplett verschiedene Ideen. Also wenn du mich jetzt vor drei Jahren gefragt hättest, hätt' ich wahrscheinlich gesagt, es muss irgendwie eine Idee sein die zu 100% zu meinem Leben irgendwie passt, aber irgendwie hat jetzt die Zeit gezeigt, dass es nicht so ist. Also ich glaube es geht mir nun mehr darum, einfach irgendwas zu machen und ich konnt' mich jetzt schnell für irgendwelche Sachen begeistern, also ich muss schon ein bisschen Ahnung davon haben, aber das muss jetzt nicht / ich muss jetzt nicht Hobby in dem Sinne dann zum Beruf machen. Hätt' ich von mir eigentlich gedacht, aber ist jetzt irgendwie nicht so der Fall, wenn ich jetzt so darüber nachdenke."[675]

Die Tatsache, dass die Geschäftsidee nicht im Fokus der Selbstständigkeitsfokussierten steht, wird dabei auch daran deutlich, dass viele Probanden innerhalb dieser Gruppe angeben, dass sie im Laufe der Verfolgung ihrer Selbstständigkeit bereits mehrere Geschäftsideen verfolgten, wie z.B. Herr Schüler:

---

673 Hr. Schüler, § 23.
674 Hr. Julius, § 13.
675 Hr. Venert, § 33.

„Also ich muss auch dazu sagen, wir haben ja viele oder ja recht viele Ideen und entscheiden uns dann irgendwann doch dazu das nicht zu machen.“[676]

Auch Herr Venert verfolgte mehrere Geschäftsideen, von denen er bereits drei abbrach. Das Interview drehte sich dabei um die zuletzt verfolgte und abgebrochene Geschäftsidee, die er nach eigenen Aussagen am intensivsten verfolgte:

„Und dann war's ein Prozess, mittlerweile hab ich an, aktuell ist das jetzt meine vierte Idee innerhalb von zwei Jahren, aus den anderen Ideen ist dann mehr oder weniger nicht viel geworden, aber halt immer neu, seitdem war es eben präsent.“[677]

Zusammenfassend kann festgehalten werden, dass die Personen innerhalb der Gruppe der Selbstständigkeitsfokussierten mit der eigenen Selbstständigkeit vor allem ein bestimmtes Maß an Freiheit und Unabhängigkeit verbinden. Diese freie Umsetzung eigener Entscheidungen und eine unabhängige Arbeitsweise, ohne Vorgaben von Vorgesetzten umsetzen zu müssen, steht dabei im Vordergrund der individuellen Motivation dieser Ausprägung. Die Geschäftsidee, die dem Gründungsvorhaben der Selbstständigkeitsfokussierten zugrunde liegt, spielt dabei nur eine nachgelagerte Rolle und ist vielmehr Mittel zum Zweck, um im Rahmen der eigenen Selbstständigkeit selbst über Arbeitsweisen und Rahmenbedingungen entscheiden zu können. Von den 14 interviewten Abbrechern können zehn in die Gruppe der Selbstständigkeitsfokussierten eingeordnet werden, von denen neun einen wirtschaftswissenschaftlichen Ausbildungshintergrund vorweisen. Sechs der zehn Selbstständigkeitsfokussierten verfolgten dabei mehrere Gründungsvorhaben. Alle Befragten konnten sich vorstellen, auch im Zuge einer anderen Geschäftsidee ein Gründungsvorhaben zu verfolgen, was noch einmal verdeutlicht, dass die Geschäftsidee nicht im Vordergrund des Handelns dieser Gruppe steht, wodurch sich die Selbstständigkeitsfokussierten klar von der Gruppe der Ideenfokussierten unterscheidet.

5.2.2.2 Dimension 2: Entwicklung der Geschäftsidee

Neben der Dimensionierung hinsichtlich des individuellen Fokus der Gründungsmotivation kristallisierte sich im Zuge der kontrastierenden Datenanalyse eine zweite Dimension heraus, die sich auf die Kreierung der dem Gründungsvorhaben zugrunde liegenden Geschäftsidee bezieht. Dabei lassen sich die beiden Merkmalsausprägungen ‚Kreierer' (C) und ‚Nutzer' (D) unterscheiden. Die Probanden, die dabei in die Gruppe der Kreierer eingeordnet werden können, entwickelten, entdeckten oder nahmen selbst eine Geschäftsidee wahr, die dem Gründungsvorhaben zugrunde lag. Unabhängig von der Frage, wie aktiv dieser Prozess durchgeführt wurde (siehe Kapitel 2.1.1), ob die Ge-

[676] Hr. Schüler, § 29.
[677] Hr. Venert, § 5.

schäftsidee also eher passiv wahrgenommen oder aber aktiv generiert wurde, kreierten diese Probanden die Grundlage des Gründungsvorhabens selbst. Die Gruppe der Nutzer hingegen verfolgten ein Gründungsvorhaben, dessen zugrunde liegende Geschäftsidee von einem Teammitglied oder Partner kreiert wurde. Sie selbst stützten sich also auf eine Geschäftsidee, die von jemand anderem generiert wurde. Im Folgenden werden die beiden Ausprägungen der Dimension 2 detailliert beschrieben.

(C) Kreierer:

Während der intensiven Datenanalyse konnte schnell eine Unterscheidung getroffen werden zwischen solchen Probanden, die angaben, dass sie die dem Gründungsvorhaben zugrunde liegende Geschäftsidee selbst entwickelt haben, und solchen, die ein Gründungsvorhaben verfolgten, deren Geschäftsidee sie von einem Teammitglied kreiert wurde. Die erste Gruppe zeichnet sich dabei durch ihre Heterogenität hinsichtlich der jeweiligen Ausbildung aus. Fünf der neun Abbrecher innerhalb dieser Gruppe weisen einen wirtschaftswissenschaftlichen Hintergrund auf, vier einen nicht-wirtschaftswissenschaftlichen. Hierbei sind sowohl Ingenieure, Juristen als auch Sicherheitstechniker in dieser Gruppe vertreten. Sie alle hatten im Zuge einer vorherigen Beschäftigung, im Rahmen einer Abschluss- oder Doktorarbeit sowie durch intensive Überlegungen, eine Geschäftsidee, die dem Gründungsvorhaben zugrunde lag, selbst kreiert. So nahm bspw. Herr Martin im Zuge einer vorherigen Beschäftigung Unzulänglichkeiten innerhalb eines Marktes wahr:

> *„Weil ich gemerkt hab, dass das Unternehmen mir keine Perspektive bietet, hab ich die Zeit als Key Account Manager genutzt und sehr genau raus gehört, wie reagiert der Markt auf das Portal, was sind die Marktbedürfnisse und welche Bedürfnisse / das sind insgesamt Kataloge / welche Bedürfnisse werden eben von den Portalen xy als Zweitranglist nach dem xz nicht verwirklicht? So dass ich gedacht habe Okay, das kannst du besser machen, nämlich wenn die beiden Portale die gleichen Fehler machen und sie nicht korrigieren, dann wird's Zeit für ein Portal, was genau da entgegen schwimmt. Übersichtlich ist, transparent, preisfair und die Sprachbarriere aufhebt und noch Spezial-Gruppen bedient. Und schon hatte ich meinen USP.“*[678]

Diese Wahrnehmung von Marktunzulänglichkeiten führte dabei bei vielen der Kreierer zu der Entwicklung einer eigenen unternehmerischen Gelegenheit, wie auch Herr Wehr berichtet:

> *„Ich bin mir nicht ganz sicher ob ich das schon mal erzählt hatte, aber wir sind, bzw. meine Freundin und ich sind auf dem Weg nach Paris gewesen und wollten halt wissen was man jetzt*

678 Hr. Martin, § 17.

so in Paris machen kann. Und hatten uns überlegt, ob es denn da nicht eine Internetseite gibt, wo man sich informiert. Und diese Idee hatten wir dann übertragen, ob's in dem Bereich, wenn man dann wieder zu Hause ist, ob es die Möglichkeit gibt das vielleicht zu übertragen."[679]

Bei Frau Irina spielte der persönliche, familiäre Hintergrund eine wichtige Rolle bei der Entwicklung der Geschäftsidee. So nahm sie während der privaten Recherche für ein Geschenk wahr, dass eine entsprechende Plattform für das Produkt nicht existierte. Daraufhin entwickelte sie eine Geschäftsidee, um diese Marktlücke zu schließen:

„Und dann habe ich auch die Idee gehabt mit (...) einer Plattform für Sammler von XY. Von so verschiedenen XY, von A, von B., einfach mal zu machen. Mit dem Mehrwert für die User, das man halt den Sammelwert von XY bestimmen kann."[680]

Die Probanden kreierten ihre Geschäftsidee dabei aus völlig unterschiedlichen Motivationen heraus. Herr Dr. Gregor berichtet bspw. davon, dass er vor allem in seinem bestimmten Bereich arbeiten wollte und dabei, wie oben bereits angesprochen, eine bestimmte Vorstellung bzgl. der Arbeitsweise und Umsetzung von Konzepten hatte:

„Hab aber irgendwo das Potenzial gesehen, dass ich für das Thema der Optimierung oder der Verbesserung brenne. Es ist nicht nur eine Sache. Nicht nur in einem / Immer nur der Buchhalter, nicht nur die Buchhaltungsprozesse bis ins letzte Detail optimieren und damit dann bis zur Rente beschäftigen. War nie ganz mein Interesse. Ist auch von den meisten Menschen möglicherweise nicht das Interesse. Mich führte das aber zu einer Entscheidung. Das ich gesagt habe: Ich will unbedingt versuchen, dass ich diese Verbesserungs- und Optimierungsprozesse unterschiedlich, cross-industriell anbiete."[681]

Herr Schüler hingegen, der oben bereits in die Merkmalsausprägung der Selbstständigkeits-fokussierten eingeordnet werden konnte, suchte aktiv nach einer Geschäftsidee, mit welcher er seine eigene Selbstständigkeit in die Tat umsetzen konnte. Die Geschäftsidee war dabei wie oben bereits beschrieben nachrangig:

„Ich hatte auf so einer Internetseite mal so / das hatte auch damit zu tun mit dem Gedanken mach dich selbstständig irgendwie, hatte einfach mal geguckt ich schau mal was in Japan und so Trend ist irgendwie."[682]

Die Gruppe der Kreierer zeichnet sich also durch die eigenständige Wahrnehmung oder Entwicklung der Geschäftsidee aus, die dem jeweiligen Gründungsvorhaben zugrunde lag. Dabei spielt für

---

679 Hr. Wehr, § 5.
680 Fr. Irina, § 9.
681 Hr. Dr. Gregor, § 9.
682 Hr. Schüler, § 7.

diese Merkmalsausprägung die Unterscheidung zwischen eher passiver Wahrnehmung und aktiver Entwicklung keine Rolle. Das wesentliche Merkmal dieser Ausprägung ist vielmehr die Tatsache, dass die Probanden eigenständig eine Geschäftsidee generierten und diese gemeinsam mit ihren Teammitgliedern verfolgten – und gemeinsam daran arbeiteten, die Geschäftsidee zu einer unternehmerischen Gelegenheit weiterzuentwickeln. Im Gegensatz hierzu verfolgten die Nutzer eine Geschäftsidee, die nicht von ihnen selbst entwickelt worden war. Im Folgenden wird die Merkmalsausprägung der Nutzer beschrieben.

(D) Nutzer:

Wie oben bereits erwähnt entwickelten die Nutzer im Gegensatz zu den Kreierer selbst keine Geschäftsidee, sondern verfolgten eine Geschäftsidee, die von einem Teammitglied oder Partner kreiert worden war. Als Teammitglied werden dabei solche Personen bezeichnet, die gemeinsam mit den Probanden das Vorhaben gegründet und sich an der Umsetzung des Vorhabens beteiligt haben bzw. hätten. Partner hingegen sind eng mit dem Gründungsvorhaben verbunden, bspw. als Teil der Wertschöpfungskette, beteiligen sich jedoch nicht aktiv an gründungsrelevanten Aktivitäten. Fünf der 14 interviewten Abbrecher konnten in diese Gruppe eingeordnet werden. Einer dieser fünf Nutzer verfolgte eine Geschäftsidee, die von einem Partner kreiert worden war. Die anderen vier Nutzer verfolgten Geschäftsideen, die von Teammitgliedern entwickelt worden waren, wie die folgende Aussage zeigt:

> *„Es war Seinerzeit eigentlich eine Idee, die zwei Freunde von mir hatten, die die an mich herangetragen haben. [...] Dann haben wir so, so (...) ausgetauscht, über alles Mögliche. Und irgendwann sind wir eben auch auf das Thema gekommen, weil ich ja dann Seinerzeit ähm (...) sowieso anfangen musste mir einen, einen (...) Job zu suchen. Da haben die mir dann von ihrer Geschäftsidee erzählt, die anders als die (...) unzähligen Geschäftsideen, die die vorher schon hatten, auf den ersten Blick gar nicht mal so dumm sich anhörte. Ja und wie das dann so ist. Dann fängt man an sich darüber zu unterhalten, dann recherchiert man im Internet, klopft die mal oberflächlich so ein bisschen ab. Ja und das hat sich dann eigentlich so dargestellt, dass das Sinn machen könnte und es auf jeden Fall lohnenswert war, diese Idee weiterzuverfolgen. Also im Endeffekt, es war ein externer Input von Freunden, der dann aber auch mich intern überzeugt hat.“*[683]

Herr Dr. Fels bezeichnet sich selbst als unkreativ, aber willens, sich selbstständig zu machen. Da er innerhalb einer Dreier-Konstellation immer wieder mit potenziellen Mitgründern Geschäftsideen diskutierte, konnte er aus einem breiten Fundus an Geschäftsideen eine solche wählen, die er selbst

683 Hr. Dr. Fels, § 7.

als potenzialreich einschätzte. Vorab beschäftigte sich Dr. Fels also mit mehreren Gründungsideen, verfolgte letztlich aber nur eine dieser Projekte intensiv. Ähnliches berichtet auch Herr Dugic, der ebenfalls mehrere Geschäftsideen über einen Zeitraum von einem Jahr verfolgte. Eine der Geschäftsideen verfolgte er gemeinsam mit zwei Mitgründern sehr intensiv. Innerhalb dieses Vorhabens richteten sich die Aktivitäten auch auf die Beantragung des Exist-Gründerstipendiums:

> *„Also ich habe Wirtschaftswissenschaft an der Uni Wuppertal studiert, kannte einen der Gründer, das war der Dr. X., aus meinem Bekanntenkreis und der hatte mit dem Y. zusammen die Idee der Gründung, allerdings brauchten die noch einen Wirtschaftswissenschaftler im Boot um auch unter anderem dieses Stipendium in Anspruch zu nehmen und auch einen Businessplan aufzustellen etc. Und dadurch ist der Herr X. auf mich zugekommen und hat mich gefragt ob ich Interesse daran hätte daran mitzuwirken. Und da ich sowieso gerade in diesem / in meinem Projektmanagement-Ding drin war kam mir das eigentlich gerade recht und so hab ich dann diese Chance ergriffen und hab versucht da den wirtschaftlichen Teil zu managen."*[684]

Herrn Dugics späteres Gründerteam suchte also aktiv nach einem Wirtschaftswissenschaftler, der den kaufmännischen Part im Team rund um die Techniker übernehmen konnte und sprach Herrn Dugic als persönlichen Bekannten an. Ebenso verhält es sich bei Herrn Dr. Volkert, der von einem ehemaligen Arbeitskollegen, der bereits ein Gründungsvorhaben verfolgte, angesprochen wurde, ob er nicht Teil des Gründerteams werden wolle:

> *„Eigentlich war es gar nicht meine Idee, sondern war es halt Rs. Idee. Er hatte mich / er hatte ja schon den Plan / er hatte auch jemand anders dabei, der aber nicht mehr wollte und hat mich gefragt dann halt, ob ich mitmachen würde. Ja, und das hab ich dann versucht."*[685]

Auch Herr Julius wurde von seinem Gründerteam rekrutiert. Das ursprüngliche Gründerteam, zu 100% bestehend aus Technikern, suchte nach einem Betriebswirt und wendete sich offiziell an die regionale Gründungsinitiative. Mit Unterstützung der Gründungsberater konnte Herr Julius als potenzieller Interessent identifiziert und mit dem Gründerteam verbunden werden.

> *„Also ich bin ja ganz am Anfang zur Gründungsberatung gekommen, weil ich eine ganz andere Idee hatte. Bin dann das erste Mal in diesem / in dieses Gründungsnetzwerk eingestiegen und hatte den ersten Kontakt damit. Dort wurde ich gefragt ob ich mir auch vorstellen könnte, mit in einem anderen, bereits existierenden Gründerteam / oder mit zwei existierenden Gründern, die auch gründen wollten, zusammen zu arbeiten. Und im Zuge dessen habe ich ja diesen Herrn X und Herrn Y kennengelernt, die eben die Idee hatten in Zusammenarbeit mit dem Insti-*

684 Hr. Dugic, § 13.
685 Hr. Dr. Volkert, § 5.

tut für X von der Uni X eben eine Anlage zur X an den Markt zu bringen. Das Ganze entstand vor dem Hintergrund, dass einer dieser beiden Gründer seine Doktorarbeit schreibt, eben in diesem Institut und da eben ein Marktpotenzial gesehen hat und eben auch schon den ersten Kontakt Frau Professor X mit der Gründungsberatung hatte. Ja und eben auch von vielen Seiten aus diesem Netzwerk eben gesagt worden ist, dass das eine interessante Idee wäre. Also im Prinzip bin ich eben in das Team der beiden Ingenieure eingestiegen, um (...), ja diese Methode der X an den Markt zu bringen.“[686]

Lediglich Herr Asal verfolgte ein Gründungsvorhaben, bei welchem die zugrunde liegende Geschäftsidee nicht von seinen Teammitgliedern, sondern von einem Geschäftspartner entwickelt worden war. Der Vater seiner Partnerin suchte einen Nachfolger für sein Unternehmen im produzierenden Gewerbe und Herr Asal kam aufgrund seines wirtschaftswissenschaftlichen Hintergrunds für diese Tätigkeit in Frage:

„Ja wie bin ich auf die Idee gekommen? Das lag ja zum einen daran, dass der Vater meiner Freundin auch selbstständig ist und der auch ein relativ großes Unternehmen hat. Und ja ich schon lange überlegt habe, was mach ich eigentlich nach dem Bachelor. Und dann haben wir halt geguckt, da dieses Unternehmen so groß ist und er ist ja jetzt auch nicht mehr der Jüngste, kam halt so die Überlegung auf, ob ich das Ganze nicht vielleicht übernehmen könnte. Und da muss man ja irgendwie mal einen Einstieg finden.“[687]

Die als Nutzer bezeichnete Gruppe verfolgt demnach ausschließlich Gründungsvorhaben, deren zugrunde liegende Geschäftsidee nicht von ihnen selbst entwickelt worden war, sondern von einem Teammitglied oder Partner. Neben mangelnder Kreativität, wie es Herr Dr. Fels ausdrückte, spielt auch der grundsätzliche Wille sich selbstständig zu machen eine Rolle bei der individuellen Motivation der Probanden innerhalb dieser Gruppe. Die Geschäftsidee, die der eigenen Selbstständigkeit dabei zugrunde lag, scheint also für die Nutzer von nicht allzu großer Bedeutung zu sein.

5.2.2.3 Zusammenführung der Dimensionen: Die 4 Abbrechertypen

Die im Zuge der kontrastierenden Datenanalyse entwickelten zwei Dimensionen mit ihren Merkmalsausprägungen stehen auf den ersten Blick nur bedingt im Zusammenhang mit den Ursachen für den Abbruch von Gründungsvorhaben. In erster Linie richten sie ihren Fokus auf die individuelle Gründungsmotivation sowie die Frage, wer die Geschäftsidee, die die Grundlage für das Gründungsvorhaben darstellt, kreiert hat. Durch die Auswertung des empirischen Datenmaterials kristallisierten sich für die jeweiligen Dimensionen jedoch spezifische Abbruchsursachen heraus, die die

686 Hr. Julus, § 17.
687 Hr. Asal, § 15.

Typologie unter Berücksichtigung der Dimensionen ‚individuelle Motivation' und ‚Ursprung der Geschäftsidee' rechtfertigen. Die Verknüpfung dieser Dimensionen mit dem Abbruchphänomen stellt für die Forschung in diesem Bereich dabei eine neue Perspektive dar. Die verschiedenen Abbruchstypen ergeben sich dabei aus der Kombination der beiden oben dargelegten Dimensionen und ihren jeweiligen Merkmalsausprägungen, wie die folgende Matrix verdeutlicht.

<table>
<tr><td colspan="2"></td><th colspan="2">Entwicklung der Geschäftsidee</th></tr>
<tr><td colspan="2"></td><th>Kreierer</th><th>Nutzer</th></tr>
<tr><th rowspan="2">Individueller Fokus der Gründungsmotivation</th><th>Ideenfokussiert</th><td>(1)
Ideenfokussierte
Kreierer</td><td>(2)
Ideenfokussierte
Nutzer</td></tr>
<tr><th>Selbstständigkeits-fokussiert</th><td>(3)
Selbstständigkeits-
fokussierte
Kreierer</td><td>(4)
Selbstständigkeits-
fokussierte
Nutzer</td></tr>
</table>

Tabelle 14: Typen von Gründungsabbrechern

Im Folgenden werden die vier Abbrechertypen beschrieben. Dabei wird auch detailliert auf die Abbruchsursachen eingegangen, die für den jeweiligen Typus spezifisch sind.

(1) Ideenfokussierte Kreierer:

Der Typus der Ideenfokussierten Kreierer zeichnet sich dadurch aus, dass die dem Gründungsvorhaben zugrunde liegende Geschäftsidee selbst kreiert wurde und dass die konkreten Vorstellungen von der Umsetzung dieser Geschäftsidee im Fokus ihres Handelns standen. Drei der insgesamt 14 Abbrecher wurden in diese Kategorie eingeordnet. Dabei handelt es sich um Herrn Dr. Sana, Herrn Dr. Gregor und Frau Mahnert. Sie alle entwickelten im Zuge einer vorherigen Tätigkeit eine Geschäftsidee sowie sehr konkrete Vorstellungen darüber, wie sie diese Geschäftsidee operativ umsetzen und auf welche Aktivitäten sie sich dabei fokussieren wollten. Dabei handelte es sich um neuartige Geschäftsideen zur originären Gründung eines Unternehmens.

Das Thema Selbstverwirklichung im Sinne der Umsetzung konkreter Arbeitsweisen und Inhalte scheint dabei für die Ideenfokussierten Kreierer von besonderer Bedeutung zu sein. Mit der Zeit stellen die Personen innerhalb dieses Typus jedoch fest, dass sich diese sehr konkreten Vorstellungen und Erwartungen nur schwer realisieren lassen, was letztlich den Abbruch des Gründungsvorhabens herbeiführt. Im Unterschied zu dem fallübergreifend identifizierten Zusammenhang zwischen enttäuschten Erwartungen und dem Abbruch des Gründungsvorhabens (siehe Kapitel 5.2.1.2), berichten die Probanden innerhalb der Gruppe der Ideenfokussierten Kreierer von einer sehr ausdifferenzierten und detaillierten Vorstellung über bestimmte Handlungsweisen und Aktivitäten. Die Umsetzung dieser Vorstellungen ist für die Probanden dabei wichtiger, als die Beschäftigungsform der Selbstständigkeit. Darüber hinaus erwarten die Gründer ein konkretes Tätigkeitsfeld und eine inhaltlich ausgerichtete Fokussierung ihrer Aktivitäten.

Die Ideenfokussierten Kreierer berichten davon, dass sie sich im Zuge ihres Gründungsvorhabens mit betriebswirtschaftlichen Themengebieten nicht oder nur kaum auseinander setzten – sich aber auch nicht mit solchen Themenbereichen befassen *wollten*. Hierdurch wurden betriebswirtschaftliche Aspekte teilweise vernachlässigt, was nach Feedback durch Partner oder Investoren zu der Feststellung führte, dass sie sich auch mit solchen Aspekten würden befassen müssen. Die ursprünglichen Erwartungen hinsichtlich der Fokussierung ihrer Aktivitäten wurden enttäuscht, was die Entscheidung, das Vorhaben abzubrechen, scheinbar stark beeinflusste. Dadurch, dass bei den Ideenfokussierten Kreierern die Selbstständigkeit nicht im Fokus des Handelns steht, scheint die Hürde zum Abbruch des Gründungsvorhabens vergleichsweise niedrig zu sein, da alle Probanden in diesem Abbrechertypus ein alternatives Jobangebot wahrnahmen, in welchem sie ihre konkreten Handlungsvorstellungen umsetzen konnten – ohne sich mit betriebswirtschaftlichen Aspekten befassen zu müssen. Sie betrachteten die Selbstständigkeit dabei lediglich als alternative Beschäftigungsform, die als Mittel zur Umsetzung ihrer Vorstellungen angesehen wurde.

So berichtet bspw. Herr Dr. Gregor davon, dass er sich im Bereich Mensch-System-Integration selbstständig machen wollte und in diesem Bereich eine internetbasierte Gründungsidee versuchte zu realisieren. Dabei stand bei ihm die Umsetzung einer Arbeitsweise im Vordergrund, die vor allem durch ein hohes Maß an Selbstverwirklichung im Sinne der Umsetzung der eigenen Geschäftsideen in diesem Bereich geprägt war. Jedoch stellte er nach einer bestimmten Zeit fest, dass er diese konkreten Vorstellungen nicht umsetzen konnte. Dies führte zu dem Entschluss, parallel zur Verfolgung des Gründungsvorhabens auch nach einem abhängigen Beschäftigungsverhältnis Ausschau zu halten, in welchem er seine konkreten Vorstellungen von der Ausgestaltung seiner Geschäftsidee sowie der Durchführung der Aktivitäten umsetzen konnte, wie das folgende Zitat unterstreicht:

> *„Im Endeffekt ab dem Zeitpunkt wo's fertig war und wir ein, zwei Monate abgewartet haben wie's weiter geht. Abgewartet (...) in dem Sinne geguckt, wie man da Mitglieder generieren*

kann. Haben dann über den Dachverband deutscher Vereine und Co. versucht Mitglieder zu generieren. Haben da ein paar / bisschen Pressearbeit leisten können. Viel viel zu wenig. Wo man aber absah, dass es nicht reicht, kein Feedback kommt und das Ganze nicht die Kurve kriegen kann. Ab dem Zeitpunkt habe ich halt nach genau dem Thema der Mensch-System-Integration, wenn man das so nennen mag, MSI, Ausschau gehalten."[688]

Herr Dr. Gregor berichtet demnach davon, dass er nach einer gewissen Zeit eine Diskrepanz zwischen seinen ursprünglichen Erwartungen und der Realität wahrnahm. Er vernachlässigte offenbar betriebswirtschaftlich relevante Aspekte wie die Kundenakquise, was den Schluss zulässt, dass sich Herr Dr. Gregor zu sehr auf die inhaltliche Ausgestaltung, also auf die Geschäfts*idee* fokussierte. Innerhalb dieses Prozesses entschied sich Herr Dr. Gregor dazu, sich auch nach einem abhängigen Beschäftigungsverhältnis innerhalb seines Bereiches, der Mensch-System-Integration, umzuschauen. Bereits nach wenigen Bewerbungen fand er eine Stelle, in welcher er seine konkreten Vorstellungen von einer Arbeitsweise umsetzen konnte, was für ihn scheinbar von besonderer Bedeutung war:

„Oder konkreter auf das was ich wirklich schon gemacht habe, mich spezialisiert / oder darauf hin beworben. Und war glücklicherweise / waren's auch nur zwei-drei Bewerbungen. Da hat's geklappt."[689]

Auch bei Herrn Dr. Sana kann dieser Prozess entdeckt werden. Er berichtet davon, dass er nach einigen gründungsrelevanten Aktivitäten feststellte, dass sich seine Erwartungen von der Umsetzung einer Geschäftsidee nur schwer in der Realität umsetzen ließen. Herr Dr. Sana initiierte in Zusammenarbeit mit dem Karriereservice seiner Universität parallel zur Verfolgung des Gründungsvorhabens einige Bewerbungen. Bevor er diesen Prozess einleitete, stellte er selbst sein persönliches Anforderungsprofil im Bezug auf zukünftige Tätigkeiten auf:

„Ich hab mich parallel beworben, also ich hab mich im Dezember mit [...] diesem Career-Center [...] die bei dem Bewerbungsprozess unterstützen, da mit der habe ich mich unterhalten, hab denen auch ganz klar gesagt, ich hab auch eine Selbstständigkeit ins Auge gefasst, das eben zu machen. Und die Vorgehensweise fand ich damals ganz gut. Die Zuständige hat dann gesagt, schreib doch mal dein Anforderungsprofil auf, wie dein Traumberuf aussieht. Oder wie dein Traum aussieht. Anforderungen daran und dann guck nach Unternehmen die interessant sind und ordne auch die Selbstständigkeit dort ein. Also als eine Möglichkeit und dann guckst du was du einfach, was das Beste ist. Und das hab ich auch genauso wie sie gesagt hat, auch

688 Hr. Dr. Gregor, § 19.
689 Hr. Dr. Gregor, § 21.

gemacht. Natürlich auch die Selbstständigkeit gemacht, aber auch die Bewerbung weitergemacht.“[690]

Nach einiger Zeit erhielt Herr Dr. Sana ein Jobangebot, bei dem er nach eigener Aussage seine konkreten Vorstellungen von der Umsetzung eines Gründungsvorhabens umsetzen konnte. Er hatte die Freiheit das umzusetzen, was ihm wichtig war und sinnvoll erschien – was auch Ziel und Zweck der Verfolgung seines Gründungsvorhabens war. Nachdem er also ein alternatives Jobangebot gefunden hatte, in welchem er seine Ziele verfolgen konnte, erschien diese Möglichkeit Herrn Dr. Sana als bessere Alternative:

„Also ich sag mal, so hätte ich mich / Hat jetzt auch damit zu tun, dass ich einen Job gefunden habe, was mir echt sehr viel Spaß macht. Also ich hab bei dem volle Freiheiten. Ich kann da schalten und walten wie ich will und hab diese Freiheiten die ich mit großer Wahrscheinlichkeit mir gewünscht habe und die hab ich / kann da wie gesagt alles was ich machen möchte kann ich machen. Also das ist jetzt übertrieben, aber meine Ideen kann ich da umsetzen. Und ich hab einen Chef der für alles „OK“ sagt, also ich hab da bis jetzt noch nicht das Gefühl gehabt, dass er da was gegen macht. Deshalb in meinem speziellen Fall würde ich sagen: Ja, das war die richtige Entscheidung, weil ich jetzt noch eine andere Seite kennenlerne. Ich kann mir immer noch / die Selbstständigkeit läuft mir nicht weg und ich hab ja noch im Hinterkopf.“[691]

Bei Frau Mahnert verhält es sich ebenfalls wie bei Herrn Dr. Sana und Herrn Dr. Gregor. Auch sie stellte nach einer gewissen Zeit fest, dass ihre sehr konkreten Vorstellungen von der Ausgestaltung ihrer Geschäftsidee nicht oder nur schwer umzusetzen waren. Daher entschied auch sie sich nach einiger Zeit dazu, parallel zu den von ihr durchgeführten gründungsrelevanten Aktivitäten ein abhängiges Beschäftigungsverhältnis zu suchen, in welchem sie ihre konkreten Vorstellungen durchsetzen konnte. Als das erste passende Angebot kam, brach sie das Gründungsvorhaben ab, wohlwissend, dass sie ihre Geschäftsideen auch in ihrer neuen Tätigkeit umsetzen konnte, wie die folgende Konversation zeigt:

„Int: Kannst Du vielleicht noch ein bisschen mehr dazu sagen, warum du dich dann gerade für dieses abhängige Beschäftigungsverhältnis entschieden hast? #00:15:00#

M: Weil ich halt eben das Wissen ja, was ich vorher hatte, und auch in die Selbstständigkeit gebracht hätte, jetzt halt auch wieder einbringen kann. Also es ist ja nicht verloren. Und das ist das, was ich im Verlauf der Jahrzehnte quasi gesammelt habe und (...) was aus meiner Sicht auch wertvoll ist. #00:15:20#

---

690 Hr. Dr. Sana, § 33.
691 Hr. Dr. Sana, § 85.

Int: *Also Du hättest Dich auch nicht auf eine andere Stelle beworben, also Hauptsache abhängiges Beschäftigungsverhältnis, sondern wolltest auch schon diese Idee, Dein Wissen irgendwo unterbringen? #00:15:31#*

M: *Ja. Das war definitiv total wichtig. Also ich habe mir diese Stelle sehr sehr wohl ausgesucht.“*[692]

Das passende Jobangebot fungiert bei den Ideenfokussierten Kreierern demnach offenbar als Auslöser, um das Gründungsvorhaben abzubrechen. Die Motivation der Ideenfokussierten Kreierer bezieht sich auf die Umsetzung ihrer sehr konkreten Vorstellungen im Bezug auf ihre Geschäftsidee und die entsprechenden Aktivitäten, nicht jedoch auf die Selbstständigkeit. Doch nicht nur die Gründungsmotivation und der Auslöser für den Abbruch des Gründungsvorhabens unterscheiden sich von anderen Gruppen. Auch die Abbruchsursachen, von denen die ideenfokussierten Probanden berichten, weichen von denen der anderen Probanden ab.

Zwar stellen die Probanden innerhalb dieses Typus, wie auch alle anderen Befragten, eine Diskrepanz zwischen ihren ursprünglichen Erwartungen und den tatsächlichen Gegebenheiten in der Realität fest. Doch ihre ursprünglichen Erwartungen scheinen noch konkreter zu sein, als die der anderen Probanden. So berichtet bspw. Frau Mahnert davon, dass sie in erster Linie ihre Vorstellung einer Tätigkeit als juristische Unternehmensberaterin umsetzen wollte. Mit der Zeit stellte sie jedoch fest, dass dies so nicht möglich war. So antwortete sie auf die Frage, was letztlich dazu führte, dass sie ihr Gründungsvorhaben abbrach:

„Es kam dazu, weil mir die Kollegin, die ist in einer Partnerschaft mit jemand anderem noch, und die verfolgt einfach ein anderes Wertesystem. Sagen wir mal so. Das stellte sich glücklicherweise noch vor der Gründung heraus. Sprich, ich wollte ja mein Ding machen. Es war dann faktisch so, dass ich mich dann dem Duktus von ihr und ihrem Kollegen unterordnen sollte. Und das dann so machen, wie die beiden sich das dann vorgestellt haben. Also in dem Mantel. Und genau das wollte ich nicht mehr tun. Weil ich ganz bestimmte Vorstellungen davon habe, wie man nach außen auftreten sollte, und wie gesagt auch ein ganz bestimmtes Wertesystem habe. Und das entsprach einfach nicht deren Wertesystem.“[693]

Auch Herr Dr. Gregor schildert eine sehr konkrete Vorstellung davon, wie er sein Gründungsvorhaben aufziehen wollte. Für ihn war es dabei besonders wichtig, einen möglichst breiten Tätigkeitsbereich abzudecken. Diese Vorstellungen konnte er jedoch nicht umsetzen:

692 Fr. Mahnert, §§ 56-59.
693 Fr. Mahnert, § 21.

„Das Problem ist, wie gesagt, oder war, zu dem Zeitpunkt, nein zu groß, zu eierlegend, wollmilchsauig."[694]

Beruhend auf diesen Aussagen der ideenfokussierten Probanden liegt die Vermutung daher nahe, dass zwar auch bei dieser Personengruppe der oben beschriebene Faktor der Diskrepanz zwischen Erwartungen und Realität letztlich dazu führt, dass das Gründungsvorhaben abgebrochen wird, hier jedoch die Diskrepanz aufgrund der sehr konkreten Vorstellungen und Erwartungen größer ist, als bei den anderen Probanden.

Darüber hinaus kristallisierte sich im Zuge der Datenanalyse ein weiterer Einflussfaktor auf die Abbruchentscheidung heraus. Scheinbar lassen die Ideenfokussierten Kreierer wichtige betriebswirtschaftliche Aspekte, die für den Erfolg des Gründungsvorhabens bedeutend gewesen wären, außer Acht. Offenbar konnten sich diese Probanden nicht so stark auf ihre Geschäftsidee konzentrieren, wie sie ursprünglich erwartet hatten. Dies könnte auch mit der Zusammensetzung der Gruppe der Ideenfokussierten Kreierer zu tun haben, denn alle Probanden beschäftigten sich innerhalb ihres vorherigen Beschäftigungsverhältnisses mit nicht oder nur kaum betriebswirtschaftlich orientierten Themengebieten. So beschäftigte sich bspw. der Ingenieur Herr Dr. Sana mit der Entwicklung eines Modells zur Organisation von Innovationen. Er berichtet davon, dass er wichtige gründungsrelevante Faktoren nicht intensiv genug verfolgt hatte, wie die folgende Aussage zeigt.

„Der Gedanke an den Kunden, auch das hat Herr B. gesagt, und zwar war damals die Frage von ihm: „Wie sieht denn der Prozess aus?" von dem wo ich das einbauen werde. Und da hab ich mir nie den Kopf drum gemacht, weil man hat natürlich sein Produkt und das ist ja da."[695]

Herr Dr. Sana war zum Zeitpunkt des Abbruchs im Gründungsprozess schon relativ weit fortgeschritten, so dass er bereits erste Gespräche mit potenziellen Investoren führte. Einer dieser Investoren - Herr B. - fragte ihn während eines Gespräches, wie der Wertschöpfungsprozess seines Vorhabens aussehen würde und wie er sein Produkt vermarkten möchte. Auf diese Frage, so berichtet Herr Dr. Sana, konnte er spontan keine Antwort geben, was in ihm erste Zweifel aufkeimen ließ, inwieweit die weitere Verfolgung des Gründungsvorhabens noch Sinn ergeben würde. Herr Dr. Sana erläutert, dass für ihn das Produkt bzw. seine Geschäftsidee im Vordergrund des Handelns stand, er sich aber zu wenig um die betriebswirtschaftlichen Aspekte seines Gründungsvorhabens gekümmert hätte – wie z.B. um die potenziellen Kunden seines Produktes. Die Aussage von Herrn Dr. Sana bekräftigt die Vermutung, dass die Ideenfokussierten Kreierer die betriebswirtschaftlichen Aspekte einer Unternehmensgründung zu wenig berücksichtigen und dies somit zu einer Diskre-

694 Hr. Dr. Gregor, § 13.
695 Hr. Dr. Sana, § 77.

panz zwischen ursprünglichen Erwartungen und der Wahrnehmung der Realität führt. Sie erwarten scheinbar nicht, dass sie sich im Zuge ihrer Selbstständigkeit auch mit anderen Aspekten als ihrer Geschäftsidee befassen müssen.

Auch einige der bereits weiter oben zitierten Aussagen von Frau Mahnert und Herrn Dr. Gregor lassen den Schluss zu, dass die Ideenfokussierten Kreierer betriebswirtschaftlichen Rahmenbedingungen nicht intensiv genug verfolgen und sich zu sehr auf die eigene Geschäftsidee fokussieren. Zum Beispiel zeigt die folgende Aussage, dass Vermarktungsaktivitäten von Herrn Dr. Gregor vernachlässigt wurden, was letztlich dazu führte, dass Herr Dr. Gregor sich nach einem anderen Beschäftigungsverhältnis umschaute:

> *„Im Endeffekt ab dem Zeitpunkt wo's fertig war und wir ein zwei Monate abgewartet haben wie's weiter. Abgewartet (...) in dem Sinne geguckt, wie man da Mitglieder generieren kann. Haben dann über den Dachverband deutscher Vereine und Co. versucht Mitglieder zu generieren. Haben da ein paar / bisschen Pressearbeit leisten können. Viel viel zu wenig. Wo man aber absah, dass es nicht reicht, kein Feedback kommt und das Ganze nicht die Kurve kriegen kann. Ab dem Zeitpunkt habe ich halt nach genau dem Thema der Mensch-System-Integration, wenn man das so nennen mag, MSI, Ausschau gehalten."*[696]

Frau Mahnert berichtet davon, ursprünglich eine intensive Beschäftigung mit ihrer konkreten Geschäftsidee erwartet zu haben, bei der ein von ihr als sinnvoll erachteter ganzheitlicher Beratungsansatz im Vordergrund ihrer Selbstständigkeit stand. Nach einer bestimmten Zeit nahm sie wahr, dass sich diese konkreten Vorstellungen nicht umsetzen ließen. Darüber hinaus hatte sie erwartet, sich auf die inhaltliche Arbeit fokussieren zu können, nahm jedoch wahr, dass sie sich mit anderen Dingen befassen musste:

> *„Und wie gesagt, ich hab immer gesagt, jetzt habe ich es endlich geschafft aus dem Ei zu schlüpfen und hab dann nicht irgendwie Lust, wie soll ich sagen, sofort wieder gedeckelt zu werden. Und zwar nicht an so einer Stelle, die wirklich wichtig ist, sondern an so Formalien. Also es ging um so Visitenkarten, wie die gestaltet werden müssen. So Sachen halt. Da haben wir uns aus meiner Sicht viel zu lange drüber unterhalten, wer jetzt wo steht und wie jetzt das Schild an der Tür ist, und oben und unten, und nebeneinander, und (...)."*[697]

Dabei scheinen die Zusammenhänge innerhalb dieser Merkmalsausprägung nachvollziehbar: Die Ideenfokussierten Kreierer entwickeln im Rahmen einer nicht oder nur kaum betriebswirtschaftlich-fokussierten Tätigkeit in Form eines abhängigen Beschäftigungsverhältnisses eine konkrete Ge-

---

696 Hr. Dr. Gregor, § 19.
697 Fr. Mahnert, § 31.

schäftsidee und generieren darauf aufbauend konkrete Vorstellungen von der inhaltlichen Ausgestaltung der durchzuführenden Aktivitäten. Sie erwarten, dass sie sich im Zuge ihrer Selbstständigkeit vor allem mit dieser Geschäftsidee auseinander setzen, sich also auf ihre Geschäftsidee fokussieren können. Während der Verfolgung gründungsrelevanter Aktivitäten bemerken sie jedoch, dass sich diese Vorstellungen nur schwer umsetzen lassen. Darüber hinaus stellen sie fest, dass sie sich nicht nur ihrer Geschäftsidee widmen, sondern auch mit außerhalb ihrer Geschäftsidee liegenden, betriebswirtschaftlichen Aspekten befassen müssen. Durch diese Diskrepanz zwischen der ursprünglichen Erwartung und der Realität wird der Gedanke ausgelöst, sich auch nach alternativen Beschäftigungsverhältnissen umzuschauen, in welchen eine ideenfokussiertere Vorgehensweise möglich ist. Sobald ein solches Jobangebot kommt, wird es wahrgenommen und das Gründungsvorhaben wird abgebrochen. Allen Ideenfokussierten Kreierern ist dabei ein Wechsel in ein abhängiges Beschäftigungsverhältnis gemein, welcher ihnen eine Fokussierung auf ihre Geschäftsideen und Vorstellungen ermöglicht.

(2) Ideenfokussierte Nutzer

Lediglich einer der Probanden konnte in die Kategorie der Ideenfokussierten Nutzer eingeordnet werden, auch, nachdem nach Beendigung der empirischen Erhebung nach weiteren Fällen gesucht wurde, die in diese Kategorie passen könnten, insbesondere unter erneuter Verwendung des ‚Snowball Samplings‘. Doch die Seltenheit dieses Typus erscheint nicht ungewöhnlich. Denn wieso sollten Personen, die eine dem Gründungsvorhaben zugrunde liegende Geschäftsidee nicht selbst entwickelt haben, trotzdem diese Geschäftsidee in den Fokus ihres Handelns legen? Eine Antwort auf diese Frage lässt sich im Interviewtranskript von Herrn Dr. Volkert finden:

„*V:* *Die eigentliche Überlegung war ja erst mal, man kann's ja erst mal vorantreiben, solang man keinen Job hat. Muss man ganz ehrlich sagen. Und dann später kam's dann ja im Prinzip auch so, dass ich einen Job gefunden habe und das der Hauptgrund auch war, dass ich ausgestiegen bin. #00:02:27#*

Int: *Das heißt du bist daran gegangen, quasi und hast dir gesagt, okay ich nehm das mal als Alternative. #00:02:34#*

V: *Richtig und auch als Beschäftigung, weil zu Hause rumsitzen ist halt nicht so mein Ding gewesen, und dann hatte man wenigstens was zu tun dann halt auch.*“[698]

Herr Dr. Volkert strebte also in erster Linie persönlich-individuelle Ziele mit der Verfolgung des Gründungsvorhabens an. Er wollte während seiner Suche nach einem abhängigen Beschäftigungs-

[698] Hr. Dr. Volkert, § 13-15.

verhältnis eine sinnvolle Tätigkeit ausüben, in welcher er sich mit einem konkreten Bereich beschäftigen konnte. Dabei handelte es sich um den gleichen Tätigkeitsbereich, den Herr Dr. Volkert innerhalb seines später angenommenen abhängigen Beschäftigungsverhältnisses bearbeitete. Im Fokus des Handelns lag also ein konkreter Tätigkeitsbereich bzw. die Geschäftsidee, die dem Gründungsvorhaben zugrunde lag. Diese Geschäftsidee wurde jedoch von Herrn Dr. Volkert nicht selbst entwickelt. Die Motivation, warum Herr Dr. Volkert dann dennoch ein Gründungsvorhaben verfolgte, wird durch das folgende Zitat verdeutlicht:

> *„Alternativlosigkeit, das man halt wirklich schwer einen Job gefunden hat zu der Zeit auch."*[699]

Im Gegensatz zu den Abbrechertypen der Ideenfokussierten Kreierer schienen Herrn Dr. Volkerts Vorstellungen dabei aber weniger konkret zu sein, was sicherlich auch damit zu tun hatte, dass er die Geschäftsidee selbst nicht entwickelt hatte:

> *„Also in der Chemie hätte ich halt bleiben wollen und auch noch ein bisschen selber Chemie machen wollen halt."*[700]

Wie auch anhand anderer Zitate von Herrn Dr. Volkert ersichtlich wird, war der Auslöser für den Abbruch des Gründungsvorhabens, wie auch bei den Ideenfokussierten Kreierern, ein alternatives Jobangebot, in welchem Herr Dr. Volkert sich weiterhin mit seinem Bereich beschäftigen konnte. Auch die Abbruchsursachen überschneiden sich bei diesem Typus teilweise mit den Abbruchsursachen der Ideenfokussierten Kreierer. So berichtete auch Herr Dr. Volkert davon, dass er sich zu wenig auf die Bereiche, die außerhalb des Chemiebereiches lagen, fokussiert hatte bzw. fokussieren wollte:

> *„Von diesem Projekt waren die Nachteile, die ich lange nicht gesehen habe, dass diese ganzen Zulassungsbestimmungen für eine Projektgründung, also für so ein [...] Exist-Programm, die Hürden zu hoch waren in diesem Markt halt. Also die Einstiegshürden in diesem Markt sind in der Chemie ja halt einfach zu hoch – für eine Gründung."*[701]

Auch die folgende Aussage bestärkt den Eindruck, dass sich Herr Dr. Volkert in erster Linie mit der Geschäftsidee bzw. dem Bereich beschäftigen wollte, betriebswirtschaftliche Aspekte wie bspw. die Vermarktung des Produktes aber von ihm außer Acht gelassen wurden.

> *„Da hab ich mir schon Gedanken drüber gemacht, dass die / also da hab ich irgendwo überlegt und bin auch irgendwie schon zu dem Entschluss gekommen, dass es halt eigentlich kaum*

---

[699] Hr. Dr. Volkert, § 37.
[700] Hr. Dr. Volkert, § 47.
[701] Hr. Dr. Volkert, § 57.

realisierbar ist das Ganze. Aufgrund halt Zulassungsbestimmungen, Markteintritt und so ein Kram halt. Die Gedanken hatte ich eigentlich die ganze Zeit über ein bisschen.“[702]

Neben der Fokussierung auf die Geschäftsidee und der offensichtlichen Vernachlässigung von gründungsrelevanten Aktivitäten, die außerhalb des von ihm abgedeckten Kompetenzbereiches lagen, spielte für den Proband vor allem auch die nicht vollständig vorhandene Motivation, tatsächlich ein Gründungsvorhaben in die Tat umzusetzen, eine Rolle bei der Abbruchentscheidung:

„Vor allen eigentlich hab ich, wenn ich ganz ehrlich bin, diese ganze Selbstständigkeit einfach mehr als Beschäftigung gesehen, als wirklich als einen Weg in die richtige Selbstständigkeit. Joa muss man eigentlich ehrlich so sagen.“[703]

Herr Dr. Volkert gab bei seinen Ausführungen zu seiner persönlichen Motivation sogar an, dass er auch dann das Gründungsvorhaben noch vor der eigentlichen Gründung abgebrochen hätte, wenn alles auf Anhieb funktioniert hätte und bspw. das Exist-Gründerstipendium bewilligt worden wäre, wie die folgende Aussage unterstreicht:

„Nee, das wäre finanziell gar nicht so schlecht gewesen, was man da gekriegt hätte von Exist. Nee aber danach halt wegen der Zukunftsperspektive wäre ich dann eh nicht so ewig / weil eigentlich ja nie mein Hauptziel die Selbstständigkeit war und ich [...] mich immer in einem Angestelltenverhältnis auch gesehen hab. Weil's mir halt von der Person her irgendwie mehr liegt.“[704]

Der Ideenfokussierte Nutzer Herr Dr. Volkert brach das Gründungsvorhaben also ab, da er a priori kaum über die notwendige Motivation und Resultaterwartung verfügte, die eigene Selbstständigkeit voranzutreiben. Vielmehr verfolgte er individuelle, persönliche Ziele in Form der Beschäftigung mit einem konkreten Bereich aus dem Mangel an Alternativen heraus. Darüber hinaus fokussierten sich die von ihm durchgeführten Aktivitäten auf die Geschäftsidee, ähnlich wie bei der Gruppe der Ideenfokussierten Kreierer. Gründungsrelevante Aktivitäten, die außerhalb seines auf die chemischen Prozesse fokussierten Tätigkeitsbereiches lagen, wurden außer Acht gelassen, was die Motivation, die eigene Selbstständigkeit vielleicht doch noch umzusetzen, weiter negativ beeinflusste. Auslöser für den Abbruch des Gründungsvorhabens war, wie auch bei der Gruppe der Ideenfokussierten Kreierer, ein alternatives Jobangebot, dass er wahrnahm, da er in diesem weiterhin in seinem Bereich – ideenfokussiert – tätig sein konnte.

---

702 Hr. Dr. Volkert, § 139.
703 Hr. Dr. Volkert, § 101.
704 Hr. Dr. Volkert, § 125.

Obwohl lediglich nur ein Proband in den Abbrechertypus der Ideenfokussierten Nutzer eingeordnet werden konnte und somit die Aussagekraft limitiert ist, liefert diese Kategorie dennoch interessante Erkenntnisse. So scheint offensichtlich auch das Phänomen, dass Menschen ein Gründungsvorhaben verfolgen, obwohl sie sich nicht selbstständig machen wollen, im Feld zu existieren. Dieser Sachverhalt wurde innerhalb der Entrepreneurship-Forschung unter dem Begriff Necessity Entrepreneurship zusammengefasst.[705] Beruhend auf den Erkenntnissen aus dem empirischen Datenmaterial kann Herr Dr. Volkert daher als Necessity Entrepreneur eingestuft werden. Necessity Entrepreneure weisen dabei das Bedürfnis auf, gründungsrelevante Aktivitäten durchzuführen, da sie über keine alternativen Beschäftigungsmöglichkeiten verfügen. Die folgende Definition von REYNOLDS ET AL. zeigt dabei auch die Unterschiede zu so genannten Opportunity Entrepreneuren:

> *„[Opportunity entrepreneurs pursue] a business opportunity for personal interest [...]. These efforts are referred to as 'opportunity entrepreneurship', reflecting the voluntary nature of participation. In contrast, [necessity entrepreneurs are] involved because they had 'no better choices for work.' Such efforts are referred to as 'necessity entrepreneurship', reflecting to the individual's perception that such actions presented the best option available for employment but not necessarily the preferred option."*[706]

Während die Probanden innerhalb der anderen Typen freiwillig den Weg in die Selbstständigkeit verfolgen, beschäftigte sich Herr Dr. Volkert aufgrund von Alternativlosigkeit mit einem Gründungsvorhaben, wie anhand der oben dargelegten Zitate deutlich wird. Er bevorzugte es scheinbar ein Gründungsvorhaben zu verfolgen, anstatt keinerlei Aktivitäten durchzuführen und sich lediglich der teilweise langwierigen Jobsuche zu widmen. So hatte er immerhin die Möglichkeit, sich mit einem bestimmten Teilbereich zu beschäftigen, dem sein persönliches Interesse galt. Damit steht der Fall von Herrn Dr. Volkert teilweise in Kontrast zu aktuellen Annahmen innerhalb der Forschung zum Thema Necessity Entrepreneurship, die oftmals davon ausgeht, dass das Necessity Entrepreneurship-Phänomen vor allem in Entwicklungsländern auftritt, also in Ländern, in denen die Einkommensschere besonders groß ist.[707] Der Fall von Herrn Dr. Volkert zeigt, dass scheinbar auch gut ausgebildete und promovierte Naturwissenschaftler Gründungsvorhaben aus einem Mangel an Alternativen verfolgen. Demnach scheint hier Forschungsbedarf hinsichtlich der Frage zu bestehen, inwieweit der Abbruch von Gründungsvorhaben auch im Bereich der Necessity Entrepreneurship-Forschung eine Rolle spielt. Zukünftige Forschungsarbeiten könnten sich dieser Thematik widmen.

[705] Vgl. u.a. Reynolds, P. D. et al. (2001).
[706] Reynolds, P. D. et al. (2001), S. 8.
[707] Vgl. Reynolds, P. D. et al. (2001), S. 13 & 17.

(3) Selbstständigkeitsfokussierte Kreierer

In den Abbrechertypus der Selbstständigkeitsfokussierten Kreierer können sechs der 14 interviewten Abbrecher eingeordnet werden. Im Einzelnen sind dies Herr Schüler, Herr Venert, Herr Kabodi, Herr Wehr, Frau Irina und Herr Martin. Die Probanden innerhalb der Gruppe der Selbstständigkeitsfokussierten Kreierer zeichnen sich durch ihre intrinsische Motivation aus, sich selbstständig zu machen, die klar im Fokus ihres Handelns liegt. Zu diesem Zweck kreieren sie selbst Geschäftsideen, um sich den Weg in die Selbstständigkeit zu ermöglichen. Auffällig ist dabei, dass alle befragten Probanden, die in die Gruppe der Selbstständigkeitsfokussierten Kreierer eingeordnet wurden, über einen rein betriebswirtschaftlichen Ausbildungshintergrund verfügen. Drei der Probanden innerhalb dieser Gruppe – Herr Schüler, Herr Kabodi und Herr Martin – verfügen zusätzlich über mehrjährige Arbeitserfahrung, im Gegensatz zu Herrn Venert, Herrn Wehr und Frau Irina, die das Gründungsvorhaben kurz nach oder noch während ihres Studiums verfolgten. Die intrinsische Motivation dieser Probanden entwickelte sich dabei schon sehr früh. So berichtet bspw. Frau Irina davon, dass sie sich schon seit ihrer Jugend selbstständig machen wollte und dass dabei vor allem die Freiheit, selbst Verantwortung für eigene Entscheidung zu übernehmen, im Vordergrund ihrer Motivation stand:

> *„Also eigentlich wollte ich mich schon immer, also eigener Chef sein. Also auch von der Schule her, irgendwie, wenn irgendwelche Jahrmärkte da veranstaltet wurden, da habe ich auch schon irgendwas verkauft. Und (...), ja, ich weiß nicht, die Idee, also wenn ich da zurückdenke, als ich zehn Jahre alt war hab ich mich schon mit dem Gedanken beschäftigt. Also diese Unabhängigkeit und halt (...) keinen fragen, wenn ich irgendwas vor habe, dann muss ich das mit keinem abstimmen, sondern das durchsetzen was ich möchte und wie ich das möchte.“*[708]

Auch Herr Kabodi berichtet davon, dass er bereits früh darüber nachdachte, sich später einmal selbstständig machen zu wollen:

> *„Ja, ich hatte schon immer, oder was heißt schon immer, ich sag mal so ab der 10. – 11. Klasse hat sich bei mir so das Interesse für Geschäftsideen und für die Optimierung von bestehenden Geschäftskonzepten, dieses Interesse entwickelt. Was ich dann, ja (...) jahrelange für mich zum Spaß mit Freunden angewandt habe. Um über Geschäftsideen zu philosophieren und so, ohne mich jetzt wirklich in die Branche hineinzuarbeiten. (...) Ja, und (...), ja, war so ein Leidenschafts-Ding. Ich hab halt gemerkt, dass ich ein extremes Interesse daran habe und dass mir*

[708] Fr. Irina, § 9.

> *das super viel Spaß macht Geschäftsideen, Geschäftskonzepte zu entwickeln. So dass ich mich schon im Abitur eigentlich damit selbstständig machen wollte.*"[709]

Neben diesen bereits früh entwickelten Gedanken an die eigene Selbstständigkeit deuten auch weitere Punkte innerhalb des empirischen Datenmaterials auf die starke intrinsische Motivation der Selbstständigkeitsfokussierten Kreierer hin. So spiegelt sich die starke Motivation dieser Probandengruppe bspw. auch darin wider, dass sie mehrere Gründungsprojekte verfolgten. Herr Venert, Herr Kabodi und Herr Schüler verfolgten nicht nur ein Gründungsprojekt, um das Ziel der Selbstständigkeit zu erreichen, sondern teilweise bis zu vier Projekte, wie bspw. Herr Venert. Dabei widmeten sich die Probanden vorherigen Gründungsprojekten in unterschiedlicher Intensität. Einige Projekte wurden als Gründungsvorhaben mit entsprechenden Recherchen verfolgt, andere lediglich in Form einer bloßen Idee, wie das folgende Zitat von Herrn Schüler zeigt:

> „*Also ich muss auch dazu sagen, wir haben ja viele oder ja recht viele Ideen und entscheiden uns dann irgendwann doch dazu das nicht zu machen.*"[710]

Die Tatsache, dass drei der Selbstständigkeitsfokussierten Kreierer mehrere Gründungsprojekte mit unterschiedlichen Geschäftsideen verfolgten, bekräftigt dabei die Vermutung, dass bei diesem Abbrechertypus nicht die Geschäftsidee im Vordergrund des Handelns steht. Doch auch bei der den Selbstständigkeitsfokussierten Kreierern, die nur eine Geschäftsidee verfolgten, steht klar der Gedanke an die eigene Selbstständigkeit im Vordergrund ihres Handelns, wie die folgende Aussage von Frau Irina bekräftigt:

> „*Im Vordergrund bei mir steht mein Leben so zu gestalten, dass ich halt unabhängig bin. Dass ich das machen möchte, was mir persönlich gefällt. Dass ich für die Sachen selber verantwortlich bin. Dass ich keinen Fragen muss, wenn ich Entscheidungen selber treffe. Dass ich als / diese Lebensgestaltung einfach. Und die Idee ist eigentlich nachrangig.*"[711]

Die Geschäftsidee scheint also in erster Linie Mittel zum Zweck zu sein, um die eigene Selbstständigkeit verwirklichen zu können. Dies wird auch dadurch bekräftigt, dass drei der sechs Selbstständigkeitsfokussierten Kreierer nach dem Abbruch des Gründungsvorhabens nicht in ein abhängiges Beschäftigungsverhältnis wechselten, sondern sich einem neuen Gründungsvorhaben widmeten. Alle Selbstständigkeitsfokussierten Kreierer berichten darüber hinaus davon, dass die individuelle Selbstverwirklichung, die sie mit der Verfolgung eines Gründungsvorhabens verbinden, einen wichtigen Teil ihrer individuellen Motivation ausmacht. Dabei assoziieren die Probanden Selbstverwirklichung vor allem mit einer unabhängigen Arbeitsweise, der Möglichkeit, freie Ent-

---

709 Hr. Kabodi, § 7.
710 Hr. Schüler, § 29.
711 Fr. Irina, § 53.

scheidungen zu treffen sowie der Chance, etwas eigenes Aufbauen zu können, wie die folgende Aussage von Herrn Martin bekräftigt:

> *„Ich bin nicht geboren fürs Angestelltenverhältnis, dafür bin ich im Zweifelsfall zu freidenkend. Ich gucke über den Tellerrand hinaus, ich sehe die Dinge die andere in ihrer Struktur nicht sehen oder auch nicht sehen wollen, weil das im Zweifelsfall auch unbequem ist offene Fragen zu stellen, weil es auch viel damit zu tun hat direkt auf Menschen zugehen zu müssen oder zu können oder zu wollen. Ich bin sicherlich jemand der eben da immer schon unternehmerisch geprägt ist. Also es geht letztendlich darum den eigenen Gedanken freien Raum zu schenken und letztlich sich dadurch selbst glücklich zu machen, indem man eigenes Baby hochgezogen/ aufgezogen hat sozusagen. Und das als Genugtuung auch dessen, dass man sagt, da hat man was Eigenes verwirklicht.“*[712]

Auch die nachstehende Aussage von Herrn Wehr verdeutlicht noch einmal den Zusammenhang zwischen Selbstverwirklichung, Unabhängigkeitsstreben und der Geschäftsidee, die bei der Gruppe der Selbstständigkeitsfokussierten Kreierer als Mittel zum Zweck fungiert. Herr Wehr beschreibt dabei, dass ihm die Geschäftsidee seines Gründungsvorhabens durchaus wichtig war – er sie schließlich auch selbst entwickelt hatte. Allerdings schloss er nicht aus, zu einem späteren Zeitpunkt auch solche Gründungsvorhaben zu verfolgen, die auf anderen Geschäftsideen basieren:

> *„Also die Idee ist schon ziemlich im Mittelpunkt der Überlegungen, ich möchte jetzt aber auch gar nicht ausschließen, dass ich mich selber nicht auch mit einer anderen Idee selbstständig machen würde. Bei mir ist die einzige Problematik die ich im Moment sehe, noch zu wenig Erfahrung in dem Bereich gesammelt hab.“*[713]

Der Abbrechertypus der Selbstständigkeitsfokussierten Kreierer verfolgt also in erster Linie die individuelle Selbstständigkeit, scheint daher also eher Subjekt-motiviert zu sein und vor allem die individuelle Selbstverwirklichung und Unabhängigkeit anzustreben.

Die obige Aussage von Herrn Wehr gibt dabei auch einen Hinweis darauf, welche Umstände bei der Gruppe der Selbstständigkeitsfokussierten Kreierer zum Abbruch des Gründungsvorhabens führten. So fühlte sich Herr Wehr ab einem gewissen Zeitpunkt nicht mehr dazu in der Lage, selbst das Gründungsvorhaben voran zu treiben und erfolgsversprechende, gründungsrelevante Aktivitäten durchzuführen. Ihm fehlte scheinbar weiteres Know-how, um den Weg in die Selbstständigkeit zu forcieren. Wie anhand der obigen Aussage deutlich wird dachte Herr Wehr, dass er nicht erfahren genug sei, um das Gründungsvorhaben weiterführen zu können. Auch eine weitere Aussage von

712 Hr. Martin, § 55.
713 Hr. Wehr, § 47.

Herrn Wehr deutet diesen Zusammenhang zwischen der Abbruchentscheidung und unzureichenden Fähigkeiten des Gründers an:

> *„Ich glaube wenn ich es jetzt oder damals aus dem Stand aus dem Boden gestampft hätte, hätte es einfach nicht funktioniert. Ich bin einfach noch nicht soweit gewesen, in der persönlichen Entwicklung das ist einfach noch zu früh gewesen. Wir haben uns / Am Anfang des Studiums ist so eine Sache glaube ich ziemlich aussichtslos, wenn man erkennt, dass in der Person oder in der Gründer / also quasi / oder in dem Gründerteam quasi das Know-how eines ganzen Unternehmens stecken muss, dass man sich auskennen muss mit Finanzen, mit Marketing, mit Organisation usw. Da muss man ja quasi universal alle Teilbereiche des Unternehmens abdecken können und das war am Anfang des Studiums überhaupt nicht möglich. Da ist dann auch der Entschluss gewachsen in die Richtung Entrepreneurship die Vorlesung zu hören, die Fallstudien zu belegen. Ich hab jetzt auch die rechtlichen Aspekte dieses Semester gehört, sodass man dann diese ganzen Teilaspekte dann auch lernt während des Studiums. Und das waren die Sachen, wo ich mir gedacht habe, ziemlich risikoreich. Da kann ich ohne Ahnung nicht auskommen, das war einfach unrealistisch.“*[714]

Herr Wehr verfolgte gemeinsam mit seiner Lebensgefährtin noch während seines Studiums ein Gründungsvorhaben und entwickelte zusammen mit seiner Freundin eine Idee, die dem Zweck dienen sollte, die eigene Selbstständigkeit zu forcieren. Nach einer intensiven Recherche und einem Gespräch bei einer Gründungsberatung stellte Herr Wehr jedoch - wie durch das obige Zitat deutlich wird - fest, dass er selbst oder auch seine Partnerin nicht die notwendigen Fähigkeiten besaßen, ein Gründungsvorhaben erfolgreich in die Tat umzusetzen. Dabei führte er erste gründungsrelevante Aktivitäten in dem Glauben durch, dass seine eigenen Fähigkeiten ausreichen würden, wie die folgende Aussage unterstreicht:

> *„Man sagt einfach, ja das ist eine Idee die muss einfach funktionieren und das allein als Motivation.“*[715]

Herr Wehr startete demnach mit einer positiven Fähigkeitserwartung in das Gründungsvorhaben. Seine Motivation war nach eigenen Angaben dabei so hoch, dass er dachte, dass seine Geschäftsidee schlicht funktionieren *müsse*. Während der Durchführung gründungsrelevanter Aktivitäten stellte er jedoch zunehmend fest, dass seine eigenen Fähigkeiten und die seiner Partnerin nicht ausreichen würden:

---

714 Hr. Wehr, § 23.
715 Hr. Wehr, § 25.

„Und da ist viel mehr nach dem Know-how gefragt, die Idee die wir selber verfolgen würde ich auch eher dazu zählen, dass die so technologieorientiert ist, dass man da schon einen eigenen IT-Menschen braucht der richtig, richtig Ahnung davon hat und da kann man nicht so 0815 IT-Menschen nehmen. Da muss man sich die Fähigkeiten auch selber aneignen und die kriegt man auch während des Studiums so nicht.“[716]

Auch auf die Frage, was letztlich zu der Entscheidung führte das Gründungsvorhaben abzubrechen, berichtete Herr Wehr davon, dass er selbst einfach zu wenig gründungsrelevantes Know-how aufbringen konnte. Er betonte jedoch auch, dass er das Gründungsvorhaben nicht final abbrach, sondern nur temporär:

„Ich glaub grundlegend dafür war einfach die Entscheidung, dass wir gesagt haben es gibt erst mal wichtigere Sachen und das Auskundschaften ist ziemlich zeit- und kostenintensiv und das war in der Phase überhaupt nicht möglich. Also wir haben jetzt von vornerein gesagt wir möchten es nicht abbrechen, sondern wir entwickeln das halt parallel weiter, da fehlt einfach das Know-how. Ich hab noch viel zu wenig Ahnung wie man verschiedene Sachen einbindet.“[717]

Auch andere Probanden innerhalb des Abbrechertypus der Selbstständigkeitsfokussierten Kreierer berichten von unzureichenden Fähigkeiten, die letztlich zu der Entscheidung führten, das Gründungsvorhaben abzubrechen. So berichtet bspw. auch Herr Schüler davon, dass er und seine Mitgründer ursprünglich davon ausgegangen waren, dass ihr Know-how ausreichen würde, um das Gründungsvorhaben erfolgreich umzusetzen. Außerdem waren sie davon überzeugt, dass sie sich zur Not externes Know-how hätten einkaufen können, um die ihnen fehlenden Fähigkeiten auszugleichen. Jedoch zeigt sich auch bei Herrn Schüler, dass diese Erwartungen hinsichtlich der eigenen Fähigkeiten nicht mit der Realität übereinstimmten:

„Aber dann muss man ja auch wirklich sagen ich bin voll davon überzeugt, also das ist/ und man muss selber Ahnung davon haben, also wenn ich mein eigenes Ding programmieren könnte, nehmen wir mal an ich wäre jetzt Informatiker, dann würde ich auch sagen okay ich setz mich da jetzt hin und hacke da irgendwie von morgens bis abends drauf rum und dann steht das Teil halt so und dann guckst du halt mal was passiert. Aber das ist halt das fiese dabei ja irgendwie wenn du das nicht kannst, dann bist du verloren.“[718]

Herr Schüler und seine Teammitglieder waren dabei ursprünglich davon ausgegangen, dass sie ihre Geschäftsidee auch ohne entsprechende Programmierkenntnisse umsetzen konnten. Nach der Kon-

---

716 Hr. Wehr, § 41.
717 Hr. Wehr, § 21.
718 Hr. Schüler, § 53.

sultation einer Gründungsberatung wurden ihre Erwartungen jedoch enttäuscht, da die Gründungsberatung ihnen mitteilte, dass ein IT-Startup ohne IT-Kenntnisse nur geringe Aussicht auf Erfolg habe. Diese Diskrepanz zwischen den ursprünglichen Fähigkeitserwartungen und der Realität führte letztlich bei Herrn Schüler zum Abbruch des Gründungsvorhabens:

> *„Das kam tatsächlich durch diese Gründungsberatung und die Gedanken die wir danach hatten dazu bzw. nicht direkt. Also wir sind daraus gegangen und waren erst mal so ein bisschen ernüchtert, einfach weil klar war: Du brauchst einen Programmierer um das ganze System zu programmieren."*[719]

Die Vermutung, dass enttäuschte Fähigkeitserwartungen einen Einfluss auf die Abbruchentscheidung haben, kann somit bekräftigt werden. Dies verdeutlicht auch die folgende Antwort von Herrn Kabodi auf die Frage, was dazu führte, dass er das Gründungsvorhaben abbrach:

> *„K: [...] dass ich gemerkt habe, dass [...] dieses Gründungsvorhaben für mich in meiner jetzigen Position halt zu groß ist einfach [...]. Nur dann waren halt Überlegungen da, wie man es trotzdem noch erfolgreich machen kann. Obwohl halt Konkurrenz am aufkommen war und obwohl mir bewusst war, dass ich vielleicht nicht die richtige Person bin zum richtigen Zeitpunkt halt auch um sowas großes jetzt halt umzusetzen. #00:15:53#*
>
> *Int: Warum nicht die richtige Person? #00:15:54#*
>
> *K: Ja fehlendes Branchenwissen, fehlendes Know-how, fehlende Vernetzung, fehlendes Kapital. Ja (...). #00:16:04#"*[720]

Vier der von Herrn Kabodi zuletzt genannten Punkte betreffen dabei die Fähigkeiten des Gründers, also von Herrn Kabodi selbst. Wie auch im Bezug auf die individuelle Resultaterwartung, scheint also auch die individuelle Fähigkeitserwartung einen Einfluss auf die Abbruchentscheidung zu nehmen, jedoch nur bei solchen Abbrechern, bei denen die Selbstständigkeit im Vordergrund ihrer Überzeugung steht und die zur Erreichung dieses Ziels selbst Ideen kreieren. TOWNSEND ET AL. gehen in ihrem Artikel dabei auch auf diesen Zusammenhang ein. Sie erläutern, dass Gründungsvorhaben nur dann verfolgt werden, wenn im Bezug auf die individuellen Fähigkeiten eine positive Erwartungshaltung hinsichtlich der Umsetzbarkeit durch die eigenen Fähigkeiten vorherrscht und Individuen davon ausgehen, dass sie selbst zur Umsetzung ihres Gründungsvorhabens beitragen können. Dabei betonen TOWNSEND ET AL., dass vor allem die Überzeugung entscheidend ist, dass *eigene* Handlungen zum Erfolg führen – der Erfolg also nicht ‚einfach nur so' eintritt oder gar si-

---

[719] Hr. Schüler, § 19.
[720] Hr. Kabodi, §§ 13-15.

cher ist.[721] TOWNSEND ET AL. verweisen auch auf JOVANOVIC, der eine solche Vermutung bereits 1982 formulierte. Er vermutet, dass Individuen und Firmen, die während des Gründungsprozesses feststellen, dass ihre eigenen Fähigkeiten nicht ausreichen um ein Vorhaben weiter zu verfolgen, aus dem Prozess aussteigen.[722] Diese Erkenntnisse aus der bisherigen Forschung zum Vorgründungsprozess konnten durch das empirische Datenmaterial bestätigt werden. Die Feststellung, dass die eigenen Fähigkeiten doch nicht - wie ursprünglich erwartet wurde - zur Umsetzung des Gründungsvorhabens ausreichen würden, führte bei der Personengruppe der Selbstständigkeitsfokussierten Kreierer zum Abbruch des Gründungsvorhabens. Die Tatsache, dass ein solcher Zusammenhang nur bei dieser Abbrechergruppe identifiziert werden konnte, scheint dabei eng mit der besonderen Motivation dieses Abbrechertypus zusammenzuhängen. Die Motivation der Probanden innerhalb dieser Gruppe richtet sich nahezu ausschließlich auf die eigene Selbstständigkeit und die hiermit verbundenden Aspekte dieser Betätigungsform, wie Selbstverwirklichung, Freiheit und Unabhängigkeit. Die Personen innerhalb dieses Typus erwarten, dass sie das von ihnen verfolgte Gründungsvorhaben mit ihren eigenen Fähigkeiten umsetzen und somit ihr individuelles, subjektbezogenes Ziel der eigenen Unabhängigkeit erreichen können. Im Zuge der Verfolgung des Gründungsvorhabens stellen sie jedoch fest, dass ihre eigenen Fähigkeiten insbesondere im Bezug auf die dem Gründungsvorhaben zugrunde liegende Geschäftsidee nicht ausreicht, um das Vorhaben zu verwirklichen. Dieses ideenbezogene Know-how muss durch weitere Personen ergänzt werden, was sich scheinbar nur schwer mit der individuellen Erwartung der Selbstständigkeitsfokussierten Kreierer verbinden lässt, möglichst unabhängig zu arbeiten. Die Erwartung, dass ihre eigenen Handlungen den Erfolg des Gründungsvorhabens bewirken würden, wurde, wie auch schon TOWNSEND ET AL. vermuteten, enttäuscht. Nicht also der leicht zu unterstellende Umstand, dass möglicherweise die Probanden innerhalb der Gruppe der Selbstständigkeitsfokussierten Kreierer nicht teamfähig genug waren, um sich weitere Partner mit ins Boot zu holen oder externe Dienstleister zu beauftragen, führte also zum Abbruch des Gründungsvorhabens. Vielmehr treffen die Probanden innerhalb dieser Gruppe die Entscheidung, das Gründungsvorhaben abzubrechen aufgrund einer Veränderung innerhalb der individuellen Fähigkeitserwartung: Die Probanden haben scheinbar nicht mehr das Gefühl, dass ihre eigenen Fähigkeiten ein unabhängiges Arbeiten herbeiführen können.

Zusammenfassend kann daher festgehalten werden, dass im Gegensatz zu der Gruppe der ideenfokussierten Abbrecher, sich die Motivation der Selbstständigkeitsfokussierten Kreierer stark auf die individuelle Unabhängigkeit, die sie mit einer Selbstständigkeit verbanden, richtet. Die Probanden

---

[721] Vgl. Townsend, D. M. et al. (2010), S. 194 f.

[722] Vgl. Townsend, D. M. et al. (2010), S. 200. Im Original Jovanovic, B. (1982).

dieser Gruppe entwickeln hierzu – als Mittel zum Zweck – eine Gründungsidee und gehen im Zuge der Kreierung dieser Geschäftsidee a priori davon aus, dass sie diese Geschäftsidee auch selbst umsetzen können. Ziel ist es dabei, durch die eigenen Fähigkeiten das individuelle Ziel der Unabhängigkeit zu erreichen. Jedoch müssen die Selbstständigkeitsfokussierten Kreierer im Zuge der Durchführung gründungsrelevanter Aktivitäten feststellen, dass sie diese nicht selbst realisieren können, da sie nicht über die notwendigen – ideenbezogenen – Fähigkeiten verfügen, um das Vorhaben weiter zu forcieren. Es wird also Know-how Dritter benötigt, wodurch die Erwartungen, dass die eigenen Handlungen und Fähigkeiten zur Erreichung des Ziels der individuellen Unabhängigkeit führen können, enttäuscht werden. Dieser Rückgang der individuellen Fähigkeitserwartung beeinflusst die Entscheidung, weitere gründungsrelevante Aktivitäten durchzuführen, so dass das Gründungsvorhaben abgebrochen wird.

(4) Selbstständigkeitsfokussierte Nutzer

In die Kategorie der Selbstständigkeitsfokussierten Nutzer können Herr Dr.Fels, Herr Asal, Herr Julius und Herr Dugic eingeordnet werden. Diese Probanden weisen allesamt einen betriebswirtschaftlichen Ausbildungshintergrund auf. Sie alle starteten den Versuch sich selbstständig zu machen im Anschluss an ihre Ausbildung. Herr Asal, Herr Julius und Herr Dugic befanden sich dabei in der Endphase ihres jeweiligen Studiums bzw. hatten es kürzlich beendet, Herr Dr. Fels beendete einige Monate vor Aufnahme des Gründungsvorhabens sein Promotionsstudium. Sie alle verfügen über praktische Erfahrungen innerhalb eines abhängigen Beschäftigungsverhältnisses durch Praktika oder eine Tätigkeit an einer Universität. Wie die Gruppe der Selbstständigkeitsfokussierten Kreierer geben dabei auch diese Probanden an, die eigene Selbstständigkeit vor allem mit persönlicher Unabhängigkeit und Freiheit zu verbinden. Demnach war auch bei dieser Gruppe eine hohe intrinsische Motivation vor allem hinsichtlich der Selbstständigkeit erkennbar. So berichtet Herr Dr. Fels bspw. davon, dass er nach mehreren Jahren der Tätigkeit an einer Universität zunehmend mehr von dem Gedanken überzeugt war, sich selbstständig zu machen:

> *„Ich hatte das dann lange Jahre interessanterweise eigentlich für mich ausgeschlossen mich selbstständig zu machen. Je älter ich dann wurde, je mehr Arbeitgeber die ich dann hatte, desto interessanter wurde dann der Gedanke sich selbständig zu machen, weil man dann einfach auch gesehen hat, was man für Beschränkungen, ja, Limitierungen und unnötigen Kram man am Bein hat, wenn man abhängig beschäftigt ist und das man sich eben nicht so, ja, das klingt*

jetzt ein bisschen übertrieben, aber so selbst verwirklichen kann wie mit der Selbstständigkeit. Also dieses freie eigenständige Arbeiten, selber auch Entscheidungen treffen zu können."[723]

Auch Herr Julius beschreibt, dass Eigenständigkeit und Selbstverwirklichung im Fokus seiner Motivation stand, wie die folgende Aussage unterstreicht:

> *„Ja, also im Vordergrund, ich hab's eben schon ein bisschen angesprochen, steht (...), also etwas selbstständig eben auf die Beine zu stellen, nicht für jemand anderes zu arbeiten, sondern für sich selbst eine selbstständige Festlegung auf Prioritäten. Sich eigene Ziele zu setzen, nicht im einen vorgegebenen System schon zu arbeiten. Also Selbstverwirklichung. Der Wille jemand anders / oder Spaß daran zu haben, jemanden anderes davon überzeugen zu wollen."*[724]

Für Herrn Dugic steht die Freiheit im Vordergrund seiner Motivation:

> *„Und natürlich auch diese gewissen Freiheiten zu genießen, die ich auch mit einer Management-Position einher sehe."*[725]

Demnach scheint ebenso wie bei der Gruppe der Selbstständigkeitsfokussierten Kreierer bei den Selbstständigkeitsfokussierten Nutzern eine Subjekt-bezogene Motivation vorzuherrschen. Die Geschäftsidee scheint dabei für die Probanden innerhalb dieser Abbrechergruppe von nachrangiger Bedeutung zu sein. So schildert bspw. Herr Dugic, dass er im Zuge des Versuches sich selbstständig zu machen mehrere Geschäftsideen verfolgte, die an ihn herangetragen wurden. Diese Geschäftsideen wurden dabei stets von anderen Personen entwickelt. Herr Dugic wollte bei der Verfolgung dieser Geschäftsideen den betriebswirtschaftlichen Part übernehmen, um damit seine Ziele zu erreichen.

> *„Das heißt die Gelegenheit, die kam, sei es der Tracker, dieses Tracker-Projekt wo wir einen GPS-Tracker für Vögel entwickelt hatten und den vermarkten wollten, um es mal kurz zu sagen, war ja eine Idee. Im Endeffekt wär es ja nichts anderes gewesen, bei Projektmanagement und Consulting, PMC, als sich in irgendein Start-Up einzuklinken und ein Teil dieses Start-Ups zu sein. Mit dem Hintergedanken das Ganze auf eine begrenzte Zeit zu machen, sich dann aus dem operativen Geschäft herauszuziehen und sich in ein anderes Start-Up oder ein anderes Projekt einzuklinken. Von daher hab ich natürlich immer nach den lukrativsten und interessantesten Ideen gesucht, oder Projekten, wie man es dann halt nennen will."*[726]

---

723 Hr. Dr. Fels, § 15.
724 Hr. Julius, § 15.
725 Hr. Dugic, § 7.
726 Hr. Dugic, § 17.

Auch Herr Asal schildert, dass die Geschäftsidee, die seinem Gründungsvorhaben zugrunde lag, nicht von ihm selbst kreiert wurde, sondern von einem potenziellen Geschäftspartner und persönlichen Bekannten:

> *„Ja wie bin ich auf die Idee gekommen? Das lag ja zum einen daran, dass der Vater meiner Freundin auch selbstständig ist und der auch ein relativ großes Unternehmen hat. Und ja ich schon lange überlegt habe, was mach ich eigentlich nach dem Bachelor. Und dann haben wir halt geguckt, da dieses Unternehmen so groß ist und er ist ja jetzt auch nicht mehr der Jüngste, kam halt so die Überlegung auf, ob ich das Ganze nicht vielleicht übernehmen könnte."*[727]

Anhand dieser Aussagen wird deutlich, dass ähnlich wie bei den Selbstständigkeitsfokussierten Kreierern die Geschäftsidee eher als Mittel zum Zweck angesehen wird. Im Unterschied zu der Gruppe, die die dem Gründungsvorhaben zugrunde liegende Geschäftsidee selbst entwickelt, scheint innerhalb der Gruppe der Selbstständigkeitsfokussierten Nutzer jedoch neben der Verfolgung der persönlichen Unabhängigkeit und Freiheit eine weitere Motivationskomponente hinzuzukommen, wie die folgende Aussage von Herrn Dr. Fels unterstreicht:

> *„Wobei es ja grundsätzlich bei mir jetzt nicht so war, dass ich mich intrinsisch zwingend selbstständig machen wollte. Das hatte ich ja schon am Anfang gesagt. Da war jetzt mehr so der Gedanke: Mit einer guten Idee kann ich's mir vorstellen, wenn nicht, habe ich aber auch nicht übermäßig große Schmerzen in ein normales Beschäftigungsverhältnis zu gehen. Wobei ich's natürlich schon schöner finde, mich mit einer guten Idee selbstständig zu machen und natürlich idealtypischerweise läuft das dann auch und alles ist auf diesem Wachstumspfad. Das wäre natürlich das Beste und würde ich auch heute noch immer als das Beste ansehen."*[728]

In Kombination mit der oben stehenden Aussage, dass Herr Dr. Fels vor allem beruhend auf negativen Erfahrungen innerhalb eines abhängigen Beschäftigungsverhältnisses den Weg in die Selbstständigkeit verfolgte, wird deutlich, dass nicht die Selbstständigkeit oberstes Ziel von Herrn Dr. Fels war, sondern vielmehr die Vermeidung zukünftiger Frustrationen, die er aufgrund seiner Erfahrungen mit einem abhängigen Beschäftigungsverhältnis verband. Offenbar schien er die Selbstständigkeit nicht nur mit der Möglichkeit, unabhängig und frei arbeiten zu können zu verbinden, sondern auch mit der Chance, Frustrationen zu vermeiden.

Auch Herr Asal berichtet davon, dass zwar die Selbstständigkeit im Vordergrund seiner Motivation stand, allerdings auch für ihn nicht oberste Priorität hinsichtlich der Frage hatte, welcher Beschäftigungsform er nach seinem Studium präferierte:

---

[727] Hr. Asal, § 15.

[728] Hr. Dr. Fels, § 57.

„Warum Selbstständigkeit? War auch nicht mein erster Gedanke, muss ich dazu sagen, aber es wäre eine der Möglichkeiten gewesen da unten möglichst frei zu arbeiten.“[729]

Herr Asal verband mit der eigenen Selbstständigkeit die Möglichkeit, sich den Wohnort möglichst frei und unabhängig aussuchen zu können, wie anhang der folgenden Aussage ersichtlich wird:

„Int: Was stand dann konkret im Vordergrund, dass du gesagt hast okay mit dem Ding mach ich mich selbstständig, oder könnt ich es mir vorstellen? #00:04:56#

A: Die Möglichkeit sich den Ort auszusuchen. Also, dass ich ohne Französischkenntnisse einfach nach Frankreich zu ziehen und dann aber schon was zu haben und auch eine gewissen finanzielle Unterstützung, dadurch dass/ ich hätte jetzt mal gesagt zu 50% bei ihm im Angestelltenverhältnis bin, ja das ist ja schon eine gute Sicherheit und so kann man sich dann den Ort aussuchen. Das ist ja anders als wenn man jetzt in eine Firma geht, und sagt okay wo sind die Standorte und selbst dann hat man da ja nicht Mitspracherecht.“[730]

Ähnliche Zusammenhänge lassen sich auch bei Herrn Julius und Herrn Dugic finden. So berichtet Herr Dugic ebenso von negativen Erfahrungen und einer gewissen Frustration, die er innerhalb eines langen Praktikums in Form einer abhängigen Betätigung wahrnahm. Er berichtet von vielen grundlegenden Fragen, die er sich in dieser Zeit stellte und anhand derer er zu dem Entschluss kam, es zunächst nicht mit einem abhängigen Beschäftigungsverhältnis zu versuchen, in welchem er möglicherweise wieder schlechte Erfahrungen machen könnte. Die Verfolgung der eigenen Selbstständigkeit scheint für ihn dabei ein geeignetes Mittel dafür zu sein, Frustrationen zu vermeiden:

„Wo ich dann irgendwann gesagt habe: „OK, das kann so einfach nicht weiter gehen. Naja (...) Also das einfach nur als Einleitung. Und dann, mein Angestelltenverhältnis ging zu Ende, wo ich dann davor Stand: Was mache ich jetzt? Suche ich wieder einen Job? Binde ich mich wieder an irgendeine Stadt auf die ich eigentlich gar keinen Bock habe? Binde ich mich an einen Job, auf den ich gar keinen Bock habe? Lass ich mir wieder von irgendwelchen Leuten auf der Nase herumtanzen auf die ich eigentlich gar keine Lust habe? Mit denen ich auch persönlich überhaupt nichts verbinden kann und opfere sozusagen ein bisschen meine Seele für einen Minimallohn, den ich im Monat kriege und einen Anzug den ich tragen darf? Hab dann alles nochmal ein bisschen resümiert, hab gesehen: OK, ich bin jung, ich bin fertig mit der Uni, hab

729 Hr. Asal, § 19.
730 Hr. Asal, §§ 22, 23.

zwar eine gewisse Berufserfahrung – natürlich noch nicht voll - aber ich dachte mir: OK, gehst Du trotzdem das Risiko ein."[731]

Auch bei Herrn Julius stand neben dem Ziel, sich in Form einer gewissen Unabhängigkeit und Freiheit selbst zu verwirklichen, ein weiterer Gedanke hinter der Verfolgung der eigenen Selbstständigkeit. So antwortet Herr Julius auf die Frage, warum er sich direkt nach dem Studium selbstständig machen wollte, dass die Verfolgung eines Gründungsvorhabens für ihn eine besondere Herausforderung darstellte:

„*Aber ich denke das ein Gründungsvorhaben sozusagen, ja genau (...) sozusagen die Königsdisziplin, von dem, was man so im Zuge eines Ökonomiestudiums lernt.*"[732]

Scheinbar stehen bei den Selbstständigkeitsfokussierten Nutzern also weitere Ziele im Vordergrund, als ‚lediglich' die eigene Unabhängigkeit und Freiheit. Die Unterscheidung wird dabei anhand einer Gegenüberstellung zu den Zielen der Selbstständigkeitsfokussierten Ideengeber deutlich, die allesamt angeben, dass vor allem die mit der Selbstständigkeit verbundenen Faktoren wie Freiheit, Eigenständigkeit und Unabhängigkeit im Vordergrund ihrer individuellen Zielsetzung stehen. Die Selbstständigkeitsfokussierten Nutzer scheinen jedoch darüber hinaus weitere, persönliche Ziele wie die Vermeidung von Frustration zu verfolgen, ähnlich, wie auch Herr Dr. Volkert innerhalb des Abbrechertypus der Ideenfokussierten Nutzer. Die Geschäftsideen, die den Gründungsvorhaben zugrunde liegen und die von Teammitgliedern der Selbstständigkeitsfokussierten Nutzer kreiert wurden, dienen vielmehr als Mittel zum Zweck: als Mittel, zur Erreichung individueller Ziele, wie die unabhängige Verlagerung des eigenen Lebensmittelpunktes, die Vermeidung von Frustration oder auch die Verfolgung des eigenen Ehrgeizes. Auch der Umstand, dass alle Selbstständigkeitsfokussierten Nutzer nach dem Abbruch ihres Gründungsvorhabens in ein abhängiges Beschäftigungsverhältnis wechseln – und nicht, wie einige der Selbstständigkeitsfokussierten Kreierer, sich einem anderen Gründungsvorhaben widmen – bekräftigt die Vermutung, dass zwar die Selbstständigkeit im Fokus des Handelns dieser Abbrechergruppe steht (und nicht die Geschäftsidee), dass die dominante Absicht jedoch die Verfolgung persönlicher Ziele ist.

Die Ursachen, die dabei letztlich zum Abbruch der gründungsrelevanten Aktivitäten führen, scheinen innerhalb dieser Personengruppe recht homogen zu sein und ebenso wie bei den anderen Abbrechertypen in Verbindung mit der individuellen Motivation der Probanden zu stehen. Wie die Selbstständigkeitsfokussierten Ideenkreierer, berichten auch die Selbstständigkeitsfokussierten Nutzer von der Wahrnehmung, dass ihre eigenen Fähigkeiten nicht dazu ausreichten, das Gründungs-

---

731 Herr Dugic, § 7.
732 Herr Julius, § 9.

vorhaben weiter zu führen. So wird bspw. anhand der folgenden Aussage von Herrn Dr. Fels deutlich, dass er zunächst davon ausgegangen war, seine Gründung ohne weiteres Know-how, das bspw. durch einen Programmierer hätte abgedeckt werden können, durchzuführen:

> *„Keiner von uns ist Seinerzeit in diesem Internetbereich zu Hause gewesen / dass uns da eigentlich schon klar war: „Wir brauchen irgendwen anders, der dieses technische Know-how reinbringt." Also wir können sicherlich / den Vertrieb hätten wir uns zugetraut, das Marketing hätten wir uns zugetraut und auch die Buchführung hätten wir uns zugetraut, also in diesem gegründeten Unternehmen. Aber eigentlich leider der Kern – der greife ich vermutlich einer Frage schon vorweg – also diese technische Umsetzung, da fehlte es uns dann an Kompetenz."*[733]

Ursprünglich erwartete Herr Dr. Fels gemeinsam mit seinem Team, dass ihre betriebswirtschaftlichen Kenntnisse ausreichen würden, um das Gründungsvorhaben zum Erfolg zu führen. Sie nahmen an, dass sie sich technisches Know-how extern hinzukaufen könnten, ähnlich wie ein junges Unternehmen aus dem Brauerei-Sektor, welches das Brau-Know-how ebenfalls durch externe Partner hinzuzog, bei dem das Kerngründerteam jedoch auch aus Betriebswirten bestand. Herr Dr.Fels und seine Partner nahmen jedoch nach einer bestimmte Zeit eine Diskrepanz zwischen diesen ursprünglichen Erwartungen hinsichtlich der eigenen Fähigkeiten, die für die Umsetzung des Gründungsvorhabens benötigt wurden, und der Realität wahr. Die Entscheidung, das Gründungsvorhaben abzubrechen, wurde dabei beruhend auf dieser enttäuschten Fähigkeitserwartung getroffen, wie Herr Dr. Fels im folgenden Zitat schildert:

> *„Das war dann ein sehr schneller Prozess bei uns / schneller Entscheidungsprozess bei uns, das wir dann gesagt haben: Kennt einer einen Programmierer? Nein? Ok. Könnt Ihr Euch vorstellen, dass wir extern einen suchen, den wir mit ins Boot holen? Als Mitgründer? Nein? Ok. Gut, dann war's das."*[734]

Auch die anderen Gründer bemerken eine solche Diskrepanz zwischen der ursprünglichen Fähigkeitserwartung und der Realität, wie das folgende Zitat von Herrn Dugic zeigt:

> *„Und im Endeffekt muss ich mir vielleicht eingestehen, vielleicht war es die eigene Kompetenz, die vielleicht einfach noch nicht ausgereicht hat in vielen Punkten. Die man dann vielleicht einfach nochmal ausreifen hätte sollen."*[735]

In der Retrospektive nahm auch Herr Julius wahr, dass seine Fähigkeiten zum Zeitpunkt der Gründung offensichtlich nicht ausreichten, um das Gründungsvorhaben durchzuführen. Er selbst würde

---

733 Hr. Dr. Fels, § 11.
734 Hr. Dr. Fels, § 35.
735 Hr. Dugic, § 23.

heute sogar anderen Absolventen davon abraten, direkt nach dem Studium ein Gründungsvorhaben zu verfolgen:

> *„Nun, ich / jetzt so in der Retro-Perspektive muss man ja auch ruhig selbstkritisch dazu sagen, dass so eine Gründung nach dem Studium, nachdem man zwar vielleicht schon mal Erfahrung in einem Projekt gemacht hat, vielleicht mal ein Praktikum gemacht hat, doch relativ / dass man da relativ viele Flausen im Kopf hat. Ich würde jetzt eigentlich eine Gründung gar nicht mehr so sehr, oder nochmal zu diesem Zeitpunkt machen."*[736]

Ein weiteres Beispiel dafür, dass die Kompetenz im Team in den Augen des Probanden nicht groß genug war um das Gründungsvorhaben erfolgreich weiter zu führen, ist der Fall von Herrn Asal. Er verfolgte ein Gründungsvorhaben, dessen zugrunde liegende Geschäftsidee von einem potenziellen Geschäftspartner – dem Vater seiner Lebensgefährtin – kreiert wurde. Er erhoffte sich entsprechende Unterstützung, musste im Laufe der Verfolgung des Gründungsvorhabens jedoch feststellen, dass diese ursprünglich erwartete Unterstützung ausblieb und somit wichtige Fähigkeiten im Projekt fehlten:

> *„Und deshalb hab ich mich dann irgendwie unsicher gemacht, weil das schien mir dann auch für ihn nicht mehr eine sichere Sache zu sein irgendwie. Und das, ja wenn man selber noch nichtmals im Thema drin ist. Also ich mein, ich kenn mich mit Cases jetzt nicht aus und hätte mich dann irgendwie mal eingearbeitet, aber dann hab ich das Gefühl gehabt, dass ich da noch mehr Rückenwind brauche, also mehr Rückendeckung mein ich. Und die kam dann irgendwie nicht mehr, nicht 100%. Ich mein es war ja auch nicht sein Projekt, er hätte mir einfach nur irgendwo geholfen, aber dafür war es zu wenig meins. War halt nicht meine Idee."*[737]

Herr Asal schildert demnach, dass er ursprünglich erwartete hatte, dass nicht nur seine Fähigkeiten ausreichen würden, sondern auch dass er das externe Know-how, also die Fähigkeiten eines Geschäftspartners, innerhalb seines Gründungsvorhabens nutzen könne. Jedoch stellte sich nach einer gewissen Zeit heraus, dass dies nicht der Fall ist. Herr Asal konnte das Know-how seines potenziellen Geschäftspartners nicht, wie ursprünglich erwartet, nutzen. Der Umstand, dass Asals potenzieller Geschäftspartner das Projekt nicht wie erwartet unterstützen konnte, führte bei Herrn Asal zu der Wahrnehmung von Unsicherheit, wie der erste Satz des oben genannten Zitates zeigt.

Diese Unsicherheit spielt neben der wahrgenommenen Diskrepanz zwischen der ursprünglichen Fähigkeitserwartungen und der Realität für die Gruppe der Selbstständigkeitsfokussierten Nutzer eine wichtige Rolle bei der Abbruchentscheidung. So schildert auch Herr Julius, dass er selbst ein

---

736 Hr. Julius, § 13.
737 Hr. Julius, § 19.

solches Gefühl der Unsicherheit wahrnahm. Er berichtet von mehreren Punkten, die letztlich zum Abbruch des Gründungsvorhabens führten. Neben einer enttäuschten Fähigkeitserwartung schildert er als zweiten Punkt:

> *„Ein zweiter sehr entscheidender Punkt war absolut, und vielleicht hat das auch den ersten Punkt sehr beeinflusst, war natürlich auch (...), dass es (...), dass es trügerisch war, wie weit das Projekt am Anfang, oder wie lange das Projekt noch dauern würde."*[738]

Herr Julius berichtet davon, dass er auch nach einer längeren Zeit innerhalb des Projektes nicht abschätzen konnte, wie lange es noch brauchen würde, bis sich Erfolge einstellen würden. Diese Unsicherheit spiegelt sich auch im folgenden Zitat wider, in dem Herr Julius die Frage beantwortet, unter welchen Umständen er das Vorhaben nicht abgebrochen, sondern doch noch weiter geführt hätte:

> *„Also weiter versucht hätte ich / also der erste Schritt war die rechtliche Sicherheit, das wäre die Gründung einer GmbH gewesen. Es gab schon (...) der Vertrag war ja im Prinzip schon geschrieben usw., das Geld organisiert, zumindest von meiner Seite. Das hätte mir das Vertrauen gegeben, nochmal ein ganzes Stückchen mehr persönliche Arbeit / oder wieder motiviert zu sein, um es nochmal in Angriff zu nehmen. Also erstens ein rechtlicher Rahmen, auf den man sich verlassen kann, weil der persönlich ja nicht gegeben war."*[739]

Ein ähnliches Gefühl wird von Herrn Dugic geschildert. Nach einigen Monaten, in denen Herr Dugic mehrere (fremde) Geschäftsideen verfolgte, um seine eigene Selbstständigkeit umzusetzen, nahm er wahr, dass er nicht mehr einschätzen konnte, inwiefern er das Gründungsvorhaben doch noch zum Erfolg würde führen können. Er stellte eine gewisse Unsicherheit fest, wie anhand des folgenden Zitates deutlich wird:

> *„Und da war ich sogar bereit selber Finanzen mit einzubringen, selber Kapital mit einzubringen, wo ich mir gesagt habe: Hey, das ist einfach zu gefährlich, ich weiß nicht, wo das hin tendiert."*[740]

Neben Herrn Asal, Herrn Julius und Herrn Dugic wird auch in einigen Aussagen von Herrn Dr. Fels deutlich, dass seine Entscheidung, das Gründungsvorhaben abzubrechen, von der Wahrnehmung von Unsicherheit beeinflusst wurde. So berichtet Herr Dr. Fels davon, dass er selbst ein sehr sicherheitsorientierter Mensch ist, ihm das Gründungsvorhaben diese Sicherheit ab einem gewissen Punkt aber nicht hat bieten können. Er antwortet auf die Frage, unter welchen Umständen er das Grün-

---

[738] Hr. Dugic, § 19.
[739] Hr. Julius, § 29.
[740] Hr. Dugic, § 41.

dungsvorhaben doch noch weiter verfolgt hätte, dass ihm insbesondere eine antizipierbare Erfolgswahrscheinlichkeit wichtig gewesen wäre:

> *„Und erst wenn aus diesen - da wäre ja sicherlich auch noch ein zweites und ein drittes Gespräch gefolgt – wenn dann aus diesen Gesprächen, diesen Zahlen, diesen geschätzten Zahlen im Businessplan, man dann so eine gewisse Erfolgswahrscheinlichkeit hätte ableiten können, dann (...) wäre es vielleicht dazu gekommen."*[741]

Neben der Diskrepanz zwischen der ursprünglichen Erwartung, dass die eigenen Fähigkeiten zur Umsetzung des Gründungsvorhabens ausreichend sein würden, und der Realität, wirkt innerhalb der Gruppe der Selbstständigkeitsfokussierten Nutzer scheinbar ein zweiter Faktor auf die Entscheidung, das Gründungsvorhaben abzubrechen: Die Wahrnehmung von Unsicherheit. Die Probanden berichten davon, dass sie nach Durchführung einiger gründungsrelevanter Aktivitäten eine gewisse Unsicherheit hinsichtlich der Erreichung ihrer Ziele wahrnahmen, die sich offenbar auf die Entscheidung auswirkte, das Gründungsvorhaben abzubrechen.

Auch in der bisherigen Forschung zum Thema Unsicherheit wird der Zusammenhang zwischen unternehmerischen Entscheidungen und wahrgenommener Unsicherheit aufgegriffen. McMullen & Shepherd beschreiben dabei rekurrierend auf Hastie, dass unternehmerische Entscheidungen beruhend auf einer Evaluation der Unsicherheit getroffen werden:

> *„Whether entrepreneurial action occurs [...] depends on how much one must rely on one's judgment, which, in turn, depends on the degree of uncertainty experienced in the decision of whether to act."*[742]

Demnach hängt die Durchführung gründungsrelevanter Aktivitäten davon ab, wie weit man sich auf die eigene Beurteilung der Situation verlassen muss. Diese Beurteilung wird wiederum stark von der individuell wahrgenommenen Unsicherheit beeinflusst. Diese Forschungsergebnisse gehen mit den Erkenntnissen der vorliegenden Untersuchung einher. Das empirische Datenmaterial deutet darauf hin, dass die Beurteilung der konkreten Situation hinsichtlich der Durchführung weiterführender Aktivitäten dann negativ ausfällt, wenn die individuell (und subjektiv) wahrgenommene Unsicherheit zu groß wird. Das Gründungsvorhaben wird also dann abgebrochen, wenn die wahrgenommene Unsicherheit in den Augen der Gründer zu groß ist, sie also nicht einschätzen können, inwieweit die zukünftig durchgeführten Aktivitäten zielführend sind.

---

741 Hr. Dr. Fels, § 39.

742 McMullen, J. S. / Shepherd, D. A. (2006), S. 134. Im Original Hastie, R. (2001), S. 657.

Jedoch geht ein Forschungszweig innerhalb der Entrepreneurship-Forschung davon aus, dass Individuen gerade dann gründungsrelevante Aktivitäten aufnehmen, wenn sie ein bestimmtes Maß an Unsicherheit wahrnehmen, da hier der potenzielle Erfolg besonders hoch ist.[743] Die empirischen Erkenntnisse der vorliegenden Studie weisen jedoch darauf hin, dass je stärker Gründer Unsicherheit wahrgenommen wird, umso mehr steigt die Wahrscheinlichkeit, dass ein Gründungsvorhaben abgebrochen wird. Möglicherweise spielt auch hier wieder eine Diskrepanz zwischen ursprünglichen Erwartungen und der Realität eine Rolle, wie bereits TOWNSEND ET AL. vermuten. Nach Ihrer Vermutung wird gerade dann eine Abbruchentscheidung getroffen, wenn die *wahrgenommene* Unsicherheit nicht der ursprünglich erwarteten Unsicherheit entspricht:[744]

> *„[...] entrepreneurs in our sample with high levels of uncertainty regarding their ability to fulfill the role of being an entrepreneur are less likely to start a new venture."*[745]

Die Autoren beziehen sich dabei jedoch auf die ursprüngliche Entscheidung, ein Gründungsvorhaben überhaupt erst aufzunehmen. Dieser Zusammenhang kann allerdings auch auf den weiterführenden Prozess übertragen werden bzw. auf die Endphase des Nascent Entrepreneurship Prozesses und die hier anstehende Entscheidung, ein Gründungsvorhaben fortzuführen oder aber abzubrechen. Die Wahrnehmung einer Diskrepanz zwischen der ursprünglichen Erwartung, dass die eigenen Fähigkeiten ausreichen, um ein Gründungsvorhaben erfolgreich in die Tat umzusetzen, und der Realität, beeinflusst dabei offensichtlich auch die Wahrnehmung von Unsicherheit. Dabei führt die Wahrnehmung, dass die eigenen Fähigkeiten nicht ausreichend sind, um die eigenen Ziele zu erreichen, zu Unsicherheit im Bezug auf die Frage, wie nun die individuellen Ziele erreicht werden können. Der Umstand, dass dieser Zusammenhang insbesondere bei der Gruppe der Selbstständigkeitsfokussierten Nutzer auftritt hängt dabei offenbar damit zusammen, dass dieser Abbrechertypus am wenigsten Kenntnisse über die dem Gründungsvorhaben zugrunde liegende Geschäftsidee aufweist, da die Geschäftsidee durch ein Teammitglied kreiert wurde und auch nicht im motivationalen Fokus der Individuen steht. Vielmehr scheinen die Selbstständigkeitsfokussierten Nutzer die Chance wahrzunehmen, durch die Nutzung einer nicht von ihnen selbst kreierten Geschäftsidee ihr Ziel der Selbstständigkeit zu erreichen. Diese Probandengruppe scheint also die Geschäftsidee passiv wahrzunehmen.[746] Dieser Zusammenhang zwischen der Abbruchentscheidung und der Wahrnehmung von Unsicherheit wird durch einige der oben genannten Aussagen bekräftigt, wie bspw. von Herrn Asal, der in § 39 (s.o.) einen Zusammenhang zwischen der Wahrnehmung von Unsicherheit und

---

743 Vgl. McKelvie, A. et al. (2011), S. 273.

744 Vgl. Townsend, D. M. et al. (2010), S. 200.

745 Townsend, D. M. et al. (2010), S. 200.

746 Vgl. Volkmann, C. K. et al. (2010), S. 70, Shane, S. (2003). Für eine ausführliche Diskussion der unterschiedlichen Opportunity-Perspektiven vgl. Blenker, P. / Thrane-Jensen, C. (2007), S. 16 ff sowie Sarasvathy, S. et al. (2010), S. 81 ff.

dem Umstand, dass die Geschäftsidee nicht seine eigene war, beschreibt. Auch eine in der Theorie gängige Definition des Terminus Unsicherheit hilft dabei, diesen Zusammenhang zu verstehen:

> *„[...] uncertainty describes a condition under which an expected profit or future value cannot be calculated, as it is not possible to predict all possible future states of the world and attach outcome probabilities to them [...].“*[747]

Die Selbstständigkeitsfokussierten Nutzer befinden sich zum Zeitpunkt der Abbruchentscheidung demnach offenbar in einer Situation, in der sie selbst nicht kalkulieren können, inwieweit ihre eigenen Fähigkeiten ausreichen, um die von ihnen erwarteten Ereignisse oder auch Ziele zu erreichen. Sie können also nicht einschätzen, ob ihre individuellen Ziele, wie etwa die Vermeidung von Frustration, die unabhängige Wahl des eigenen Lebensmittelpunktes oder die Verwirklichung des eigenen Ehrgeizes, durch ihre eigenen Fähigkeiten erreicht werden können. Diese Unsicherheit scheint dabei so groß zu sein, dass sich die Probanden doch um ein abhängiges Beschäftigungsverhältnis bemühen und das Gründungsvorhaben letztlich abbrechen.

5.2.2.4 Zusammenfassung der Erkenntnisse: Typologie des Abbruchphänomens

Die im Zuge der kontrastierenden Analyse entwickelten Dimensionen bilden insgesamt vier Abbrechertypen, die sich anhand verschiedener Faktoren voneinander unterscheiden. In den vorherigen Kapiteln wurden diese Unterschiede ausführlich beschrieben, mit Zitaten belegt und mit einigen in Kapitel 2 und 3 aufgestellten Vermutungen und Thesen diskutiert. Die folgende Tabelle fasst die Erkenntnisse aus dieser kontrastierenden Analyse zusammen und stellt die Unterschiede der verschiedenen Abbrechertypen anhand der fünf beschriebenen Kriterien ‚dominantes Ziel der Tätigkeit‘, ‚Mittel zur Erreichung des Ziels‘, ‚Motivation‘, ‚Auslöser für Abbruch‘ und ‚spezifische Ursachen für Abbruch‘ heraus.

Bei der tabellarischen Gegenüberstellung der Erkenntnisse aus der kontrastierenden Analyse wird deutlich, dass die Kriterien ‚dominantes Ziel der Tätigkeit‘ und ‚spezifische Ursachen für den Abbruch‘ auf Ebene des Abbrecher*typus* voneinander abweichen, die Kriterien ‚Mittel zur Erreichung des Ziels‘, ‚Motivation‘ und ‚Auslöser für den Abbruch des Gründungsvorhabens‘ sich hingegen auf Ebene der *Dimension* (ideenfokussiert vs. selbstständigkeitsfokussiert) voneinander unterscheiden. Dies bekräftigt die in den vorangegangenen Abschnitten diskutierten Zusammenhänge bspw. zwischen der individuellen Motivation der Probanden und der Entscheidung, das Gründungsvorhaben abzubrechen.

---

747 Volkmann, C. et al. (2010), S. 101.

	(1) Ideenfokussierte Kreierer	**(2) Ideenfokussierte Nutzer**	**(3) Selbstständigkeits-fokussierte Kreierer**	**(4) Selbstständigkeits-fokussierte Nutzer**
dominantes Ziel der Tätigkeit	**Umsetzung der Geschäftsidee:** • Beschäftigung und Umsetzung einer Geschäftsidee;	**Umsetzung individueller Ziele:** • Verfolgen persönlicher Ziele; • Beschäftigung mit einem Geschäftsbereich;	**Umsetzung selbstständigkeits-bezogener Ziele:** • Aufbau von etwas Eigenem; • Aufbau der eigenen Selbstständigkeit;	**Umsetzung individuelle Ziele:** • Verfolgen persönlicher Ziele;
Mittel zur Erreichung des Ziels	**Selbstständigkeit** als Mittel zum Zweck	**Selbstständigkeit** als Mittel zum Zweck	**Geschäftsidee** als Mittel zum Zweck	**Geschäftsidee** als Mittel zum Zweck
Motivation	**Objekt-motiviert:** • Verwirklichung eigener, inhaltlicher Geschäftsideen;	**Objekt-motiviert:** • Mangel an Alternativen;	**Subjekt-motiviert:** • Durchsetzung eigener Entscheidungen; • Streben nach Unabhängigkeit;	**Subjekt-motiviert:** • Streben nach Unabhängigkeit; • Verwirklichung persönlicher Ziele;
Auslöser für Abbruch	**Alternative als Auslöser:** • Alternatives Jobangebot, in welchem die Verwirklichung der eigenen Geschäftsidee möglich ist;	**Alternative als Auslöser:** • Alternatives Jobangebot, in welchem die Verwirklichung der eigenen Geschäftsidee möglich ist;	**Punktuelle Situation als Auslöser:** • Punktuelle Situation, in der festgestellt wurde, dass die eigenen Fähigkeiten nicht mehr ausreichen, um weiter voran zu kommen;	**Punktuelle Situation als Auslöser:** • Punktuelle Situation, in der festgestellt wurde, dass die eigenen Fähigkeiten nicht mehr ausreichen, um weiter voran zu kommen;
spezifische Ursachen für Abbruch	**Ideenspezifische Erwartungen vs. Realität als Ursache für Abbruchentscheidung:** • Diskrepanz zwischen sehr ausdifferenzierten und konkreten Erwartungen und der Realität; • Diskrepanz zwischen der Vorstellung, sich auf die Geschäftsidee zu fokussieren und der Wahrnehmung, in der Realität auch andere, betriebswirtschaftliche Aspekte verfolgen zu müssen;	**Unzureichende Motivation zur Selbstständigkeit als Ursache für Abbruchentscheidung:** • mangelnde Bereitschaft den Schritt in die Selbstständigkeit zu wagen; • zu sehr auf die Geschäftsidee fokussierte Vorgehensweise – außer Acht lassen betriebswirtschaftlicher Aspekte;	**Selbstständigkeitsspezifische Erwartungen vs. Realität als Ursache für Abbruchentscheidung:** • Diskrepanz zwischen der Erwartung, eigenständig und unabhängig zu arbeiten und der Realität; • Wahrnehmung, dass die eigenen Fähigkeiten nicht ausreichen und weiteres Know-how akquiriert werden muss;	**Unsicherheit, inwieweit die individuellen Ziele mit den eigenen Fähigkeiten erreicht werden können als Ursache für Abbruchentscheidung:** • Wahrnehmung von Unsicherheit; • Wahrnehmung, dass die eigenen Fähigkeiten nicht ausreichen und weiteres Know-how akquiriert werden muss – und somit das Ziel der persönlichen Unabhängigkeit nicht erreicht werden kann;

Tabelle 15: Die 4 Abbrechertypen: Zusammenfassung der Erkenntnisse aus der kontrastierenden Analyse

Die Erkenntnisse aus den Abbrecherinterviews stehen dabei, wie verschiedentlich skizziert wurde, in Zusammenhang mit Ergebnissen und Vermutungen früherer Forschungsarbeiten. Einige der im Zuge der vorliegenden Untersuchung gewonnenen Erkenntnisse scheinen hinsichtlich der Einflussfaktoren auf den Abbruch Gründungsvorhabens jedoch neu zu sein. So fanden bspw. VAN GELDEREN ET AL. heraus, dass ein alternatives Jobangebot von vielen der von ihnen befragten Probanden als Ursache für den Abbruch des Gründungsvorhabens angegeben wurde.[748] Die empirische Untersuchung, die innerhalb der vorliegenden Forschungsarbeit durchgeführt wurde, konnte jedoch eine spezifischere Differenzierung zwischen den Ursachen für den Abbruch von Gründungsvorhaben und den Auslösern, die diesen Prozess einleiten, anhand der Aussagen der Probanden ausfindig machen. So scheint vor allem eine Diskrepanz zwischen der ursprünglichen Erwartungshaltung und der Realität dazu zu führen, dass z.B. keine positive Erwartungshaltung hinsichtlich der Durchführung zukünftiger gründungsrelevanter Aktivitäten mehr vorherrscht. Auch ein Rückgang der individuellen Motivation, das Ziel der eigenen Selbstständigkeit weiterhin zu verfolgen, wurde von den befragten Probanden als Abbruchsursache angegeben. Die Wahrnehmung alternativer Jobangebote wurde jedoch vielmehr als Auslöser für die Abbruchentscheidung angeführt, wie auch schon TOWNSEND ET AL. in ihrer 2010 erschienen Forschungsarbeit vermuten.[749] Im Folgenden werden die Erkenntnisse aus den Abbrecherinterviews mit den Erkenntnissen aus den Starterinterviews gespiegelt. Im Anschluss hieran erfolgt eine ausführliche Zusammenfassung der Erkenntnisse in Form eines Fazits sowie eine Diskussion der Implikationen und Limitationen der vorliegenden Arbeit.

5.2.3 Spiegelung der Abbruchsursachen mit den Erkenntnissen aus den Starterinterviews

Neben den zunächst durchgeführten Experteninterviews mit Gründungsberatern öffentlicher Institutionen und den darauf folgenden Interviews mit Abbrechern von Gründungsvorhaben wurden weitere vier Interviews mit Startern durchgeführt, also mit solchen Personen, die ein Gründungsvorhaben intensiv verfolgt hatten und formell gründeten. Sie alle agierten zum Zeitpunkt der Befragung mit diesem gegründeten Unternehmen am Markt und bezeichneten sich selbst als erfolgreich, wobei sich der individuelle Erfolg vor allem nach Angaben der Probanden an einer zufriedenstellenden Auftragslage bemaß, nicht aber konkret monetär quantifiziert wurde. Anders als die Abbrecher entschieden sich diese Probanden am Ende der Nascent Entrepreneurship-Phase also nicht zum Abbruch des Vorhabens, sondern zum Übergang in die Infancy-Entrepreneurship-Phase.

Die Starterinterviews wurden durchgeführt, um die Erkenntnisse aus den Abbrecherinterviews mit Aussagen von Gründern zu spiegeln, um somit das Phänomen des Abbruchs besser zu verstehen.

---

748 Vgl. van Gelderen, M. et al. (2011), S. 254.
749 Vgl. Townsend, D. M. et al. (2010), S. 200.

Dieser Überlegung lag die Vermutung zugrunde, dass sowohl die Abbrecher als auch die Starter eine eigene Entscheidung hinsichtlich des Übergangs in die Infancy-Entrepreneurship-Phase treffen mussten. In diesem Kapitel wird daher auf die Frage eingegangen, was bei den Startern dazu führte, dass sie das Vorhaben *nicht* abbrachen. Zur Beantwortung dieser Fragen wurden die Starterinterviews ähnlich wie die Abbrecherinterviews mit Hilfe der Datenanalysesoftware MAXQDA analysiert. Dabei wurde während der Interviews versucht, ähnliche Themengebiete mit den Startern zu besprechen, wie sie bei den Abbrecherinterviews im Vordergrund standen. Die Starter wurden wie auch die Abbrecher über das Snowball-Sampling unter Nutzung der Kontakte der Gründungsberater identifiziert.

Während der Auswertung der Gründerinterviews kristallisierten sich drei Faktoren heraus, die sich stark von den Aussagen der Abbrecher hinsichtlich der Einflussfaktoren auf die Abbruchentscheidung unterschieden, dabei jedoch die Erkenntnisse und ersten gegenstandsbezogenen Theorien und Modelle (siehe z.B. Abbildung 12) bekräftigen. So gaben die Starter an, dass sie während ihres Gründungsvorhabens zwar diverse Hürden zu bewältigen hatten, jedoch anders als die Abbrecher keinen direkten Mangel an Erfolgserlebnissen wahrnahmen – im Gegenteil sogar immer wieder feststellten, dass wichtige Meilensteine erreicht wurden (1). Darüber hinaus wurden die Erwartungen, die sie a priori an die Umsetzung des Gründungsvorhabens hatten, tendenziell eher übertroffen als enttäuscht, wenn auch einige Erwartungen nicht erfüllt wurden (2). Scheinbar spielt aber auch die Erwartungshaltung bei den Startern eine wichtige Rolle bei der Entscheidung, das Gründungsvorhaben *nicht* abzubrechen. Der wichtigste Punkt scheint jedoch ein ausgeprägter Teamausgleich (3) zu sein, der – anders als bei der Gruppe der Abbrecher – in besonders positivem Maße wahrgenommen wurde. Diese drei Faktoren werden im Folgenden diskutiert und anhand von Zitaten aus dem empirischen Datenmaterial belegt.

(1) Wahrnehmung weniger Misserfolgserlebnisse

Wie bereits in Kapitel 5.2.1.2 herausgearbeitet wurde, berichten die Abbrecher innerhalb der Interviews fallübergreifend von einem Mangel an Erfolgserlebnissen, dessen Wahrnehmung einen erheblichen Einfluss auf die Abbruchentscheidung hatte. Auch die Starterinterviews bekräftigen diesen Zusammenhang, dass scheinbar die Wahrnehmung, dass Erfolgserlebnisse nicht eintreffen oder aber lange auf sich warten lassen, zu einem Rückgang der Motivation führt und somit die Abbruchentscheidung beeinflusst. Denn anders als die Abbrecher nahmen die Starter kaum einen Mangel an Erfolgserlebnissen wahr. Vielmehr berichteten sie davon, dass Vieles innerhalb ihres jeweiligen Gründungsprozesses ohne nennenswerte Probleme verlief, wie die folgende Aussage von Herrn Dr. Schürle zeigt:

„Joa so richtige Probleme gab's eigentlich fand ich gar nicht. Also es gab eben einmal die Phase, wo der N. ein bisschen unschlüssig war. Für ihn war das natürlich eine sehr neue Situation. Er war bisher immer der X-Chef, wir waren die Mitarbeiter, hatten schon immer sehr viel Mitspracherecht. Also er war jetzt nicht so ich Chef, ich bestimme. Also wir haben das schon immer so im Team gemacht. Aber er war eben derjenige, der das entschieden hat. In den letzten Jahren hat sich das so ein bisschen gewandelt. Die Firmen haben immer mehr uns angesprochen, nicht ihn, seine Bedeutung ist sukzessive immer weiter zurückgegangen. Von den Projekten, die wir jetzt haben, ist im Endeffekt eins, könnte man sagen, auf ihn zurückzuführen. Und alle anderen Projekte sind durch unsere Akquisetätigkeit entstanden. Da ist nicht ein Kontakt zum ursprünglichen Lehrstuhl gewesen. Ich glaube das war für ihn schon auch schwierig und da hatte er uns einmal auch vor die Entscheidung gestellt, ob wir ihn auch wirklich dabei haben müssen, weil er ja so gesagt hatte joa, das ist für ihn schon auch kompliziert. Wir möchten aber gerne diese Erfahrung, die er ja mitbringt und in dem ein oder anderen Projekt haben wir in ihm einen sehr guten Diskussionspartner und er hat auch immer noch sehr hochkarätige Kontakte zu zahlreichen Firmen, die wir zum Teil noch überhaupt nicht angebohrt haben. Wo man sagen könnte, wenn man jetzt weiterhin so eine Wachstumsstrategie verfolgt ist das natürlich Potenzial, was man heben kann. Und deswegen haben wir auch gesagt, nee, wir möchten das schon explizit gerne mit ihm machen. Und dann haben wir uns auch nochmal zusammengesetzt, und auch mit dem Rechtsanwalt, der ja sehr gut mit ihm befreundet ist. Und dann haben wir nachher auch eine Lösung gefunden, wo alle gut mit leben können. Ansonsten, ja, gibt immer mal so kleine Stolperstellen, aber das würde ich jetzt nicht als Probleme bezeichnen. Also das waren alles Sachen, die man dann mit ein bisschen Aufwand klären konnte. So wie mit der Exist-Beantragung und so. Ich denke mal, sowas gehört auch dazu. Ich denke, man kann nicht erwarten, wenn man so ein Vorhaben hat, dass da von Montag bis Freitag alles reibungslos läuft. Das kennen wir ja auch aus Projekten. Auch da läuft nicht immer alles hundertprozentig gut. Aber so richtig Probleme fand ich da jetzt nicht.“[750]

Probleme, die also bspw. zu einem Abbruch des Gründungsvorhabens geführt hätten, oder aber zu Zweifeln in der individuellen Wahrnehmung, wurden demnach von Herrn Dr. Schürle nicht wahrgenommen. Interessanterweise schildert Herr Dr. Schürle dennoch einige Aspekte, die nicht nur positiv von ihm wahrgenommen wurden, die aber seiner Auffassung nach ‚dazu gehörten', die er also erwartet hatte. Die folgende Aussage von Herrn Samarus bekräftigt zusätzlich die Vermutung, dass die Gruppe der Starter, anders als die Abbrecher, individuell mehr positive Ereignisse wahr-

---

[750] Hr. Dr. Schürle, § 17.

nahmen als negative – zusätzlich zu dem Aspekt, dass sie keinen Mangel an Erfolgserlebnissen feststellten:

> *„Und ich bin - darf ich jetzt ein bisschen Stolz sagen - nicht einmal auf die Fresse gefallen. Also es lief immer so, dass das alles passte."*[751]

Diese Aussage deutet, wie auch die Aussage von Herrn Dr. Schürle darauf hin, dass bei der Gruppe der Starter offenbar eine andere Wahrnehmung im Bezug auf Hürden und Probleme vorherrscht, als bei der Gruppe der Abbrecher. Denn auch Herr Samarus berichtet von Widerständen oder mangelnden Erfolgserlebnissen. Diese führten bei ihm aber nicht zum Abbruch des Gründungsvorhabens, sondern zu einem gesteigerten Durchhaltevermögen:

> *„Dann habe ich mich halt eben mit meiner Schwester zusammengetan und hab einfach (...) spekuliert und geguckt, wie könnte es funktionieren. (...) und dann sind ja halt auch die Sachen gekommen, dass wir haben Sachen durchrechnen lassen und es war eigentlich so, dass (...) ja uns alle gesagt haben, das kann nicht funktionieren. Und im ersten halben Jahr war es auch wirklich heftig, also wir wollten am 1.6. auf machen, dann kam die Bauaufsicht und die Bauaufsicht die hat dann mehr oder weniger auch gesagt das muss noch gemacht werden, da muss noch irgendwas gemacht werden. (...) also das sind Unwägbarkeiten wo du wirklich dann einen langen Atem / wobei einen langen Atem brauchte ich nur, es war ein halbes Jahr."*[752]

Die individuelle Wahrnehmung der Starter, inwiefern ein Mangel an Erfolgserlebnissen als negativ wahrgenommen wird, scheint sich demnach von der Wahrnehmung der Abbrecher zu unterscheiden. Abbrecher scheinen den Mangel an Erfolgserlebnissen dabei als besonders negativ wahrzunehmen, wohingegen Starter dies als ‚normal' einschätzen oder aber denken, dass diese Situation ein besonderes Maß an Durchhaltevermögen benötigt. Dies bekräftigt den in Kapitel 5.2.1.2 diskutierten Zusammenhang, dass Abbrecher einen Mangel an Erfolgserlebnissen wahrnehmen und dies einen negativen Einfluss auf die Entscheidung hat, inwieweit das Gründungsvorhaben fortgeführt wird. Denn während ein entsprechender Mangel an Erfolgserlebnissen einen starken Einfluss auf die Abbruchentscheidung hat, berichten die Starter weniger von einem Mangel an Erfolgserlebnissen – auch, obwohl sie selbst Hürden zu bewältigen haben. Vielmehr berichten sie sogar davon, dass vieles von ihnen als sehr positiv wahrgenommen wurde. Dies könnte den Zusammenhang bekräftigen, dass sobald Individuen einen Mangel an Erfolgserlebnissen wahrnehmen, die Wahrscheinlichkeit steigt, dass das Gründungsvorhaben abgebrochen wird. Anders als bspw. VAN GELDEREN ET AL. herausfanden, könnte also möglicherweise nicht die Anzahl an wahrgenommenen Problemen eine entscheidende Rolle hinsichtlich der Abbruchentscheidung spielen, sondern die

---

[751] Hr. Samarus, § 17.
[752] Hr. Samarus, § 7.

generelle Wahrnehmung eines Mangels an Erfolgserlebnissen.[753] Darüber hinaus deuten einige Aussagen daraufhin, dass die Gründer einige Hürden, Herausforderungen oder Probleme vorab antizipiert haben – im Gegensatz zu den Abbrechern.

Auch die folgende Aussage von Herrn Dr. Schloss bekräftigt diesen Zusammenhang, die darüber hinaus einen Hinweis auf den zweiten Faktor liefert. Sie zeigt, dass auch die Gründung von Herrn Dr. Schloss in seinen Augen ohne einen Mangel an Erfolgserlebnissen ablief, er jedoch auch zu Beginn bestimmte Zweifel an der Umsetzung des Gründungsvorhabens hatte. Er antwortete auf die Frage, ob er direkt von Beginn an die Geschäftsidee, die von einem Teammitglied entwickelt worden war, geglaubt hatte:

> *„Die erste Zeit nicht. Die erste Zeit nicht weil ich gesagt habe: Es wird für uns schwierig in den ersten zwei Jahren so viele Projekte zu akquirieren, aufgrund dessen, dass wir vom Lehrstuhl relativ unbekannt waren, weil wir auch kaum Werbung gemacht haben. War ich die erste Zeit nicht so überzeugt. Als wir dann aber im Businessplan sehr weit waren habe ich festgestellt, dass wir eigentlich so eine ganz gute Position haben, Deutschlandweit gesehen. Und (...) Wo es dann immer besser wurde, das war der Punkt, dass wir viele Firmen gefragt haben, was die von dieser Idee Selbstständigkeit halten und da viele gesagt haben: Super, macht das! Wir nehmen eure Leistung in Anspruch. Und (...) war ein guter Punkt.“*[754]

Diese Aussage unterstreicht nochmals, dass die Starter im Gegensatz zu den Abbrechern scheinbar keinen Mangel an Erfolgserlebnissen wahrnahmen, obwohl auch sie skeptisch hinsichtlich der Umsetzung ihrer Geschäftsidee waren. Die Aussage von Herrn Dr. Schloss zeigt jedoch auch, dass offensichtlich die Erwartungen, anders als bei den Abbrechern, innerhalb der Gruppe der Starter nicht so stark enttäuscht wurden, sondern eher im positiven Sinn übertroffen wurden, wie im folgenden Abschnitt diskutiert wird.

(2) Erwartungen vs. Realität: Kaum Diskrepanzen in der Starter-Wahrnehmung

Während die Abbrecher fallübergreifend schildern, dass sie eine deutliche Diskrepanz zwischen ihren ursprünglichen Erwartungen und der tatsächlichen Realität wahrnehmen, berichten die Starter vielmehr davon, dass ihre Erwartungen eintrafen – oder aber gar übertroffen wurden. So antwortet bspw. Herr Dr. Dasing auf die Frage, welche Erwartungen er an seine eigene Selbstständigkeit hatte:

---

[753] Vgl. van Gelderen, M. et al. (2011), S. 79.

[754] Hr. Dr. Schloss, § 47.

„In positiver Hinsicht hätte ich nicht erwartet, dass es so schnell so gut geht. Das hätte ich erhofft, das war ein Wunsch von uns natürlich, aber dass wir so schnell am Markt als so kompetent wahrgenommen werden, das hätte ich wirklich nicht gedacht. Und das viele Leute, die wir vorher gar nicht kannten, auf uns zu kommen mit der Meinung, dass wir schon Jahre, Jahrzehnte lang auf dem Markt sind. Einfach aufgrund der, ich weiß nicht, Art und Weise wie wir rüberkommen, der Kompetenz wie wir rüberkommen, wahrscheinlich. Das hätte ich nicht erwartet, dass das so schnell geht und das wir innerhalb, ich sag mal, einem Zeitraum von einem halben Jahr einen Kundenstamm angehäuft haben, wo wir eigentlich nur ein oder zwei Bestandskunden aus Unizeiten drin haben. Alles andere, alle anderen Kundenkontakte die wir haben, ist in der Zeit über Tagungen, über Veröffentlichungen, über den X-Arbeitskreis, über Vitamin B von anderen Leuten und so weiter gekommen. Das hätte ich wirklich nicht erwartet, nein. Das ist super, dass es so läuft. Wie gesagt, so hatten wir es uns erwünscht und erhofft, auch auf Grundlage der Situation, wo wir halt rausgekommen sind. Aber das das wirklich so klappt, dass hätte ich nicht gedacht, nein.“[755]

Herr Dr. Dasing berichtet also von einer positiven Überraschung, seine ursprünglichen Erwartungen wurden demnach in positiver Hinsicht übertroffen. Dabei scheinen die Starter ihren Prozess rückblickend nicht durch eine ‚rosarote Brille‘ zu sehen, sondern auch durchaus eine kritische Sichtweise auf die persönlichen Erfahrungen zu haben. Bspw. berichtet Herr Dr. Dasing auch von Erwartungen, die eher enttäuscht wurden, wie die folgende Aussage unterstreicht:

„Ich hätte nicht erwartet, dass das so viel organisatorischer Aufwand ist, sein eigenes Unternehmen hoch zu ziehen. Also gerade was auch die wirklich administrativen Sachen angeht. Einfach was man da alles mit zu tun hat, um den, ich sag's jetzt mal in Anführungsstrichen Bürokram zu erledigen, was das an Zeit kostet. Gut, vielleicht, wir sind jetzt auch keine / wir sind ja X-Techniker / Ingenieur halt. Vielleicht haben wir da auch jetzt nicht die perfekten Lösungswerge erreicht, um Gottes Willen. Aber das kostet wirklich Zeit, auch Mails abzuarbeiten, die Kundekontakte halt zu pflegen, das die Leute immer am Ball bleiben, die Homepage zu pflegen und so weiter und so fort. Dass das Aufwand ist war klar, ich hätte nicht gedacht, dass das so viel Aufwand ist. Das hat mich jetzt nicht geschockt, aber das hat mich schon ein bisschen überrascht.“[756]

Herr Dr. Dasing schildert im Interview also durchaus (selbst-) kritisch seine Sichtweise auf die Gründung seines Unternehmens. Er erläutert auch, dass einige seiner ursprünglichen Vorstellungen von der eigenen Selbstständigkeit nicht eintrafen und dass somit auch hier eine negative Diskrepanz

755 Hr. Dr. Dasing, § 35.
756 Hr. Dr. Dasing, § 35.

zwischen den a priori formulierten Erwartungen und der Realität festgestellt wurde. Ähnliche Aussagen können auch bei den anderen Startern festgestellt werden. So schildert auch Herr Dr. Schloss, dass er bei einigen Aspekten eine negative Diskrepanz zwischen seinen ursprünglichen Erwartungen und der Realität feststellte. Er antwortet auf die Frage, ob er gedacht hätte, dass es einfacher wäre, ein Unternehmen zu gründen:

> *„Ja. Ja! Als was ich schon mal schwierig fand ist die ganze Gründungsphase mit GmbH anmelden, hier zum Rechtsanwalt, da zum Notar, Finanzamt informieren, Krankenkasse wieder anfragen, die schickt einen wieder zur Rentenversicherung, und, und, und. Da muss man sagen, wenn man's gewöhnt ist, dass man als Angestellter irgendwo arbeitet, hat man ja schon gedacht die Prozesse sind kompliziert. Wenn man das sieht, wie die Prozesse sind, wenn man sich anmeldet / Ja, ich hätte gedacht es ist einfacher. Das hat mich gewurmt. Das hat mich auch genervt. Vor allen Dingen / Ja also diese ganzen Sachen da bei den Ämtern, dass Du pauschal dann auch immer / gleich so drohen, wenn Sachen nicht pünktlich sind, dann gibt es Strafe. Also man wird immer gleich so hingestellt als wenn jeder so eine GmbH gründet um Steuern zu hinterziehen. Das hat mich total genervt. Was mich auch noch genervt hat, richtig genervt hat, sind dieser ganzer Rechtskram, mit Anwalt, Versicherung."*[757]

Anhand dieser Aussage von Herrn Dr. Schloss wird deutlich, dass die negative Diskrepanz zwischen seinen ursprünglichen Vorstellungen und der Realität sehr groß gewesen sein muss, so groß, dass er angab, davon genervt gewesen zu sein. Jedoch brach Herr Dr. Schloss das Gründungsvorhaben nicht ab. Er berichtet im Gegenteil sogar auch von bestimmten Erwartungen, die übertroffen wurden. Somit stellt sich die Frage, wann die Diskrepanz zwischen ursprünglichen Erwartungen und der Realität in negativer Weise zum Abbruch des Gründungsvorhabens führt – oder zumindest stark auf die Abbruchentscheidung Einfluss nimmt – und wann Individuen trotz dieser Diskrepanz weiterhin gründungsrelevante Aktivitäten durchführen und starten. Die folgende Aussage von Herrn Dr. Schloss, als Antwort auf die Frage, warum er trotz seiner Zweifel das Vorhaben nicht abgebrochen hat, könnte einen Hinweis darauf geben, welche Faktoren nach Aussage der Gründer einen Einfluss hierauf haben:

> *„Ganz einfach: Weil wir ein Team hatten, so das wir's aufgeteilt hatten. Wenn ich den ganzen Kram hätte alleine machen müssen, wäre das spätestens nach dem dritten Anwaltstermin vorbei gewesen. Da hätte ich gesagt: Keine Lust mehr drauf. Den Stress tue ich mir nicht mehr an. War nur erträglich weil, weil auch viele außenrum mitgeholfen haben. Also wie zum Beispiel die Gründungsinitiative. Dann die Freundin vom M., oder jetzt Frau vom M., der Vater vom A.*

---

[757] Hr. Dr. Schloss, § 57.

Da hat ja jeder so ein paar Parts übernommen. Der Steuerberater muss ich sagen / Also das fand ich einen Themenpunkt, den fand ich super. Das wir da schnell gesagt haben wir nehmen einen Steuerberater. Der soll sich um alles kümmern, der weiß wo's lang geht. Der weiß wie er die Thematik angeht. Das ist ein Punkt wo ich denke, wenn ich das nicht gehabt hätte, hätte ich früher aufgehört."[758]

Wie demnach anhand der Erkenntnisse aus den Starterinterviews deutlich wird, scheinen also neben dem Mangel an Erfolgserlebnissen und einer Diskrepanz zwischen den ursprünglichen Erwartungen und der Realität ausgleichende Teamfaktoren eine wichtige Rolle dabei zu spielen, inwiefern eine Diskrepanz zwischen den ursprünglichen Erwartungen und der Realität zum Abbruch des Gründungsvorhabens führt. Auf diesen Faktor wird im folgenden Abschnitt eingegangen. Darüber hinaus scheint sich auch die individuelle Wahrnehmung hinsichtlich der jeweiligen Erwartungen von Startern und Abbrechern zu unterscheiden.

(3) Kein Mangel an ausgleichenden Teamfaktoren

Im Gegensatz zu den Ausführungen der Abbrecher, dass sie vor allem einen Mangel an ausgleichenden Teamfaktoren oder gar ein negatives Teamgefühl wahrnehmen, berichten die Starter von positiven, ausgleichenden Teamfaktoren, die sie auf das besonders heterogene Team zurückführen. Die Heterogenität im Team scheint dabei nicht nur von den jeweiligen ausbildungsbedingten Disziplinen der Mitglieder abzuhängen – also von rationalen Faktoren – sondern auch von den sozialpsychologischen Faktoren beeinflusst zu werden. Im Bezug auf Teamheterogenität werden, wie weiter oben bereits angedeutet, Faktoren dann als *rational* beschrieben, wenn eine Verschiedenheit mehrerer Individuen hinsichtlich funktioneller Aspekte wie bspw. der jeweiligen Ausbildung, individueller Kompetenzen, oder auch Fähigkeiten und Fertigkeiten vorliegt. Die *sozialpsychologische* Heterogenität bezieht sich hingegen mehr auf Unterschiede hinsichtlich der individuellen Persönlichkeitseigenschaften.[759] Beide Formen der Heterogenität werden dabei offenbar von den Startern wahrgenommen und führen zu einem positiven Teamgefühl. Diese positiven Teamfaktoren scheinen dabei aufkommende Zweifel, die Wahrnehmung eines Mangels an Erfolgserlebnissen oder die wahrgenommene Diskrepanz zwischen den ursprünglichen Erwartungen und der Realität in einem solchen Maße auszugleichen, dass eine positive Fortführungsentscheidung getroffen wird, wie z.B. die folgende Aussage von Herrn Dr. Dasing bekräftigt:

„*Und das, ganz alleine zu machen, das wäre, also die reine Projektbearbeitung, das wäre wahrscheinlich schwierig geworden. In den Teilen, die man sehr sehr gut kann gar keine Fra-*

---

[758] Hr. Dr. Schloss, § 59.

[759] Für eine tiefergehende Diskussion vgl. Meves, Y. (2013), S. 18 ff und die dort aufgeführten Quellen. Anmerkung des Verfassers.

ge, aber wenn man dann wirklich an so neue Punkte rankommt, dann hat es, wenn man das alleine macht, schon Schwierigkeiten. Und was auch wirklich ein sehr entscheidender Faktor war das jetzt nicht alleine zu machen war halt das man die ganzen vorbereitenden Maßnahmen für so eine Selbstständigkeit dann halt auch auf mehrere Schultern verteilen konnte. Weil das schon auch ein erheblicher Aufwand, und Gerenne und Gemache und Getue ist.“[760]

Herr Dr. Dasing berichtet davon, dass die Last der Gründung in seiner Wahrnehmung auf mehrere Schultern hat verteilt werden können, was ihm selbst die Entscheidung erleichterte, den Schritt in die Selbstständigkeit zu wagen. Ohne sein Team, ohne den hierdurch vorhandenen Teamausgleich, hätte Herr Dr. Dasing nach eigener Auffassung den Schritt in die Selbstständigkeit nicht gewagt. Auch eine weitere Aussage von Herrn Dr. Dasing bekräftigt dabei die Vermutung, dass ausgleichende Teamfaktoren einen erheblichen Einfluss auf die Entscheidung haben, ein Gründungsvorhaben abzubrechen oder aber fortzuführen. So antwortet er auf die Frage, unter welchen Umständen er möglicherweise das Gründungsvorhaben doch abgebrochen hätte:

„Wann hätte ich das gesagt? Wenn (...) ich sag mal Gegebenheiten aufgetreten wären, die das Ganze jetzt in irgendeiner Art und Weise völlig über Bord geworfen hätten. Wenn jetzt beispielsweise von den drei Kerngründern [...], wenn einer von den dreien, da klammer ich mich jetzt mal mit ein, auf einmal gesagt hätte: Hey, Jungs, ich hab jetzt, keine Ahnung, dass und das Angebot von dem und dem Unternehmen, da kann ich nicht nein sagen. Das geht nicht. Das ist Summe xy, das ist genau das, was ich mir eigentlich vor Jahren mal vorgestellt hab. Dann wäre es wahrscheinlich schwierig geworden das auch zu zweit aufzuziehen, bzw. dann auch zu dritt. Das hätte mich dann wie gesagt zweifeln lassen.“[761]

Wäre es also zu Konflikten im Team gekommen bzw. hätte eines der drei Teammitglieder das Gründungsvorhaben niedergelegt, dann wäre auch für Herrn Dr. Dasing der Schritt in die Selbstständigkeit wahrscheinlich nicht mehr in Frage gekommen. Auch die folgende Aussage unterstreicht die besondere Bedeutung eines belastbaren, demnach also heterogenen Teams:

„Wir haben uns teilweise schon ein bisschen gegenseitig, ich will nicht sagen mitgerissen, aber schon ein bisschen hochgepusht. Gerade B. ist was das angeht schnell sehr enthusiastisch. Also sowohl in die positive als auch in die negative Richtung. Wenn mal was nicht läuft dann kommuniziert er das sehr schnell und sehr offen, was ich extrem an ihm schätze. Und wenn er eine super Idee hat die ihm gerade im Kopf rumschwirrt, die vielleicht auch richtig gut ist, dann will er das eigentlich auch am besten in fünf Minuten umgesetzt haben, und nicht erst in fünf Tagen. Und E. und ich sind dann eher so: Lass uns das doch nochmal eben überdenken,

760 Hr. Dr. Dasing, § 17.
761 Hr. Dr. Dasing, § 27.

oder lass uns vielleicht noch ein paar andere Optionen reinholen oder wie auch immer. Das ist das, was ich vorhin meinte, wir passen vom Team her auch sehr gut zusammen. Der eine ist ein bisschen vorpreschender, der andere ist vielleicht ein bisschen zurückhaltender, möchte vielleicht ein bisschen Optionen reinholen, über Alternativen nachdenken. Und der andere ist mehr so der Vermittler zwischen den beiden Polen vielleicht. Deswegen, das passte eigentlich schon."[762]

Anhand dieser Aussage wird der Ausgleich zwischen den jeweiligen Teammitgliedern deutlich, sowohl im Bezug auf die rationale, als auch hinsichtlich der sozialpsychologischen Heterogenität. Auch die folgende Aussage von Herrn Dr. Schürle unterstreicht dieses Zusammenspiel von rationaler und sozialpsychologischer Heterogenität, dass auch er innerhalb seines Teams wahrnahm:

„Und dann hab ich gedacht, das Team ist ja eine extrem geniale Zusammensetzung, wir sind fachlich extrem gut aufgestellt. Wir sind so von den Persönlichkeiten her eigentlich auch sehr gut aufgestellt."[763]

Herr Dr. Schürle wies demnach auf die besonders positive Bedeutung des Teams für sein Gründungsvorhaben hin. Neben Herrn Dr. Schloss, Herrn Dr. Dasing und Herrn Dr. Schürle liefert auch das Interview von Herrn Samarus einen Hinweis darauf, dass auch für ihn ausgleichende Teamfaktoren auf rationaler wie insbesondere sozialpsychologischer Ebene von enormer Bedeutung waren:

„Vielleicht noch ein ganz wichtiger Punkt: Das ich nicht wollte, das ich irgendwann nach zwei Jahren sagen muss, ich bin jetzt körperlich oder wie auch immer am Ende, weil ich mich einfach überfordert habe. Und dafür glaube ich, war so ein Partner, in dem Fall meine Schwester, ganz wichtig. Das da so jemand hinter mir steht am Anfang."[764]

Demnach berichten alle interviewten Starter von Teamfaktoren, die bestimmte rationale oder sozialpsychologische Defizite innerhalb des Teams ausgleichen, zum einen hinsichtlich der für das jeweilige Vorhaben benötigten Kompetenzen, zum anderen aber auch im Bezug auf Faktoren, die dabei helfen konnten, die Last einer Gründung auf mehrere Schultern zu übertragen. Dieser Punkt der sozialpsychologischen Faktoren, die scheinbar eine ausgleichende Wirkung auf das jeweilige Gründungsvorhaben haben und von denen die Starter in besonders positiver Weise berichten, bekräftigen daher die in Kapitel 5.2.1.2 diskutierten Zusammenhänge zwischen einem nicht als positiv wahrgenommenen Teamgefühl bzw. einem Mangel an ausgleichenden Teamfaktoren und dem Abbruch von Gründungsvorhaben. Denn anders als die Abbrecher berichten die Starter gerade von

---

762 Hr. Dr. Dasing, § 31.
763 Hr. Dr. Schürle, § 7.
764 Hr. Samarus, § 13.

einem besonders *positiven* Teamgefühl und besonders ausgleichenden Teamfaktoren, im Gegensatz zu den Abbrechern, die wahrnehmen, dass ein solcher Teamausgleich fehlt.

Zusammenfassung der Erkenntnisse aus den Starterinterviews

Die Erkenntnisse aus den Starterinterviews können viele der bereits in den vorherigen Kapiteln diskutierten Zusammenhänge, die sich aus den Interviews mit den Abbrechern von Gründungsvorhaben ergeben, bekräftigen. So ergeben sich aus den Abbrecherinterviews drei Kategorien von Abbruchsursachen, die sich fallübergreifend aus dem empirischen Datenmaterial herauskristallisieren: ‚The erosion of strong beliefs – Diskrepanzen zwischen Erwartungen und Realität', ‚der Mangel an Erfolgserlebnissen' sowie ‚der Mangel an ausgleichenden Teamfaktoren'. Diese drei Kategorien können auch in den Daten der Starterinterviews gefunden werden: Als Faktoren, die die Starter als besonders positiv wahrgenommen haben. So berichten die Starter davon, dass ihre vorherigen Erwartungen eher übertroffen als enttäuscht wurden, auch, wenn sie ebenfalls vereinzelt negative Aspekte oder Zweifel wahrnahmen. Sie schildern darüber hinaus, dass sie kaum einen Mangel an Erfolgserlebnissen wahrnahmen und – als besonders bedeutsamen Faktor – dass sie von einem rational wie sozialpsychologisch sehr gut aufgestellten, heterogenem Team profitieren konnten. Anders als die fallübergreifenden Einflussfaktoren auf den Abbruch von Gründungsvorhaben, die sich aus den Abbrecherinterviews herauskristallisieren, scheinen die verschiedenen positiven Faktoren, von denen die Starter berichten, jedoch fließend ineinander überzugehen. So scheint beispielsweise ein Zusammenhang zwischen den besonders positiv übertroffenen Erwartungen und der Wahrnehmung, dass ‚immer alles glatt lief' - also kein Mangel an Erfolgserlebnissen wahrgenommen wurde - zu bestehen. Auch die positiven Faktoren ‚übertroffene Erwartungen' und ‚positiver Einfluss eines heterogenen Teams' scheinen eng miteinander verbunden zu sein. Die Starter berichten übereinstimmend davon, dass sie wahrnahmen, dass sie sich bei Zweifeln oder Problemen stets auf ihre Teammitglieder verlassen konnten. Wenn die Starter also eine Diskrepanz zwischen ihren ursprünglichen Erwartungen und der Realität wahrnahmen, schienen ihre Teammitglieder dieses negative Gefühl wieder auszugleichen, was offenbar Gedanken an den Abbruch des Gründungsvorhabens verhinderte. Die Vermutung liegt demnach nahe, dass nicht einzelne Faktoren losgelöst voneinander verantwortlich für den Abbruch von Gründungsvorhaben sind, sondern die im Zuge dieser Untersuchung identifizierten Einflussfaktoren miteinander interagieren. Einzelne negative Faktoren können offenbar durch andere, positive Faktoren ausgeglichen werden, wie etwa durch ein heterogenes Team, oder auch durch die Wahrnehmung, dass alle wichtigen Meilensteine erreicht wurden. Werden jedoch negative Faktoren von Individuen wahrgenommen und können diese nicht ausgeglichen werden, kann dies zum Abbruch des Gründungsvorhabens führen. Dies bekräftigt vor allem die oben genannte These, dass der Abbruch von Gründungsvorhaben durch subjektive Wahrnehmungen beeinflusst wird und eine endogen herbeigeführte Entscheidung darstellt, die vor allem beruhend auf den individuellen Erwartungen, Motiven und Wahrnehmungen bewusst getroffen wird.

Die Spiegelung der Erkenntnisse aus den Abbrecherinterviews mit den Erkenntnissen aus den Starterinterviews konnte vor allem wichtige Hinweise auf die Verbindungen zwischen den einzelnen Faktoren liefern und die bereits durch die Abbrecherinterviews identifizierten Kategorien fallübergreifender Abbruchsfaktoren bekräftigen. Die Vorgehensweise diente dabei in erster Linie der Datentriangulation, die eine Beleuchtung des Forschungsgegenstandes aus unterschiedlichen Blickwinkeln ermöglicht. Da der Fokus der vorliegenden Untersuchung auf der Durchführung und Analyse der Abbrecherinterviews liegt, diente – auch aufgrund der geringen Fallzahl der Starterinterviews – die Befragung der Starter lediglich der Festigung dieser Erkenntnisse.

6. Zusammenfassung der Ergebnisse und abschließende Betrachtung

Die vorliegende Untersuchung widmete sich der Erforschung der Einflussfaktoren auf den vorzeitigen Abbruch akademischer Gründungsprojekte. Dabei wurde ein explorativer Forschungszugang gewählt, der sich an einem induktiven, qualitativ-empirischen Forschungsdesign orientiert, um so eine tiefgreifende Analyse des Forschungsgegenstandes zu ermöglichen. Diese Vorgehensweise erwies sich insofern als zielführend, da hierdurch eine besonders große Nähe zum Forschungsgegenstand gewährleistet werden konnte, wodurch einige neue Erkenntnisse für die Erforschung dieses komplexen Phänomens gewonnen werden konnten.

So konnten einige Vermutungen früherer Forschungsarbeiten, die bisher noch nicht empirisch bekräftigt werden konnten, aufgegriffen werden. So vermuten bspw. TOWNSEND ET AL. sowie MCCANN & VROOM, dass eine enttäuschte individuelle Erwartungshaltung hinsichtlich der Resultate der durchgeführten gründungsrelevanten Aktivitäten Einfluss auf die Entscheidung nimmt, ein Gründungsvorhaben weiterzuführen oder aber abzubrechen.[765] Im Zuge der vorliegenden Untersuchung berichten die Probanden vielfach von der Wahrnehmung einer solchen Diskrepanz zwischen ursprünglicher Erwartungshaltung und der Realität, und dass diese Feststellung letztlich Einfluss auf die Abbruchentscheidung nahm. Vermutungen anderer Forscher konnten jedoch nicht im empirischen Datenmaterial festgestellt werden, wie bspw. die Vermutung von LANDIER, dass vor allem die gesellschaftlichen und kulturellen Kosten des Scheiterns einen Einfluss auf die Fortführungsentscheidung nehmen.[766]

Neben den Vermutungen einiger Forschungsarbeiten zum Abbruchphänomen erwies sich die theoretische Fundierung der vorliegenden Arbeit, die in Kapitel 3 dargelegt wurde, als hilfreiche Stütze zur theoretischen Annäherung an das Phänomen des Abbruchs von Gründungsvorhaben. Die Darstellung der empirisch gewonnenen Erkenntnisse wurde beruhend auf dieser theoretischen Fundierung in unterschiedliche Einflussfaktoren eingeteilt, die sich sowohl mit Aspekten der Entscheidungstheorie befassen, als auch mit Faktoren der Motivationstheorie. Dabei orientierte sich die Diskussion der empirischen Erkenntnisse unter Zuhilfenahme vieler Zitate aus den Interviewtranskripten dicht an den empirischen Daten, wodurch letztlich zwei Ergebnisebenen identifiziert werden konnten: Ursachen für den Abbruch von Gründungsvorhaben, die auf einer fallübergreifenden Ebene durch alle durchgeführten Abbrecherinterviews bestätigt wurden, sowie Ursachen, die nur bei einzelnen Abbrechertypen zum Abbruch des Gründungsvorhabens führten und eng mit den individuellen Zielen und der persönlichen Motivation der Individuen verbunden sind. Die zuletzt

765 Vgl. Townsend, D. M. et al. (2010), S. 200 sowie McCann, B. T. / Vroom, G. (2010), S. 8 f.

766 Vgl. Landier, A. (2005), S. 2 ff.

genannten Erkenntnisse mündeten dabei in eine Typologie verschiedener Abbrechergruppen. Diese beiden Ergebnisebenen können dabei als erste, gegenstandsbezogene Theorien des Abbruchs von Gründungsvorhaben verstanden werden.

Beruhend auf diesen Ergebnisebenen wird im folgenden Kapitel 6.1 ein Modell des Abbruchs von Gründungsvorhaben dargelegt, auf dessen Basis in Kapitel 6.2 verschiedener Hypothesen generiert werden, die in einige Gedanken zur Genese einer formalen Theorie des Abbruchs von Gründungsvorhaben fließen. Diese Hypothesen sowie die hierauf aufbauende formale Theorie bilden das Endergebnis der vorliegenden Untersuchung. Eine Reflexion dieser Ergebnisse hinsichtlich der Implikationen und Limitationen für Forschung und Praxis sowie ein anschließendes Fazit stellen den Schlusspunkt dieser Arbeit dar.

6.1 Der Abbruch von Gründungsvorhaben – Modell und Typologie

Wie in den vorherigen Kapiteln ausführlich exemplifiziert wurde, wird der Abbruch von Gründungsvorhaben durch verschiedene Faktoren beeinflusst. Dabei scheinen möglicherweise vor allem endogene Faktoren, die in der Person des Gründers begründet sind, auf dieses komplexe Phänomen einzuwirken. Wie sich aus dem empirischen Datenmaterial herauskristallisiert, scheint damit die Entscheidung, ein Gründungsvorhaben abzubrechen, von den Individuen selbst und freiwillig getroffen zu werden. Einen Einfluss auf diese Entscheidung scheinen dabei vor allem die individuellen Ziele, Motive, Erwartungen und Wahrnehmungen auszuüben. Die empirischen Erkenntnisse deuten dabei auf zwei Ergebnisebenen hin, die in ein Modell des Abbruchs überführt werden können. Eine Ergebnisebene bezieht sich auf solche Faktoren, die den Abbruch von Gründungsvorhaben auf einer fallübergreifenden Ebene beeinflussen, also offenbar unabhängig von fallspezifischen Besonderheiten einen Einfluss auf den Abbruch von Gründungsvorhaben ausüben. Die zweite Ergebnisebene bezieht sich auf spezifische Abbruchsursachen, die eng mit speziellen Charakteristika bestimmter Abbrechertypen verbunden sind, wie z.B. den individuellen Motiven, mit denen die Probanden in den Gründungsprozess starten. Im Folgenden werden diese beiden Ergebnisebenen noch einmal aufgegriffen, zusammengefasst und theoretisch diskutiert.

6.1.1 Der Abbruch von Gründungsvorhaben – ein fallübergreifendes Modell

Wie bereits in Kapitel 5.2.1 ausführlich diskutiert wurde, scheinen vor allem drei Faktoren fallübergreifend einen Einfluss auf die Abbruchentscheidung zu haben: Die Wahrnehmung einer Diskrepanz zwischen ursprünglichen Erwartungen und der Realität, die Wahrnehmung eines Mangels an Erfolgserlebnissen sowie die Wahrnehmung eines Mangels an ausgleichenden Teamfaktoren. Aussagen, die darauf hindeuten, dass diese Faktoren die Abbruchentscheidung beeinflussen, können in allen Interviewtranskripten der befragten Abbrecher identifiziert werden. Dies lässt den Schluss zu, dass die genannten Elemente nicht nur bei spezifischen Abbrecherfällen die Abbruchentscheidung beeinflussen, sondern *fallübergreifend* zum Abbruch von Gründungsvorhaben führen. Diese Erkenntnisse dienen demnach als Fundament für ein Modell des Abbruchs von Gründungsvorhaben. Basierend auf den Erkenntnissen der empirischen Datenanalyse und dem hieraus in Kapitel 5.2.1.2 entwickelten, vorläufigen, gegenstandsbezogenen Modell des Abbruchs von Gründungsvorhaben (siehe Abbildung 12), kann die folgende Konzeptualisierung des Abbruchs von Gründungsvorhaben dargelegt werden. Dabei berücksichtigt das u.s. Modell neben den verschiedenen innerhalb des unternehmerischen Prozesses ablaufenden Wirkungszusammenhängen auch die in Kapitel 2 und 3 beschriebenen theoretischen Überlegungen, um das Modell einer abstrakteren, formaleren Ebene zuzuführen.

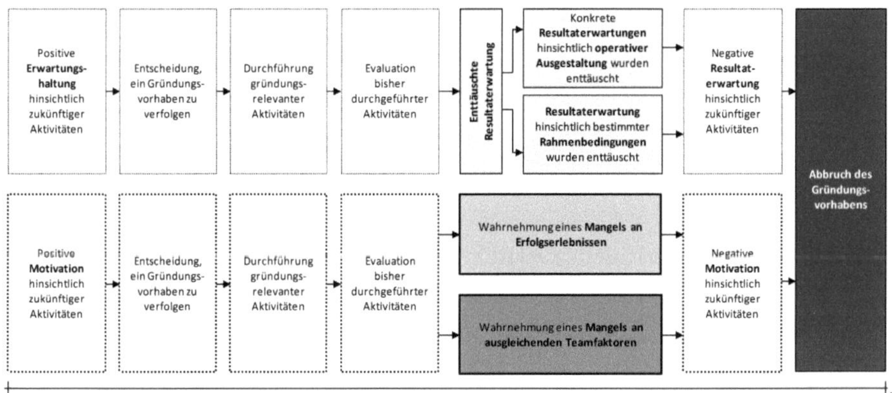

Abbildung 13: Idealtypisches Modell der Einflussfaktoren auf den Abbruch von Gründungsvorhaben

Dabei beginnt die Betrachtung des Abbruchphänomens mit der ersten wichtigen Entscheidung, die Individuen innerhalb des unternehmerischen Prozesses treffen: Der Entscheidung, ein Gründungsvorhaben in einem ersten Schritt aufzunehmen und ernsthaft zu verfolgen. Wie die Probanden in den Interviews berichten, wird diese Entscheidung erst dann getroffen, wenn sie eine selbst entwickelte oder von anderen kreierte Geschäftsidee als potenziell tragfähig einschätzen. Dies deckt sich mit einigen theoretischen Überlegungen, die auf einzelnen Aspekten der Entscheidungstheorie sowie auf Konzepten zur unternehmerischen Motivation basieren. Denn erst dann, wenn Individuen erwarten, dass mit den von ihnen durchgeführten Aktivitäten auch die gewünschten Ergebnisse erzielt werden können, erfolgt der Eintritt in den unternehmerischen Prozess.[767] Dieser Zusammen-

[767] Vgl. Naffziger, D. W. et al. (1994), S. 33 ff.

hang ist auch hinsichtlich der individuellen Fähigkeitserwartung anzunehmen – spielt nach Analyse des empirischen Datenmaterials jedoch nur für einige spezifische Fälle eine Rolle, nicht aber fallübergreifend.[768] Auch die individuelle Motivation beeinflusst die erste wichtige Entscheidung innerhalb des unternehmerischen Prozesses. Erst, wenn Individuen in Bezug auf ein konkretes Ziel motiviert sind Aktivitäten durchzuführen, werden diese Aktivitäten auch tatsächlich durchgeführt.[769] Diese Faktoren wirken dabei auf die Entscheidung, ein Gründungsvorhaben in einem ersten Schritt überhaupt erst aufzunehmen, wodurch der unternehmerische Prozess initiiert wird.

Nach dieser Entscheidung werden erste gründungsrelevante Aktivitäten durchgeführt, wie bspw. die Marktrecherche, die Verschriftlichung erster Erkenntnisse z.B. in Form eines Businessplans, oder aber auch die Allokation erster Ressourcen. Dabei werden diese Aktivitäten und deren Ergebnisse durch die Individuen immer wieder explizit oder implizit evaluiert. In der Praxis verläuft dieser Prozess iterativ, im oben dargestellten Modell wurde eine lineare Prozessperspektive eingenommen, um die Zusammenhänge besser veranschaulichen zu können. Im Zuge der Evaluation dieser Aktivitäten gleichen die Individuen dabei immer wieder die Realität mit ihren ursprünglichen Erwartungen und Motiven ab. Stellen die Individuen dabei eine negative Diskrepanz zwischen ihren ursprünglichen Erwartungen und / oder Motiven und der Realität fest, kann dies die Erwartungshaltung bzw. die Motivation hinsichtlich zukünftiger Aktivitäten negativ beeinflussen – und zum Abbruch des Gründungsvorhabens führen. Dabei konnten basierend auf dem empirischen Datenmaterial vor allem drei Faktoren identifiziert werden, die den Abbruch von Gründungsvorhaben in erheblichem Maße zu beeinflussen scheinen und in engem Zusammenhang mit dieser Entscheidung stehen: Enttäuschte Resultaterwartungen, Mangel an Erfolgserlebnissen sowie Mangel an ausgleichenden Teamfaktoren.

So führen enttäuschte Erwartungen hinsichtlich der ursprünglich prognostizierten Resultate zum Abbruch des Gründungsvorhabens. Die individuellen Resultaterwartungen scheinen sich dabei auf unterschiedliche Ebenen zu richten. Zum einen herrschen bei den Probanden meist sehr konkrete, zumindest aber bestimmte Erwartungen hinsichtlich der operativen Ausgestaltung des Gründungsvorhabens vor, bspw. in Bezug auf das jeweilige Wertesystem oder das Geschäftsmodell. Zum anderen erwarten die Probanden, dass bestimmte Rahmenbedingungen eintreffen werden, wie z.B. eine gewisse finanzielle Absicherung. Im Laufe der Evaluation der durchgeführten Aktivitäten bemerken die Probanden jedoch, dass sie diese konkreten Erwartungen hinsichtlich der Resultate ihrer Aktivitäten nicht umsetzen können. Ihre Erwartungen werden enttäuscht, was auch die Erwartungen

---

768 Vgl. Townsend, D. M. et al. (2010), S. 194 f.

769 Vgl. Carsrud, A. / Brännback, M. (2011), S. 11.

an zukünftige Aktivitäten negativ beeinträchtigt. Basierend auf der Einschätzung, dass zukünftige Aktivitäten nicht den gewünschten Erfolg herbeiführen werden, wird das Vorhaben abgebrochen. Diese Erkenntnisse decken sich mit den Ergebnissen und Vermutungen von TOWNSEND ET AL., die sich in ihren Ausführungen auf entscheidungs- und erwartungstheoretische Überlegungen stützen.[770] Demnach liefern die Entscheidungstheorie wie auch einzelne Aspekte der Erwartungstheorie wichtige theoretische Hinweise, die als Fundament für die identifizierten Abbruchsursachen genutzt werden können. Wie in Kapitel 3.2.1 ausführlich beschrieben, werden basierend auf der Entscheidungstheorie Entscheidungen durch die dem Entscheider zur Verfügung stehenden Alternativen, die individuellen Erwartungen des Entscheiders sowie seine Präferenzen bestimmt. Insbesondere die Erwartungshaltung – und somit auch Aspekte der Erwartungstheorie – scheint dabei einen besonders großen Einfluss auf die Abbruchentscheidung auszuüben, wie auch durch das empirische Datenmaterial ersichtlich wird.

Neben den Aussagen der Abbrecher bekräftigen auch die Aussagen der Starter diesen Zusammenhang. Die Starter berichten davon, dass ihre Erwartungen hauptsächlich im positiven Sinne übertroffen werden – im Gegensatz zu der Wahrnehmung der Abbrecher. Zwar erläutern die Starter auch Aspekte, die sie so nicht erwartetet hatten, wie bspw. den großen administrativen Aufwand, der mit einer Unternehmensgründung verbunden ist. Jedoch überwiegen die positiven Elemente, so dass sie insgesamt ihre positiven Resultaterwartungen als bestätigt ansehen. Allerdings bleibt die Aussagekraft dieser Erkenntnisse aus den Starterinterviews gering, da lediglich vier Starter befragt wurden. Aufgabe zukünftiger Forschungsarbeiten sollte es daher sein, diese Differenzen zwischen Abbrechern und Startern genauer zu untersuchen, wie später in Kapitel 6.3 noch weiter diskutiert wird.

Neben den enttäuschten Resultaterwartungen, die einen direkten Einfluss auf die Abbruchentscheidung haben, führt nach Angaben der Probanden auch die Wahrnehmung eines Mangels an Erfolgserlebnissen zum Abbruch des Gründungsvorhabens. Basierend auf theoretischen Überlegungen von CARSRUD & BRÄNNBACK zur unternehmerischen Motivation entscheiden sich potenzielle Gründer nur dann für die Verfolgung eines Gründungsvorhabens, wenn sie ausreichend motiviert sind, konkrete Aktivitäten zur Erreichung der individuellen Ziele durchzuführen.[771] Liegt diese Motivation vor, wird ein Gründungsvorhaben aufgenommen und gründungsrelevante Aktivitäten werden durchgeführt. Dabei wird die individuelle Motivation der Gründer immer dann positiv beeinflusst, wenn durchgeführte Aktivitäten zum gewünschten Erfolg führen. Führen die von den Individuen

[770] Vgl. Kapitel 3.2.1.
[771] Vgl. Kapitel 3.2.2.

durchgeführten Aktionen jedoch nicht zum Erfolg, scheint dies die Entscheidung, zukünftige Aktivitäten aufzunehmen negativ zu beeinflussen, was letztlich den Abbruch des Gründungsvorhabens herbeiführen kann. Die Wahrnehmung eines solchen Mangels an Erfolgserlebnissen wird dabei von allen Probanden fallübergreifend als eine der Ursachen für den Abbruch des Gründungsvorhabens angegeben. Sie berichten davon, dass sie während der Conception-Phase teilweise eine lange Durststrecke ohne nennenswerte Erfolgserlebnisse wahrnahmen. Eine erste Phase, ohne die Erreichung bestimmter Meilensteine, kann von den Probanden dabei noch überbrückt werden, da die meisten Probanden sehr motiviert sind, das Gründungsvorhaben umzusetzen. Nach einer bestimmten, längeren Phase ohne nennenswerte Erfolgserlebnisse nehmen die Individuen jedoch einen Rückgang der Motivation wahr – vor allem in Bezug auf die Durchführung zukünftiger Aktivitäten, so dass das Vorhaben abgebrochen wird. Auch hier lohnt ein Blick in die Erkenntnisse aus den Starterinterviews. Denn die Probanden in dieser Gruppe berichten im Gegensatz zu den Abbrechern davon, dass sie keinen Mangel an Erfolgserlebnissen wahrnehmen. Die Starter schildern im Gegenteil davon, dass sie die für sie wichtigen Meilensteine erreicht hätten – obwohl auch sie punktuelle Situationen wahrnahmen, die für sie schwierig zu bewältigen waren. Offenbar scheint diese Situation ihre vorherige positive Motivation hinsichtlich der Erreichung ihrer Ziele jedoch nicht zu beeinflussen, so dass sie weitere Aktivitäten durchführen und das Vorhaben nicht abbrechen. Demnach könnte eine Ursache für den Abbruch von Gründungsvorhaben in der Länge der Phase ohne nennenswerte Erfolgserlebnisse liegen: Je länger Individuen eine Phase ohne Erfolgserlebnisse wahrnehmen, desto höher scheint die Wahrscheinlichkeit zu sein, dass ein Gründungsvorhaben abgebrochen wird. Aufgabe zukünftiger Forschungsarbeiten sollte es daher sein zu überprüfen, inwieweit die Dauer einer Phase ohne Erfolgserlebnisse die Wahrscheinlichkeit erhöht, ein Gründungsvorhaben abzubrechen.

Neben diesen Faktoren (enttäuschte Resultaterwartung und Mangel an Erfolgserlebnissen) kann ein dritter Faktor identifiziert werden, der nach Aussagen der Abbrecher eng mit der Abbruchentscheidung verbunden ist. So berichten sowohl Abbrecher, die ein Gründungsvorhaben innerhalb eines Teams verfolgen, als auch die befragten Einzelgründer von Situationen, in denen sie einen Mangel an ausgleichenden Teamfaktoren wahrnahmen bzw. davon, dass sie einen Mangel an komplementären Fähigkeiten oder Fertigkeiten feststellten. Abbrecher, die gemeinsam mit Teammitgliedern das Gründungsvorhaben verfolgten schildern, dass sie im Zuge der Durchführung gründungsrelevanter Aktivitäten wahrnahmen, dass bestimmte rationale, vor allem aber sozialpsychologische Kompetenzdefizite durch ihre Teammitglieder nicht ausgeglichen wurden. Sie berichten davon, dass innerhalb des Teams Konflikte und unterschiedlichen Auffassungen vorherrschten, die dazu führten, dass z.B. Stress nicht ausgeglichen und das Team somit zusätzlich belastetet wurde. Anders als bspw. bei der Gruppe der Starter werden von den Abbrechern stressige Situationen oder unterschiedliche sozialpsychologische Kompetenzen scheinbar also nicht durch das Team ausgeglichen, sondern führen vielmehr zu verstärkten Konflikten und somit zu einem Rückgang der persönlichen Motivation. Doch nicht nur die Probanden, die ein Gründungsvorhaben innerhalb eines Teams verfolgen, berichten von einem Mangel an ausgleichenden Teamfaktoren. Auch Abbrecher, die ein Gründungsvorhaben im Alleingang umsetzen wollen, schildern Situationen, in welchen ihnen bewusst wurde, dass vor allem ein Ausgleich bestimmter Defizite auf rationaler Ebene fehlte, wie z.B. im Bereich von Programmierkompetenzen. So berichten einige dieser Gründer, dass ihnen Teammitglieder fehlten, die ihre eigenen Kompetenzdefizite ausglichen und dabei ebenfalls mit einem klaren Ziel das Gründungsvorhaben verfolgten. Sowohl bei den Abbrechern, die im Team gründen, als auch bei den Abbrechern, die ein Vorhaben im Alleingang – also ohne weitere Teammitglieder – umsetzen wollten, scheint die Wahrnehmung eines Mangels an ausgleichenden Teamfaktoren also einen erheblichen Einfluss auf die Abbruchentscheidung auszuüben. Diese Wahrnehmung wirkt nach Angaben der Probanden dabei vor allem auf die individuelle Motivation, weitere gründungsrelevante Aktivitäten durchzuführen, da sich die Abbrecher nicht durch andere Personen unterstützt fühlten. Eine solche demotivierte Einstellung gegenüber der Durchführung zukünftiger Aktivitäten führt offenbar, wie auch schon CHEN ET AL. zeigen konnten, zum Abbruch des Gründungsvorhabens.[772] Auch diese Zusammenhänge unterscheiden sich klar von den Aussagen der Starter zur jeweiligen Teamsituation. So kristallisierte sich im Zuge der Starterbefragung klar heraus, dass Teamfaktoren oder die Zusammenarbeit mit Geschäftspartnern nicht als negative Situationen geschildert wurden, die gemeistert werden mussten. Vielmehr berichten die Starter davon, dass Teammitglieder oder Partner wichtige Erfolgsfaktoren für ihre Gründungprojekte darstellten. Im Bezug auf die Frage, welche Faktoren zum Erfolg ihres Gründungsvorhabens führten, berichten die Starter – ohne vorher auf das Thema ‚Team‘ hingewiesen worden zu sein – dass gerade der Teamausgleich einen positiven Einfluss auf die Resultate ihrer Aktivitäten hatte. Dabei gleichen die Teammitglieder oder Partner auf rationaler oder sozialpsychologischer Ebene Kompetenzen anderer Teammitglieder oder des Probanden aus, was zu einer ausgewogenen Heterogenität führte. Somit scheinen negative Teamfaktoren zum Abbruch des Gründungsvorhabens zu führen, wohingegen positive Teamfaktoren offenbar einen Einfluss auf den Erfolg eines Gründungsprojektes ausüben. Dieser Zusammenhang sollte von zukünftigen Forschungsarbeiten in diesem Bereich aufgegriffen werden.

Die drei Faktoren ‚Enttäuschte Resultaterwartungen‘, ‚Mangel an Erfolgserlebnissen‘ und ‚Mangel an ausgleichenden Teamfaktoren‘ scheinen demnach auf einer fallübergreifenden Ebene einen star-

---

[772] Vgl. Kapitel 5.2.1.2.

ken Einfluss auf den Abbruch von Gründungsvorhaben auszuüben. Diese drei Elemente können daher als übergeordnete Einflussfaktoren auf das Abbruchphänomen verstanden werden. Sie scheinen dabei teilweise eng miteinander verwoben zu sein, da viele der Abbrecher von mehreren Faktoren berichten, die ihre Abbruchentscheidung beeinflussen. Zukünftige Forschung sollte sich daher neben der Überprüfung dieser Zusammenhänge z.B. durch quantitative Forschungsdesigns mit den Verbindungen zwischen den einzelnen Abbruchsursachen befassen und der Frage nachgehen, inwieweit bestimmte Abbruchsursachen mit anderen Faktoren einhergehen oder einander bedingen. Darüber hinaus konnte durch das empirische Material nicht eindeutig geklärt werden, inwieweit eine der oben genannten fallübergreifenden Faktoren einen dominanten Einfluss auf die Abbruchentscheidung ausübte, wodurch sich ein weiteres Forschungsfeld für zukünftige Forschungsarbeiten ergibt.

6.1.2 Der Abbruch von Gründungsvorhaben – eine Typologie

Neben der oben in Kapitel 6.1.1 beschriebenen ersten Ergebnisebene, die solche Abbruchsursachen aufgreift, die für alle interviewten Abbrecher zutreffen (somit also *auch* für die vier Abbrechertypen), kristallisierte sich durch die Verknüpfung von Motiven und Abbruchsursachen eine zweite Ergebnisebene heraus, die spezifische Abbruchsursachen bestimmten Abbrechertypen zuordnet. Entlang der Dimensionen ‚Individueller Fokus der Gründungsmotivation' und ‚Entwicklung der Geschäftsidee' und ihren jeweiligen Ausprägungen ergeben sich aus dem Datenmaterial somit vier unterschiedliche Abbrechertypen, die sich anhand von fünf Kriterien stark voneinander unterscheiden: ‚dominantes Ziel der Tätigkeit', ‚Mittel zur Erreichung des Ziels', ‚Motivation', ‚Auslöser für Abbruch' und ‚spezifische Ursachen für Abbruch'. In Tabelle 16 werden die vier Abbrechertypen dargestellt und anhand dieser fünf Kriterien beschrieben. Im Anschluss erfolgt eine detaillierte Zusammenfassung und Beschreibung der einzelnen Abbrechertypen.

Ideenfokussierte Kreierer

Die Ideenfokussierten Kreierer zeichnen sich vor allem dadurch aus, dass sie selbst eine konkrete Geschäftsidee kreieren und diese im Zuge der Selbstständigkeit umsetzen wollen. Dabei entwickeln sie sehr ausdifferenzierte Vorstellungen darüber, wie sie ihre Geschäftsidee umsetzen wollen, vor allem hinsichtlich der operativen Ausgestaltung der Gründung. Neben einer Juristin konnten in diesen Abbrechertypus ein promovierter Sicherheitstechniker und ein promovierter Ingenieur eingeordnet werden. Sie alle generierten im Zuge einer vorherigen abhängigen Beschäftigung eine Geschäftsidee und widmeten sich dieser Geschäftsidee nach Beendigung des vorherigen abhängigen Beschäftigungsverhältnisses in Vollzeit.

		Entwicklung der Geschäftsidee	
		Kreierer	**Nutzer**
Individueller Fokus der Gründungsmotivation	**Ideenfokussierte**	***Ideenfokussierte Kreierer*** • Fokussieren auf die Umsetzung einer konkreten, selbst entwickelten Geschäftsidee; • Selbstständigkeit wird als Mittel zum Zweck angesehen, zur Erreichung der Verwirklichung der eigenen Geschäftsidee; • Motivation richtet sich auf das Objekt der Gründung: Die Geschäftsidee; • Auslöser für den Abbruch ist ein alternatives Jobangebot, in welchem die konkrete(n) Geschäftsidee(n) umgesetzt werden könne(n); • Ursache für den Abbruch ist die Wahrnehmung einer Diskrepanz zwischen den ursprünglichen, sehr ausdifferenzierten Erwartungen an die Gründung und der Wahrnehmung, dass diese Vorstellungen so nicht realisierbar sind; sowie die Wahrnehmung einer Diskrepanz zwischen der Vorstellung, sich in der Selbstständigkeit auf die Geschäftsidee fokussieren zu können und der Wahrnehmung, dass sich auch anderen Gebieten gewidmet werden muss;	***Ideenfokussierte Nutzer*** • Fokussieren auf das Verfolgen persönlicher Ziele und dabei auf die Beschäftigung mit einem konkreten Geschäftsbereich; • Selbstständigkeit wird als Mittel zum Zweck angesehen, zur Erreichung der persönlichen Ziele; • Motivation richtet sich auf das Objekt der Gründung: den konkreten Geschäftsbereich – allerdings aus Mangel an Alternativen; • Auslöser für den Abbruch ist ein alternatives Jobangebot, in welchem sich mit dem konkreten Geschäftsbereich befasst werden kann; • Ursache für den Abbruch ist die ursprünglich bereits nicht vorhandene Bereitschaft, den Schritt in die Selbstständigkeit zu gehen sowie eine zu sehr auf die Geschäftsidee fokussierte Arbeitsweise und das außer-Acht-lassen betriebswirtschaftlicher Aspekte;
	Selbstständigkeitsfokussierte	***Selbstständigkeitsfokussierte Kreierer*** • Fokussieren auf den Aufbau von etwas Eigenem, den Aufbau der eigenen Selbstständigkeit; • Geschäftsidee wird als Mittel zum Zweck angesehen, zur Verwirklichung der eigenen Selbstständigkeit; • Motivation richtet sich auf das Subjekt, also auf die Person selbst; sie richtet sich auf das Durchsetzen eigener Entscheidungen und die Umsetzung der eigenen Unabhängigkeit; • Auslöser für den Abbruch ist eine punktuelle Situation, in der festgestellt wird, dass die eigenen Fähigkeiten zur Verwirklichung der eigenen Selbstständigkeit nicht ausreichen; • Ursache für den Abbruch ist die Wahrnehmung einer Diskrepanz zwischen der ursprünglichen Erwartung, eigenständig und unabhängig arbeiten zu können und der Wahrnehmung, dass die eigenen Fähigkeiten nicht ausreichen werden, um eine solche Arbeitsweise umsetzen zu können;	***Selbstständigkeitsfokussierte Nutzer*** • Fokussieren auf das Verfolgen persönlicher Ziele; • Geschäftsidee wird als Mittel zum Zweck angesehen, zur Erreichung persönlicher Ziele; • Motivation richtet sich auf das Subjekt, also auf die Person selbst; sie richtet sich auf die Umsetzung der eigenen Unabhängigkeit und auf die Erreichung der persönlichen Ziele; • Auslöser für den Abbruch ist eine punktuelle Situation, in der festgestellt wird, dass die eigenen Fähigkeiten zur Verwirklichung der eigenen Selbstständigkeit und der eigenen Ziele nicht ausreichen; • Ursache für den Abbruch ist die Wahrnehmung von Unsicherheit, inwieweit die eigenen Fähigkeiten dazu ausreichen werden, die eigene Unabhängigkeit und die persönlichen Ziele erreichen zu können;

Tabelle 16: Typologie der verschiedenen Abbrechertypen

Im Zuge der Initiierung der eigenen Selbstständigkeit, die von den Probanden in diesem Typus als Mittel zum Zweck angesehen wird, stellen die Ideenfokussierten Kreierer fest, dass ihre sehr konkreten Vorstellungen und Erwartungen an die Umsetzung der eigenen Geschäftsidee in dieser Form nicht in der Realität umgesetzt werden kann. Die Probanden schildern dabei verschiedene Umstände wie z.B., dass innerhalb des Gründerteams eine unterschiedliche Vorstellung über die Umsetzung der operativen Arbeitsweisen vorherrschte. Dabei scheint weniger der Einfluss exogener Faktoren ausschlaggebend für die Abbruchentscheidung zu sein, sondern vielmehr der Umstand, dass sich die Ideenfokussierten Kreierer *zu sehr* auf die von ihnen kreierte Geschäftsidee fokussieren. Sie erwarten von ihrer Selbstständigkeit, dass ihnen durch diese Beschäftigungsform die Möglichkeit gegeben wird, sich ausführlich und quasi ausschließlich mit ihrer Geschäftsidee zu beschäftigen. Diese Arbeit an nicht direkt mit der Geschäftsidee verbundenen Aspekten weicht stark von der ursprünglichen Vorstellung ab, sich vor allem auf die Geschäftsidee konzentrieren zu können. Die Abbrecher in dieser Gruppe beginnen also fortan damit, sich nach alternativen Beschäftigungsverhältnissen umzuschauen. Sie nehmen ein abhängiges Beschäftigungsverhältnis an, in denen sie ihre konkreten Vorstellungen von ihrer Geschäftsidee umsetzen können – und sich somit auf den Bereich konzentrieren können, auf den sie sich konzentrieren wollen.

Ideenfokussierte Nutzer

Der Typus der Ideenfokussierten Nutzer ergibt sich aus der individuellen, auf die Geschäftsidee fokussierten Motivation des Probanden und der Tatsache, dass die Geschäftsidee, die dem Gründungsvorhaben zugrunde liegt, nicht von ihm selbst kreiert worden war. In diese Kategorie konnte nur einer der befragten Abbrecher eingeordnet werden, Herr Dr. Volkert. Auch nach mehrmaligen Versuchen, weitere Probanden zu interviewen, die in diese Kategorie passen könnten, konnte keine weitere Testperson für die Kategorie der Ideenfokussierten Nutzer identifiziert werden. Aufgrund der spezifischen Besonderheiten dieses Abbrechertypus liegt die Vermutung dennoch nahe, dass das Phänomen der Ideenfokussierten Nutzer makroökonomisch eine wichtige Rolle spielt. Der Abbrechertypus der Ideenfokussierten Nutzer zeichnet sich dabei neben der Fokussierung auf eine Geschäftsidee bzw. einen spezifischen Themenbereich dadurch aus, dass er trotz dieser Fokussierung die Geschäftsidee, die dem Gründungsvorhaben zugrunde liegt, nicht selbst kreiert hat. Herr Dr. Volkert gibt an, dass sich die Motivation, ein Gründungsvorhaben zu verfolgen, nicht aus dem Bedürfnis nach Eigenständigkeit oder Unabhängigkeit ergab, sondern vielmehr aus der von ihm wahrgenommenen Alternativlosigkeit. Herr Dr. Volkert suchte in der Zeit, in der er auch das Gründungsvorhaben verfolgte, nach einer neuen abhängigen Beschäftigung und nutzte die Selbstständigkeit als Mittel, um sich während dieser Suche weiterhin mit einem bestimmten Themenbereich zu beschäftigen. Ausgelöst wurde die Abbruchentscheidung ähnlich wie bei den Ideenfokussierten

Kreierern auch bei Herrn Dr. Volkert durch ein alternatives Jobangebot, dass er wahrnahm, weil er hier die Möglichkeit geboten bekam, sich weiterhin intensiv mit der Geschäftsidee bzw. dem spezifischen Themenbereich beschäftigen zu können. Denn auch der promovierte Chemiker Herr Dr. Volkert nahm ähnlich wie die Ideenfokussierten Kreierer während der Durchführung gründungsrelevanter Aktivitäten wahr, dass er sich zu sehr mit Bereichen befassen musste, die nichts mit dem konkreten Themengebiet der Chemie zu tun hatten. Diese Wahrnehmung führte dazu, dass seine Motivation, sich möglicherweise doch noch selbstständig zu machen, weiterhin negativ beeinflusst wurde. Er musste feststellen, dass seine Erwartung, sich möglichst ausschließlich mit einem spezifischen Themenbereich befassen zu können, enttäuscht wurde. Zur Zeit der Befragung hatte Herr Dr. Volkert das abhängige Beschäftigungsverhältnis bereits angetreten und berichtete davon, dass er nun glücklich sei, sich ausschließlich mit diesem Themengebiet befassen zu können. Der Fall von Herrn Dr. Volkert zeigt, dass offenbar auch im Bereich akademischer Gründungen Necessity Entrepreneurship – also das Verfolgen eines Gründungsvorhabens aus der Not heraus, aus Mangel an Alternativen – eine Rolle zu spielen scheint.[773]

Selbstständigkeitsfokussierte Kreierer

Der Abbrechertypus der Selbstständigkeitsfokussierten Kreierer zeichnet sich vor allem dadurch aus, dass die Probanden innerhalb dieser Gruppe angeben, die Geschäftsidee als Mittel zum Zweck zu nutzen, um die eigene Selbstständigkeit und die hiermit verbundene Unabhängigkeit zu erreichen. Alle Probanden innerhalb dieses Abbrechertypus weisen einen rein betriebswirtschaftlichen Ausbildungshintergrund aus, was auch mit den Ursachen für das Abbrechen des Gründungsvorhabens verbunden sein könnte. Denn die Selbstständigkeitsfokussierten Kreierer erwarten zunächst, dass ihre eigenen Fähigkeiten ausreichen, um ihr Ziel – die eigene Unabhängigkeit – zu erreichen. Im Laufe der Zeit müssen sie jedoch feststellen, dass ihre persönlichen Fähigkeiten nicht ausreichen, um die Selbstständigkeit erfolgreich voran zu treiben. Dabei gehen die Selbstständigkeitsfokussierten Kreierer allerdings nicht davon aus, dass sie selbst bspw. die technische Umsetzung der Programmierung umsetzen können. Vielmehr sind sie der Auffassung, dass sie Aufgaben, die außerhalb ihres Kompetenzbereiches liegen, an Dritte weitergeben können – ohne dabei jedoch auf Unabhängigkeit verzichten zu müssen. Im Zuge der Verfolgung der Selbstständigkeit stellen die Probanden jedoch fest, dass diese Erwartung so nicht in der Realität umzusetzen ist und sie Unabhängigkeit und freie Entscheidungen werden einbüßen müssen. Basierend auf diesen Erfahrungen wird die ursprüngliche Fähigkeitserwartung negativ beeinflusst, so dass das Gründungsvorhaben abgebrochen wird. Die Selbstständigkeitsfokussierten Kreierer müssen im Zuge der Verfolgung

[773] Zur ausführlichen Beschäftigung mit dem Necessity Entrepreneurship-Prinzip vgl. Bosma, N. / Harding, R. (2006), S. 15 ff.

ihres Gründungsvorhabens demnach feststellen, dass die eigenen Fähigkeiten nicht ausreichen, um ihre Ziele zu erreichen, da sie aufgrund ihres nicht ausreichenden Kompetenzbereiches Selbstständigkeit bzw. Unabhängigkeit abgeben müssen. Dieser nicht ausreichende Kompetenzbereich scheint dabei in Verbindung mit dem Ausbildungshintergrund der Probanden zu stehen, die allesamt einen betriebswirtschaftlich fokussierten Werdegang aufweisen und somit nur über rudimentäre technische Kenntnisse verfügen. Die Geschäftsideen, die die Probanden zur Erreichung der Selbstständigkeit generieren, richten sich jedoch meist auf technische Konzepte, wozu weitere, rationale Kompetenzen Dritter benötigt werden. In Verbindung mit der Erwartung, möglichst frei und unabhängig arbeiten zu können, kommt es so zu einem fast vorprogrammierten Abbruch des Gründungsvorhabens, wie auch einige der befragten Gründungsberater vermuten.

Selbstständigkeitsfokussierte Nutzer

Auch die Personen, die in den Abbrechertypus der Selbstständigkeitsfokussierten Nutzer eingeordnet werden können, weisen allesamt einen betriebswirtschaftlichen Ausbildungshintergrund auf. Der Fokus ihrer Motivation richtet sich ebenso wie bei der Abbrechergruppe der Selbstständigkeitsfokussierten Kreierer auf die eigene Selbstständigkeit, womit die Selbstständigkeitsfokussierten Nutzer jedoch vor allem persönliche, individuelle Ziele verbinden – also nicht bloß die persönliche Unabhängigkeit oder Eigenständigkeit. Die Probanden innerhalb dieses Abbrechertypus verbinden mit der eigenen Selbstständigkeit vielmehr die Möglichkeit, durch eine eigenständige Arbeitsweise Frustrationen, die sie in einem vorherigen abhängigen Beschäftigungsverhältnis erlebt hatten, zu vermeiden, den eigenen Wohnort unabhängig bestimmen oder dem eigenen Ehrgeiz nachgehen zu können. Demnach scheint für diese Probanden die Geschäftsidee lediglich Mittel zum Zweck zu sein, um diese Ziele zu erreichen. Der Umstand, dass die Geschäftsidee, die dem Gründungsvorhaben zugrunde liegt, von einem Teammitglied kreiert worden war, hat dabei offenbar direkten Einfluss auf die Abbruchentscheidung. So starten die Selbstständigkeitsfokussierten Nutzer mit der Erwartung in das Gründungsvorhaben, dass die eigenen Fähigkeiten ausreichen, um ihre persönlichen Ziele zu erreichen. Wie auch die Selbstständigkeitsfokussierten Kreierer stellen jedoch auch diese Abbrecher fest, dass sie weiteres Know-how von Dritten benötigen, um ihre Ziele zu erreichen. Dies führt zu einem weiteren bedeutsamen Punkt, der einen erheblichen Einfluss auf die Abbruchentscheidung nimmt: Die Selbstständigkeitsfokussierten Nutzer nehmen hierdurch eine starke Unsicherheit hinsichtlich der Frage wahr, inwieweit die Umsetzung ihrer persönlichen Ziele weiterhin möglich ist. Die Probanden berichten davon, dass sie ab einem gewissen Zeitpunkt nicht mehr einschätzen konnten, inwieweit das Erreichen wichtiger Meilensteine noch möglich war. Der Umstand, dass das Risiko von dieser Abbrechergruppe nicht mehr kalkuliert werden kann, scheint dabei auch mit der Tatsache zusammenzuhängen, dass die eigenen Fähigkeiten im Grunde nur wenig mit der dem Gründungsvorhaben zugrunde liegenden Geschäftsidee zu tun hatten. Nicht nur, da diese Abbrechergruppe über einen betriebswirtschaftlich und somit nicht technisch fokussierten Ausbildungshintergrund verfügt, sondern eben auch, da sie die dem Gründungsvorhaben zugrunde liegende Geschäftsidee nicht selbst entwickelt haben. Ausgelöst durch eine punktuelle Situation, in der die Unsicherheit noch verstärkt wird, brechen die Selbstständigkeitsfokussierten Nutzer aufgrund dieser wahrgenommenen Unsicherheit schließlich das Gründungsvorhaben ab, um in ein abhängiges Beschäftigungsverhältnis zu wechseln oder das eigene Studium wieder aufzunehmen. Hierdurch erscheint es den Probanden wahrscheinlicher, die eigenen Ziele zu erreichen, als durch die Verfolgung eines Gründungsvorhabens.

Die Entwicklung einer Typologie des Abbruchs von Gründungsvorhaben beruhend auf dem empirischen Datenmaterial konnte zeigen, dass eine Verknüpfung dieses Phänomens mit den individuellen Erwartungen und Motiven neue Erkenntnisse liefern kann, die nicht nur über die Ergebnisse bisheriger Forschungsarbeiten zu dieser Thematik hinausgehen, sondern auch über die Erkenntnisse aus der vergleichenden Analyse. Auf Basis dieser Überlegungen ist es möglich, Hypothesen zu formulieren, die als Ergebnis der vorliegenden Arbeit verstanden werden können und Forschungsfragen für zukünftige Untersuchungen bieten.

6.2 Theoretische Überlegungen

Nachdem in den Kapitel 2.2, 3.1 und 3.2 die theoretischen Grundlagen für die empirische Untersuchung der vorliegenden Forschungsarbeit dargelegt wurden, wurden in Kapitel 3.3 basierend auf diesen Überlegungen einige forschungsleitende Arbeitsthesen entwickelt. Diese Arbeitsthesen dienten in erster Linie dazu, eine Richtung für die empirische Untersuchung vorzugeben, das Forschungsfeld ex ante jedoch nicht allzu weit einzuengen, um dem induktiven Charakter dieser qualitativen Arbeit zu folgen. Im Folgenden werden diese Arbeitsthesen kritisch diskutiert, um darauf aufbauend Hypothesen aufzustellen, die das Ergebnis der vorliegenden Arbeit bilden.

6.2.1 Diskussion der Arbeitsthesen und Aufstellung von Hypothesen

Die erste forschungsleitende These beinhaltet die Vermutung, dass der Abbruchentscheidung weniger externale bzw. exogene Faktoren ursächlich zugrunde liegen, sondern vielmehr internale, also in der Person des Gründers begründete Aspekte, wie die individuellen Eigenschaften oder die jeweiligen Verhaltensweisen. Im Zuge der Auswertung der empirischen Ergebnisse konnten verschiedene Aspekte identifiziert werden, die diese forschungsleitende These stützen. So konnten im empirischen Datenmaterial fallübergreifend Aussagen identifiziert werden, die darauf schließen lassen, dass alle befragten Probanden die Entscheidung, das Gründungsvorhaben abzubrechen, selbst getroffen hatten. Sie wurde ihnen also weder diktiert noch oktroyiert, was als Indiz zur Stützung von Arbeitsthese 1 dient. Die Probanden trafen diese Entscheidung demnach offenbar beruhend auf einer eigenen Evaluation der durchgeführten Aktivitäten. Diese Evaluation bietet das nächste Indiz in Richtung der These, dass die Abbruchentscheidung vor allem beruhend auf internalen Aspekten getroffen wird. Zwar lässt sich nicht ausschließen, dass auch äußere Faktoren diese Entscheidung beeinflussten.[774] Jedoch kristallisierte sich im Zuge der Datenanalyse der Tenor heraus, dass die Probanden vor allem beruhend auf einer eigenen Evaluierung ihrer ersten Erfahrungen die Abbruchentscheidung trafen. Im Datenmaterial konnten dabei erstaunlicherweise keine Hinweise dafür gefunden werden, dass exogenen Ursachen wie mangelndes Kapital oder mangelnde Nachfrage einen direkten Einfluss auf die Abbruchentscheidung nahmen, wie in der bisherigen Forschung oft vermutet wird. Sie lösten den Abbruch teilweise aus, waren aber nicht Ursache dieser Entscheidung. Demnach kann basierend auf diesen Erkenntnissen hinsichtlich Arbeitsthese 1 die folgende Hypothese aufgestellt werden:

» *Hypothese 1: Die Entscheidung, ein Gründungsvorhaben abzubrechen, wird von der Gründerperson basierend auf einer individuellen Evaluation selbst getroffen und durch endogene, d.h. in der Person des Gründers liegende Faktoren, beeinflusst.*

Innerhalb der forschungsleitenden These 2 wurde die Vermutung aufgestellt, dass der Abbruch von Gründungsvorhaben eng mit den individuellen Erwartungen der Gründer an ihre jeweilige Unternehmensgründung geknüpft ist. Diese Vermutung, die auf eine bereits durch TOWNSEND ET AL. aufgestellte Aussage zurückgeht, kann durch das empirische Datenmaterial bekräftigt werden. Dabei wurde in Kapitel 3.2.1 eine Unterteilung der individuellen Erwartungshaltung hinsichtlich der Resultat-, Fähigkeits- und Aufwandserwartung vorgenommen. Im Datenmaterial konnte eine Verbindung zwischen enttäuschten Resultat- und Fähigkeitserwartungen und der Abbruchentscheidung identifiziert werden. Dabei wurde fallübergreifend festgestellt, dass die enttäuschten Resultaterwartungen die Abbruchentscheidung der Probanden beeinflussen. Enttäuschte Fähigkeitserwartungen wirken jedoch nur bei der Gruppe der selbstständigkeitsfokussierten Abbrecher auf die Abbruchentscheidung. Erstaunlicherweise konnte kein Zusammenhang zwischen einer enttäuschten Aufwandserwartung und der wahrgenommenen Realität identifiziert werden. Im Gegenteil: Es wurden sogar Passagen in den Interviewtranskripten gefunden, in denen die Probanden davon berichteten, dass sie sich a priori bereits vorgestellt hatten, dass ein Gründungsvorhaben mit einem erheblichen Aufwand verbunden sei – und sie demnach nicht von der Realität überrascht waren. Die meisten Probanden gaben an, dass sie nach eigener Auffassung ein recht realistisches Bild hinsichtlich des mit der Ver-

[774] Vgl. hierzu Kapitel 6.5.

folgung eines Gründungsvorhabens verbundenen Aufwands hatten. Diese Zusammenhänge können in die folgenden Hypothesen überführt werden:

» *Hypothese 2a: Je stärker eine Diskrepanz zwischen den ursprünglichen Erwartungen an ein Gründungsvorhaben und der Realität wahrgenommen wird, desto eher wird ein Gründungsvorhaben abgebrochen.*

» *Hypothese 2b: Je konkreter die ursprünglichen Erwartungen an die Resultate des Gründungsvorhabens sind, desto größer ist die wahrgenommene Diskrepanz zwischen ursprünglichen Erwartungen und der Realität und desto eher wird ein Gründungsvorhaben abgebrochen.*

» *Hypothese 2c: Je mehr sich die individuelle Motivation von Gründern auf die eigene Selbstständigkeit richtet, desto eher wird die Erwartung, dass mit den eigenen Fähigkeiten dieses Ziel erreicht werden kann, enttäuscht und desto eher wird das Gründungsvorhaben abgebrochen.*

Arbeitsthese 3 befasst sich mit der Rolle der individuellen unternehmerischen Motivation und ihrem Einfluss auf die Abbruchentscheidung. Neben der vergleichenden Analyse, die auch einige Zusammenhänge zwischen der individuellen Motivation und der Abbruchentscheidung erkennen lässt, konnte insbesondere die durch die kontrastierende Analyse generierte Typologie die These bekräftigen, dass die individuelle Motivation eng mit dem Abbruch von Gründungsvorhaben verbunden ist. Dabei ergaben sich durch die unterschiedlichen motivationalen Schwerpunkte der Gründer unterschiedliche Abbruchsursachen. So stellte sich im Zuge der Datenanalyse heraus, dass die Probanden entlang der Dimension ‚individueller Fokus der Gründungsmotivation' zwei Ausprägungen zugeordnet und somit in zwei Gruppen eingeteilt werden konnten: Einige Abbrecher fokussieren sich auf die Verfolgung einer bestimmten Geschäftsidee. Sie weisen dabei konkrete Erwartungen hinsichtlich der Umsetzung dieser Geschäftsidee auf, die Beschäftigung mit dieser Geschäftsidee steht im Vordergrund ihrer Motivation. Die andere Probandengruppe fokussiert sich hingegen auf die Selbstständigkeit. Probanden in dieser Gruppe weisen eine starke intrinsische Motivation auf, die eigene Selbstständigkeit voran zu treiben, mit der sie vor allem eine eigenständige und unabhängige Arbeitsweise sowie die Möglichkeit, persönliche Ziele zu erreichen, verbinden. Je nach Ausrichtung der individuellen Motivation berichten die Probanden dabei auch über unterschiedliche Abbruchsursachen. Ideenfokussierte Abbrecher berichten davon, dass sie sich zu sehr auf die Geschäftsidee konzentrierten und andere, gründungsrelevante Aktivitäten wie z.B. betriebswirtschaftliche Aspekte außer Acht ließen. Sie berichten von einer Diskrepanz zwischen ihren ursprünglichen Vorstellungen, sich in erster Linie mit ihrer Geschäftsidee befassen zu können und der Realität, in der sie wahrnahmen, dass sie sich auch um andere Dinge kümmern mussten. Die Selbstständigkeits-fokussierten Gründer, bei denen die Selbstständigkeit der stärkste motivationale Faktor zu sein scheint, berichten hingegen davon, dass sie feststellten, selbst nicht über die ausreichenden Kompetenzen und Fähigkeiten zu verfügen, um ihr Ziel der eigenen Selbstständigkeit zu erreichen. Dies führt zu einer enttäuschten Erwartungshaltung hinsichtlich der Tatsache, dass sie doch Know-how Dritter nutzen müssen, was die individuelle Vorstellung, möglichst unabhängig zu arbeiten, beeinträchtigt. Die somit enttäuschte Fähigkeitserwartung führt darüber hinaus zur Wahrnehmung von Unsicherheit, inwieweit mit den eigenen Kompetenzen nun weitere Meilensteine erreichen werden können. Die ursprüngliche Motivation, möglichst frei und unabhängig arbeiten zu wollen, konnte also nicht aufrecht erhalten werden. Demnach beeinflusst der Fokus der ursprünglichen, individuellen Motivation auch die jeweiligen Abbruchsursachen und steht darüber hinaus in Verbindung zu der jeweiligen Erwartungshaltung der Probanden. Die Ausprägungen der individuellen Motivation scheinen sich somit auf die Abbruchsursachen auszuwirken, was diese Verbindung zu einem interessanten Forschungsfeld für zukünftige Forschungsarbeiten macht. Demnach ergibt sich aus diesen Erkenntnissen in Bezug auf die forschungsleitende These 3 die folgende Hypothese:

» *Hypothese 3: Die Ursachen für das Abbrechen eines Gründungsvorhabens werden durch den Fokus der individuellen Motivation des Gründers beeinflusst.*

Die forschungsleitende These 4 spezifizierte die Vermutung aus These 2 und 3 und richtete sich auf die Frage, inwieweit eine Veränderung der internalen Faktoren im Laufe des Gründungsprozesses den Abbruch von Gründungsvorhaben beeinflusst. Im Zuge der vergleichenden Analyse des Datenmaterials konnte auch diese These bekräftigt werden. So berichten die Probanden fallübergreifend von der Wahrnehmung eines Rückgangs ihrer Motivation, ausgelöst sowohl durch einen Mangel an Erfolgserlebnissen, als auch durch einen Mangel an ausgleichenden Teamfaktoren. Wie auch durch die theoretischen Überlegungen von CARSRUD & BRÄNNBACK ersichtlich wird, führt der Mangel an Erfolgserlebnissen zu einem Rückgang der individuellen Motivation, zukünftige Aktivitäten durchzuführen. Nehmen die Probanden im Zuge der Evaluation der bisher durchgeführten gründungsrelevanten Aktivitäten wahr, dass die ursprünglich erwarteten Resultate nicht eintreffen bzw. entsprechende Erfolgserlebnisse nicht erreicht werden, sinkt die individuelle Motivation nach einer bestimmten Zeit so stark, dass das Gründungsvorhaben abgebrochen wird. Auch die Wahrnehmung eines Mangels an ausgleichenden Teamfaktoren beeinträchtigt die individuelle Motivation, zukünftige gründungsrelevante Aktivitäten durchzuführen. So nahmen die Probanden fallübergreifend wahr, dass bestimmte rationale oder auch sozialpsychologische Kompetenzdefizite nicht durch das vorhandene Team oder externe Partner ausgeglichen werden konnten, was zu der Wahrnehmung führt, dass ein nicht ausreichend heterogenes Team vorhanden ist. Theoretisch untermauert durch Untersuchungen von CHEN ET AL. führt diese Wahrnehmung, ebenso wie die Wahrnehmung teaminterner Konflikte, zu einem Rückgang der individuellen Motivation, zukünftige gründungsrelevante Aktivitäten durchzuführen – woraufhin das Gründungsvorhaben abgebrochen wird. Demnach kann festgehalten werden, dass eine negative Veränderung der individuellen Motivation die Abbruchentscheidung stark beeinflusst. Ausgelöst wird ein solcher Rückgang dabei zum einen durch die Wahrnehmung eines Mangels an Erfolgserlebnissen sowie zum anderen durch die Wahrnehmung eines Mangels an ausgleichenden Teamfaktoren. Hieraus können die folgenden Hypothesen abgeleitet werden:

» *Hypothese 4a: Je stärker ein Rückgang der persönlichen Motivation wahrgenommen wird, desto eher wird ein Gründungsvorhaben abgebrochen.*

» *Hypothese 4b: Je länger ein Mangel an Erfolgserlebnissen wahrgenommen wird, desto stärker wird ein Rückgang der individuellen Motivation wahrgenommen und desto eher wird ein Gründungsvorhaben abgebrochen.*

» *Hypothese 4c: Je stärker ein Mangel an ausgleichenden Teamfaktoren wahrgenommen wird, desto stärker wird ein Rückgang der individuellen Motivation wahrgenommen und desto eher wird ein Gründungsvorhaben abgebrochen.*

Innerhalb der forschungsleitenden These 5 wird die Vermutung aufgestellt, dass je abstrakter die Vorstellungen und Ziele in Bezug auf eine Unternehmensgründung sind, desto eher wird die Entscheidung getroffen, ein Gründungsvorhaben abzubrechen. Im Datenmaterial konnten keine Erkenntnisse zur Unterstützung dieser Vermutung identifiziert werden. Eher konnte im Datenmaterial, wie oben bereits beschrieben wurde, ein Zusammenhang zwischen dem Abbruch von Gründungsvorhaben und sehr konkreten, ausdifferenzierten Vorstellungen und Zielen identifiziert werden. Da viele Probanden angeben, dass gerade ihre konkreten Erwartungen enttäuscht wurden, liegt die Vermutung vielmehr nahe, dass Probanden, die über nicht allzu ausdifferenzierte Vorstellungen und Erwartungen hinsichtlich des Gründungsvorhabens verfügen, eher ein Unternehmen gründen – also nicht abbrechen – als Individuen, die über sehr spezifische Vorstellungen verfügen. Inwieweit ein solcher Zusammenhang besteht, sollte durch zukünftige Forschungsarbeiten untersucht werden.

Neben den Erkenntnissen, die in Zusammenhang zu den in Kapitel 3.3 aufgestellten forschungsleitenden Thesen stehen, konnten im Zuge der Datenanalyse weitere Rückschlüsse darüber gewonnen werden, welche Faktoren den Abbruch von Gründungsvorhaben beeinflussen. Diese Erkenntnisse gehen über die in den forschungsleitenden Thesen aufgestellten Vermutungen hinaus. Im Folgenden werden hieraus weitere Hypothesen gebildet, die ebenfalls als Ergebnis der vorliegenden Forschungsarbeit sowie als Hinweise für zukünftige Forschungsarbeiten verstanden werden können.

So konnten im Zuge des Datenmaterials neben den Auswirkungen enttäuschter Erwartungen, der Wahrnehmung eines Mangels an Erfolgserlebnissen sowie der Wahrnehmung eines Mangels an ausgleichenden Teamfaktoren zwei weitere Einflussfaktoren auf den Abbruch von Gründungsvorhaben identifiziert werden, die jedoch lediglich von einigen Abbrecher*typen* genannt wurden. So berichtet Herr Dr. Volkert, eingeordnet in den Abbrechertypus der Ideenfokussierten Nutzer, von einer vorab unzureichenden Bereitschaft, den Schritt in die Selbstständigkeit zu wagen. Somit scheint offenbar auch im Bereich akademischer Ausgründungen das Phänomen aufzutreten, das Individuen ein Gründungsvorhaben aus Mangel an Alternativen verfolgen. Demnach ergibt sich möglicherweise eine Verbindung zwischen dem als Necessity-Entrepreneurship bezeichneten Phänomen und dem Abbruch von Gründungsvorhaben. Denn Herr Dr. Volkert gab im Zuge der Befragung seine nicht ausreichend vorhandene Motivation, den Schritt in die Selbstständigkeit zu wagen, als Ursache für den Abbruch des Gründungsvorhabens an. Die eigene Selbstständigkeit war demnach also bereits a priori nicht angedacht. Er verfolgte das Gründungsvorhaben zwar nicht ohne Grund, denn er versuchte damit das persönliche Ziel zu erreichen, in einem bestimmten, sehr spezifischen Tätigkeitsbereich zu arbeiten, um die Zeit bis hin zu einem alternativen Jobangebot zu überbrücken. Dennoch schien selbst bei Erreichung bestimmter Meilensteine, wie z.B. der erfolgreichen Beantragung des Exist-Gründerstipendiums, die Selbstständigkeit für ihn keine mittel- bis langfristige Perspektive zu sein. Herr Dr. Volkert wurde vielmehr durch so genannte Push-Faktoren in die Selbstständigkeit ‚gedrückt'. Innerhalb der Motivationsforschung werden Push-Faktoren dabei von Pull-Faktoren unterschieden:

> *„Motivation theory argues that individuals are either pulled or pushed toward a career choice, such as becoming an entrepreneur [...].“*[775]

Der Push-Faktor ‚Alternativlosigkeit' drückte Herrn Dr. Volkert also offenbar in die Verfolgung eines Gründungsvorhabens. Somit scheint eine Verbindung zwischen dem Abbruch von Gründungsvorhaben und Push-Faktoren zu bestehen, die Gründer bspw. durch einen Mangel an Alternativen oder durch Jobunzufriedenheit in die Selbstständigkeit drängen. Hieraus können die folgenden Hypothesen abgeleitet werden:

» *Hypothese 5a: Verfolgen akademische Necessity-Entrepreneure ein Gründungsvorhaben aufgrund von Push-Faktoren wie z.B. Alternativlosigkeit, sinkt die Motivation, ein Grün-*

---

[775] Vgl. Schjoedt, L. / Shaver, K. G. (2007), S. 735.

dungsvorhaben umzusetzen und die Wahrscheinlichkeit erhöht sich, das Gründungsvorhaben abzubrechen.

» *Hypothese 5b: Akademische Necessity-Entrepreneure brechen ihr Gründungsvorhaben häufiger ab, als akademische Opportunity-Entrepreneure.*

Neben dem Zusammenhang zwischen Push-Faktoren und dem Abbruch von Gründungsvorhaben sind auch die Abbruchsursachen, die die Abbrechergruppe der Selbstständigkeitsfokussierten Nutzer angeben, von Bedeutung für die Entwicklung forschungsleitender Hypothesen. So berichten die Selbstständigkeitsfokussierten Nutzer davon, dass sie nach Durchführung einiger gründungsrelevanter Aktivitäten ein bestimmtes Maß an Unsicherheit wahrnahmen, inwiefern ihre eigenen Fähigkeiten dazu ausreichen würden, das Gründungsvorhaben umzusetzen. Ähnlich wie bei der Gruppe der Selbstständigkeitsfokussierten Kreierer nehmen also auch die Selbstständigkeitsfokussierten Nutzer wahr, dass ihre eigenen Fähigkeiten womöglich nicht ausreichen, um ihre Ziele zu erreichen bzw. das Gründungsvorhaben umzusetzen. Doch im Gegensatz zu der Gruppe der Selbstständigkeitsfokussierten Kreierer, bei der diese Wahrnehmung zu enttäuschten Erwartungen führt, nehmen die Nutzer wahr, dass die Situation für sie unkalkulierbar und somit von Unsicherheit geprägt ist. Dies deutet auch darauf hin, dass die Gruppe der Selbstständigkeitsfokussierten Nutzer weniger konkrete Vorstellungen hinsichtlich des Gründungsvorhabens aufweisen, als die Gruppe der Selbstständigkeitsfokussierten Kreierer. Dieser Zusammenhang kann auch im empirischen Datenmaterial identifiziert werden. Denn die befragten Nutzer berichten nicht nur davon, dass sie wenig konkrete Vorstellungen hinsichtlich der Ausgestaltung des Gründungsvorhabens haben, sondern auch darüber, dass sie nur über rudimentäre Kenntnisse hinsichtlich der Gründungsidee verfügen. Nach Durchführung einiger gründungsrelevanter Aktivitäten stellen sie fest, dass sie nur schwer einschätzen können, inwieweit weitere gründungsrelevante Aktivitäten das Vorhaben voran treiben würden. Demnach scheint ein Zusammenhang zwischen der Wahrnehmung von Unsicherheit und dem Abbruch von Gründungsvorhaben zu bestehen. Hierauf aufbauend kann die folgende Hypothese entwickelt werden:

» *Hypothese 6: Je weniger Kenntnisse über die dem Gründungsvorhaben zugrunde liegende Geschäftsidee bestehen, desto eher wird Unsicherheit hinsichtlich der Erfolgswahrscheinlichkeit des Vorhabens wahrgenommen und desto eher wird das Gründungsvorhaben abgebrochen.*

6.2.2 Gedanken zur Genese einer Theorie des Abbruchs von Gründungsvorhaben

Die im vorherigen Kapitel generierten Hypothesen zeigen verschiedene neue Richtungen für zukünftige Forschungsarbeiten auf, die beruhend auf einer ausführlichen und dichten Datengewinnung und –analyse aufgestellt werden konnten. Basierend auf diesen Erkenntnissen können unterschiedliche Implikationen zur Aufstellung einer Theorie des Abbruchs abgeleitet werden. Im Zuge der ausführlichen Betrachtung der empirisch gewonnenen Daten erwiesen sich die Entscheidungstheorie sowie Überlegungen zur unternehmerischen Motivation dabei als gehaltvolle theoretische Untermauerungen, wie auch schon andere Forschungsarbeiten wie bspw. von LEARNED, TOWNSEND ET AL. oder CARSRUD & BRÄNNBACK zeigen konnten.[776] Im Folgenden werden einige dieser Gedanken aus der umfangreichen Literaturanalyse diskutiert.

Die Entscheidungstheorie befasst sich dabei mit der Frage, welche Möglichkeiten ein Individuum unter bestimmten Voraussetzungen wählt – und wie eine solche Entscheidung zustande kommt.[777] Dabei wählt die vorliegende Forschungsarbeit im Bezug auf die Genese einer Theorie des Abbruchs von Gründungsvorhaben die Perspektive der empirischen Entscheidungstheorie. Im Gegensatz zur normativen Entscheidungstheorie, die sich vor allem der Erforschung rationaler Entscheidungsfindungsprozesse widmet, wie zum Beispiel dem Prinzip des homo oeconomicus, untersucht die empirische Entscheidungstheorie vielmehr die Prozesse, die zu einer Entscheidung führen und versucht aus diesen Erkenntnissen typische, aber auch erfolgreiche Verhaltensweisen abzuleiten.[778] Auch TOWNSEND ET AL. vermuten basierend auf Entscheidungsmodellen, dass wichtige Entscheidungen innerhalb des Gründungsprozesses durch die Alternativen, individuellen Erwartungen und jeweiligen Präferenzen beeinflusst werden, die den Individuen zur Auswahl stehen. Dies deckt sich mit klassischen Entscheidungsmodellen, die sich aus Handlungsalternativen, Ergebnissen und Umweltzuständen zusammensetzen - wobei unter dem Begriff der Umweltzustände die individuellen Erwartungen an ein potenzielles Ereignis eingeordnet werden.[779]

Eine zweite theoretische Perspektive lieferten Überlegungen zur unternehmerischen Motivation. Die unternehmerische Motivation wird dabei oftmals als einer der Haupttreiber für unternehmerische Aktionen angesehen. Die Motivation wird dabei als „eine aktivierende Ausrichtung des momentanen Lebensvollzugs auf einen positiv bewerteten Zielzustand“[780] beschrieben. Sie setzt sich aus unterschiedlichen Dimensionen zusammen. Innerhalb der Entrepreneurship-Forschung wird die Motivation ein Unternehmen zu gründen als Produkt der Dimensionen ‚Erwartung‘, ‚Zweckdienlichkeit‘ und ‚Wertigkeit‘ konzeptionalisiert.[781] Inwieweit also die Entscheidung getroffen wird, ein Gründungsvorhaben in einem ersten Schritt aufzunehmen – oder aber zu einem späteren Zeitpunkt

---

[776] Vgl. Learned, K. E. (1992), Townsend, D. M. et al. (2010) sowie Carsrud, A. / Brännback, M. (2011).
[777] Vgl. Wessler, M. (2012), S. 1.
[778] Vgl. Wessler, M. (2012), S. 3 ff.
[779] Vgl. Laux, H. et al. (2012), S. 30 ff.
[780] Vollmeyer, R. (2005), S. 9 f.
[781] Vgl. Segal, G. et al. (2005), S. 44.

fortzusetzen bzw. abzubrechen – wird demnach in erheblichem Maße von der individuellen Motivation beeinflusst. Ist diese Motivation vorhanden, ist ein Individuum also aktiviert, ein bestimmtes Ziel zu erreichen, werden Aktivitäten durchgeführt, um die entsprechenden Ziele zu erlangen.[782] Demnach liegt im Umkehrschluss die Vermutung nahe, dass eine unzureichende Motivation dazu führt, dass Aktivitäten nicht durchgeführt werden. Nimmt die Motivation hinsichtlich der Durchführung zukünftiger Aktivitäten also im Verlauf des Gründungsprozesses ab, kann dies zum Abbruch des Gründungsvorhabens führen. Somit ist der Abbruch von Gründungsvorhaben eng mit der individuellen Motivation verknüpft. Wie diese individuelle Motivation entsteht, kann durch unterschiedliche Theorien innerhalb der Motivationsforschung erklärt werden. So kann die ursprüngliche Motivation sich selbstständig zu machen auf der einen Seite z.B. durch die Unzufriedenheit mit der aktuellen Job-Situation entstehen. Dabei wird die Option der Selbstständigkeit mit der Möglichkeit verbunden, die aktuelle berufliche Situation zu verbessern.[783] Auf der anderen Seite kann aber auch eine rein positiv geprägte Motivation dazu führen, ein Unternehmen zu gründen, bspw. durch das Ziel, eine individuell generierte Geschäftsidee umzusetzen oder ein eigenes, erfolgreiches Unternehmen aufzubauen. Eine solch positive Motivation kann z.B. durch das Konzept der Leistungsmotivation, das von McClelland geprägt wurde, erklärt werden, oder aber auch durch das von Maslow geprägte Prinzip der persönlichen Selbstverwirklichung.[784] Das von McClelland bereits 1961 geprägte Konzept der Leistungsmotivation, die das Verlangen beschreibt, Aufgaben besonders zielstrebig auszuüben, scheint jedoch beruhend auf den empirischen Erkenntnissen kaum einen Einfluss auf die Entscheidung zu nehmen, ein Gründungsvorhaben abzubrechen.[785] Denn die Probanden berichten davon, dass sie das jeweilige Vorhaben stets beharrlich und zielstrebig verfolgt haben. Allerdings könnten hier möglicherweise Divergenzen zwischen der Selbst- und Fremdwahrnehmung der Probanden dazu führen, dass sie selbst diese Veränderung hinsichtlich ihrer individuellen Leistungsmotivation nicht wahrnehmen, tatsächlich aber ein Rückgang der individuellen Leistungsmotivation dazu führte, dass sie keine weiteren gründungsrelevanten Aktivitäten durchführen wollten. Denn schließlich berichten die Probanden davon, dass der Mangel an Erfolgserlebnissen zu einem Rückgang der individuellen Motivation führte, zukünftige Gründungsaktivitäten durchzuführen. Möglicherweise könnte hier also nicht die generelle Zielgerichtetheit im Bezug auf die Durchführung zukünftiger Aktivitäten gemeint sein, sondern vielmehr die individuelle Leistungsmotivation, z.B. im Bezug auf die Passion, weitere Hürden zu nehmen, wie Murray in seiner Definition der Leistungsmotivation festhält.[786] Weitere Forschungsarbeiten sollten sich also diesem Zusam-

---

782 Vgl. Segal, G. et al. (2005), S. 47 sowie Carsrud, A. / Brännback, M. (2011), S. 11.
783 Vgl. Dubini, P. (1988), S. 13.
784 Vgl. McClelland, D. C. (1961) sowie Mittelman, W. (1991), S. 115, im Original Maslow, A. H. (1970).
785 Vgl. Johnson, B. R. (1990), S. 40 sowie im Original McClelland, D. C. (1961).
786 Vgl. Johnson, B. R. (1990), S. 40.

menhang widmen. Für die Genese einer Theorie des Abbruchs von Gründungsvorhaben spielt die individuelle Leistungsmotivation beruhend auf den empirisch gewonnenen Erkenntnissen jedoch nur eine untergeordnete Rolle.

Anders als das Konzept der Leistungsmotivation nach McCLELLAND scheint das Konzept der Selbstverwirklichung nach MASLOW zumindest bei einigen der befragten Probanden einen Einfluss auf die ursprüngliche Gründungsmotivation zu nehmen. Nach MASLOW ist das Prinzip der persönlichen Selbstverwirklichung definiert als:

„[...] the full use and exploitation of [one's] talents, capacities, potentialities, etc.[...].“[787]

Im empirischen Datenmaterial lassen sich verschiedene Hinweise darauf finden, dass die Probanden sich mit dem Versuch in die eigene Selbstständigkeit zu starten selbst verwirklichen wollen.[788] Inwiefern jedoch eine Veränderung des persönlichen Drangs nach individueller Selbstverwirklichung dazu führte, dass das Gründungsvorhaben abgebrochen wurde, konnte basierend auf dem empirisch gewonnenen Datenmaterial jedoch nicht herausgefunden werden. Zukünftige Forschungsarbeiten könnten sich daher der Frage widmen, inwieweit die klassischen Motivationskonzepte und –theorien auf das Phänomen des Abbruchs von Gründungsvorhaben übertragen werden können und inwiefern dynamische Veränderungen der individuellen Motivation einen Einfluss auf die Abbruchentscheidung nehmen.

Beruhend auf den theoretischen Überlegungen aus den vorherigen Kapiteln ergeben sich die folgenden Elemente einer Theorie des Abbruchs von Gründungsvorhaben: Der Abbruch von Gründungsvorhaben wird im Wesentlichen durch eine Veränderung der individuellen *Erwartungshaltung* und der generellen, individuellen *Motivation* beeinflusst. Dabei starten Individuen mit einer positiven Erwartungshaltung hinsichtlich der zu erzielenden *Resultate* und in Bezug auf ihre Vorstellungen von der operativen Ausgestaltung des Gründungsvorhabens in den Gründungsprozess. Sie sind davon überzeugt, mit ihren eigenen *Fähigkeiten* die von ihnen definierten Ziele erreichen zu können, sie starten also mit einer positiven Fähigkeitserwartung. Ebenso beginnen sie den unternehmerischen Prozess basierend auf einer positiven Motivation. Die Individuen sind also aktiviert und bestrebt, ihre Ziele zu erreichen und sind somit bereit, entsprechende Aktivitäten durchzuführen. Im Laufe der Durchführung solcher gründungsrelevanter Aktivitäten verändern sich jedoch die positive Erwartungshaltung und die positive Motivation. Beeinflusst wird diese negative Veränderung vor allem durch verschiedene Wahrnehmungen: Der Wahrnehmung einer Diskrepanz zwi-

787 Mittelman, W. (1991), S. 115. Im Original Maslow, A. H. (1970), S. 150.
788 Vgl. z.B. Hr. Dugic, § 15 oder Hr. Julius § 15

schen den ursprünglichen Resultat- oder Fähigkeitserwartungen und der Realität; der Wahrnehmung eines Mangels an Erfolgserlebnissen; der Wahrnehmung eines Mangels an ausgleichenden Teamfaktoren sowie der Wahrnehmung von Unsicherheit.[789] Aufgrund der Feststellung dieser Faktoren wird die ursprünglich positive Erwartungshaltung sowie die ursprünglich positive Motivation negativ beeinträchtigt, was zu einem Rückgang der positiven Erwartungshaltung und der positiven Motivation führt. Dieser Rückgang beeinträchtigt damit die Erwartungshaltung und die Motivation gegenüber der Durchführung *zukünftiger*, gründungsrelevanter Aktivitäten, so dass keine ausreichend positive Erwartungshaltung sowie keine ausreichend positive Motivation mehr vorhanden ist, um in die nächste Phase überzugehen: Das Gründungsvorhaben wird abgebrochen. Diese unterschiedlichen Prozesse und Zusammenhänge können dabei in zwei Dimensionen eingeordnet werden, die eng mit dem individuellen motivationalen Fokus der Abbrecher verbunden sind. So unterscheiden sich Selbstständigkeitsfokussierte und Ideenfokussierte Abbrecher voneinander, ebenso wie Individuen, die eine eigens kreierte Geschäftsidee verfolgen und solche, die eine Geschäftsidee verfolgen, die von einem Teammitglied generiert wurde. Je nach Ausprägung der Dimensionen ‚Individueller Fokus der Gründungsmotivation' und ‚Entwicklung der Geschäftsidee' wird die individuelle Wahrnehmung der Abbrecher so stark beeinflusst, dass die Erwartungshaltung oder aber die Motivation beeinträchtigt und das Gründungsvorhaben abgebrochen wird. Diese Entscheidung ist dabei eine von den Individuen *selbst* und *frei* getroffene Entscheidung, die zwar möglicherweise auch von exogenen Faktoren beeinflusst wird, in erster Linie jedoch durch endogene Faktoren bestimmt wird. Die Abbruchentscheidung wird demnach maßgeblich von der individuellen Wahrnehmung der Gründer in Bezug auf die eigene Resultaterwartung, die persönliche Fähigkeitserwartung und die individuelle Motivation beeinflusst. Damit stehen die Erkenntnisse der vorliegenden Untersuchung in Einklang mit bislang noch nicht empirisch bestätigten Vermutungen einiger Forscher, wie z.B. LANDIER, VAN GELDEREN ET AL. oder TOWNSEND ET AL., die vermuteten, dass der Abbruch von Gründungsvorhaben eine eigene und bewusste Entscheidung des Gründers bzw. des Gründerteams zu sein scheint und somit in Kontrast zum Scheitern von Gründungsvorhaben steht.[790]

Die vorliegende Untersuchung konnte zeigen, dass der Abbruch von Gründungsvorhaben offenbar ein komplexes, multifaktorielles Phänomen ist, das durch verschiedene Faktoren und Dimensionen beeinflusst wird. Die empirischen Erkenntnisse in Zusammenhang mit den o.s. theoretischen Über-

---

789 Die Zusammenhänge, die zu diesen einzelnen Feststellungen führen, wurden dabei weiter oben sowie im Detail in den Kapitel 5.2.2 und 6.1 beschrieben und diskutiert. Anmerkung des Verfassers.

790 Vgl. zu Erkenntnissen zum Scheitern von Gründungsvorhaben z.B. MacDonald, R. (1991), S. 263 oder Shepherd, D. A. (2003). Zu den Vermutungen über die Abbruchentscheidung vgl. Landier, A. (2005), S. 33, van Gelderen, M. et al. (2007), S. 17 sowie Townsend, D. M. et al. (2010), S. 200.

legungen können als erster Schritt in Richtung einer Entwicklung einer Theorie des Abbruchs von Gründungsvorhaben verstanden werden. Ziel und Aufgabe weiterführender Forschungsarbeiten sollte es daher sein, die theoretischen und empirischen Zusammenhänge, die im Zuge der vorliegenden Untersuchung identifiziert werden konnten, weiter zu überprüfen. Im Folgenden werden einige Anregungen hinsichtlich der Implikationen für die Entrepreneurship-Forschung und -Praxis skizziert, bevor im Anschluss hieran die Limitationen der vorliegenden Arbeiten diskutiert werden.

6.3 Implikationen für die Entrepreneurship-Forschung

Die vorliegende Forschungsarbeit widmete sich aus einer explorativen, qualitativ-empirischen Perspektive der Untersuchung eines Phänomens, dass bislang nur rudimentär erforscht wurde, dessen Auswirkungen auf einer mikro- und makroökonomischen Ebene jedoch enorm sind. Ziel war es, dass Verständnis über die Zusammenhänge und Prozesse, die zum Abbruch eines Gründungsvorhaben führen, aufzudecken und zu verstehen. Die Erkenntnisse aus der empirischen Analyse wurden hierzu mit verschiedenen theoretischen Fundamenten unterlegt: Der Entscheidungstheorie sowie Überlegungen zur unternehmerischen Motivation. Die Perspektive, die von der vorliegenden Untersuchung somit eingenommen wird, vereint dabei die Perspektive des von GARTNER geprägten Behavioral-Approaches mit den Überlegungen von MCCLELLAND zum Konzept der Leistungsmotivation, das wichtige Erkenntnisse für den Traits-Approach lieferte: Im Mittelpunkt des unternehmerischen Prozesses steht die Person des Gründers mit den jeweils durchgeführten gründungsrelevanten Aktivitäten und seinen individuellen Eigenschaften.

Die vorliegende Untersuchung liefert damit verschiedene Implikationen für unterschiedliche Bereiche der Entrepreneurship-Forschung. Zunächst implizieren die Ergebnisse dieser Untersuchung neue Erkenntnisse für die Nascent Entrepreneurship-Forschung und das Verständnis des unternehmerischen Prozesses. Die entscheidungstheoretische Basis, in Verbindung mit den Erkenntnissen hinsichtlich der individuellen Resultat- und Fähigkeitserwartung, deuten dabei darauf hin, dass die ursprünglichen Vorstellungen der Gründer nicht nur einen erheblichen Einfluss darauf haben, ob Individuen überhaupt in den unternehmerischen Prozess einsteigen, sondern auch, inwieweit sie in diesem Prozess verweilen und den nächsten Schritt zur Gründung eines Unternehmens bewältigen. Hier liegt die Vermutung nahe, dass möglicherweise eine realistische Erwartungshaltung den Erfolg von Gründungsvorhaben positiv beeinflusst. Für zukünftige Forschungsarbeiten im Bereich der Nascent Entrepreneurship-Forschung könnten diese Ergebnisse Hinweise darauf geben, welche Faktoren die Gruppe der Starter von der Gruppe der Abbrecher unterscheiden. Denn wie u.a. DAVIDSSON durch die breit angelegte Untersuchung mit Hilfe des PSED-Forschungsdesigns herausfand, konnten bisher kaum Unterschiede zwischen solchen Individuen gefunden werden, die ein

Gründungsvorhaben abbrechen und solchen, die in die Infancy-Entrepreneurship-Phase einsteigen, also ein Unternehmen gründen.[791]

Einen wichtigen Beitrag kann die vorliegende Untersuchung darüber hinaus zum Forschungsbereich leisten, der sich der Erforschung unternehmerischer Entscheidungen widmet, dem so genannten „entrepreneurial decision-making"[792]. Eine jüngere, für die vorliegende Forschungsarbeit sehr bedeutsame Arbeit aus diesem Bereich ist der von TOWNSEND ET AL. veröffentlichte Artikel, auf den bereits verschiedentlich eingegangen wurde. TOWNSEND ET AL. vermuten dabei einen Zusammenhang zwischen einer negativen Veränderung der ursprünglichen Vorstellungen und dem Abbruch von Gründungsvorhaben.[793] Durch die vorliegende Forschungsarbeit konnte ein solcher Zusammenhang empirisch identifiziert werden. Eine negative Veränderung der ursprünglichen Vorstellungen, sowohl hinsichtlich der potenziellen Resultate der Aktivitäten, als auch im Bezug auf die eigenen Fähigkeiten, beeinträchtigt dabei auch die Erwartungen an den Erfolg zukünftiger Aktivitäten. Die Abbrecher glauben nicht mehr an den Erfolg dieser Aktivitäten, wodurch die Entscheidung getroffen wird, das Gründungsvorhaben abzubrechen. Allerdings konnten diese Erkenntnisse nicht auf alle befragten Probanden übertragen werden. Fallübergreifend scheinen lediglich die Resultaterwartungen einen Einfluss auf die Abbruchentscheidung auszuüben. Die Fähigkeitserwartungen haben nur bei der Gruppe der Selbstständigkeitsfokussierten Abbrecher einen Einfluss auf die Abbruchentscheidung. Dieser Zusammenhang impliziert eine Verbindung zwischen den Motiven der Abbrecher und den Entscheidungsprozessen innerhalb der Nascent Entrepreneurship-Phase. Diese Verbindung wurde in der oben exemplifizierten Typologie verschiedener Abbrechertypen aufgegriffen. Für zukünftige Forschungsarbeiten spannt sich hierdurch ein interessantes Forschungsfeld hinsichtlich der Frage auf, inwieweit die ursprünglichen Motive von Individuen die späteren Entscheidungen im unternehmerischen Prozess beeinflussen und inwieweit diese Motive auch Auswirkungen auf die a priori formulierten Vorstellungen der Gründer ausüben. So scheint insbesondere eine negative Veränderung dieser Motive in engem Zusammenhang zu der Abbruchentscheidung zu stehen. Wird die Motivation von Individuen dabei bspw. durch die Wahrnehmung eines Mangels an Erfolgserlebnissen in einem solchen Maße negativ beeinflusst, dass Individuen nicht mehr ausreichend motiviert sind, zukünftige Aktivitäten durchzuführen, wird das Gründungsvorhaben abgebrochen. Basierend auf der entwickelten Typologie des Abbruchs von Gründungsvorhaben scheinen dabei die ursprünglichen Motive, warum also die Verfolgung eines Gründungsvorhabens überhaupt aufgenommen wurde, in enger Verbindung mit den jeweiligen Abbruchsursachen zu stehen. Dabei

---

791 Vgl. Davidsson, P. (2006), S. 19 f.
792 Townsend, D. M. et al. (2010), S. 192.
793 Vgl. Townsend, D. M. et al. (2010), S. 200.

konnten Individuen, deren motivationaler Fokus auf die eigene Selbstständigkeit gerichtet ist, von solchen Individuen, deren Motivation auf die dem Gründungsvorhaben zugrunde liegende Geschäftsidee gerichtet ist, unterschieden werden. Aufgabe zukünftiger Forschungsarbeiten sollte es daher sein, diese Typologie durch deduktiv-nomologische Verfahren zu überprüfen.

Darüber hinaus sollten die frühen Gedanken McClellands zur Leistungsmotivation, wie bereits in Kapitel 6.2.2 dargelegt wurde, aufgegriffen werden und auf den Abbruchkontext übertragen werden. Denn möglicherweise beeinflusst nicht nur eine Veränderung der generellen Motivation die Entscheidung, ein Gründungsvorhaben abzubrechen, sondern auch eine Veränderung der Leistungsmotivation sowie der Dimensionen ‚mastery needs', ‚work orientation' und ‚interpersonal competitiveness', die nach Auffassung von Carsrud & Brännback die Leistungsmotivation von Individuen bestimmen.[794] Dabei könnte die Leistungsmotivation insofern einen Einfluss auf den Abbruch von Gründungsvorhaben aufweisen, als das Abbrecher bspw. über eine relativ niedrige Leistungsmotivation hätten berichten können, z.B. in der Form, dass sie gründungsrelevante Aktivitäten nicht intensiv genug verfolgt hätten. Im Datenmaterial konnten jedoch keine Hinweise darauf gefunden werden, inwieweit die individuelle Leistungsmotivation der Abbrecher unzureichend gewesen wäre. Auch hinsichtlich der drei Faktoren ‚mastery needs', ‚work orientation' und ‚interpersonal competitiveness', die die Leistungsmotivation weiter spezifizieren, konnten keine Erkenntnisse im Datenmaterial identifiziert werden. Die Abbrecher scheinen demnach keinen persönlichen Mangel an individueller Leistungsmotivation bei sich selbst entdeckt zu haben. Zwar berichten einige Probanden von einem selbst wahrgenommenen Mangel an Passion. Doch auch diese Probanden verweisen darauf, ausreichend intensiv und beharrlich das Vorhaben verfolgt zu haben. Diese Erkenntnis deckt sich teilweise mit Erkenntnissen früherer Forschungsarbeiten, die basierend auf einem Vergleich zwischen Abbrechern, Gründern und Verweilern feststellen konnten, dass sich die Gruppe der Abbrecher und die der Starter weder hinsichtlich der wahrgenommenen Probleme, noch im Bezug auf die Intensität ihrer Aktivitäten voneinander unterscheiden.[795] Demnach wurde auch durch diese mit Hilfe des PSED Forschungsdesigns durchgeführten Untersuchungen kein Einfluss einer besonders niedrigen Leistungsmotivation auf den Erfolg oder Misserfolg festgestellt. Zukünftige Forschungsarbeiten könnten sich also mit einem genauer auf die Leistungsmotivation nach McClelland bzw. Murray abgestimmten Forschungsdesign dieser Thematik widmen und analysieren, inwieweit sich eine Veränderung der Leistungsmotivation auf wichtige Entscheidungen innerhalb der Nascent Entrepreneurship-Phase - wie die Abbruchentscheidung - auswirkt.

---

794 Vgl. Carsrud, A. / Brännback, M. (2011), S. 13.

795 Vgl. Davidsson, P. (2006), S. 20; van Gelderen, M. et al. (2011), S. 72 sowie Diochon, M. et al. (2005b), S. 12 ff.

Neben der unternehmerischen Motivation und der Entscheidungstheorie kann auch der in der bisherigen Entrepreneurship-Literatur vielfach diskutierte Ansatz der Sozial-kognitiven Theorie nach BANDURA dazu verwendet werden, wichtige Entscheidungsprozesse innerhalb der Nascent Entrepreneurship-Phase zu erklären.[796] Menschliches Handeln wird nach dieser Theorie von dem Prinzip der Selbstwirksamkeit (engl. ‚self efficacy') bestimmt:

> *„[...] people act on their judgments of what they can do, as well as their beliefs about the likely effects of various actions. There are many activities, which, if done well, guarantee cherished outcomes, but they are not pursued by persons who doubt they can do what is needed to succeed."*[797]

Die Erkenntnisse der vorliegenden Forschungsarbeit deuten darauf hin, dass diese theoretische Vermutung auch auf den Entscheidungsprozess, der zum Abbruch von Gründungsvorhaben führt, übertragen werden kann. Zukünftige Forschungsarbeiten sollten diesen Zusammenhang mit einem entsprechenden Forschungsdesign analysieren und dabei versuchen herauszufinden, inwieweit das Prinzip der Selbstwirksamkeit auf die Handlungen innerhalb der Nascent Entrepreneurship-Phase und insbesondere auf die Abbruchentscheidung einwirkt.

Eine innerhalb der Forschung zur unternehmerischen Motivation ebenfalls vielfach diskutierte Unterscheidung zwischen Push- und Pull-Faktoren steht dabei in engem Zusammenhang zu diesen Erkenntnissen. So fanden bspw. BRIXY & HESSELS heraus, dass Menschen, die vor allem durch Push-Faktoren in die Selbstständigkeit ‚gedrückt' werden, wie bspw. der Abbrechertypus der Ideenfokussierten Nutzer, eine erhöhte Wahrscheinlichkeit aufweisen, das Gründungsvorhaben abzubrechen.[798] Dabei sprechen auch die Erkenntnisse der vorliegenden Forschungsarbeit dafür, dass gerade Necessity-Entrepreneure, die aufgrund von Alternativlosigkeit ein Gründungsvorhaben verfolgen, dazu tendieren, dieses abzubrechen. Demnach scheint individuelle Motivation also, wie auch schon CARSRUD & BRÄNNBACK vermuteten, einen erheblichen Einfluss auf den unternehmerischen Prozess zu nehmen.[799]

Auch hinsichtlich der Frage, inwieweit Teamstrukturen den unternehmerischen Prozess beeinflussen, konnte die vorliegende Arbeit einige Erkenntnisse gewinnen. So führte die Wahrnehmung eines Mangels an ausgleichenden Teamfaktoren zu einem Rückgang der Motivation, zukünftige Aktivitäten durchzuführen. Wie wichtig ein funktionierendes Team für den Erfolg von Gründungsvor-

---

796 Vgl. Bandura, A. (1979), Linan, F. (2008), S. 260 sowie Volkmann, C. K. et al. (2010), S. 77.
797 Vgl. Townsend, D. M. et al. (2010), S. 194. Im Original Bandura, A. (1986), S. 231.
798 Vgl. Brixy, U. / Hessels, J. (2010), S. 14.
799 Vgl. Carsrud, A. / Brännback, M. (2011), S. 9.

haben ist, konnte bereits von anderen Forschungsarbeiten bestätigt werden. JEHN fand bspw. heraus, dass Konflikte, die innerhalb von Teams entstehen, zum Verlassen der Teamsituation führen.[800] JEHN untermauert diesen empirisch gemessenen Befund dabei mit der Threat-Rigidity-Theorie, die besagt, dass Individuen, die sich einer Gefahr durch die Umwelt ausgesetzt fühlen, eine von drei Aktionen durchführen:

> *„[...] freeze up, withdraw, [or] narrow their perceptual field of input [...].“*[801]

Neu ist jedoch, dass nicht nur teaminterne Konflikte zum Abbruch eines Vorhabens führen, sondern auch ein Mangel an rationaler oder sozialpsychologischer Heterogenität innerhalb des Teams. Ein solcher Mangel an ausgleichenden Teamfaktoren führte zur Demotivation der Probanden und letztlich zum Abbruch des Gründungsvorhabens. Zukünftige Forschungsarbeiten sollten diese Aspekte daher aufgreifen und sich genauer dem Phänomen der Interdisziplinarität auf rationaler bzw. sozialpsychologischer Ebene widmen. Hierbei sollte sich den Fragen gewidmet werden, was interdisziplinäre Teams auszeichnet, welche Formen von Heterogenität für den Erfolg eines Vorhabens von Bedeutung sind und inwieweit bspw. freundschaftlich verbundene Teams erfolgreicher sind, als ‚gecastete‘ Teams. Insbesondere der letzte Aspekt bildet zugleich auch eine Implikation für die unternehmerische Praxis, denn gerade in der jüngeren Vergangenheit spielt das Prinzip des „Entrepreneurs in Residence“[802] eine immer stärker werdende Rolle.

Darüber hinaus wurden im Zuge der kontrastierenden Analyse und der hierauf aufbauenden Typologie einige Hinweise darauf gefunden, dass bei bestimmtem motivationalem Fokus der Abbrecher die Wahrnehmung von Unsicherheit zum Abbruch des Gründungsvorhabens führen kann. Dieser Zusammenhang wurde vor allem bei der Gruppe der Selbstständigkeitsfokussierten Nutzer entdeckt. Damit greift dieser im empirischen Datenmaterial identifizierte Zusammenhang zwischen der Wahrnehmung von Unsicherheit und der Abbruchentscheidung einen Gedankengang von TOWNSEND ET AL. auf. Diese ziehen in ihrem Artikel eine Verbindung zwischen wahrgenommener Unsicherheit und der Wahrscheinlichkeit, ein Gründungsvorhaben nicht in die Tat umzusetzen.[803] Nehmen die Probanden also Unsicherheit wahr, sehen sie sich nicht mehr dazu in der Lage, das Vorhaben weiterzuführen, so dass das Vorhaben abgebrochen wird. Die Probanden sehen sich also mit einer Situation konfrontiert, in der sie eine Entscheidung unter Unsicherheit treffen müssen. Diese

---

800 Vgl. Chen, G. et al. (2011), S. 543. Im Original Jehn, K. A. (1995).

801 Chen, G. et al. (2011), S. 543.

802 Als Entrepreneur in Residence werden Personen bezeichnet, die als Angestellter bei Beteiligungsgesellschaften Gründungsvorhaben verfolgen, allerdings in Form eines abhängigen Beschäftigungsverhältnisses nicht bei den Start-Ups, sondern bei den Beteiligungsgesellschaften angestellt sind. Vgl. StartingUp – Das Gründermagazin. Im Internet nachzulesen unter http://www.starting-up.de/ideen/gruenderstorys/entrepreneur-in-residence.html. Am 20.08.2013.

803 Vgl. Townsend, D. M. et al. (2010), S. 200.

Erkenntnisse sind insbesondere für die klassische Entscheidungstheorie sowie die Neue Erwartungstheorie, die von KAHNEMANN & TVERSKY unter dem Titel ‚Prospect Theory' geprägt wurde, von Interesse. KAHNEMANN & TVERSKY fanden bereits 1979 heraus, dass Individuen unter Unsicherheit Möglichkeiten dann ausschließen, wenn sie sie als extrem unwahrscheinlich einschätzen.[804] Demnach könnte die Möglichkeit, das Gründungsvorhaben doch noch umzusetzen, von den Abbrechern insbesondere dann ausgeschlossen werden, wenn sie ein bestimmtes Maß an Unsicherheit, bspw. im Bezug auf ihre eigenen Fähigkeiten, wahrnehmen. Dieser Ausschluss der Möglichkeit, das Gründungsvorhaben weiterzuführen, führt dabei dazu, das Gründungsvorhaben abzubrechen. Zukünftige Forschungsarbeiten könnten sich diesem Phänomen widmen und der Frage nachgehen, wie eine solche Unsicherheit vermieden werden kann.

Nicht zuletzt eröffnet die vorliegende Forschungsarbeit breite Möglichkeiten zur weiteren Erforschung des Abbruchphänomens. Dem Ziel qualitativer Forschung folgend, bieten die oben dargelegten Hypothesen sowie die Überlegungen zu einer Genese einer Theorie des Abbruchs von Gründungsvorhaben die Grundlage für Forschungsfragen zukünftiger Untersuchungen. Die gewonnenen Erkenntnisse bedürfen der Überprüfung durch anders orientierte Forschungsdesigns, um die teilweise verallgemeinerbaren Aussagen der vorliegenden Untersuchung auf Repräsentativität zu überprüfen und um das Forschungsfeld weiter zu entwickeln. Die vorliegende Untersuchung kam dabei der Forderung einiger Forscher wie DELMAR & DAVIDSSON, ROTEFOSS & KOLVEREID, TOWNSEND ET AL. oder auch VAN GELDEREN ET AL. nach, die eine tiefgreifende Erforschung des Abbruchphänomens und der Zusammenhänge innerhalb der Nascent Entrepreneurship-Phase für sinnvoll erachten.[805] Die vorliegende Untersuchung stellt daher einen ersten Schritt hinsichtlich einer solchen, tiefgreifenden Analyse des Forschungsgegenstandes Abbruch von Gründungsvorhaben dar.

6.4 Implikationen für die Entrepreneurship-Praxis

Der Abbruch von Gründungsvorhaben ist auch für die unternehmerische Praxis ein wichtiges und kritisches Phänomen. Zwischen 20 und 30% der Individuen, die mehr oder minder ernsthaft und intensiv ein Gründungsvorhaben verfolgen – und während dieser Aktivitäten oft auch monetäre und / oder nicht-monetäre öffentliche Unterstützungsangebote wahrnehmen – brechen ihr Gründungsvorhaben noch vor der eigentlichen Gründung ab.[806] Hierdurch entstehen der Volkswirtschaft und nicht zuletzt auch dem Steuerzahler immense volkswirtschaftliche Kosten. Doch nicht nur makroökonomische Kosten entstehen. Auch die Individuen, die ein Gründungsvorhaben zunächst verfol-

[804] Vgl. Kahneman, D. / Tversky, A. (1979), S. 282.
[805] Vgl. Delmar, F. / Davidsson, P. (2005), S. 3, Rotefoss, B. / Kolvereid, L. (2005), S. 122, Townsend, D. M. et al. (2010), S. 193, van Gelderen, M. et al. (2001), S. 3 sowie van Gelderen, M. et al. (2007), S. 2.
[806] Vgl. Kapitel 1.

gen, dann aber alle gründungsrelevanten Aktivitäten niederlegen, investieren Ressourcen wie Geld und vor allem Zeit in ein Vorhaben, dass später nicht weiter verfolgt wird und somit keine Renditen generiert. Für die Abbrecher sind demnach die persönlichen Opportunitätskosten hoch, auch wenn Erfahrungen gesammelt und Wissen akquiriert werden können. Die Erkenntnisse der vorliegenden Untersuchung können dabei helfen, diese Kosten zu reduzieren. Dabei können drei Gruppen von Adressaten unterschieden werden, für die die Ergebnisse der vorliegenden Arbeit von Nutzen sind. So könnten die Ergebnisse der vorliegenden Untersuchung zum einen für Programmdesigner nützlich sein, um aktuelle Unterstützungsangebote für Unternehmensgründer zu verbessern. Programmdesigner, also öffentliche Institutionen wie z.B. das Bundesministerium für Wirtschaft und Technologie oder die Wirtschaftsministerien auf Landesebene, die Förderprogramme gestalten, könnten Beratungsangebote in die Programme integrieren, die auf eine Sensibilisierung der Gründer hinsichtlich der Frage abzielen, welche individuellen Ziele verfolgt werden und inwieweit diese realisierbar sind. Somit könnte mit den Gründern bereits frühzeitig über die individuellen Erwartungen, Motive und Ziele in Form von Workshops gesprochen werden, so dass die Diskrepanz zwischen ursprünglichen Vorstellungen und der Realität nicht allzu groß wird. Eine Prüfung auf Machbarkeit der eigenen Vorstellungen, die durch professionelle Beratungsangebote unterstützt wird, könnte sich als sinnvoll herausstellen, da sich die Gründer so bereits früh dazu Gedanken machen können, inwieweit ihre Vorstellungen in der Realität umsetzbar erscheinen und ob sie bereit sind, ggf. Änderungen in ihren Erwartungen vorzunehmen. Im Zuge der Datenanalyse hatte sich jedoch auch herausgestellt, dass gerade Gründungsberater einen großen Einfluss auf die Abbruchentscheidung ausüben können, als dass sie bspw. zum Überdenken der individuellen Vorstellungen rieten. Teilweise lösten solche Gespräche mit Gründungsberatern Überlegungen aus, die in die Abbruchentscheidung mündeten. Daher sollten Programmdesigner darauf achten, gründungsunterstützende Strukturen so zu gestalten, dass gut ausgebildete und geschulte Berater und Unterstützer Beratungsangebote anbieten. Darüber hinaus könnten Beratern ggf. erfahrene Gründer an die Seite gestellt werden, um so potenzielle Gründer basierend auf einem breiten Erfahrungsschatz sensibel unterstützen zu können – auch in persönlichen Fragestellungen. Ein solches Beratungsangebot, dass eine frühe, kritische Reflexion der eigenen Vorstellungen unter Begleitung erfahrener Berater und Gründer bereitstellt, könnte so dabei helfen, den Gründern eine realistische Vorstellung über die Realisierung eines Gründungsvorhabens zu bieten, um mittel- bis langfristig die Abbruchsraten zu senken.

Auch auf Ebene der Projektdesigner wie z.B. Universitäten, Fachhochschulen, Wirtschaftsförderungen oder Inkubatoren, also von Institutionen, die Förderrichtlinien umsetzen und in konkrete Projekte umwandeln, können die Ergebnisse genutzt werden. Projektdesigner könnten zunächst ebenfalls an der Anpassung ihrer Gründungsunterstützungsangebote arbeiten und Gründer in ersten

Gesprächen hinsichtlich ihrer individuellen Ziele und Vorstellungen befragen und beraten. Denn die vorliegende Untersuchung konnte zeigen, dass kritische Faktoren, die zum Abbruch des Vorhabens führen, meist nicht rein betriebswirtschaftlicher oder technischer Natur sind, sondern vielmehr mit den individuellen Vorstellungen und Motiven der Gründer zusammenhängen. Eine Anpassung der individuellen Beratungsangebote hinsichtlich der Ausweitung von Gesprächen über die persönlichen Vorstellungen, könnte sich daher auch für Projektdesigner lohnen. Neben Workshops zur Reflexion der eigenen Vorstellungen könnten Gründungsberatungsprogramme auch dahingehend angepasst werden, als das obligatorische Gespräche mit erfolgreichen Gründern bzw. Startern zu einem frühen Zeitpunkt ebenfalls einen Abgleich zwischen eigenen Vorstellungen und der Realität zulassen. Insbesondere die intensivere Einbettung potenzieller Gründer in Gründungsnetzwerke, wodurch viele Gespräche mit erfolgreichen – oder auch erfolglosen – Gründern und Unternehmern ermöglicht werden, kann Gründungswilligen dabei helfen, ihre Vorstellungen auf Realisierbarkeit zu überprüfen. Darüber hinaus sollten die Beratungsangebote von Projektdesignern auch hinsichtlich der Personen angepasst werden, die Gründer beraten. Neben erfahrenen Beratern, die bereits Beratungsprojekte umgesetzt haben, sollten Gründer und Investoren in das Beratungsnetzwerk aufgenommen werden, um bereits während des Beratungsprozesses Gründungswilligen Feedback aus unterschiedlichen Perspektiven geben zu können. Hierdurch könnten sowohl auf Seite der öffentlichen Unterstützungsangebote, als auch auf Seite der Gründer Kosten eingespart werden und Gründer darüber hinaus über mögliche Fallstricke aufgeklärt werden.

Nicht zuletzt können die Gründer selbst von den Ergebnissen der vorliegenden Arbeit profitieren. Die Erkenntnis, dass die individuellen Vorstellungen und Motive eng mit Einflussfaktoren auf die Abbruchentscheidung verbunden sind, sollte Gründer dazu anregen, sich kritisch mit den eigenen Erwartungen auseinanderzusetzen und sich zu fragen, inwiefern man dazu bereit ist, Kompromisse zu akzeptieren. Auch die eigene Beharrlichkeit sollte dabei einer kritischen Reflexion unterzogen werden, inwiefern man also dazu bereit ist, eigene Ressourcen wie Geld oder Zeit zu investieren, auch in Zeiten, in denen z.B. ein Mangel an Erfolgserlebnissen wahrgenommen wird. Letztlich dienen die Ergebnisse dabei auch dazu, Teamkonstellationen zu hinterfragen. Denn offensichtlich scheint der Mangel an ausgleichenden rationalen sowie sozialpsychologischen Teamfaktoren zum Abbruch von Gründungsvorhaben zu führen. Der Vers ‚Drum prüfe, wer sich ewig bindet' aus SCHILLERS ‚Das Lied von der Glocke' sollte daher auch bei der Verfolgung eines Gründungsvorhabens im Team bedacht werden.

6.5 Limitationen

Die vorliegende Untersuchung widmete sich einem induktiven Paradigma folgend der intensiven Erforschung des Phänomens, dass Individuen ein Gründungsvorhaben abbrechen, obwohl sie zuvor gründungsrelevante Aktivitäten durchführten. Dabei nahm die Vorgehensweise, die sich in den Bereich der Nascent Entrepreneurship-Forschung einordnen lässt, eine Perspektive basierend auf zwei theoretischen Ansätzen ein: Der Entscheidungstheorie sowie der unternehmerischen Motivation. Aus dem Blickwinkel dieser Ansätze konnten verschiedene Einflussfaktoren auf den Abbruch von Gründungsvorhaben identifiziert werden. So scheint eine negative Veränderung der individuellen Resultat- und Fähigkeitserwartung sowie der individuellen Motivation einen starken Einfluss auf die Abbruchentscheidung auszuüben. Um dies herauszufinden, wurde sich im Wesentlichen auf Aussagen von Abbrechern fokussiert, die mit Aussagen von Experten und Startern trianguliert wurden. Eine solche Fokussierung auf die Befragung von Abbrechern erschien zum gegenwärtigen Zeitpunkt insofern als sinnvoll, als das bisherige Forschungsarbeiten, aufgrund anders ausgerichteter Forschungsdesigns, kaum dazu in der Lage waren, eine tiefgreifende Analyse des Abbruchphänomens zu gewährleisten. Dabei ist diese Vorgehensweise jedoch auch mit einigen Limitationen verbunden.

So konnten aufgrund der Fokussierung auf die Befragung von Abbrechern nur bedingt Aussagen darüber getroffen werden, wie sich die Entscheidungen von Abbrechern und Startern innerhalb dieser frühen Phase unterscheiden. Zukünftige Forschungsarbeiten sollten daher versuchen, sich auf die Untersuchung der verschiedenen Unterschiede zwischen Startern und Abbrechern zu fokussieren, um so fundierte Aussagen darüber treffen zu können, wie sich die Grundlagen für die jeweiligen Entscheidungen voneinander unterscheiden. Eine solche Vorgehensweise könnte das Verständnis der verschiedenen Entscheidungsprozesse innerhalb der Nascent Entrepreneurship-Phase auf eine neue Ebene bringen und auch Erkenntnisse darüber liefern, welche Faktoren kritisch für den Abbruch von Gründungsvorhaben sind.

Neben einem ausführlicheren Vergleich zwischen Abbrechern und Startern könnten sich zukünftige Forschungsarbeiten dem Abbruch von Gründungsvorhaben auch intensiv aus einer Langzeitperspektive widmen. Die vorliegende Untersuchung befragte Abbrecher innerhalb einer punktuellen Situation über Ereignisse, die einige Wochen und / oder Monate zurücklagen. Mit einer solchen retrospektiven Datenerhebung sind jedoch verschiedene Limitationen verbunden. Zum einen führen retrospektive Befragungen zu Rückschaufehlern. Das in der Forschung als „hindsight bias"[807] be-

[807] Davidsson, P. (2009), S. 6.

zeichnete Problem beschreibt dabei die Tendenz von Individuen, zeitlich zurückliegende Situationen zu verzerren:

> „*Hindsight bias describes the tendency for individuals to see past events as being more predictable, or to believe after an event, that their prediction of the outcome was more accurate than it actually was. [...] [H]indsight bias will result in a biased [...] recreation of the past.*"[808]

Um eine solche Verzerrung zu vermeiden, könnten Langzeitstudien mit Abbrechern durchgeführt werden, in welchen potenzielle Abbrecher (bzw. potenzielle Gründer) über einen längeren Zeitraum, beginnend ab der Entscheidung, ein Gründungsvorhaben zu verfolgen, begleitet werden. So könnten sie zu verschiedenen Zeitpunkten innerhalb des Prozesses befragt werden, wodurch Rückschaufehler vermieden und dennoch tiefgreifende Erkenntnisse im Bezug auf den Entscheidungsprozess hin zum Abbruch des Gründungsvorhabens gewonnen werden können.

Ein weiteres Problem bei der retrospektiven Befragung von Probanden wird durch das Self-serving bias beschrieben. Dieses Phänomen beschreibt die Tendenz von Individuen, positive Situationen zu internalisieren, negative Ereignisse zu externalisieren:

> „*This bias actually consists of two distinct but related parts: (1) a strong tendency on the part of most persons to attribute positive outcomes to internal causes—for instance, their own skill, talent, good judgment, or hard work, and (2) a corresponding tendency to attribute negative outcomes to external causes—factors beyond their control, including the actions of other persons, faulty equipment, a lack of needed resources, and so on.*"[809]

Dem Vorwurf, dass die Dinge in der Realität demnach anders abliefen, als die Probanden berichteten, muss sich daher auch die vorliegende Untersuchung stellen. Um dem Self-serving bias entgegenzusteuern, wurde in den Interviews durch immanente und exmanente Fragen zwar versucht, den Tatsachen auf den Grund zu gehen. Jedoch können solche selbstwertdienlichen Verzerrungen bei intensiven Befragungen von Probanden nie ganz ausgeschlossen werden. Sowohl dem Self-serving bias, als auch dem Hindsight-bias, kann dabei durch eine qualitative Langzeitbefragung entgegengesteuert werden. Zukünftige Forschungsarbeiten sollten daher auf einen solchen Langzeitcharakter setzen, um die realen Entscheidungsprozesse innerhalb der Nascent Entrepreneurship-Phase noch besser verstehen zu können. Darüber hinaus könnten zukünftige Forschungsarbeiten bspw. durch die Fallstudienmethodik mehrere Teammitglieder einzelner Gründungsprojek-

---

808 Cassar, G. / Craig, J. (2009), S. 150.

809 Baron, R. A. (1998), S. 284.

te sowie deren Share- und Stakeholder befragen, um so Verzerrungen zwischen Selbst- und Fremdwahrnehmung auszugleichen.

Die Erkenntnisse der vorliegenden Forschungsarbeit beschränken sich darüber hinaus auf akademische Ausgründungen, die maßgeblich von solchen Personen durchgeführt wurden, die innerhalb des Landes Nordrhein-Westfalen den Versuch unternahmen, ein Gründungsvorhaben durchzuführen. Demnach ist die Aussagekraft auf diese Region, maßgeblich jedoch auf den deutschen Gründungskulturkreis begrenzt, da alle befragten Probanden, insbesondere jedoch die Abbrecher, eine entsprechende Sozialisation im deutschen (Gründungs-) Kulturkontext durchlebten und von den kulturellen Besonderheiten dieser Umwelt geprägt wurden.[810] Dabei scheint anders als vermutet nicht die unternehmerische Gelegenheit bzw. die ‚Opportunity' im Fokus der Einflussfaktoren auf die Abbruchentscheidung zu stehen. Vielmehr scheinen Faktoren, die die persönlichen Eigenschaften und Aktivitäten der Gründer betreffen auf die Abbruchentscheidung einzuwirken, wie bereits innerhalb einiger Forschungsarbeiten wie z.B. von LANDIER, VAN GELDEREN ET AL., TOWNSEND ET AL. oder MCCANN & VROOM vermutet wird.[811] Damit scheinen die Faktoren von Relevanz für diese wichtige Entscheidung innerhalb der Nascent Entrepreneurship-Phase zu sein, die innerhalb des Traits- und Behavioral-Approaches erforscht werden.[812] Würde eine ähnliche empirische Untersuchung wie die vorliegende jedoch bspw. im stärker auf die ‚Opportunity' ausgerichteten Gründungskontext der Vereinigten Staaten durchgeführt werden, würden ggf. andere Erkenntnisse erzielt werden – allein aufgrund der stärkeren, kulturell geprägten Fokussierung auf die unternehmerische Gelegenheit.[813] So könnte es bspw. sein, dass der motivationale Fokus der Abbrecher vielmehr auf der Verwirklichung der eigenen Idee – der eigenen ‚Opportunity' – beruht, als dies im deutschen Gründungskontext der Fall ist. Zukünftige Forschungsarbeiten könnten sich demnach intensiver mit der kulturübergreifenden Analyse der verschiedenen Aktivitäten innerhalb der Nascent Entrepreneurship-Phase befassen und versuchen Hinweise dafür zu finden, dass je nach Kulturumfeld und Sozialisation unterschiedliche Ursachen für den Abbruch von Gründungsvorhaben angegeben werden. Dabei könnte auch eine detailliertere Analyse der unternehmerischen Gelegenheit, bspw. auch aus Perspektive der Share- und Stakeholder oder der verantwortlichen Gründungsberater, neue Erkenntnisse für die Erforschung des Abbruchs von Gründungsvorhaben liefern. Eine noch breiter ausgerichtete Diversifizierung der befragten Probanden hinsichtlich des Kulturkreises, der jeweiligen Gründungsindustrie und der Genderthematik würde daher zukünftigen Forschungsarbeiten verschiedene

810 Vgl. Volkmann, C. K. et al. (2010), S. 76.

811 Vgl. Landier, A. (2005), S. 33, van Gelderen, M. et al. (2007), S. 17, Townsend, D. M. et al. (2010), S. 200 sowie McCann, B. T. / Vroom, G. (2010), S. 8 f.

812 Vgl. z.B. Carland, J. W. et al. (1988) zum Traits-Approach sowie z.B. Davidsson, P. (2008) oder Gartner, W. B. (1989) zum Behavioral-Approach.

813 Vgl. Volkmann, C. K. et al. (2010), S. 77 sowie Stewart, W. H. (2003), S. 39.

Ansatzpunkte liefern, um sich dem Abbruch von Gründungsvorhaben aus weiteren Perspektiven zu widmen.

Darüber hinaus bietet auch der noch junge Forschungsbereich, der sich mit den unternehmerischen Ökosystemen befasst (engl. ‚entrepreneurial ecosystem') weiteres Forschungspotenzial, dass auch für die Erforschung des Abbruchphänomens von Nutzen sein könnte. So berichteten die befragten Personen kaum von umweltbedingten Faktoren, die einen Einfluss auf die von ihnen getroffene Abbruchentscheidung gehabt hätten. Da aber alle befragten Abbrecher und Gründer Teil eines unternehmerischen Ökosystems waren, nicht zuletzt durch ihre Besuche bei Gründungsberatern, liegt die Vermutung nahe, dass auch Faktoren, die mit diesem Umfeld in Verbindung stehen, einen Einfluss auf die wichtigen Entscheidungen innerhalb der Nascent Entrepreneurship-Phase nehmen – und somit auch auf die Abbruchentscheidung. Denn die befragten Probanden profitierten teilweise in einem erheblichen Maße von der unterstützenden Infrastruktur des unternehmerischen Ökosystems, bestehend aus Gründungsberatern, Coaches, Inkubatoren, Investoren etc.[814] Die Aussagen von Gründungsberatern wirkten nach Angaben der Probanden sogar auf die Abbruchentscheidung ein. Zukünftige Forschungsarbeiten sollten demnach der Frage nachgehen, inwieweit Umweltfaktoren die Abbruchentscheidung beeinflussen. Solche Forschungsarbeiten stehen jedoch vor großen Herausforderungen. Denn wie auch NECK ET AL. in Anlehnung an MALECKI festhalten, kann ein unternehmerisches Umfeld kaum unabhängig voneinander betrachtet werden, da zu viele verschiedene Phänomene und Faktoren aufeinander einwirken.[815] Dennoch erscheint dieses Forschungsfeld zukünftig von großer Bedeutung zu sein, da das unternehmerische Ökosystem und die hiermit verbundenen soziopolitischen Faktoren auch darüber entscheiden können, inwieweit unternehmerisches Handeln in einem Land möglich ist oder nicht, wie auch schon ALDRICH & WIEDENMAYER 1993 festhalten.[816]

Auf die Erkenntnisse der vorliegenden Forschungsarbeit, die durch ein induktives, qualitativ-empirisches Forschungsdesign gewonnen werden konnten, sollte in zukünftigen Forschungsarbeiten aufgebaut werden. Ziel der vorliegenden Untersuchung war es, durch eine explorative Vorgehensweise erstmalig tiefergehende Erkenntnisse über das Abbruchphänomen zu erlangen. Zukünftige Forschungsarbeiten sollten darauf abzielen, diese Erkenntnisse auf statistische Generalisierbarkeit zu überprüfen. Der nächste Schritt zur Untersuchung des Abbruchs von Gründungsvorhaben ist demnach die Überprüfung der innerhalb der vorliegenden Forschungsarbeit entwickelten Hypothe-

814 Vgl. Neck, H. M. et al. (2004), S. 192.
815 Vgl. Neck, H. M. et al. (2004), S. 191. Im Original Malecki, E. J. (1997).
816 Vgl. Aldrich, H. E. / Wiedenmayer, G. (1993), S. 177.

sen durch ein deduktiv-nomologisches Forschungsdesign, das auch dazu in der Lage ist, die Erkenntnisse auf kausale Zusammenhänge zu überprüfen.

6.6 Fazit

Die vorliegende Untersuchung konnte zeigen, dass der Abbruch von Gründungsvorhaben ein multifaktorielles Phänomen ist, in dessen Zentrum die eigene und freie Entscheidung des Individuums steht, das Gründungsvorhaben abzubrechen. Weniger also exogene Faktoren, wie mangelndes Kapital oder unzureichende Nachfrage, beeinflussen diese Entscheidung, sondern vielmehr die persönlichen Erwartungen, Motive und Wahrnehmungen. Zur tiefgreifenden Untersuchungen dieses Phänomens und zur Gewinnung neuer Erkenntnisse für die unternehmerische Forschung und Praxis erwies sich der qualitative Feldzugang als sinnvoll und zielführend. Eine theoretische Fundierung aus Sicht der Entscheidungstheorie und der unternehmerischen Motivation zeigte sich ebenfalls als nützlich, um die empirischen Erkenntnisse in ein Modell sowie eine Theorie des Abbruchs zu überführen. Dabei scheinen diese theoretischen Überlegungen auch insofern dazu geeignet zu sein, das noch junge Forschungsfeld der Abbruchsforschung auf eine weitere Ebene zu transportieren, als dass der Kern von Entrepreneurship – die Person des Gründers – in den Mittelpunkt gerückt wird. Denn vor allem die verschiedenen Handlungen und Merkmale der Gründerperson bzw. des Gründerteams scheinen die Fortführungs- oder Abbruchentscheidung zu beeinflussen. Damit bedient sich die vorliegende Untersuchung zweier Ansätze, die innerhalb der Entrepreneurship-Forschung bisher strikt voneinander getrennt wurden: Des Behavioral-Approachs, der maßgeblich von GARTNER geprägt wurde, sowie des Traits-Approachs, dessen Überlegungen auf die frühen Untersuchungen von MCCLELLAND zurückgehen.[817] Handlungen und Eigenschaften scheinen sich in Bezug auf den Abbruch von Gründungsvorhaben demnach also gegenseitig zu bedingen und modulieren das Ergebnis unternehmerischer Entscheidungen.

Dabei sollte jedoch stets bedacht werden, dass bei aller Diskussion über Erfolgs- und Misserfolgsfaktoren die Person des Gründers und deren Erwartungen, Ziele und Träume nicht vergessen werden sollten. Denn in Kontrast zu solchen Forschungsarbeiten, die nach Wegen fahnden, wie Gründungsvorhaben leichter und schneller zum Erfolg geführt werden können, berichteten die Abbrecher fallübergreifend davon, dass sie die gewonnenen Erfahrungen als positives Lebensereignis abgespeichert haben. Die Idee DAVIDSSONS, dass das Verfolgen eines Gründungsvorhabens als Experiment angesehen werden sollte, also als etwas Positives, durch das Lebenserfahrung gesammelt

---

817 Vgl. Gartner, W. B. (1989, S. 56 f, Carland, J. w. et al. (1984), S. 62 sowie McClelland, D. C. (1961).

werden kann, scheint von den Probanden demnach unbewusst verinnerlicht worden zu sein.[818] Unabhängig vom Ergebnis dieses Prozesses und unabhängig von der Diskussion um Opportunitätskosten in einer immer mehr auf Effizienz und Effektivität getrimmten Gesellschaft, sollten Gründer weiterhin den Mut aufbringen, ein Gründungsvorhaben zu verfolgen, nicht nur um ihre Geschäftsideen auszutesten, sondern auch um persönliche Erfahrungen zu sammeln und die Chance auf Veränderung zu wahren.

---

[818] Vgl. Davidsson, P. (2006), S. 20 sowie van Gelderen, M. et al. (2007), S. 16.

Literaturverzeichnis

A

ACS, ZOLTAN J. / AUDRETSCH, D. B. (2010)

Introduction to the 2nd Edition of the Handbook of Entrepreneurship Research. Chapter 1. In: Acs, Zoltan J. / Audretsch, D. B. (Hrsg.): Handbook of Entrepreneurship Research. An Interdisciplinary Survey and Introduction. Second Edition, Verlag Springer, New York, Dordrecht, Heidelberg, London.

ALDRICH, HOWARD E. / WIEDENMAYER, GABRIELE (1993)

From Traits to Rates: An Ecological Perspective on Organizational Foundings. In: Katz, Jerome A. / Brockhaus, Robert H. (Hrsg.): Advances in Entrepreneurship, Firm Emergence, and Growth. Volume 1, Verlag Emerald, Bingley, UK. S. 145-195.

ARDICHVILI, ALEXANDER / CARDOZO, RICHARD, RAY, SOURAV (2003)

A theory of entrepreneurial opportunity identification and development. In: Journal of Business Venturing, Vol. 18, S. 105-123.

B

BAHß, CHRISTIAN / LEHNERT, NICOLE / REENTS, NICOLA (2003)

Warum manche Gründungen nicht zustande kommen. In: KfW Research; Wirtschafts-Observer, Nr. 10. KfW Bankengruppe, Frankfurt.

BANDURA, ALBERT (1979)

Sozial-kognitive Lerntheorie. Hrsg. d. dt. Ausg.: Rolf Verres, Aus d. Amerikan. übers. von Hainer Kober. 1. Aufl., Verlag Klett-Cotta, Stuttgart.

BANDURA, ALBERT (1986)

Social Foundations of Thought and Action: A Social Cognitive Theory. Prentice-Hall, Inc., Englewood Cliffs, NJ.

BANSAL, PRATIMA / CORLEY, KEVIN (2012)

From the Editors. Publishing in AMJ – Part 7: What's different about qualitative research? In: Academy of Management Journal, Vol. 55, No. 3, S. 509-513.

BARON, ROBERT A. (1998)

Cognitive Mechanisms in Entrepreneurship: Why and When Entrepreneurs Think Differently Than Other People. In: Journal of Business Venturing, Vol. 13, S. 275-294.

BARON, ROBERT A. / SHANE, SCOTT A. (2005)

Entrepreneurship: A Process Perspective. Verlag South Western of Thomson, Mason OH.

BERTHOLD, NORBERT / NEUMANN, MICHAEL (2008)

The Motivation of Entrepreneurs: Are Employed Managers and Self-employed Owners different? In: Intereconomics, July/August, S. 236-244.

BLENKER, PER / THRANE-JENSEN, CLAUS (2007)

„The Individual-Opportunity Nexus": Inspiration, Impact and Influence. A Social Network and a Literary Analysis. Conference Proceedings ICSB World Conference, Turku, Finland, Paper #225.

BOGNER, ALEXANDER / MENZ, WOLFGANG (2009)

Experteninterviews in der qualitativen Sozialforschung. Zur Einführung in eine sich intensivierende Methodendebatte. In: Bogner, Alexander / Littig, Beate / Menz, Wolfgang (Hrsg.): Experteninterviews. Theorien, Methoden, Anwendungsfelder. 3., grundlegende überarbeitete Auflage. Verlag VS Verlag für Sozialwissenschaften, GWV Fachverlage GmbH, Wiesbaden, S. 7-31.

BOSMA, NIELS / HARDING, REBECCA (2006)

Global Entrepreneurship Monitor. GEM 2006 Summary Results. Verlag Babson, London.

BRAUKMANN, ULRICH / BIJEDIC, TEITA / SCHNEIDER, DANIEL (2008)

„Unternehmerische Persönlichkeit" - eine theoretische Rekonstruktion und nominaldefinitorische Konturierung. In: Schumpeter School Discussion Papers, 003, Wuppertal, 2008.

BRIXY, U. / HESSELS, JOLANDA (2010)

Human capital and start-up success of nascent entrepreneurs. SCALES. Scientific Analysis of Entrepreneurship and SMEs. EIM Research Reports. Discussing Paper. Verlag EIM, Zoetermeer.

BROCKHAUS, ROBERT H. / HORWITZ, PAMELA S. (1985)

The Psychology of the entrepreneur. In: Kent, C. A / Sexton, D. L. / Vesper, K. H. (Hrsg.): Encyclopedia of Entrepreneurship. Verlag Englewood Cliffs NJ: Prentice Hall, S. 39-57.

BROCKHAUS, ROBERT H. (1987)

Entrepreneurial folklore. In: Journal of Small Business Management, Vol. 25, No. 1, S. 1-6.

BROUWER, MARIA T. (2002)

Weber, Schumpeter and Knight on entrepreneurship and economic development. In: Journal of Evolutionary Economics, Vol. 12, 2002, S. 83-105.

BUSENITZ, L. W. / BARNEY, J. B. (1997)

Differences between entrepreneurs and managers in large organizations: biases and heuristics in strategic decision-making. In: Journal of Business Venturing, Vol. 12, No. 1, S. 9-30.

C

CANTILLON, RICHARD (1931)

Essai sur la nature du commerce en général. Edited and translated by H. Higgs, Verlag Macmillan, London.

CARDON, MELISSA S. / ZIETSMA, CHARLENE / SAPARITO, PATRICK / MATHERNE, BRETT P. / DAVIS, CAROLYN (2005)

A tale of passion: New insights into entrepreneurship from a parenthood metaphor. In: Journal of Business Venturing, Vol. 20, S. 23-45.

CARLAND, JAMES W. / HOY, FRANK / BOULTON, WILLIAM R. / CARLAND, JO ANN C. (1984)

Differentiating Entrepreneurs from Small Business Owners: A Conceptualization. In: The Academy of Management Review, Vol. 9, No. 2, S. 354-359.

CARLAND, JAMES W. / HOY, FRANK / CARLAND, JO ANN C. (1988)

"Who is an Entrepreneur?" Is a Question Worth Asking. In: American Journal of Small Business, Spring, 1988, S. 33-39.

CARSRUD, A. L. / BRÄNNBACK, MALIN (2011)

Entrepreneurial Motivations: What Do We Still Need to Know? In: Journal of Small Business Management, Vol. 49, No. 1, S. 9-26.

CARTER, NANCY M. / GARTNER, WILLIAM B. / REYNOLDS, PAUL (1996)

Exploring Start-up Event Sequences. In: Journal of Business Venturing, Vol. 11, S. 151-166.

CASSAR, GAVIN / CRAIG, JUSTIN (2009)

An investigation of hindsight bias in nascent venture activity. In: Journal of Business Venturing, Vol. 24, S. 149-164.

CHEN, GILAD / SHARMA, PAYAL NANGIA / EDINGER, SUZANNE K. / SHAPIRO, DEBRA L. (2011)

Motivating and Demotivating Forces in Teams: Cross-Level Influences of Empowering Leadership and Relationship Conflict. In: Journal of Applied Psychology, Vol. 96, No. 3, S. 541–557.

CHWOLKA, ANNE / RAITH, MATTHIAS G. (2012)

The value of business planning before start-up – A decision-theoretical perspective. In: Journal of Business Venturing, Vol. 27, S. 385-399.

COLE, ARTHUR H. (1969)

Definition of entrepreneurship. In: Komives, John L. (Hrsg.): Karl A Bostrom Seminar in the study of enterprise. Milwaukee Center for Venture Management, S. 10-22.

COOPER, A. C. / DUNKELBERG, W. C. / WOO, C. Y. (1988)

Entrepreneurs' perceived chances for success. Journal of Business Venturing, Vol. 3, No. 2, S. 97-108.

D

DAVIDSSON, PER / LOW, MURRAY B. / WRIGHT, MIKE (2001)

Editor's introduction: Low and MacMillan ten years on - Achievements and future directions for entrepreneurship research.

DAVIDSSON, PER / HONIG, BENSON (2003)

The role of social and human capital among nascent entrepreneurs. In: Journal of Business Venturing, Vol. 18, S. 301-331.

DAVIDSSON, PER (2005)

Researching Entrepreneurship. 1. Paperback-Aufl., Verlag Springer, New York u.a.

DAVIDSSON, PER (2006)

Nascent Entrepreneurship: Empirical Studies and Developments. In: Foundations and Trends in Entrepreneurship. Vol. 2, No. 1, S. 1-76.

DAVIDSSON, PER (2008)

The Entrepreneurship Research Challenge. Verlag Edward Elgar, Cheltenham, UK.

DAVIDSSON, PER / GORDON, SCOTT R. (2009)

Nascent Entrepreneur(ship) Research: A Review. Queensland University of Technology ePrints. Im Internet unter http://eprints.qut.au/19622/

DELMAR, FRÉDÉRIC / DAVIDSSON, PER (2005)

Expectations of Nascent Entrepreneurs. In: Proceedings Babson-Kaufmann Entrepreneurship Research Exchange, S. 2-16.

DENZIN, NORMAN K. / LINCOLN, YVONNA S. (2000)

Handbook of qualitative Research. Verlag Thousand Oaks, CA, Sage.

DIOCHON, MONICA / MENZIES, TERESA V. / GASSE, YVON (2005A)

An Empirical Study of Canadian Nascent Entrepreneurs' Attributions and Their Relationship to Success in Creating a New Business. Vortrag, vorgetragen bei der 22th Annual CCSBE Conference, Waterloo, 27-29 October 2005.

DIOCHON, MONICA / MENZIES, TERESA V. / GASSE, YVON (2005B)

Canadian nascent entrepreneurs' start-up efforts: Outcomes and individual influences on sustainability. In: Journal of Small Business and Entrepreneurship, Vol. 18, No. 1, S. 53-74.

DRUCKER, PETER F. (1985)

Innovations-Management für Wirtschaft und Politik. In das Deutsche übertragen von Ursel Reineke, Verlag Econ, Düsseldorf und Wien, 1985.

DUBINI, PAOLA (1988)

The influence of motivations and environment on business start-ups: Some hints for public policies. In: Journal of Business Venturing, Vol. 4, S. 11-26.

E

ECKHARDT, JONATHAN T. / SHANE, SCOTT (2010)

An Update to the Individual-Opportunity Nexus. In: Acs, Zoltan J. / Audretsch, David B. (Hrsg.): Handbook of Entrepreneurship Research. Verlag Springer Science, New York, S. 47-76.

F

FALLGATTER, MICHAEL J. (2005A)

Zur betriebswirtschaftlichen Disziplin "Entrepreneurship": Einige Überlegungen zur Lehrbarkeit von unternehmerischem Handeln. In: Konrad, Elmar D. (Hrsg.): Aspekte erfolgreicher Unternehmensgründungen, Verlag Waxmann, Münster, S. 17-26.

FALLGATTER, MICHAEL J. (2005B)

Zur Erforschung der Erfolgsfaktoren junger Unternehmen: Determinanten oder Impulse des unternehmerischen Handelns? In: Achleitner, Ann-Kristin / Klandt, Heinz / Koch, Lambert Tobias / Voigt, Kai-Ingo. (Hrsg.): Jahrbuch Entrepreneurship 2004/05: Gründungsforschung und Gründungsmanagement. Verlag Springer, Berlin u.a., S. 61-75.

FAUCHART, EMMANUELLE / GRUBER, MARC (2011)

Darwinians, Communitarians, and Missionaries: The Role of Founder Identity in Entrepreneurship. In: Academy of Management Journal, Vol. 54, No. 5, S. 935-957.

FROSCHAUER, ULRIKE / LUEGER, MANFRED (1992)

Das qualitative Interview. Zur Analyse sozialer Systeme. WUV Universitätsverlag, Wien.

G

GARTNER, WILLIAM B. (1985)

A Conceptual Framework for Describing the Phenomenon of New Venture Creation. In: Academy of Management Review, Vol. 10, No. 4, S. 696-706.

GARTNER, WILLIAM B. (1988)

"Who is an Entrepreneur?" Is the Wrong Question. In: Journal of Business Venturing, Spring, 1988, S. 11-32.

GARTNER, WILLIAM B. (1989)

"Who Is an Entrepreneur?" Is the Wrong Question. In: Entrepreneurship Theory & Practice, Summer 1989, S. 47-58.

GARTNER, WILLIAM B. (1990)

What are we talking about when we talk about entrepreneurship? In: Journal of Business Venturing, Vol. 5, S. 15-28.

GATEWOOD, ELIZABETH J. / SHAVER, KELLY G. / GARTNER, WILLIAM B. (1995)

A longitudinal study of cognitive factors influencing start-up behaviors and success at venture creation. In: Journal of Business Venturing, Vol. 10, S. 371-391.

GLASER, BARNEY G. / STRAUSS, ANSELM L. (1967)

The Discovery of Grounded Theory: Strategies for Qualitative Research. 10. Auflage. Verlag Aldine Publishing Company, Chicago, 1979.

GLASER, BARNEY G. / STRAUSS, ANSELM L. (1979)

Die Entdeckung gegenstandsbezogener Theorie: Eine Grundstrategie qualitativer Sozialforschung. In: Hopf, C. / Weingarten, E. (Hrsg.): Qualitative Sozialforschung. Verlag Klett-Cotta, Stuttgart. S. 91-111.

GLASER, BARNEY G. / STRAUSS, ANSELM L. (1998)

The discovery of grounded theory. Strategien qualitativer Forschung. Verlag Huber, Bern.

GOLLWITZER, PETER M. / BRANDSTÄTTER, VERONIKA (1997)

Implementation intentions and effective goal pursuit. In: Journal of Personality and Social Psychology, Vol. 73, S. 186-199.

H

HARPER, DAVID M. (2008)

Towards a theory of entrepreneurial teams. In: Journal of Business Venturing, Vol. 23, No. 3, S. 613-626.

HASTIE, R. (2001)

Problems for Judgment and Decision Making. In: Annual Review of Psychology, Vol. 52, S. 653-683.

HAYNIE, MICHAEL J. / SHEPHERD, DEAN A. / MCMULLEN, JEFFERY S. (2009)

An Opportunity for Me? The Role of Resources in Opportunity Evaluation Decisions. In: Journal of Management Studies, Vol. 46, No. 3, S. 337-361.

HAYWARD, MATTHEW L. A. / SHEPHERD, DEAN A. / GRIFFIN, DALE (2006)

A Hubris Theory of Entrepreneurship. In: Management Science, Vol. 52, No. 2, S. 160-172.

HÉBERT, ROBERT F. / LINK, ALBERT N. (1989)

In Search of the Meaning of Entrepreneurship. In: Small Business Economics, Vol. 1, 1989, S. 39-49.

HERMANNS, HARRY (1992)

Die Auswertung narrative Interviews. Ein Beispiel für qualitative Verfahren. In: Hoffmeyer-Zlotnik, Jürgen (Hrsg.): Analyse verbaler Daten, Westdeutscher Verlag, Opladen, S. 110-141.

HISRICH, ROBERT D. / PETERS, MICHAEL P. / SHEPHERD, DEAN A. (2008)

Entrepreneurship. Seventh Edition. Verlag McGraw-Hill/Irwin, New York, USA.

J

JEHN, KAREN A. (1995)

A Multimethod Examination of the Benefits and Detriments of Intragroup Conflict. In: Administrative Science Quaterly, Vol. 40, No. 2, S. 256-282.

JOHNSON, BRADLEY R. (1990)

Toward a Multidimensional Model of Entrepreneurship: The Case of Achievement Motivation and the Entrepreneur. In: Entrepreneurship Theory & Practice, Spring 1990, S. 39-54.

JOVANOVIC, BOYAN (1982)

Selection and the Evolution of Industry. In: Econometria, Vol. 50, No. 3, S. 649-670.

K

KAHNEMAN, DANIEL / TVERSKY, AMOS (1979)

Prospect Theory: An Analysis of Decision under Risk. In: Econometrica, Journal of the Econometric society, Vol. 47, No. 2, S. 263-292.

KATZ, JEROME A. (1990)

Longitudinal analysis of self-employment follow-through. In: Entrepreneurship & Regional Development, Vol. 2, S. 15-25.

KEH, HEAN TAT / FOO, MAW DER / LIM, BOON CHONG (2002)

Opportunity Evaluation under Risky Conditions: The Cognitive Processes of Entrepreneurs. In: Entrepreneurship Theory & Practice, Winter 2002, S. 125-148.

KELLE, UDO / KLUGE, SUSANN (2010)

Vom Einzelfall zum Typus. Fallvergleich und Fallkontrastierung in der qualitativen Sozialforschung. 2., überarbeitete Auflage. VS Verlag für Sozialwissenschaften, Wiesbaden.

KIRZNER, ISRAEL M. (1973)

Competition and Entrepreneurship. Verlag University of Chicago Press, 1973.

KLEINING, GERHARD (1995)

Lehrbuch entdeckende Sozialforschung. Band 1. Von der Hermeneutik zur qualitativen Heuristik. Verlag Beltz, Psychologie Verlags Union, Weinheim.

KNIGHT, FRANK HYNEMAN (1961)

Risk, uncertainty and profit. Verlag Kelley.

KOCH, LAMBERT T. / GRÜNHAGEN, MARC (2009)

The value of delays: market- and policy-induced adjustment processes as a motivating factor in dynamic entrepreneurship. In: Journal of Evolutionary Economics, Vol. 19, No. 5, S. 701-724.

KORUNKA, CHRISTIAN / HERMANN, FRANK / LUEGER, MANFRED / MUGLER, JOSER (2003)

The Entrepreneurial Personality in the Context of Resources, Environment, and the Startup Process - A Configurational Approach. In: Entrepreneurship Theory & Practice, Fall 2003, S. 23-42.

KULICKE, MARIANNE (2011)

Wirkungen des Förderprogramms EXIST-Gründerstipendium aus Sicht von Geförderten. Ergebnisse der Befragung 2010 und Gegenüberstellung mit EXIST-SEED. Arbeitspapier der wissenschaftlichen Begleitforschung zu „EXIST – Existenzgründungen aus der Wissenschaft“. Fraunhofer Institut für System- und Innovationsforschung, Karlsruhe.

KÜSTERS, IVONNE (2009)

Narrative Interviews. Grundlagen und Anwendungen. 2. Auflage. Verlag VS Verlag für Sozialwissenschaften, Wiesbaden.

L

LAMNEK, SIEGFRIED (1995A)

Qualitative Sozialforschung. Band 1: Methodologie. 3., korrigierte Auflage. Verlag Beltz, Psychologie-VerlagsUnion, Weinheim.

LAMNEK, SIEGFRIED (1995B)

Qualitative Sozialforschung. Band 2: Methoden und Techniken. 3., korrigierte Auflage. Verlag Beltz, PsychologieVerlagsUnion, Weinheim.

LAMNEK, SIEGFRIED (2010)

Qualitative Sozialforschung. Lehrbuch. 5., überarbeitete Auflage 2010. Verlag Beltz, Weinheim.

LANDIER, AUGUSTIN (2005)

Entrepreneurship and the Stigma of Failure. Unveröffentlichtes Forschungsmanuskript. Zu finden im Internet unter: http://www-gremaq.univ-tlse1.fr/perso/landier/pdfs/stigma9.pdf.

LANDSTRÖM, HANS (2005)

Pioneers in Entrepreneurship and Small Business Research. Verlag Springer Science+Business Media, New York, USA.

LANGE-KOWAL, ERNST ERWIN / HARTIG, PAUL (1968)

Langenscheidts Schulwörterbuch Französisch. Französisch-Deutsch. Deutsch-Französisch. Langenscheidt Verlag, Berlin, München, Zürich.

LAUX, HELMUT / GILLENKIRCH, ROBERT M. / SCHENK-MATHES, HEIKE Y. (2012)

Entscheidungstheorie. Achte, erweiterte und vollständig überarbeitete Auflage. Mit 91 Abbildungen und 69 Tabellen. Verlag Springer Gabler, Wiesbaden.

LEARNED, KEVIN E. (1992)

What Happened Before the Organization? A Model of Organization Formation. In: Entrepreneurship Theory & Practice, Fall 1992, S. 39-48.

LEWIN, KURT TSADEK (1951)

Field theory in social science. Selected theoretical papers. Harper & Row, New York.

LOW, MURRAY B. / MACMILLAN, IAN C. (1988)

Entrepreneurship: Past Research and Future Challenges. In: Journal of Management, Vol. 14, No. 2, S. 139-161.

LOW, MURRAY B. (2001)

The Adolescence of Entrepreneurship Research: Specification of Purpose. In: Entrepreneurship Theory & Practice, Summer 2001, S. 17-25.

M

MALECKI, EDWARD J. (1997)

Entrepreneurs, networks, and economic development: A review of recent research. In: Katz, Jerome A. / Brockhaus, Robert H. (Hrsg.): Advances in Entrepreneurship, Firm Emergence and Growth. Vol. 3, Verlag Greenwich, CT. S. 57-118.

MASLOW, ABRAHAM H. (1970)

Motivation and personality. 2nd Edition. Verlag Harper & Row, New York.

MARCH, J. G. (1994)

A Primer on Decision Making: How Decisions Happen. The Free Press, New York, NY.

MAZZAROL, TIM / VOLERY, THIERRY / DOSS, NOELLE / THEIN, VICKI (1999)

Factors influencing small business start-ups - A comparison with previous research. In: International Journal of Entrepreneurial Behaviour & Research, Vol. 5, No. 2, S. 48-63.

MCCANN, BRIAN T. / VROOM, GOVERT (2010)

Dynamics of Decision Making in the Entrepreneurial Process. IESE Business School Discussion Paper. Im Internet unter http://iese.academia.edu/GovertVroom/Papers/587838/DYNAMICS_OF_DECISION_MAKING_IN_THE_ENTREPRENEURIAL_PROCESS. Am 15.09.2012.

MCCLELLAND, DAVID C. (1961)

The achieving society. Verlag Princeton, N. J.: D. Van Nostrand.

MCKELVIE, ALEXANDER / HAYNIE, J. MICHAEL / GUSTAVSSON, VERONICA (2011)

Unpacking the uncertainty construct: Implications for entrepreneurial action. In: Journal of Business Venturing, Vol. 26, S. 273-292.

MCMULLEN, JEFFERY S. / SHEPHERD, DEAN A. (2006)

Entrepreneurial Action and the Role of Uncertainty in the Theory of the Entrepreneur. In: Academy of Management Review, Vol. 31, No. 1, S. 132-152.

MEUSER, MICHAEL / NAGEL, ULRIKE (2009)

Experteninterview und der Wandel der Wissensproduktion. In: Bogner, Alexander / Littig, Beate / Menz, Wolfgang (Hrsg.): Experteninterviews. Theorien, Methoden, Anwendungsfelder. 3., grundlegende überarbeitete Auflage. Verlag VS Verlag für Sozialwissenschaften, GWV Fachverlage GmbH, Wiesbaden, S. 35-60.

MEVES, YVONNE (2013)

Emotionale Intelligenz als Schlüsselfaktor der Teamzusammensetzung. Eine empirische Analyse im Kontext der Sozialpsychologie und des organisationalen Verhaltens in jungen Unternehmen. Verlag Springer, Gabler, Wiesbaden.

MITTELMAN, WILLARD (1991)

Maslow's Study of Self-Actualization: A Reinterpretation. In: Journal of Humanistic Psychology, Vol. 31, S. 114-135.

MORRIS, MICHAEL H. (1998)

Entrepreneurial Intensity: Sustainable Advantages for Individuals, Organizations, and Societies. Verlag Westport, Conn: Quorum.

N

NAFFZIGER, DOUGLAS W. / HORNSBY, JEFFREY S. / KURATKO, DONALD F. (1994)

A Proposed Research Model of Entrepreneurial Motivation. In: Entrepreneurship Theory & Practice, Spring 1994, S. 29-42.

NEWBERT, SCOTT (2005)

New Firm Formation: A Dynamic Capability Perspective. In: Journal of Small Business Management, Vol. 43, No. 1, S. 55-77.

P

PARKER, SIMON C. / BELGHITAR, YACINE (2006)

What Happens to Nascent Entrepreneurs? An Economic Analysis of the PSED. In: Small Business Economics, Vol. 27, S. 81-101.

PERWIN, LAWRANCE A. (2003)

The Science of Personality. Verlag Oxford University Press, Oxford.

R

REENTS, NICOLA / BAHß, CHRISTIAN / BILLICH, CHRISTOPHER (2004)

Unternehmer im Gründungsprozess: Zwischen Realisierung und Aufgabe des Gründungsvorhabens. Ergebnisse einer qualitativen Studie des KfW Gründungsmonitors. In: In: KfW Research; Wirtschafts-Observer, KfW Bankengruppe, Frankfurt.

REYNOLDS, PAUL D. / WHITE, S. B. (1992)

Finding the nascent entrepreneur: Network sampling and entrepreneurship gestation. In: Churchill, N. C. / Birley, Sue / Bygrave, William D. / Wahlbin, C. / Wetzel, W. E. J. (Hrsg.): Frontiers of Entrepreneurship Research 1992, Verlag Babson College, Wellesley, MA, S. 199-208.

REYNOLDS, PAUL D. (2000)

National Panel Study of U.S. Business Start-ups: Background and Methodology. In: Katz, J. A. (Hrsg.): Databases for the Study of Entrepreneurship, Verlag JAI Press, Amsterdam, S. 153-227.

REYNOLDS, PAUL D. / CAMP, S. MICHAEL / BYGRAVE, WILLIAM D. / AUTIO, ERKKO / HAY, MICHAEL (2001)

Global Entrepreneurship Monitor. 2001 Executive Report. United Nations Association of the United States of America and the Business Council for the United Nations.

RONSTADT, R. / HORNADAY, J. A. / PETERSON, R. / VESPER, K. H. (1986)

Introduction. In: Ronstadt, R. / Hornaday, J. A. / Peterson, R. / Vesper K. H. (Hrsg.): Frontiers of Entrepreneurship Research, Verlag Babson College, Wellesley, MA.

RONSTADT, R. C. (1984)

Entrepreneurship: Text, Cases and Notes. 2. Auflage, Verlag Consilience, Dover MA.

ROSKI, MELANIE BIRGIT (2011)

Spin-off-Unternehmen zwischen Wissenschaft und Wirtschaft. Unternehmensgründungen in wissens- und technologieintensiven Branchen. In: Hilf, Ellen / Howaldt, Jürgen / Naegele, Gerhard / Reichert, Monika (Hrsg.): Dortmunder Beiträge zur Sozialforschung, Verlag Springer, Wiesbaden.

ROTEFOSS, BEATE / KOLVEREID, LARS (2005)

Aspiring, nascent and fledgling entrepreneurs: An investigation of the business start-up process. In: Entrepreneurship & Regional Development, Vol. 17, S. 109-127.

S

SARASVATHY, SARAS D. / DEW, NICHOLAS / VELAMURI, S. R. / VENKATARAMAN, SANKARAN (2005)

Three Views of Entrepreneurial Opportunity. In: Acs, Zoltan J. / Audretsch, David B. (Hrsg.): Handbook of Entrepreneurship Research. Verlag Springer Science, New York, S. 141-160.

SARASVATHY, SARAS D. / DEW, NICHOLAS / VELAMURI, S. RAMAKRISHNA / VENKATARAMAN, SANKARAN (2010)

Three Views of Entrepreneurial Opportunity. In: Acs, Zoltan J. / Audretsch, David B. (Hrsg.): Handbook of Entrepreneurship Research. An interdisciplinary Survey and Introduction. Second Edition. Verlag Springer, New York, S. 77-96.

SAY, JEAN BAPTISTE (1821)

A Treatise on Political Economy. Or the Production, Distribution, and Consumption of Wealth. Translated from the Fourth Edition of the French, by C. R. Prinsep, M. A. with Notes by the Translator. Vol. 1, Verlag Longman, Hurst, Rees, Orme, and Brown, London, 1821.

SCHJOEDT, LEON / SHAVER, KELLY G. (2007)

Deciding on an Entrepreneurial Career: A Test of the Pull and Push Hypotheses Using the Panel Study of Entrepreneurial Dynamics Data. In: Entrepreneurship Theory & Practice, September 2007, S. 733-752.

SCHNEIDER, KLAUS / SCHMALT, HEINZ-DIETER (1981)

Motivation. 2., überarbeitete und erweiterte Auflage. In: Herrmann, Theo W. / Tack, Werner H. / Weinert, Franz E. (Hrsg.) Standards Psychologie. Verlag W. Kohlhammer, Stuttgart, Berlin, Köln.

SCHUMPETER, JOSEPH ALOIS (1934)

Theorie der wirtschaftlichen Entwicklung. Eine Untersuchung über Unternehmergewinn, Kapital, Kredit, Zins und den Konjunkturzyklus. Neunte Auflage. Unveränderter Nachdruck der 1934 erschienenen vierten Auflage. Verlag Duncker & Humblot GmbH Berlin, 1997.

SEGAL, GERRY / BORGIA, DAN / SCHOENFELD, JERRY (2005)

The motivation to become an entrepreneur. International Journal of Entrepreneurial Behaviour & Research, Vol. 11, No. 1, S. 42-57.

SEXTON, D. L. / SMILOR, R. W. (1985)

Introduction. In: Sexton, D. L. / Smilor, R. W. (Hrsg.): The Art and Science of Entrepreneurship. Verlag Ballinger, Cambridge MA.

SHANE, SCOTT / VENKATARAMAN, SANKARAN (2000)

The Promise of Entrepreneurship as a Field of Research. In: Academy of Management Review, Vol. 25, No. 1, S. 217-226.

SHANE, SCOTT (2003)

A General Theory of Entrepreneurship: The Individual-Opportunity Nexus. New Horizons in Entrepreneurship. Verlag Edward Elgar, Cheltenham, UK.

SHANE, SCOTT / LOCKE, EDWIN A. / COLLINS, CHRISTOPHER J. (2003)

Entrepreneurial motivation. In: Human Resource Management Review, Vol. 13, No. 2, Summer 2003, S. 257-279.

SHANE, SCOTT / DELMAR, FRÉDÉRIC (2004)

Planning for the market: business planning before marketing and the continuation of organizing efforts. In: Journal of Business Venturing, Vol. 19, S. 767-785.

STEFFENSEN, MORTEN / ROGERS, EVERETT M. / SPEAKMAN, KRISTEN (1999)

Spin-Offs from Research Centers at a Research University. In: Journal of Business Venturing; Vol. 15, No. 1, S. 93-111.

STEVENSON, HOWARD H. / GUMPERT, DAVID E. (1985)

The Heart of Entrepreneurship. In: Harvard Business Review, Heft März-April, S. 85-94.

STEVENSON, HOWARD H. (1988)

A Perspective on Entrepreneurship. Harvard Business School Review, August 23, No. 9-384-131. 1988.

STEYAERT, CHRIS (2007)

'Entrepreneuring' as a Conceptual Attractor? A Review of Process Theories in 20 Years of Entrepreneurship Studies. In: Entrepreneurship and Regional Development, Vol. 19, November, S. 453-477.

STEWART, WAYNE H. JR / CARLAND, JOANN C. / CARLAND, JAMES W. / WATSON, WARREN E. / SWEO, ROBERT (2003)

Entrepreneurial Dispositions and Goal Orientations: A Comparative Exploration of United States and Russian Entrepreneurs. In: Journal of Small Business Management, Vol. 41, No. 1, S. 27-46.

SZYPERSKI, NORBERT (2001)

Geleitwort. In: Koch, Lambert T. / Zacharias, Christoph (Hrsg.): Gründungsmanagement: mit Aufgaben und Lösungen. Oldenbourg. S. 5.

T

TIMMONS, JEFFRY A. (1997)

New Venture Creation. Verlag Homewood Irwin, Illinois, USA.

TOWNSEND, DAVID M. / BUSENITZ, LOWELL W. / ARTHURS, JONATHAN D. (2010)

To start or not to start: Outcome and ability expectations in the decision to start a new venture. In: Journal of Business Venturing, Vol. 25, S. 192-202.

TRÖGER, NILS H. (2001)

Gründerperson. Der Unternehmer in der wirtschaftswissenschaftlichen Literatur. In: Koch, Lambert T. / Zacharias, Christoph (Hrsg.): Gründungsmanagement. Mit Aufgaben und Lösungen. R. Oldenbourg Verlag München Wien. S. 51-63.

V

VAN GELDEREN, MARCO / BOSMA, NIELS / THURIK, ROY (2001)

Setting up a business in the Netherlands: Who start, who gives up, who is still trying. In. ERIM Report Series Research in Management, Vol. 15, S. 1-16.

VAN GELDEREN, MARCO / THURIK, ROY / BOSMA, NIELS (2006)

Success and Risk Factors in the Pre-Startup Phase. In: Small Business Economics, Vol. 26, S. 319-335.

VAN GELDEREN, MARCO / PATEL, PANKAJ / FIET JAMES (2007)

Pre Start-Up Problems and Abandonment of Nascent Ventures. Konferenzbeitrag. Small Enterprise Conference, Waikato, University of Waikato, New Zealand, September 2007.

VAN GELDEREN, MARCO / THURIK, ROY / PATEL, PANKAJ (2011)

Encountered Problems and Outcome Status in Nascent Entrepreneurship. In: Journal of Small Business Management, Vol. 49, No. 1, S. 71-91.

VENKATARAMAN, SANKARAN (1997)

The Distinctive Domain of Entrepreneurship Research: An Editor's Perspective. In: Kath, Jerome A. / Brockhaus, Robert H. (Hrsg.): Advances in Entrepreneurship Research, Firm Emergence and Growth. Verlag Greenwich, CT, USA.

VENKATARAMAN, SANKARAN / SARASVATHY, SARAS D. / DEW, NICHOLAS / FORSTER, WILLIAM R. (2012)

Reflections on the 2010 AMR Decade Award: Whither the Promise? Moving Forward with Entrepreneurship as Science of the Artificial. In: Academy of Management Review, Vol. 37, No. 1, S. 21-33.

VOHORA, AJAY / LOCKETT, ANDY (2003)

Critical Junctures in the Development of University High-Tech Spinout Companies. In: Academy of Management Best Conference Paper, S. 1-6.

VOLERY, THIERRY / DOSS, NOELLE / MAZZAROL, TIM (1997)

Triggers and Barriers Affecting Entrepreneurial Intentionality - The Case of Western Australian Nascent Entrepreneurs. In: United States Association for Small Business and Entrepreneurship Proceedings.

VOLKMANN, CHRISTINE K. / TOKARSKI, KIM OLIVER (2006)

Entrepreneurship. Gründung und Wachstum von jungen Unternehmen. Verlag Lucius & Lucius, Stuttgart.

VOLKMANN, CHRISTINE K. / TOKARSKI, KIM OLIVER / GRÜNHAGEN, MARC (2010)

Entrepreneurship in a European Perspective. Concepts for the Creation and Growth of New Ventures. 1st Edition, Verlag Gabler, Wiesbaden.

VOLLMEYER, REGINA (2005)

Ein Ordnungsschema zur Integration verschiedener Motivationskomponenten. Einführung. In: Vollmeyer, Regina / Brunstein, Joachim (Hrsg.): Motivationspsychologie und ihre Anwendung. Verlag W. Kohlhammer, 1. Auflage, Stuttgart 2005.

W

WAGNER, JOACHIM (2005)

Nascent and Infant Entrepreneurs in Germany: Evidence from the Regional Entrepreneurship Monitor (REM). In: Forschungsinstitut zur Zukunft der Arbeit, Discussion Paper, Nr. 1522, March 2005, Bonn.

WAGNER, JOACHIM (2007)

Nascent Entrepreneurs. In: Parker, Simon (Hrsg.): The Life Cycle of Entrepreneurial Ventures, Verlag Springer, New York u.a., S. 15-37.

WERNER, ARNDT (2011)

Abbruch und Aufschub von Gründungsvorhaben: Eine empirische Analyse mit den Daten des Gründerpanels des IfM Bonn. IfM-Materialien, Nr. 9, Institut für Mittelstandsforschung Bonn, August 2011.

WESSLER, MARKUS (2012)

Entscheidungstheorie. Von der klassischen Spieltheorie zur Anwendung kooperativer Konzepte. Verlag Springer, Gabler, Wiesbaden.

WIGFIELD, ALLAN (1994)

Expectancy-Value Theory of Achievement Motivation: A Developmental Perspective. In: Educational Psychology Review, Vol. 6, No.1, S. 49-78.

WORTMAN, M. S. (1985)

A unified framework, research typologies, and research prospects for the interface between entrepreneurship and small business. In: Sexton, D. L. / Smilor, R. W. (Hrsg.): The Art and Science of Entrepreneurship. Verlag Ballinger, Cambridge MA.

Y

YUSUF, JUITA-ELENA (2010)

A tale of two exits: Nascent entrepreneur learning activities and disengagement from start-up. In: Small Business Economics, August 2010, S. 1-17.

Internetquellen

BUNDESMINISTERIUM FÜR WIRTSCHAFT UND TECHNOLOGIE (2011)

EXIST – Existenzgründungen aus der Wissenschaft. Internetauftritt der EXIST Initiative des Bundesministeriums für Wirtschaft und Technologie. Im Internet unter www.exist.de.

GOOGLE SCHOLAR (2012)

Google Suchmaschine für wissenschaftliche Literatur. Im Internet unter http://scholar.google.de.

STARTINGUP (2013)

StartingUp – Das Gründermagazin. Realis Verlags-GmbH. Im Internet unter www.starting-up.de

FGF ENTREPRENEURSHIP-RESEARCH MONOGRAPHIEN

Herausgegeben von Prof. Dr. Heinz Klandt, Oestrich-Winkel, Prof. Dr. Dr. h. c. Norbert Szyperski, Köln, Prof. Dr. Michael Frese, Gießen, Prof. Dr. Josef Brüderl, Mannheim, Prof. Dr. Rolf Sternberg, Hannover, Prof. Dr. Ulrich Braukmann, Wuppertal, und Prof. Dr. Lambert T. Koch, Wuppertal

Band 69
Markus Kurch
Leitungsstrukturen von Gründungs- und Wachstumsunternehmen – Analyse der Veränderungen im Zeitverlauf
Lohmar – Köln 2010 • 268 S. • € 57,- (D) • ISBN 978-3-89936-999-1

Band 70
Michael Alpert
Türkische Selbstständige in Deutschland – Strukturen und Erfolgsfaktoren im Gründungsprozess
Lohmar – Köln 2011 • 340 S. • € 63,- (D) • ISBN 978-3-8441-0029-7

Band 71
Sean Patrick Saßmannshausen
Entrepreneurship-Forschung: Fach oder Modetrend? – Evolutorisch-wissenschaftssystemtheoretische und bibliometrisch-empirische Analysen
Lohmar – Köln 2012 • 636 S. • € 83,- (D) • ISBN 978-3-8441-0165-2

Band 72
Andreas Brülhart
Opportunity Recognition und Entrepreneurship Education – Eine empirische Untersuchung an Studierenden eines Entrepreneurship-Masterprogrammes
Lohmar – Köln 2013 • 300 S. • € 59,- (D) • ISBN 978-3-8441-0259-8

Band 73
Stefan Gladbach
Der Abbruch akademischer Gründungsvorhaben – Eine explorativ-empirische Untersuchung
Lohmar – Köln 2015 • 304 S. • € 59,- (D) • ISBN 978-3-8441-0387-8

JOSEF EUL VERLAG